高等学校教材·材料科学与工程

塑料材料学

主编　张克惠

编者　张克惠　张广成　焦　剑

西北工业大学出版社

【内容简介】 本书共18章，系统地介绍了现有塑料材料各主要品种的制备方法、结构与性能；对有关塑料品种各自的独特性能、优良品性及存在的缺点进行了概括介绍，并力求从分子链结构上给予解释。各章也以适当的篇幅介绍了各塑料品种的工艺特性与加工方法以及改性与发展。每章后均列有适当的思考题，供学生复习并加深对各章基本内容的思考与理解。本书的“塑料选材及配方设计”、“塑料性能表征及测试”两章，是专门为进行塑料新材料的开发、研究工作的读者介绍的必备知识。

本书是为高等工科院校高分子材料专业编写的专业课教材，也可供从事高分子材料加工与应用的科研工作者和工程技术人员参考。

图书在版编目（CIP）数据

塑料材料学/张克惠主编．—西安：西北工业大学出版社，2000.5（2020.1 重印）
ISBN 978 - 7 - 5612 - 1237 - 0

Ⅰ．塑…　Ⅱ．张…　Ⅲ．塑料-有机材料-高等学校-教材　Ⅳ．TB322

中国版本图书馆 CIP 数据核字（2000）第 18689 号

出版发行：西北工业大学出版社
通信地址：西安市友谊西路 127 号　邮编：710072
电　　话：(029) 88493844　　88491757
网　　址：www.nwpup.com
印 刷 者：陕西向阳印务有限公司
开　　本：787 mm×1 092 mm　1/16
印　　张：18.75
字　　数：445 千字
版　　次：2000 年 5 月第 1 版　　2020 年 1 月第 11 次印刷
定　　价：46.00 元

前　言

《塑料材料学》是高分子材料科学与工程专业、塑料工程专业的一门重要专业课程。用人工方法合成塑料材料自上个世纪下半叶问世以来，在本世纪 30 年代至 70 年代，塑料材料经历了飞速的发展，其大品种已数以百计。此后，在塑料材料的发展中，仍有新的品种不断出现，但发展的一个重要方面是运用各种方法对已有塑料品种进行改性，提高和改善性能，以拓宽应用领域。可以断言，今后塑料材料的发展仍然是新品种的开发研制和已有品种的改性，使之适应国民经济各个领域，特别是高科技领域迅猛发展的要求。

高等学校是培养高技术人才的主要基地，它所培养的人才应具备深厚、广博、牢固的基础知识，应能够跟踪科学技术的发展动向，具有开拓研究的思维意识与能力。在未来的工作岗位上，不仅有能力处理生产和研究工作中的技术问题，进行高效率的创造性工作，还能适应因市场经济的要求对工作方向的改变。按照这种要求，本书编写的基本思路是在有限的篇幅和授课学时内，对每一塑料品种从制备方法的介绍入手，进而重点分析其基本结构和性能特点，特别着重对各品种独特性能的介绍，随后简要介绍加工特性和方法以及应用领域，并力求对于每一塑料品种，介绍其改性方法及发展方向。在对各塑料品种的结构和性能的分析介绍中，力求运用读者已学过的有机化学、高分子化学、高分子物理学等课程中的基本原理和知识，使之能够加深对塑料材料结构与性能的理解。考虑到学生在进行毕业论文和进入研究生阶段学习时进行研究课题以及走上工作岗位后开展科研工作的需要，书中还编入了“塑料选材及配方设计”、“塑料性能表征及测试”两章内容，弥补了同类教材中这些内容的不足。

本书共 18 章，第一章至第十章、第十八章由张克惠编写，第十一章至第十三章由张广成编写，第十四章至第十七章由焦剑编写，全书由张克惠任主编并进行统稿。初稿写出后，由李郁忠教授对全书稿进行了仔细审阅，提出了不少宝贵意见，在此深致谢忱。

尽管我们力求将该书写好，但限于学识水平和许多条件的限制，书中对内容的取舍和文字表达仍会有不妥之处，技术上也可能存在缺点错误，诚望阅及本书的人们批评指正。

编　者

1999 年 5 月

目　录

第一章 绪 论

材料是人类社会赖以存在和发展的基本条件之一，是发展科学技术的物质基础。材料科学是现代科学技术发展的三大支柱之一。

人类社会发展曾经历过主要以使用某种单一材料为标志的时代，例如石器时代、青铜器时代、铁器时代等。随着生产力和社会文明的发展，人类使用的材料类型日益增多。截至19世纪中叶，人类使用的材料已包括多种金属、玻璃、陶瓷、木材、皮革、天然纤维、动物角质材料和石料等。19世纪中叶以后，人类开始使用合成的有机高分子材料，揭开了材料科学的新纪元。有机高分子材料的应用大大丰富了人们的生活，并对科学技术的发展以巨大的推动。在现代材料科学领域中，有机高分子材料是一个重要方面，而塑料材料又是有机高分子材料中最重要的分枝。现今塑料材料的应用已遍及国民经济各个部门和人们生活的各个领域，从工业、农业、交通运输到国防建设。如在机械制造、仪器仪表、电子电器、邮电通讯、汽车制造、军工技术、医疗卫生、轻纺、食品、家电制造、日用百货、文化娱乐等方面的应用日益普及。在航空航天工程中，塑料材料也日益重要，以热固性树脂为基体的复合材料已有数十年的应用历史，高性能的热塑性树脂基复合材料又异军突起，后来居上。树脂基复合材料以其质轻，比强度、比刚度高及其他一些独特性能，在减轻飞行器质量，增大有效载荷，改善飞行性能和某些特殊功能方面，起着其他任何材料不可替代的作用。另一方面，许多优异的工程塑料，在航空航天用仪表、电子设备、电机电器、机械附件、机内装饰等方面的应用也愈来愈多，愈来愈重要。

§1.1 塑料发展简史

人类用合成方法生产的第一种塑料是硝化纤维。硝化纤维作为塑料使用的第一个专利产品出现于1856年，而实现工业化生产是1872年，这就是用樟脑增塑的硝化纤维——赛璐珞的生产。随后，在1897年出现了酪素塑料(酪素是干酪、豆类中含有的蛋白质)。进入20世纪，塑料新品种相继出现，1907年出现了酚醛塑料，1918年出现了脲醛塑料。1930年，第一家生产聚苯乙烯的工厂投产，紧接着在1931年聚氯乙烯和聚甲基丙烯酸甲酯也实现了工业化生产。尼龙66的第一个专利产生于1937年，次年建成实验厂，1939年实现了工业化生产，产品的最初形式是纤维，在第二次世界大战中才开发出了塑料簿膜和模塑制品。1939年，高压法生产的聚乙烯问世。20世纪40年代和50年代，塑料工业有了更快的发展，出现了更多的新品种。聚四氟乙烯、聚三氟氯乙烯、抗冲击性聚苯乙烯、ABS、尼龙6、尼龙610都是出现在40年代的主要品种。50年代投产的塑料主要新品种有尼龙11、三聚氰胺甲醛塑料，用齐格勒法和菲利浦法生产的高、中密度聚乙烯(分别在1955年和1957年投产)、聚甲醛、聚碳酸酯和氯化聚醚。我国于1958年成功地研究制出尼龙1010。20世纪60年代，相继实现了许多性能优异的工程塑料的工业化生产，其主要品种有聚苯硫醚(1963年)、聚苯醚(1964年)、聚砜、聚对苯二甲酸乙二醇酯即PET(1965年)、聚酰亚胺(1965—1967年)、聚对苯二甲酸丁二醇酯

(1967—1970 年)。聚醚醚酮、聚芳酯、聚苯酯则是 20 世纪 70 年代投入市场的工程塑料新品种的代表。后来还出现了某些塑料新品种,但塑料材料的发展更多的是用各种改性方法改进已有塑料材料的性能,增加已有各大品种的品级、规格,以满足日益拓宽的应用要求。可以预料,塑料材料的未来发展,仍将是新品种不断开发和已有品种的性能改进。

解放后,我国塑料工业几乎是从无到有并不断取得迅速发展。目前我国已基本可生产现有的所有塑料品种,塑料产量也跃入大国行列,并仍在迅速发展之中。

在所有高分子材料中,塑料的应用最广,品种最多,生产量最大,与人们生活和技术发展关系最密切,发展潜力极大。从事高分子材料科学与工程,特别是从事塑料材料研究、开发与应用的科技人员,应深入了解塑料材料的制备方法、组成、结构与性能及其加工方法,最有效地利用已有塑料材料,为社会创造出各种优质塑料制品,并不断研究开发出性能更优异的塑料新品种,满足人们生活和科学技术发展的需要。

§1.2 塑料分类

塑料是一种高分子材料。概括而言,塑料的基本成分是树脂,树脂是由低分子单体化合物通过共价键结合起来的一种高分子化合物(又称高聚物),可以天然生成,也可以人工合成。现今用于制备塑料的树脂,几乎都是由人工合成的。以树脂为基材,按需要加入适当助剂,组成配料,借助成型工具,可以在一定温度和压力下塑制成一定形状和尺寸,经冷却变硬或在成型的温度下交联固化变硬,成为能保持这种形状和尺寸的制品,这样的材料称为塑料。

塑料品种甚多,性能亦各有差别,为便于区分和合理应用不同塑料,人们按不同方法对塑料进行分类。其中最重要的有以下几种分类方法。

1. 按受热时的行为分类

塑料按受热时的行为可分为热塑性塑料和热固性塑料两大类。

(1) 热塑性塑料　热塑性塑料加热时变软以至熔融流动,冷却时凝固变硬,这种过程是可逆的,可以反复进行

$$\text{硬}\underset{\text{冷却}}{\overset{\text{加热}}{\rightleftharpoons}}\text{软化以至熔融流动}$$

这是由于热塑性塑料配料中,树酯的分子链是线型或仅带有支链,不含有可以产生链间化学反应的基团,在加热过程中不会产生交联反应形成链间化学键。因此,在加热变软乃至流动和冷却变硬的过程中,发生了物理变化。正是利用这种特性,对热塑性塑料进行成型加工。聚烯烃类、聚乙烯基类、聚苯乙烯类、聚酰胺类、聚丙烯酸酯类、聚甲醛、聚碳酸酯、聚砜、聚苯醚等,都属于热塑性塑料。

(2) 热固性塑料　热固性塑料配料在第一次加热时可以软化流动,加热到一定温度时产生分子链间化学反应,形成化学键,使不同分子链之间交联,成为网状或三维体型结构,从而也变硬,这一过程称为固化。固化过程是不可逆的化学变化,在以后再加热时,由于分子链间交联的化学键的束缚,原有的单个分子链间不能再互相滑移,宏观上就使材料不能再软化流动了。利用热固性塑料配料的第一次加热时的软化流动,使其充满模腔并加压,固化后形成要求形状和尺寸的制品。热固性塑料配料中树脂的分子链上在固化前都含有某种具有反应的基团,首次加热时,不同分子链间的基团彼此反应形成化学键,使分子链间发生交联反应。酚醛

塑料、氨基塑料、环氧塑料、不饱和聚酯、有机硅、烯丙基酯、呋喃塑料等都属于热固性塑料。

2. 按塑料中树脂合成的反应类型分类

塑料中树脂是由单体通过共价键结合而形成，而共价键的形成可以通过单体间的不同类型反应达到。

(1) 聚合类塑料　塑料中树脂是由含有不饱和键的单体在引发剂(或催化剂)存在下按自由基、离子型等机理进行聚合反应所形成。例如聚乙烯和聚苯乙烯，都是由聚合反应生成的。

$$n\,CH_2=CH_2 \longrightarrow \left[CH_2-CH_2\right]_n$$

$$n\,CH(C_6H_5)=CH_2 \longrightarrow \left[CH(C_6H_5)-CH_2\right]_n$$

在聚合反应中，无低分子副产物放出。聚烯烃、聚乙烯基类、聚苯乙烯类等都是典型的聚合型塑料。氟塑料、聚甲醛、氯化聚醚、丙烯酸酯类，也是聚合型塑料。聚合型塑料绝大多数都是热塑性塑料。

(2) 缩聚类塑料　塑料中树脂是由含有官能基的单体通过缩聚反应所形成。在生成树脂的缩聚反应中有低分子副产物生成。例如聚酰胺 66 就是由缩聚反应生成的。

$$nH_2N{+}CH_2{+}_6NH_2 + n\,HO-\overset{O}{\overset{\|}{C}}-{+}CH_2{+}_4\overset{O}{\overset{\|}{C}}-OH \rightarrow$$

$$\left[HN{+}CH_2{+}_6NH-\overset{O}{\overset{\|}{C}}-{+}CH_2{+}_4\overset{O}{\overset{\|}{C}}-NH\right]_n + (2n-1)H_2O$$

在这一生成聚酰胺 66 的反应中，也产生了低分子副产物——水。聚酰胺类、聚碳酸酯、聚砜类、聚苯醚、聚苯硫醚、聚酰亚胺类等热塑性塑料和所有的热固性塑料，如酚醛、氨基、环氧、不饱和聚酯、有机硅、呋喃等塑料都是缩聚型塑料。

3. 按塑料中树脂大分子的有序状态分类

按树脂大分子的有序状态，可将塑料分为无定形塑料和结晶型塑料。

(1) 无定形塑料　塑料中树脂大分子的分子链的排列是无序的，不仅各个分子链之间排列无序，同一分子链也像长线团那样无序地混乱堆砌。无定形塑料无明显熔点，其软化以至熔融流动的温度范围很宽。聚苯乙烯类、聚砜类、丙烯酸酯类、聚苯醚等都是典型的无定形塑料。

(2) 结晶型塑料　塑料中树脂大分子链的排列是远程有序的，分子链相互有规律地折叠，整齐地紧密堆砌。结晶型塑料有比较明确的熔点，或具有温度范围较窄的熔程。同一种塑料如果处于结晶态，其密度总是大于处于无定形态时的密度。

结晶型塑料与低分子晶体不同，很少有完善的百分之百的结晶状态，一般总是结晶相与无定形相共存。因此，通常所谓的结晶型塑料，实际上都是半结晶型塑料。结晶型塑料的结晶度与结晶条件有关，可以在较大范围内变化。只有热塑性塑料才能有结晶状态，所有的热固性塑料，由于树脂分子链间相互交联，各分子链间不可能互相折叠、整齐紧密地堆砌成很有序的状态，因此不可能处于结晶状态。聚乙烯、聚丙烯、聚甲醛、聚四氟乙烯等都是典型的结晶型塑料。

4. 按性能特点和应用范围分类

按性能特点和应用范围，可大致将现有塑料分为通用塑料和工程塑料两大类。

(1) 通用塑料　凡生产批量大、应用范围广、加工性能良好、价格又相对低廉的塑料可称为通用塑料。通用塑料容易采用多种工艺方法成型加工为多种类型和用途的制品，例如可用注塑、挤出、吹塑、压延等成型工艺或采用压制、传递模塑工艺(后两种工艺用于热固性塑料)。但通用塑料一般而言，某些重要的工程性能，特别是力学性能、耐热性能较低，不适宜用于制备作为承受较大载荷的塑料结构件和在较高温度下工作的工程用制品。聚烯烃类、聚乙烯基类、聚苯乙烯类(ABS除外)、丙烯酸酯类、氨基、酚醛等塑料，都属于通用塑料范畴。聚乙烯、聚丙烯、聚氯乙烯、聚苯乙烯、酚醛塑料是当今应用范围最广、产量最大的通用塑料品种，合称五大通用塑料。

(2) 工程塑料　工程塑料除具有通用塑料所具有的一般性能外，还具有某种或某些特殊性能，特别是具有优异的力学性能或优异的耐热性，或者具有优异的耐化学性能，在苛刻的化学环境中可以长时间工作，并保持固有的优异性能。优异的力学性能可以是抗拉伸、抗压缩、抗弯曲，抗冲击，抗摩擦磨损、抗疲劳、抗蠕变等。某些工程塑料兼有多种优异性能。

工程塑料生产批量较小，供货较紧缺，或制备时的原材料较昂贵、工艺过程较复杂，因而造价较昂贵，用途范围就受到限制。某些工程塑料成型工艺性能不如通用塑料，也是限制其应用范围较小的原因之一。现今，较常应用的工程塑料大品种有聚胺类塑料，聚碳酸酯、聚甲醛、热塑性聚酯、聚苯醚、聚砜、聚酰亚胺、聚苯硫醚、氟塑料等。ABS是应用量最大的工程塑料。

应该指出，以上对通用塑料和工程塑料的分类并不是绝对的。上述所列举的某些通用塑料品种，经过增强或改性，许多性能可以提高，亦可当作工程塑料应用。例如玻纤增强聚丙烯、含玻纤的酚醛塑料等。ABS也属于通用塑料聚苯乙烯的改性产品，由于综合力学性能优异，被列为工程塑料。制备ABS塑料的原材料价廉易得，制备工艺过程也较简单方便，生产批量大，因而价格比其他工程塑料便宜，用途甚广，用量甚大，在此种意义上，又可以把它视为通用塑料。聚乙烯是典型的通用塑料，但超高分子量聚乙烯又因具有优异的耐磨性被视为工程塑料。可以预言，随着塑料工业的发展，合成技术的进步，塑料材料应用领域的拓宽，产量的增大，价格的降低以及塑料成型加工技术的进步，将来还会有某些工程塑料当作通用塑料应用，而某些通用塑料由于改性使性能改善，亦可作为工程塑料应用。

思 考 题

1. 了解到塑料发展简史后，你受到什么启迪？
2. 试用简明的语言，对“塑料”下一个定义。
3. 热塑性塑料与热固性塑料的区别是什么？这种区别的本质原因何在？
4. 聚合类塑料与缩聚类塑料有何区别？
5. 何谓通用塑料，何谓工程塑料？你对二者的区分有怎样的理解？

第二章　塑料材料的组成及配制

§2.1　塑料材料的组成

组成塑料的最基本成分是树脂，称为基质材料。按实际需要，塑料材料中一般还含有许多其他成分，称为助剂，这些助剂用以改善材料的使用性能或工艺性能。热塑性塑料有时也以纯树脂形式使用，热固性塑料则完全以加有助剂的形式使用。

塑料材料用助剂的品种很多，包括填料、增强剂、增塑剂、润滑剂、抗氧剂、热稳定剂、光稳定剂、阻燃剂、着色剂、抗静电剂、固化剂、发泡剂和其他某些助剂。

对助剂的基本要求是功能上有效，在塑料加工使用条件下稳定，与树脂结合稳固，不渗析和喷霜，无毒无味，价格适宜。渗析是指塑料中某助剂向相接触的其他材料中迁移的现象。渗析的发生是由于该助剂在基质材料树脂中有一定溶解度，也可在所接触的材料中有一定的溶解度。喷霜是指塑料中某助剂向制品表面迁移的现象，一般主要是指增塑剂和润滑剂。当该助剂在加工温度下在树脂中完全溶解，但在室温下仅部分溶解时，所成型的制品在室温下存放或使用时就会发生喷霜现象。对于助剂的选择必须慎重考虑到上述情况，防止渗析和喷霜现象发生。

树脂是塑料的主要成分，是本书以后各章中介绍的主要内容，本章仅简要介绍塑料材料中使用的各种重要助剂。

§2.1.1　填料、增强剂

填料是用以改善塑料某些物理性能，例如导热性、膨胀性、耐热性、硬度、收缩性、尺寸稳定性等，有时也是为了改善或会拌随着改善材料的某些力学性能，有时，填料的使用主要是为了降低材料造价。

增强剂用以提高塑料的力学性能，即提高材料强度和刚度、硬度等的助剂，以增大材料的承载能力，也往往拌随着改善材料的其他物理性能，如提高耐热性，减小收缩，改善尺寸稳定性，改变导热性和热膨胀性等。人们往往将这两种含义有所区别的助剂视为同一。实际上，填料的含义较广，增强剂的含义较窄，可将增强剂包括在填料内，视为专用于改善材料力学性能的填料。可用下述简单的图解关系说明填料范畴及其与增强剂的关系。

填料
- 粒子状
  - 增强性
  - 填充性
- 薄片状
- 纤维状
  - 松散随机状（如木粉、石棉、晶须）
  - 连续丝状、编织状

将增强剂，或广而言之将填料加入材料后，对材料的增强效果或对其他性能的改善效果主要取决于以下几种基本因素：

(1) 增强剂或填料本身的物理力学性能(如强度、模量、硬度、导热性、膨胀性等)。

(2) 增强剂或填料的表面性质。只有增强剂或填料与树脂牢固地结合时，才能最大限度地产生增强效果或达到对材料其他性能的改善效果。欲使增强剂或填料与树脂牢固结合，二者的表面必须牢固引吸，但许多增强剂、填料表面都含有极性基团(如$-OH$)，因此对许多增强剂或填料都必须预先用偶联剂进行表面处理。偶联剂中的极性基团与增强剂的极性基团牢固吸引，而其亲脂肪链的非极性基团又与树脂的脂肪链牢固吸引，使二者通过偶联剂牢固结合在一起。例如对于含有结晶水的碳酸盐用硬脂酸处理，硬脂酸的$-COOH$与填料碳酸盐中的极性基团吸引，脂肪链又与树脂分子链吸引，使树脂与填料牢固地结合在一起。又如对玻璃纤维用相应的偶联剂处理后，也可以达到与树脂分子链的牢固结合。

(3) 增强剂或填料的比表面大小。增强剂或填料的比表面愈大，与树脂所结合的表面愈大，结合的牢固程度就愈大，对材料性能改善愈明显。因此，粒子状填料的粒度越小越好，薄片状和纤维状填料则希望尽可能薄些或细而长些。

§2.1.2 增塑剂

增塑剂是用以改善塑料塑性，增加成型加工时的流动性，降低制品的脆性，改善材料耐寒性的一种助剂。

增塑剂对塑料的增塑机理主要是增塑剂分子可对树脂大分子起隔离作用，使不同分子链之间的距离增大，减小大分子之间的相互吸引力和缠结，使分子链的内旋转变得容易，从而增加分子链的柔曲性并使分子链相互滑移变得容易，从而增大材料流动性、改善耐塞性，减小脆性等。

对增塑剂的基本要求是挥发性很小，与树脂的混溶性良好。因此，增塑剂实际上是树脂的不挥发性溶剂。欲达到增塑剂与树脂良好的混溶，必须选用那些与树脂溶解度参数接近的品种。增塑剂的分子量也必须不能太小，方可保证具有很小的挥发性。一般使用的增塑剂，其分子量都希望接近 300 或超过 300。

增塑剂的常用品种有以下几类：

(1) 苯二甲酸酯类。常用品种包括邻苯二甲酸二丁酯、二辛酯等，这类增塑剂的优点是可使材料保持良好的绝缘性和耐寒性。

(2) 磷酸酯类。常用品种有磷酸三甲酚酯，磷酸三酚酯、三辛酯。这类增塑剂的特点是可以使材料保持有较好的耐热性，但耐寒性却较差，且该类增塑剂有毒性。

(3) 己二酸、壬二酸、癸二酸等的二辛酯。这类增塑剂可以使材料具有较好的耐寒性，但耐油性却较差。

在现有塑料品种中，其配料中最常采用的增塑剂的塑料品种是聚氯乙烯、聚乙酸乙烯、丙烯酸酯类塑料、纤维素塑料，且用量较大。还有一些塑料品种需要加入少量增塑剂。许多塑料品种常常不需要加入增塑剂。

§2.1.3 热稳定剂

加入到塑料配料中，能改善树脂的热稳定性，抑制其热降解、热分解的助剂称为热稳定剂。由于聚氯乙烯的热稳定性问题特别突出，一般所述的热稳定剂，多是指对聚氯乙烯塑料的专用热稳定剂。除聚氯乙烯外，聚甲醛塑料的热稳定性问题也较突出，但聚甲醛主要是采用对树脂端基封闭处理的方法提高热稳定性。其他塑料在合理的熔融加工温度范围内，都具有尚好的热稳定性。因此，以下所述主要介绍聚氯乙烯热稳定性问题及其所用的热稳定剂。

一、聚氯乙烯热降解机理简介

人们对聚氯乙烯的热降解曾提出了不少机理，但被普遍接受的是自由基链式反应机理。

1. 自由基形式

聚氯乙烯在制备过程中由于聚合反应的复杂性，使分子链中所产生的双键、支化点、含氧结构等在光、热作用下都会形成自由基。

$$\sim\!\sim CH_2-\underset{Cl}{\overset{\wr}{C}}-CH_2-\underset{Cl}{CH} \xrightarrow{\text{光或热}} \sim\!\sim CH_2-\underset{\cdot}{\overset{\wr}{C}}-CH_2-\underset{Cl}{CH}\sim\!\sim + Cl\cdot$$

$$\sim\!\sim CH_2-CH=CH-\underset{Cl}{C}l- \xrightarrow{\text{光或热}} \sim\!\sim CH_2\sim\!\sim CH=CH-CH\sim\!\sim + Cl\cdot$$

$$\sim\!\sim CH_2-\overset{O}{\overset{\|}{C}}-CH_2\sim\!\sim \xrightarrow{\text{光或热}} \sim\!\sim \dot{C}H_2 + \cdot\overset{O}{\overset{\|}{C}}-CH_2\sim\!\sim$$

2. 自由基引发聚氯乙烯脱氯化氢

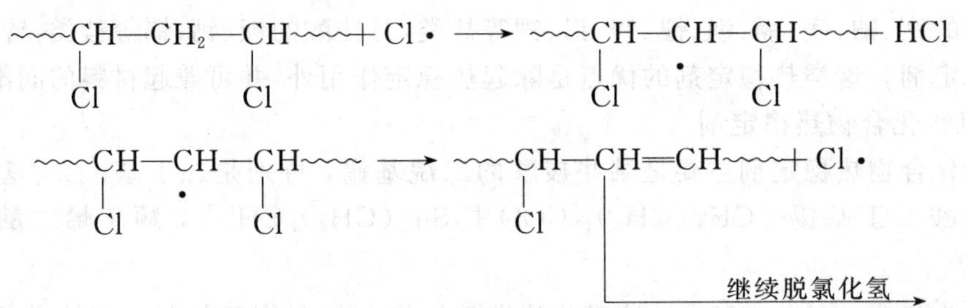

脱出的氯化氢对聚氯乙烯进一步分解有自动催化作用。

二、热稳定剂的作用机理

热稳定剂加入到塑料配方中对塑料起到的热稳定作用大致有以下两种：

1. 吸收中和 HCl，抑制它的自动催化作用

盐基铅盐、金属皂类等热稳定剂，都是 HCl 的接受体，可以有效地捕捉 HCl，并与之反应形成稳定产物。

$$3PbO\cdot PbSO_4\cdot H_2O+6HCl \longrightarrow 3PbCl_2+3PbSO_4+6H_2O$$

$$(C_4H_9)_2Sn(C_{11}H_{23}COO)_2+2HCl \longrightarrow (C_4H_9)_2SnCl_2+2C_{11}H_{23}COOH$$

$$(C_{17}H_{35}COO)_2Ca+2HCl \longrightarrow CaCl_2+2C_{17}H_{35}COOH$$

2. 抑制自由基生成和脱 HCl 的过程

有机锡类热稳定剂，可以与聚氯乙烯中不稳定的氯原子配位结合，使之形成稳定的络合物结构。

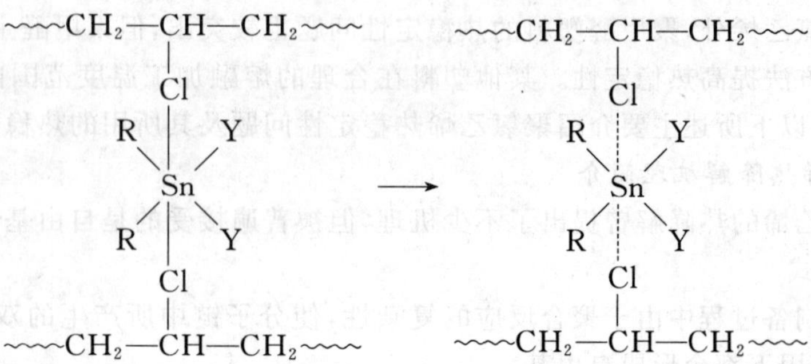

```
~~~CH2—CH—CH2~~~                 ~~~CH2—CH—CH2~~~
       |                                |
       Cl                               Cl
   R   |   Y                        R   ¦   Y
     \ | /                            \ ¦ /
      Sn              →                Sn
     / | \                            / ¦ \
   R   |   Y                        R   ¦   Y
       Cl                               Cl
       |                                |
~~~CH2—CH—CH2~~~                 ~~~CH2—CH—CH2~~~
```

式中　R——烷基；

Y——羧酸酯基（$-O-\overset{O}{\overset{\|}{C}}-R$）。

三、常用热稳定剂种类

1. 盐基铅盐热稳定剂

这类热稳定剂常用的品种有三盐基硫酸铅 $3PbO \cdot PbSO_4 \cdot H_2O$，二盐基硬脂酸铅 $2PbO \cdot Pb[OOC(CH_2)_{16}CH_3]$，二盐基亚磷酸铅 $2PbO \cdot PbHPO_3 \cdot 0.5H_2O$，碱式碳酸铅（铅白）$2PbCO_3 \cdot Pb(OH)_2$。这类热稳定剂的优点是长时间耐热性优，耐候性优，且价廉，缺点是毒性较大，在树脂中的相容性和分散性较差。

2. 金属皂类热稳定剂

硬脂酸的钙、钠、镁、镉、钡、锂、锌、铅、锶等盐类，月桂酸的钡、钙、镉等盐类，皆可作为聚氯乙烯的热稳定剂。这类热稳定剂的优点是除起热稳定作用外，并可兼起材料的润滑作用。

3. 有机锡化合物热稳定剂

有机锡化合物热稳定剂主要是某些羧酸的二烷基锡，特别是二丁基、二辛基锡化合物。例如二月桂酸二丁基锡 $[CH_3(CH_2)_{10}COO]_2Sn[(CH_2)_3CH_3]_2$，顺丁烯二酸二丁基锡

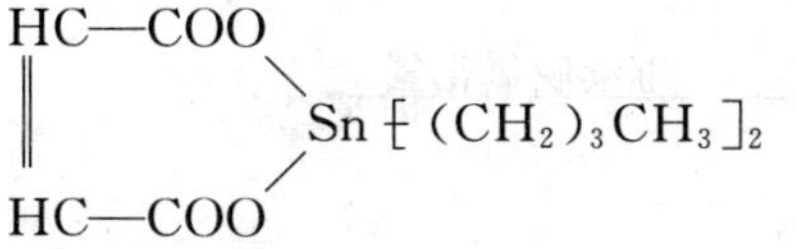

```
HC—COO
‖       \
‖        Sn[(CH2)3CH3]2
‖       /
HC—COO
```

这类热稳定剂的优点是可使塑料制品保持良好的透明性、突出的耐热性，并可与金属皂类热稳定剂产生协同效应，缺点是价格较贵。

§2.1.4　光稳定剂

加入到塑料配方中，改善塑料的耐日光性，防止或降低日光中紫外线对塑料的破坏的助剂，统称光稳定剂，又称抗紫外线剂。

一、光对塑料的破坏

日光的波长范围很宽，约在 200～10 000 nm 范围内。日光通过大气层（主要是臭氧层）到达地面时，大部分波长的光波被滤掉，所保留下的主要是 290～3 000 nm 范围的波长。在这些到达地面的光波中，波长在 400～800 nm 范围的可见光约占 40%，红外光约占 55%，紫外光仅占不足 6%。但这不足 6%的紫外光对塑料破坏最大，因为它所具有的能量足以引起几乎所有塑料内树脂的自动氧化反应和大部分树脂大分子链断链。光波能量可表示为

$$E = 11.96 \times 10^4/\lambda \qquad (2-1)$$

式中　E——每摩尔光量子所具有的能量（kJ/mol）；

λ ——光波波长(nm)。

例如,波长为 350 nm 的光波所具有的能量为 340.6 kJ/mol,波长为 300 nm 的光波所具有的能量为 397.5 kJ/mol,而大部分聚合物发生自动氧化反应的活化能约在 41.8～167.4 kJ/mol 之间,分子链中化学键的解离能约在 167.4～418 kJ/mol 之间。这些数据足以说明,紫外光对塑料会产生严重的破坏作用。

二、光稳定剂的类型及作用

光稳定剂对塑料的保护,按其作用实质可分为以下三类:

1. 紫外光屏蔽剂

这种光稳定剂也称遮光剂,其作用是可以吸收或反射(主要是反射)紫外光,使塑料材料免受或减小紫外线的损害,这是材料抗紫外线的首道防线。这类光稳定剂的主要品种是 TiO_2,ZnO 等无机颜料、无机填料和炭黑。

2. 紫外线吸收剂

这类光稳定剂是光稳定剂的主体,可以强烈地吸收紫外光,使光能以热能形式放出,大大减小对材料的损害。这是抗紫外线的第二道防线。这类光稳定剂的主要品种有以下几类。

(1) 水杨酸酯类。常用品种如:

水杨酸苯酯

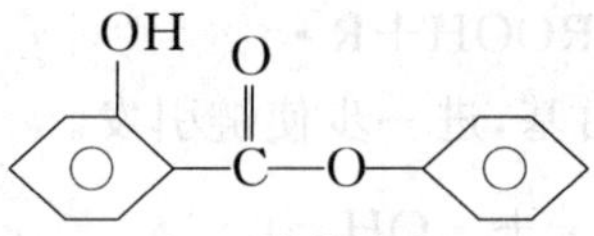

水杨酸对辛基苯酯

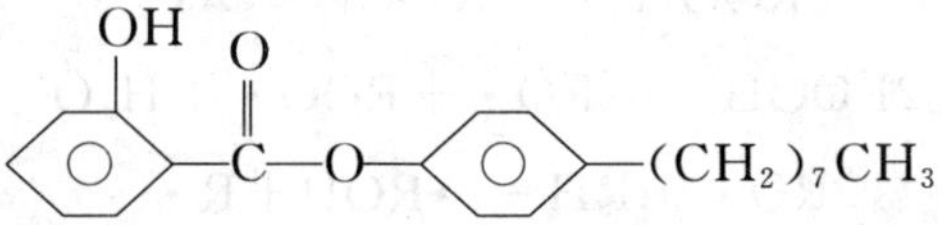

(2) 二苯甲酮类。常用品种如:

2,4-二羟基二苯甲酮

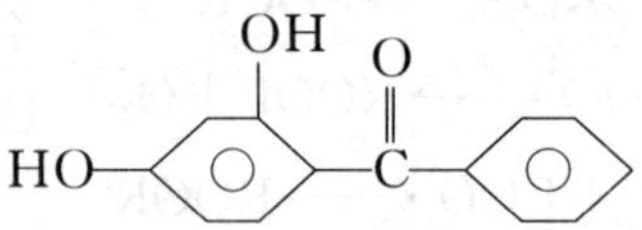

2-羟基-4-甲氧基二苯甲酮

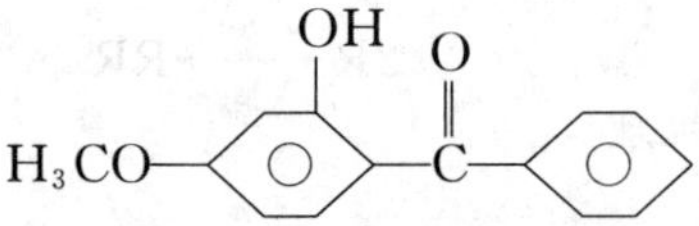

(3) 苯并三唑类。这类光稳定剂的基本结构是 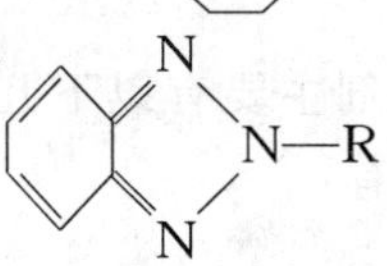 ,其中 R 为芳基。例如:

2-(2′-羟基-5′-甲苯基)苯并三唑

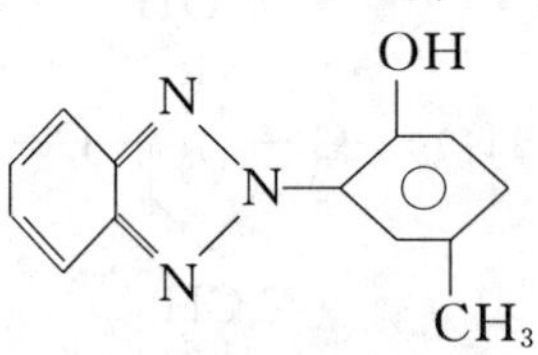

3. 紫外线猝灭剂

这类光稳定剂的作用是捕灭紫外线的活性。当射向塑料制品的紫外线尚未被一、二道防线的光稳定剂全部反射和吸收时,剩余部分被材料吸收,使材料中的树脂分子激发为“受激态”,加入材料配方中的这类光稳定剂可以从受激的树脂分子中迅速吸收能量,使之回到低能的稳定状态,将其“猝灭”。

$$A^*(\text{受激树脂分子})+Q(\text{猝灭剂})$$

$$\longrightarrow A+Q^* \longrightarrow Q$$

或

$$A^*+Q \longrightarrow \underset{\text{络合物}}{[A\cdots Q]}$$

这类光稳定剂是一些金属络合物，特别是二价镍的络合物。由于分子结构很复杂，其举例从略。

§2.1.5 抗氧剂

添加到塑料配方中，能延缓或抑制塑料氧化降解的物质统称抗氧剂。

一、塑料氧化机理

塑料的氧化是一个按自由基机理进行的自动催化过程，可以概括如下：

链引发 $$RH \xrightarrow{\text{光或热}} R\cdot + H\cdot \quad (\text{树脂分子链主体})$$

$$RH+O_2 \xrightarrow{\text{光或热}} R\cdot + HOO$$

链增长 $$R\cdot + O_2 \longrightarrow ROO\cdot$$

$$ROO\cdot + RH \longrightarrow ROOH + R\cdot$$

这里生成的氢过氧化物很不稳定，极易分解为自由基，进一步使链引发。

$$ROOH \longrightarrow RO\cdot + \cdot OH$$

或 $$2ROOH \longrightarrow RO\cdot + ROO\cdot + H_2O$$

$$RO\cdot + RH \longrightarrow ROH + R\cdot$$

链终止 $$2RO\cdot \longrightarrow ROOR$$

$$2ROO\cdot \longrightarrow ROOR + O_2$$

$$R\cdot + ROO\cdot \longrightarrow ROOR$$

$$2R\cdot \longrightarrow RR$$

二、抗氧剂品种及作用机理

1. 抗氧剂品种

塑料材料中所用抗氧剂主要有以下几类：

(1) 酚类。常用品种有：

2,6-二叔丁基苯酚 $(CH_3)_3-C$—[苯环，OH]—$C(CH_3)_3$

3-甲基-4-异丙基苯酚 HO—[苯环，CH_3]—$CH(CH_3)_2$

(2) 胺类。常用品种有

N,N-二苯基乙二胺 [苯环]—$NH-CH_2-CH_2-NH$—[苯环]

N-苯基-β-萘胺

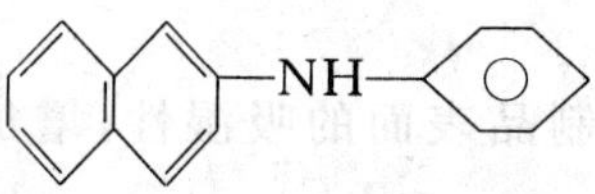

(3) 亚磷酸酯类。例如：

亚磷酸三苯酯 $(C_6H_5O)_3P$

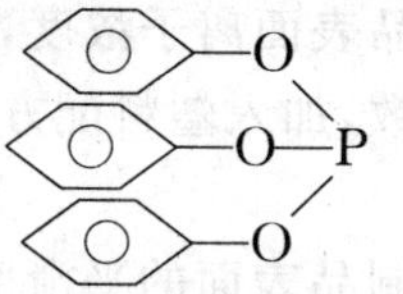

亚磷酸三丁酯 $(C_4H_9O)_3P$

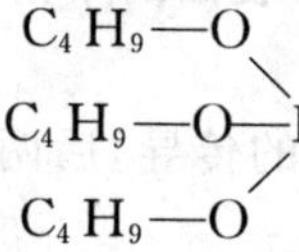

2. 作用机理

酚类、胺类抗氧剂中含有—OH，=NH，能与自动催化氧化反应中形成的自由基作用，最终使自由基消失，使氧化的链式反应终止。

$$R'H + ROO\cdot \longrightarrow ROOH + R'\cdot$$

(R—树脂分子链主体，R′—抗氧剂结构主体)

$$R'H + R\cdot \longrightarrow RH + R'\cdot$$

$$R'\cdot + ROO\cdot \longrightarrow ROOR'$$

$$R'\cdot + R'\cdot \longrightarrow R'R'$$

亚磷酸酯类抗氧剂能够将氧化反应过程中形成的氢过氧化物分解为不活泼产物，使其失去活性。

$$(R'O)_3P + ROOH \longrightarrow ROH + (R'O)_3P = 0$$

以上热稳定剂、光稳定剂、抗氧剂和某些塑料配方中使用的抗臭氧剂和抑铜剂合称防老剂。

§2.1.6 抗静电剂

加入塑料配方中或涂敷到塑料制品表面，防止制品表面聚积电荷的助剂称为抗静电剂。

一、静电的产生及其危害

塑料是优异的电绝缘材料，但也因此带来一个有害现象——表面容易聚积电荷产生静电。任何两个物体互相摩擦都会使表面产生电荷，电阻小的物体，表面电荷容易消除，电阻大的物体，表面电荷不易消除，会随着表面的反复摩擦使电荷聚积。塑料制品在成型加工和使用过程中，表面很容易因摩擦而聚积电荷形成静电。

塑料制品表面产生静电带来的危害有：

(1) 表面吸尘。带静电的塑料制品很容易吸附空气中的灰尘，使表面脏污，不仅影响表面美观，也常常使工作性能变坏，例如使透明制品透明度下降，使电影胶片图像模糊。

(2) 引起事故。塑料薄膜生产中产生表面静电，易引起周期易燃易爆品燃烧爆炸，工人操作中接触亦有麻电感。

二、抗静电剂作用机理

从根本上说，抗静电剂的作用在于降低塑料制品表面电阻，防止电荷积累。不同品种抗静电剂的具体作用，有以下几种：

(1) 抗静电剂中所含的亲水基团增加制品表面的吸湿性，增加导电性（因表面形成导电膜）。

(2) 离子型抗静电剂可以增加制品表面离子浓度，增加表面导电性。

(3) 抗静电剂具有较大的介电常数，加入塑料配方后可以增大材料电容，减小塑料制品表面摩擦时的电荷聚积。

(4) 某些抗静电剂可以增加塑料制品表面的平滑度，降低摩擦因数，因而也可减小摩擦时产生的电荷数量。

以上四条中，前两条是加速表面电荷的传导，后两条是减少表面电荷的产生。

三、抗静电剂品种

抗静电剂按其化学结构可分为离子型和非离子型两类。离子型抗静电剂又包括阳离子型、阴离子型、两性离子型。阳离子型抗静电剂主要是季胺盐，此外还有各种胺盐、烷基咪唑啉等。阴离子型抗静电剂包括有高级脂肪酸盐，各种磷酸衍生物、硫酸衍生物。两性离子型抗静电剂包括季胺内盐、两性烷基咪唑啉、烷基氨基酸类。非离子型抗静电剂主要有多元醇、多元醇的酯肪酸酯、胺类衍生物等。这些抗静电剂的分子结构一般都很复杂，在此略去举例。

抗静电剂按其使用方法又可分为内添加型和外涂型。内添加型加入到塑料的配料中，均匀地分散在材料内部，起到长久的抗静电作用。外涂型抗静电剂则是配制成溶液，刷涂、喷涂或浸涂到塑料制品表面，它们见效快，但容易因摩擦脱落而失效。内添加型与外涂型两种抗静电剂并无明确界限，往往同一种化合物可兼做两用。

§2.1.7 阻燃剂

加入到塑料配方中，能够降低材料的燃着倾向和程度，或降低燃烧速率和火焰传播速率的助剂，皆称为阻燃剂。

一、阻燃剂阻燃机理

人们对阻燃剂的阻燃机理尚未透彻了解，但已了解到其基本功能有：

(1) 燃烧时可形成不透的耐火涂层，隔绝燃烧物与氧的接触，不透的涂层可由下述原因产生：

1) 燃烧时分解放出较重的不燃性高沸点液体；

2) 受热熔融后产生不可透过的涂层；

3) 受热时本身可发泡膨胀或使材料发泡膨胀产生碳质炭或泡沫结构。

(2) 改变燃烧过程的热状态。阻燃剂的熔融、分解、升华是吸热反应，可吸收大量热使燃烧区温度降低，促使燃烧过程终止。

(3) 冲淡氧的供给。受热分解可以放出大量不燃性气体，稀释燃烧区的可燃气体浓度或覆盖整个燃烧区，限制氧对燃烧区的接近。

(4) 从化学反应上妨碍燃烧过程（改变燃烧的化学反应），可以使树脂分子链上的碳原子燃烧后不是产生 CO_2，而是产生 CO，从而大大减少燃烧放出的热量。因为生成 CO_2 的反应热是 396 kJ/mol，而生成 CO 的反应热仅是 110 kJ/mol。

除以上作用外，阻燃剂还可以捕捉燃烧反应过程中产生的活性自由基，使链式燃烧反应终止。

二、阻燃剂品种

阻燃剂按其使用方法可以是添加型，亦可以是反应型。添加型阻燃剂是在塑料配制或成型加工过程中掺入塑料中，这种类型多用于热塑性塑料，也可用于热固性塑料。反应型阻燃剂是在塑料内的树脂合成时作为反应组分之一参与合成反应，成为树脂分子链的组成部分。这种阻燃剂只用于热固性塑料。

不论是添加型阻燃剂，还是反应型阻燃剂，都不外乎是以下各类化合物：

(1) 周期表中第Ⅴ族元素 N，P，Sb 的化合物。

(2) 周期表中第Ⅶ族元素 F，Cl，Br，I 的化合物。

(3) 周期表中第Ⅲ族元素 Al，B 的化合物。

以上三大类化合物中，最主要的是卤素化合物（卤素化合物中，其阻燃效果的顺序是：含 Br 化合物⟶含 Cl 化合物⟶含 I 化合物⟶含 F 化合物）、磷化合物、锑化合物⟶主要是 Sb_2O_3。Sb_2O_3 本身单独使用并无阻燃效果，必须与卤化物并用，会显示出很强的协同效应，产生良好的阻燃效果。

常用的阻燃剂举例如下，含卤化合物如六溴化苯、四溴丁烷、五溴乙苯、十溴二苯醚等，皆属添加型阻燃剂。含卤化合物又如三溴苯酚、五溴苯酚、四溴双酚 A 等，皆属反应型阻燃剂。含磷化合物多是磷酸三酯类，如磷酸三甲酯、磷酸三(-氯丙)酯、磷酸三(2,3－二丙基)酯等，皆属添加型阻燃剂。

应该指出，卤化物虽是现用阻燃剂中阻燃效果较好者，但材料一旦燃烧后，卤化物受热会放出有毒的卤化氢。因此，研制开发高效无毒或低毒阻燃剂以取代卤化物是发展方向。

§2.1.8 润滑剂

加入到塑料配料中，以便在塑料成型加工中减小摩擦，改善加工性能的助剂，称为润滑剂。塑料润滑剂有外润滑剂与内润滑剂之分。

一、外润滑剂与内润滑剂

1. 外润滑剂

外润滑剂用于减小塑料加工时物料或制品与加工设备金属表面间的摩擦或粘附。例如减小熔体与注塑机、挤出机螺杆间或与料筒间的摩擦、制品与模具型面间的摩擦等。

对外润滑剂的要求是：

(1) 表面张力小，可减小聚合物与金属表面间的摩擦。

(2) 与聚合物的相容性较小，在塑料加工过程中容易迁移至物料表面。

(3) 含有亲金属的极性基团，可以在聚合物表面形成朝金属取向排列的极性润滑层。

外润滑剂除可加入到塑料配料中之外，也可涂擦在金属模具型面上，在这种情况下称为脱模剂或防粘剂，一般不包括塑料助剂之列。

2. 内润滑剂

内润滑剂用于减小塑料熔融加工时树脂大分子之间的摩擦，降低熔体粘度，增加熔融物料的流动性，有利于塑料的加工。

对内润滑剂的要求是：应该与树脂大分子有适当的相容性，室温下相容性小，随温度提高，相容性增大，在聚合物的熔融温度下，与其具有较好的相容性。

内润滑剂与增塑剂的区别是：内润滑剂虽可促使塑料流体的流动，但并不影响材料固体状态的物理力学性能，因为润滑剂用量极小，一般仅占配料的千分之几，远小于增塑剂用量。内润滑剂只能加入到塑料配料中。

多数润滑剂兼有内、外润滑剂的双重功能。

二、润滑剂品种

塑料用润滑剂包括以下几类化合物。

1. 脂肪酸及其酯类

例如，最常用的有硬脂酸 $CH_3(CH_2)_{16}COOH$，12-羟基硬脂酸 $CH_3(CH_2)_{10}CHOH(CH_2)_5COOH$，9，10-二羟基硬脂酸 $CH_3(CH_2)_7CHOHCHOH(CH_2)_7COOH$，硬脂酸甲酯 $CH_3(CH_2)_{16}COOCH_3$，硬脂酸丁酯 $CH_3(CH_2)_{16}COO(CH_2)_3CH_3$，2-羟基硬脂酸甲酯 $CH_3CHOH(CH_2)_{15}COOCH_3$ 等。

2. 脂肪酸酰胺类

常用的品种有：

硬脂酸酰胺 $CH_3-(CH_2)_{16}-\overset{O}{\overset{\|}{C}}-NH_2$

油酸酰胺 $CH_3-(CH_2)_7-CH=CH-(CH_2)_2-\overset{O}{\overset{|}{C}}-NH_2$

软脂酸酰胺 $CH_3(CH_2)_{14}CONH_2$

已酰胺 $CH_3(CH_2)_4-CONH_2$

辛酰胺 $CH_3(CH_2)_6CONH_2$

癸酰胺 $CH_3(CH_2)_8CONH_2$ 等。

3. 金属皂类

钙、镁、钡、锂、锌、铅等金属的硬脂酸盐皆是塑料用外润滑剂。此外正辛酸铅、月桂酸铅、肉豆蔻酸铅等也是较常用的润滑剂。

4. 烃类

烃类润滑剂包括石蜡（主要成分是碳原子数为 18～30 的烷烃，分子量约在 250～450 之间）、液体石蜡（碳原子数约为 10～18 的烷烃，分子量约在 150～250 之间）和聚乙烯蜡（平均分子量在 1 500～5 000 之间的低分子量聚乙烯）。

5. 硅有机化合物

主要是甲基硅油（聚二甲基硅氧烷）和乙基硅油（聚二乙基硅氧烷）。

应该指出，用于塑料摩擦件（如齿轮、轴承）以减小摩擦磨损的 MoS_2、石墨等亦可归入外润滑剂之列，但一般不列入塑料助剂范畴。

§2.1.9 着色剂

加入到塑料配料中使塑料制品具有各种颜色的助剂统称为着色剂。

一、着色剂的功能

加入到塑料中的着色剂，可以具有如下功能：

（1）美化产品，使制品光彩夺目，提高制品的商品价值。

（2）赋予制品某种特殊功能，例如可作为辨认标志，或起隐蔽伪装作用，或改善制品的某些性能。例如可改善光学性能、耐候性等。

二、着色剂类别

着色剂按其溶解性能分为两大类:染料和颜料。

1. 染料

可以在水、油或有机溶剂中溶解的着色剂称为染料。染料一般都是有机化合物。

染料的优点是色泽鲜艳,色彩夺目,色谱齐全,但缺点是耐热性、耐候性、耐溶剂性皆差,在塑料加工温度下或较高的温度使用过程中易分解变色,或在制品使用过程中易渗析、迁移,造成串色或对其他接触物的污染。

染料是纤维、织物等纺织品的主要着色剂,在塑料中应用较少,主要是用在光学塑料制品中,可以使透明塑料保持较好的透明性。

2. 颜料

颜料是不能溶解的着色剂,无论在水中或油中,或在其他溶剂中,都很难使其溶解,因此只能以细粉状均匀掺混到材料中。颜料可以是有机化合物,也可以是无机化合物。颜料是塑料中采用的主要着色剂。

无机颜料的耐热性、耐候性、耐溶剂性皆优,价格也较低。有机颜料的耐热性、耐候性、耐溶剂性等皆不及无机颜料,但色泽鲜艳夺目,在塑料中分散性较好。

颜料的遮盖力(即遮蔽树脂材料本色的能力)优于染料,特别是无机颜料。但遮盖力越好,所得制品透明性愈差,越不适于透明塑料。

三、塑料中常用着色剂品种

塑料中所用着色剂主要品种按不同颜色可列举如下:

1. 白色

锌钡白(又名立德粉),组成是 $ZnS+BaSO_4$(混合物);氧化锌 ZnO;二氧化钛(钛白粉)TiO_2。

以上三种皆为无机颜料。

2. 红色

镉红,组成是 $CdS+CdSe$(混合物);镉银朱,组成是 $CdS+HgS$(混合物);氧化铁红(铁丹、铁红)Fe_2O_3。这三种皆属无机颜料。

永固红、立索尔大红、立索尔紫红、立索尔宝红等皆是有机着色剂,因分子结构复杂,这里略去。

3. 黄色

铬黄,$PbCrO_4$ 或 $PbCrO_4 \cdot PbO$ 与 $PbSO_4$ 等不溶性盐的混合晶体,是无机颜料。

汉沙黄、联苯胺、永固黄、荧光黄等,都是有机物,其分子结构复杂,此处不予介绍。

4. 黑色

群青,分子结构为 $Na_6Al_4Si_6S_4O_{20}$ 或 $Na_7Al_6Si_6S_2O_{24}$,属于多硫化钠的硅酸铝;炭黑。

5. 蓝色

钴蓝(普鲁士蓝),$Fe_4[Fe(CN)_3] \cdot xH_2O$;酞菁蓝(有机化合物)。

6. 绿色

铬绿,Cr_2O_3(主要成分);酞菁绿(有机化合物)。

此外,荧光增白剂和珠光剂也是塑料中常用着色剂,前者是为了消除白色塑料制品的微微泛黄采用的添加剂，后者是为了使塑料制品产生珍珠般美丽的闪光。

§2.1.10 发泡剂

为使塑料制品产生泡沫结构所需加入的助剂称为发泡剂。发泡剂可分为物理发泡剂和化学发泡剂两大类。

一、物理发泡剂

依靠汽化或升华作用产生大量气体而起发泡作用的发泡剂称物理发泡剂。这类发泡剂一般是低沸点液体或易升华的固体，主要是前者，例如丁烷、戊烷、己烷、三氟氯甲烷、三氯氟甲烷、三氟三氯乙烷。氮气和二氧化碳也是常用的物理发泡剂。

二、化学发泡剂

易分解产生大量气体而起发泡作用的一类物质，如 $NaHCO_3$，$(NH_4)_2CO_3$，偶氮化合物、磺酰肼类化合物等，例如偶氮二甲酰胺 $H_2N-CO-N=N-CO-NH_2$，对甲基苯磺酰肼 $H_3C-C_6H_4-SO_2-NH-NH_2$ 。

§2.1.11 固化剂

加入到热固性塑料配方中，可以使树脂分子链间产生交联反应，形成三维网状或立体结构大分子的一种助剂。

固化剂具有专用性，每类热固性塑料均采用与其他热固性塑料所不同的固化剂。固化剂在各热固性塑料相应章节中加以介绍。

§2.2 塑料的配制

塑料的配制是按照塑料预定用途将各种助剂加入到基本成分树脂中的过程。热塑性塑料与热固性塑料配制过程有所不同。

§2.2.1 热塑性塑料的配制

热塑性塑料的供料形式一般是颗粒状。首先应以聚合或缩聚方法生产出粉状树脂，再通过如下工序配制成颗粒状塑料配料：

粉状树脂 $\xrightarrow{+助剂}$ 混合（在混合机或捏合机中）⟶挤出（经挤出机）⟶切粒⟶包装。

含有纤维状增强剂的塑料配料应该通过双螺杆挤出机挤出，不含纤维状增强剂的塑料配料可以采用单螺杆挤出机挤出。

上述工序中所用混合机是依靠快速旋转的叶轮将配料混匀。所使用的捏合机是依靠两个旋向相反的Z形搅拌器使配料上下翻动将配料混匀。当混好的配料加入到挤出机中挤出时，是将配料从挤出机的料斗加入，配料落入挤出机料筒中，在料筒中依靠筒内的螺杆旋转产生的机械摩擦热与料筒外的加热元件加热的双重作用使配料熔融塑化，从料筒前端喷嘴连续挤出并被快速旋转的切刀切成粒状。

热塑性塑料配料的配制均由塑料材料生产厂进行。塑料制品生产厂若需再加入某些助剂，例如最常需要的是加入着色剂，亦要通过重新挤出再切粒。

§2.2.2 热固性塑料的配制

热固性塑料的供料形式可以是松散的粉状(压塑粉)、团块状、片状或层压的板材和棒材,一般皆由材料生产厂进行配制或制备,再提供给制品生产厂,板材和棒材可直接提供给用户。

粉状配料的配制过程是:

单体 $\xrightarrow{\text{经缩聚}}$ 达到一定粘度(即一定分子量)的树脂时加入助剂 ⟶ 干燥 ⟶ 粉碎 ⟶ 过筛 ⟶ 包装

层压板、棒材的制备过程大致是:

配制树脂胶液(含固化剂) ⟶ 对增强剂(纸张、织物)进行浸渍 ⟶ 烘干 ⟶ 压制固化。

团块状配料配制:

单体 $\xrightarrow{\text{经缩聚}}$ 树脂 ⟶ 配制成一定粘度的胶液 ⟶ 加入随机的纤维状增强剂 ⟶ 烘干 ⟶ 包装。

思考题

1. 塑料材料中大致采用哪些助剂?对助剂有哪些基本要求?
2. 加入塑料中的增强剂、填料怎样才能达到与树脂的牢固结合?
3. 增强剂对塑料达到最佳增强效果的基本条件是什么?
4. 增塑剂大致是以什么机理对塑料进行增塑?增塑后的塑料性能有何变化?对增塑剂的基本要求是什么?
5. 哪些塑料的热稳定性最突出?聚氯乙烯常用的热稳定剂有哪几类?
6. 光稳定剂按其作用分为哪几类?大致各采用哪些物质?
7. 抗氧剂大致采用哪些品种?
8. 抗静电剂是怎样起到抗静电作用的?
9. 阻燃剂有哪两大类?最常采用的阻燃剂都是哪些化合物?
10. 试述外润滑剂和内润滑剂在功能上的区别。润滑剂与增塑剂有何不同?塑料中常用润滑剂都是哪些物质?
11. 着色剂有哪两大类?二者的区别和各自的优缺点是什么?塑料中常用哪类着色剂?
12. 热塑性塑料与热固性塑料的配制有何不同?

第三章　聚烯烃类塑料

聚烯烃是石油化工的主要产品之一，其产量在塑料工业中占着最大份额，是最重要的通用塑料。聚烯烃的主要品种包括聚乙烯、聚丙烯、聚丁烯、聚异丁烯(主要作橡胶用)、聚4-甲基-1-戊烯以及若干共聚物。聚烯烃货源广，价格廉，且有电性能、耐化学性、耐溶剂性等多种优异性能，兼有容易采用多种成型方法加工的优点，因而在塑料材料中用途最为广泛。

§3.1　聚　乙　烯

聚乙烯是由乙烯直接聚合所得到的聚合物，分子式可用通式$\left[CH_2-CH_2\right]_n$表示。聚乙烯是化学组成和分子结构最简单，生产量最大，应用最广的塑料品种。聚乙烯最早是在1939年实现了用高压法的工业化生产，50年代又相继出现了低压法和中压法的工业化生产。

§3.1.1　制备方法

一、单体制备

乙烯最初是由乙醇脱水获得。

$$CH_3CH_2OH \xrightarrow{Al_2O_3} CH_2=CH_2+H_2O$$

这种方法在工业生产中已无人采用。现今工业上均是从石油或天然气(主要是石油)热裂解产物中获取乙烯。

$$\text{石油初级馏分} \xrightarrow{\text{高温裂解}} C_2\text{成分} \longrightarrow \text{分离纯化得乙烯。}$$

乙烯常压下是气体，沸点－103.9℃，是易燃气体，可与空气形成爆炸性混合物。因具有双键，性质活泼，可在引发剂引发下聚合。

用于聚合的乙烯对纯度要求很高，要求乙烯含量大于99.8%，其他杂质如CO，CO_2，$CH\equiv CH$，O_2，湿气等含量都不应超过0.000 1%，否则对聚合后生成的聚乙烯老化性能和电性能皆有不利影响。

二、聚合

聚乙烯的工业化生产可采用高压聚合、低压聚合和中压聚合。

1. 高压聚合

聚乙烯的高压聚合是在压力为100～350 MPa范围的高压和160～300℃范围的较高温度条件下，按自由基机理进行的聚合过程。

$$nCH_2=CH_2 \xrightarrow[100\sim350\ MPa]{160\sim300℃} \left[CH_2-CH_2\right]_n$$

聚合中过去多采用氧(空气)为引发剂，但操作上较难稳定，近年渐改用过氧化物，例如二叔丁基过氧化物，亦有采用混合引发剂的趋向。

聚合反应具有如下特点：

(1) 反应对单体浓度有很大的依赖性。

(2) 自由基寿命很短。

由于以上两特点，使反应必须采用高压，以增大单体浓度（单位体积内所含单体分子数），减小分子间的距离，这样就可以增加单体分子间增长着的分子链与单体分子间的碰撞几率，加速反应的进行并提高转化率，增大聚合物的分子量。较低的反应压力只能得到低分子量聚合物。

(3) 反应放热多。

聚乙烯的自由基聚合反应放热大约在 3 350～4 185 kJ/mol 之间。反应放热如此之多，要求反应器应装备有效的冷却系统和适当的控制装置，使反应能在有效的控制下进行，得到分子量和分子量分布都适当的聚合物。

聚合反应的实施方法是高压气相本体聚合。聚合反应器可为釜式，亦可为管式。将新鲜的纯净单体经二次分段压缩，使其达到需要的高压。釜式法压力约为 130～250 MPa，温度为 160～270℃，管式法压力在 250～350 MPa，温度一般为 180～200℃。

高压聚合所得到的聚乙烯数均分子量约在$(2\sim3)\times10^4$之间，密度在 0.91～0.925 g/cm^3 之间，少数情况下聚合物密度可达 0.94 g/cm^3。聚合物的结晶度在 55%～65%之间。

2. 低压聚合

1954 年，Ziegler（德）等人首先采用低压聚合法生产出聚乙烯。低压聚合采用由Ⅰ-Ⅲ族金属的烷基化合物加Ⅳ-Ⅷ族金属的卤化物组成的复合配位型催化剂，该催化剂的典型代表是三乙基铝加四氯化钛 $Al(C_2H_5)_3+TiCl_4$，称为齐氏催化剂。反应在 60～70℃，0.1～0.5 MPa 的条件下进行。这种复合催化剂中的 $TiCl_4$ 先被烷基铝还原为 $TiCl_3$，形成以三价 Ti 为配位中心，配位数为 6 的络合物。乙烯分子先在络合物的空位上配位并活化，被活化的的乙烯分子再插入到 $Ti\rightarrow C_2H_5$ 键之间而聚合，如此反复进行便形成聚乙烯。

上述聚合物称为络合催化聚合，又称配位聚合。配位聚合是一个离子型聚合过程。聚乙烯的低压聚合是按阴离子型配位聚合进行的（增长着的链端基为配位阴离子）。

上述 $Al(C_2H_5)_3+TiCl_4$ 的复合配位型催化剂是聚乙烯低压法生产所采用的第一代催化剂，其催化效率低，催化剂用量大，以催化剂中所含钛元素计，大约每消耗 1 g 钛，仅可生产约 2 kg左右聚乙烯。由于聚合物中所含残留的催化剂较多，很难去除干净，以致影响到聚乙烯的电性能。70 年代后，出现了第二代齐氏催化剂，其催化剂效率大大提高，每消耗 1 g 钛可生产数十公斤至数百公斤聚乙烯。这种第二代齐氏催化剂主要是向原催化剂中加入了 $MgCl_2$，Mg(OH)Cl或 MgO 等含较大孔径的多孔型盐类或氧化物晶体作为载体，催化剂被吸附到这种比表面很大的载体上使其催化效率大大提高，不仅节约了催化剂，也可使聚合物中催化剂残留物大大减少，保证了聚合物的质量。

聚合反应的实施是采用液相淤浆法。将乙烯在低压下通入装有低级烷烃（例如汽油）作为溶剂的反应器，在 60～70℃范围内和无 O_2 与 H_2O 存在的条件下反应。反应中催化剂保持悬浮状态，聚合物以沉淀形式析出，形成浆状物，此时将反应物移至另一容器，并与催化剂分离并净化。

低压聚合物所得聚乙烯数均分子量约在$(0.7\sim3.5)\times10^5$之间，密度在 0.94～0.96 g/cm^3 之间，结晶度一般可达 85%～90%。

3. 中压聚合

聚乙烯的中压聚合由美国菲利浦石油公司最初采用。反应采用CrO_3为催化剂，以SiO_2－Al_2O_3（极细粉末）作为催化剂载体，采用溶液法进行聚合，反应机理也属离子型。由于六价铬离子（Cr^{+6}）的d轨道电子层有未被电子充满的空位，可以吸引被催化吸附的乙烯分子的电子使之极化产生离子，按离子型机理聚合。

聚合反应在装有催化剂的双环管式反应器中进行，连续从反应器上部通入已加压溶解入溶剂（戊烷或辛烷）的乙烯溶液，在130～160℃范围的温度和1.4～3.5 MPa范围的压力条件下进行聚合反应。生成的聚合物沉于溶液中，并不断从反应器下端流出，然后用汽油溶解再经过滤、干燥，加入所需助剂后经挤出造粒最后包装。

中压法所得聚乙烯的数均分子量约在$(4.5\sim5)\times10^4$之间，密度在0.95～0.97 g/cm³之间，结晶度可达95%～97%。

§3.1.2 结构与性能

一、聚乙烯的结构

聚乙烯的结构通式可简写为$\left[CH_2-CH_2\right]_n$。—C—C—链是柔性链，且是线型长链，因而聚乙烯是柔性颇优的热塑性聚合物。按它的化学组成和分子链结构，实质上是高分子量的烷属链烃，无极性基团存在，因此分子链间引力较小。聚乙烯分子链的空间排列呈平面锯齿形。由于分子链的规整和具有良好的柔性，使分子链可以反复折叠并整齐堆砌排列形成结晶。

红外光谱证明，聚乙烯分子链含有支链，但用不同聚合方法所得到的聚乙烯含支链多少和程度有颇大差别。含支链多少是用红外光谱法测得聚乙烯分子链上所含CH_3—的多少来加以说明的。结果表明，高压聚合法所得聚乙烯分子链上的每1 000个碳原子含有约20～30个CH_3—，而低压法所得聚乙烯的分子链每1 000个碳原子仅含5～7个CH_3—，中压法聚乙烯分子链上的CH_3—更少。如果聚乙烯分子链是绝对的完全线型结构，每1 000个碳原子就应仅含1～2个CH_3—，因为在这种理想的情况下，CH_3—仅能存在于分子链的两端。由于实际的聚乙烯分子链上含有支链，支链末端也可以是CH_3—，使分子链中所含CH_3—比理想的线型分子链明显增多。上述测试结果说明，高压法所得聚乙烯比低压法聚乙烯含有更多的支链。分析证明，除分子主链两端的CH_3—外，其余CH_3—连在乙基支链、丁基支链或更长的支链末端上。支链则是由于聚合反应中链传递以不同方式进行而形成的。分析还证明，高压聚乙烯中不仅含有乙基、丁基这样的短支链，还含有长支链，某些长支链长度可以接近甚至超过原来的主链，这种情况使得高压聚乙烯具有比低压和中压聚乙烯更宽的分子量分布。支链的存在必然会影响到分子链的反复折叠和紧密堆砌，导致结晶度减小，密度降低。支链的存在不仅会影响到聚合物的密度，也会影响聚合物熔体的流动性。带有支链，尤其是带长支链的分子链比无支链的线状分子缠结性小，使其在分子量相同的条件下熔融粘度较小。

高压聚乙烯由于按自由基机理聚合，因链传递的不同方式，聚合物分子链中也往往会形成双键。在高压聚乙烯中，分子链的每1 000个碳原子上约含有1～3个双键，这也已由分析所证明。低压聚乙烯由于按不同的机理和历程反应，分子链中可能会形成更多的双键。双键的存在会影响材料的耐老化性和某些化学性能。

此外，高压聚乙烯分子链上还会存在少量羰基与醚键。

聚乙烯的上述结构特点，决定了聚乙烯具有化学上的惰性、良好的韧性和耐低温性、优异的介电与电绝缘性、极优的耐溶剂性等一系列优异性能，但除韧性以外的力学性能不是很高。

用不同方法制备的聚乙烯，由于分子链支化程度、分子量分布的不同，分子链中所含双键及其他基团类型与数量的不同，势必使不同类型的聚乙烯在力学性能、热性能和其他性能上存在着差异。

二、聚乙烯性能

聚乙烯可视为高分子量的直链烷烃，外观上是白色蜡状固体，微显角质状，无臭无味无毒，除薄膜外，其他制品皆不透明，这是由于聚乙烯制品具有较高的结晶度之故。

聚乙烯按结晶度区分，可以分为低密度聚乙烯(LDPE)，密度范围 0.91～0.925 g/cm³；中密度聚乙烯(MDPE)，密度范围0.926～0.94 g/cm³；高密度聚乙烯(HDPE)，密度范围0.941～0.97 g/cm³。因此，用高压法制得的聚乙烯一般皆是低密度聚乙烯，少数情况下可得到中密度聚乙烯。由低压法和中压法制得的皆是高密度聚乙烯。

1. 力学性能

聚乙烯按其拉伸时的应力应变曲线形状，可看出是典型的软而韧的聚合物。力学性能各项指标中，除冲击强度较高外，其他力学性能绝对值在塑料材料中都是较低的。这是由于聚乙烯分子链是柔性链，又无极性基团存在，分子链之间吸引力小，在室温下聚乙烯分子链的无定形部分处于高弹态，本应不具备承载能力，但由于聚乙烯是结晶度较高的聚合物，结晶部分的结晶结构，即分子链的紧密堆砌赋予材料一定的承载能力。

对于聚乙烯力学性能有影响的结构因素，首先是聚乙烯的密度。密度增大，除韧性以外的力学性能皆提高，包括硬度和刚度增大。但聚乙烯的密度取决于结晶度，结晶度提高，密度会增大，而结晶度又与分子链的支化程度密切相关，支化程度又取决于聚合方法。因此，归根到底，高压聚乙烯由于支化度大，结晶度低，密度小，各项力学性能较低，但韧性良好。低压聚乙烯则正好相反，支化度小，结晶度高，密度大，各项力学性能均较高，韧性较差些。影响聚乙烯力学性能的另一结构因素是聚合物的分子量。分子量增大，分子链间作用力相应增大，所有力学性能，包括韧性也都提高。表 3-1 列出不同聚合方法制得的聚乙烯的一般力学性能。从表中可以看出密度及分子量对力学性能的影响。

表 3-1　聚乙烯的力学性能

聚合方法	高压法						低压法			中压法
性能 ＼ 密度/(g·cm^{-3})	0.923					0.94	0.95			0.96
熔融指数	70	20	7	2	0.3	0.7	2.0	0.2	0.02	1.5
数均分子量/(×10^4)	2.0	2.4	2.8	3.2	4.8			—		—
CH_3－/1 000C	31	31	28	23	20	—	5～7	5～7	5～7	<1.5
拉伸强度/MPa	—	8.9	10.2	12.5	15.3	20.7	23	23.0*	22.0*	～27.5
断裂伸长率/(%)	150	300	500	600	620	—	20	380	7 800	500
简支梁冲击强度/(kJ·m^{-2})	～53.5	～53.3	～53.3	～53.3	～53.3	—	1.5	1.8	2.87	4.53

* 拉伸屈服强度

2. 热性能

对聚乙烯所报道的玻璃化温度(T_g)，有一系列数据，例如－20℃，－30℃，－48℃，

—65℃，—77℃，—81℃，—93℃，—105℃，—120℃，—125℃，—130℃等，这可能是由于采用分子链支化度不同，因而结晶度和密度不同的试样进行测定的数据。因为不同试样的晶区和无定形区所含比例相差较大，其无定形部分链长差别很大，从而就得到差别很大的结果。姑且认为玻璃化温度是—20℃，在塑料材料中也是很低的，这就决定了聚乙烯在一般环境下韧性良好，耐低温性（耐寒性）优良。聚乙烯的脆化温度（T_B）约在—50～—70℃，随分子量增大，脆化温度降低，当重均分子量（$\overline{M}_W$）大于 10×10^5 时，例如超高分子量聚乙烯，可低达—140℃。

对于结晶型塑料而言，熔融温度（T_m）是比玻璃化温度更重要的温度。影响熔融温度的主要因素是支化度，支化度增大，密度降低，熔融温度降低。低密度聚乙烯的熔融温度约在 108～126℃范围，中密度聚乙烯熔融温度在 126～134℃范围，高密度聚乙烯在 126～137℃范围。分子量对聚乙烯的熔融温度基本上无影响。

聚乙烯的热变形温度在塑料材料中是很低的，不同聚乙烯的热变形温度也有差别，低密度聚乙烯约为 38～50℃（0.45 MPa），中密度聚乙烯约为 50～74℃，高密度聚乙烯约为 60～80℃。聚乙烯的最高连续使用温度不算太低，低密度聚乙烯约为 82～100℃，中密度聚乙烯约为 105～121℃，高密度聚乙烯 121℃，均高于聚苯乙烯和聚氯乙烯。聚乙烯的热稳定较好，在惰性气氛中，其热分解温度超过 300℃。

聚乙烯的比热容较大，高密度聚乙烯约为 1 925～2 301 J/(kg·K)，低密度聚乙烯约为 2 218～2 301 J/kg·K。聚乙烯热导率在塑料中也较大，约为 0.33 W/(m·K)，不宜作为良好的绝热材料选用。聚乙烯乃至聚烯烃类塑料都具有较大的线胀系数，聚乙烯的线胀系数约在 $(15\sim30)\times10^{-5}$/K 之间，其制品尺寸随温度改变变化较大。

3. 电性能

聚乙烯本身无极性，决定了它有优异的介电及电绝缘性。它的吸湿性很小，小于 0.01%，使得它的电性能不受环境湿度改变的影响。聚乙烯介电常数小，约在 2.25～2.35 之间；介质损耗因数（介电损耗角正切 tanδ）也很小，约为 $(2\sim5)\times10^{-4}$；体积电阻率高，大于 $10^{14}\sim10^{15}$ Ω·m；低密度聚乙烯介电强度约为 18.1～27.6 kV/mm，高密度聚乙烯可达 35 kV/mm。由于是非极性材料，其介电性能不受电场频率的影响。

尽管聚乙烯具有优异的介电和电绝缘性，但由于耐热性不够高，作为绝缘材料使用，只能达到 Y 级（工作温度≤90℃）。

4. 耐化学试剂及耐溶剂性

聚乙烯化学上具有较明显的惰性，在室温下不受非氧化酸、胺类、盐类等的影响，也不受稀硫酸、稀硝酸的影响，但受浓硫酸、浓硝酸、硫酸与铬酸混酸的氧化，使力学性能、电性能恶化。

卤素对聚乙烯可产生取代反应，温度提高，取代反应加剧。在二氧化硫存在下对聚乙烯进行氯化，可以产生氯磺化聚乙烯。

$$\sim\!\sim CH_2-CH_2-CH_2-CH_2-CH_2-CH_2 \sim + 2Cl_2 + SO_2 \rightarrow$$

$$\sim\!\sim \underset{\displaystyle Cl}{\underset{|}{CH}}-CH_2-CH_2-CH_2-\underset{\displaystyle SO_2Cl}{\underset{|}{CH}}-CH_2 \sim\!\sim + 2HCl\uparrow$$

氯磺化聚乙烯是一种性能良好的橡胶材料（Hyplon）。

聚乙烯是一种非极性结晶型聚合物，内聚能密度在塑料材料中属于较低者，它的溶解度参数（δ 值）约为 16.5 $(J/cm^3)^{1/2}$。由于它的结晶结构和非极性，在室温下没有任何溶剂可使它溶解，仅可以在 δ 值与之接近的溶剂中溶胀；随着温度的升高，可以在 δ 值与之接近的溶剂中溶解。

聚乙烯具有惰性的低能表面，粘附性很差，聚乙烯制品之间，聚乙烯制品与其他材质制品之间的胶接比较困难。

5. 环境和老化性能

聚乙烯在聚合反应或加工过程中分子链上会产生少量羰基，当制品受到日光照射时，这些羰基会吸收波长范围为 290～300 nm 的光波，使制品最终变脆。某些高能射线照射聚乙烯时，可使聚乙烯释放出 H_2 及低分子烃，使聚乙烯产生不饱和键并逐渐增多，从而会引起聚乙烯交联，改变聚乙烯的结晶度，长期照射会引起变色并变为橡胶状产物。照射也会引起聚乙烯降解、表面氧化，对力学性能不利，但可以改善聚乙烯的耐环境应力开裂性。向聚乙烯中加入炭黑，再进行高能射线照射，可以提高聚乙烯的力学性能，仅加入炭黑而不照射，只能使它变脆。

聚乙烯在许多活性物质作用下会产生应力开裂现象，称为环境应力开裂，是聚烯烃类塑料，特别是聚乙烯的特有现象。引起环境应力开裂的活性物质包括酯类、金属皂类、硫化或磺化醇类、有机硅液体、潮湿土壤等环境。产生这种现象的原因可能是这些物质在与聚乙烯接触并向内部扩散时会降低聚乙烯的内聚能。因此，聚乙烯不宜用来制备盛装这些物质的容器，也不宜单独用于制备埋入地下的电缆包皮。在耐环境应力开裂方面，低密度聚乙烯比高密度聚乙烯要好些，这是由于低密度聚乙烯结晶度较小。显然，结晶结构对耐环境应力开裂是不利的。因此，改善聚乙烯乃至聚烯烃塑料耐环境应力的方法之一是设法降低材料的结晶度。提高聚乙烯的分子量，降低分子量的分散性，使分子链间产生交联，都可以改善聚乙烯的耐环境应力开裂性。

6. 燃烧性能

聚乙烯是分子链仅由碳氢两种元素组成的高分子烷属链烃，极易燃烧，氧指数仅 17.4，是最易燃烧的塑料品种之一。

§3.1.3 聚乙烯的加工

一、加工性能

聚乙烯的加工性能可以用以下几方面加以说明：

(1) 聚乙烯的吸水性极小，不超过 0.01%，无论采用何种成型方法，皆不需要先对粒料进行干燥。

(2) 聚乙烯分子链柔性好，链间作用力小，熔体粘度低，成型时无需太高的成型压力，很容易成型出薄壁长流程制品，也适用于多种成型工艺，成型出多种形状和尺寸的制品。

(3) 聚乙烯熔体的非牛顿性不明显，剪切速率的改变(成型工艺中往往是通过改变成型压力)对粘度影响小。聚乙烯熔体粘度受温度影响也较小。

(4) 聚乙烯的比热容较大，尽管它的熔点并不高，塑化时仍需要消耗较多热能，要求塑化装置应有较大的加热功率。

(5) 聚乙烯的结晶能力高，成型工艺参数，特别是模具温度及其分布对制品结晶度影响很大，因而对制品性能影响很大。

(6) 聚乙烯的收缩率绝对值及其变化范围都很大，在塑料材料中很突出，低密度聚乙烯收缩率在 1.5%～5.0% 之间，高密度聚乙烯在 2.5%～6.0% 之间，这是由其具有较高的结晶度及结晶度会在很大范围内变化所决定的。

(7) 聚乙烯熔体容易氧化，成型加工中应尽可能避免熔体与氧直接接触。

(8) 聚乙烯的品级、牌号极多，应按熔融指数大小选取适当的成型工艺。

二、加工工艺

聚乙烯可采用多种成型工艺加工，可以注塑、挤出、中空吹塑、薄膜吹塑、薄膜压延、大型中空制品滚塑、发泡成型等，中、高密度聚乙烯还可以热成型。聚乙烯型材可以进行机械加工、焊接等。

聚乙烯的成型加工都是在熔融状态下进行的，成型时的熔体温度一般约高出聚乙烯熔融温度30～50℃。不同成型工艺对材料的熔体流动性有不同要求，注塑和薄膜吹塑应选用熔融指数较大的材料，型材挤出和中空吹塑应选用熔融指数较小的材料。

1. 注塑

低密度聚乙烯与高密度聚乙烯皆具有良好的注塑成型工艺性，其典型的成型工艺条件如表3-2所列。

注塑成型用于制备承载的制品时，应选用注塑用品级中的熔融指数较小的材料，若用于制备薄壁长流程制品或非承载性制品，可选用熔融指数较高的材料。

表3-2　聚乙烯的注塑成型工艺

工艺参数		低密度聚乙烯	高密度聚乙烯
料筒温度/℃	后部	140～160	140～160
	中部	160～170	180～190
	前部	170～200	180～220
喷嘴温度/℃		170～180	180～190
模具温度/℃		30～60	30～60
注射压力/MPa		50～100	70～100
螺杆转速/(r·mm^{-1})		＜80	30～60

2. 挤出

聚乙烯可以挤出成型为板材、管材、棒材及各种型材，最常用于管材挤出。表3-3所列出的是聚乙烯管材挤出的典型工艺条件。

表3-3　聚乙烯管材挤出成型工艺条件

工艺参数		低密度聚乙烯	高密度聚乙烯
料筒温度/℃	后部	90～100	100～110
	中部	110～120	120～140
	前部	120～135	150～170
机头温度/℃		130～135	155～165
口模温度/℃		130～140	150～160
螺杆转速/(r·mm^{-1})		16	22

高密度聚乙烯与低密度聚乙烯挤出时，型材在离开口模时的冷却速率应有所不同。低密度聚乙烯型材应缓冷，若骤冷会使制品表面失去光泽，并产生较大内应力，使强度下降。高密度聚乙烯则需要迅速冷却才能保证型材的良好外观和强度。

3. 中空吹塑

中空吹塑是先从挤出机中挤出管形型坯，再将型坯置于模具中通气吹至要求形状，成为封闭的中空容器。表 3-4 是聚乙烯浮筒的中空吹塑工艺条件。

表 3-4 聚乙烯浮筒中空吹塑工艺条件

工艺参数		取值范围	工艺参数	取值范围
料筒温度/℃	后部	140～150	螺杆转速/(r·min^{-1})	22
	前部	155～160	充气方法	顶吹
机头温度/℃		160	充气压力/MPa	0.3～0.4
口模温度/℃		160	吹胀比	2.5∶1

中空吹塑一般采用熔融指数为 0.2～0.4 的高密度聚乙烯，若采用掺入低密度聚乙烯的共混料，则低密度聚乙烯的熔融指数应在 0.3～1.0 范围。

§3.1.4 聚乙烯的应用

聚乙烯是产量最大，应用最广的塑料品种。聚乙烯最初专用于高频绝缘，现今除高频绝缘外，主要用途包括以下几个方面：

(1) 挤出或压延成型各种薄膜　聚乙烯的最大应用领域是农用，育苗用地膜，蔬菜大棚膜，园艺用各种薄膜，各种包装薄膜，出版物的塑膜封皮等。除聚乙烯自身的单层膜外，还可与其他材料层叠成复合薄膜。

(2) 中空吹塑成各种容器　各种工业和日用容器，如油桶、啤酒罐、涂料桶、瓶、饮料瓶、奶瓶、药品包装瓶、洗涤剂瓶以及其他各种形状和大小的包装容器，多用聚乙烯制备。

(3) 挤出成各种型材、单丝　聚乙烯可挤出成板材、片材、棒材，特别是管材，可供化工厂，建筑行业和日常生活用，如输气管、下水管道、农田灌溉管、医用输液管等。聚乙烯还可挤出成单丝用于制造绳索、渔网、纱窗等。

(4) 注塑成各种工业用品及日常用品　聚乙烯可注塑成各种生活用品，如水桶、各种大小的盆、碗、灯罩、瓶壳、茶盘、梳子、淘米箩、玩具、文具、娱乐用品等，也可制备自行车、汽车、拖拉机、仪器仪表中的某些零件。

(5) 挤出成型电线电缆包皮(一般需要进行改性)、高频绝缘结构件(常用交联品级)，Y 级电绝缘制品。

(6) 各种设备、装置的防腐涂层(采用喷涂方法)。

(7) 泡沫制品，如具有防腐要求的防震、保温、吸音材料，防震缓冲包装材料，家具制品，体育用品如软垫、头盔内衬等。

§3.1.5 超高分子量和低分子量聚乙烯

一、超高分子量聚乙烯

平均分子量超过 10^6 的聚乙烯称为超高分子量聚乙烯，缩写代号为 UHMWPE，其重均分子量($\overline{M}_w$)一般在(1～6)×10^6 范围内，有时还会高于此值。超高分子量聚乙烯的制备也采用低压聚合方法，但与一般低压聚乙烯的制备有所不同，这时采用的催化剂是 $AlCl(C_2H_5)_2$＋$TiCl_4$，反应在 50～90℃、约 1 MPa 的条件下进行。超高分子量聚乙烯由于分子量极高，结晶困难，结晶度比一般的低压聚乙烯要低，约在 65%～85%的范围内，密度在 0.92～0.94 g/cm^3 范围内。

超高分子量聚乙烯除具有一般高密度聚乙烯的性能外，还具有突出的摩擦磨损性能，摩擦系数小，自润滑性能优，耐环境应力开裂性优；也具有良好的高温抗蠕变性，良好的耐低温性，冲击韧性优异；兼之具有优异的化学稳定性和抗疲劳性，对噪音阻尼性良好，是制备齿轮、轴承等摩擦件的优异摩擦材料，被视为一种良好的热塑性工程塑料。

超高分子量聚乙烯因分子量极高，熔体流动性差，不宜注塑，宜于粉末压制烧结，也可挤出型材和吹塑大型中空制品。

二、低分子量聚乙烯

分子量在 1 000～10 000 之间的聚乙烯称为低分子聚乙烯，缩写代号 LMWPE，是一种外观很像石蜡的聚合物，故又称聚乙烯蜡。低分子聚乙烯的制备采用类似高压聚乙烯的聚合工艺。通过对聚合条件的调整，例如可以使乙烯在惰性溶剂和引发剂存在的情况下，在 20～100 MPa及 60～300℃的条件下聚合，可制得密度约为 0.90 g/cm^3 的低分子量聚乙烯。也可通过先将高分子量聚乙烯熔融，用含氧气体在 100～250℃条件下氧化降解，得到低分子量聚乙烯。低分子量聚乙烯的软化温度约在 80～95℃之间，由于分子量很低，力学性能极低，一般不具有承载能力，只适宜作为塑料的润滑剂，蜡纸涂层。低分子量聚乙烯状似石蜡，但韧性优于一般石蜡。

§3.1.6 聚乙烯的改性

聚乙烯有一系列优点，但也有承载能力小、易燃、耐候性差等缺点。除了超高分子量聚乙烯外，一般的高、低密度聚乙烯都存在耐环境应力开裂性差的问题。聚乙烯的改性，正是针对克服这些缺点进行的。

一、线型低密度聚乙烯

线型低密度聚乙烯缩写代号为 LLDPE，是 70 年代中期出现的较新产品，是聚乙烯的主要改性品种之一。

1. 制备方法和结构特点

线型低密度聚乙烯是由乙烯与少量 α-烯烃(丙烯、1-丁烯、2-已烯、1-辛烯等皆可)在复合催化剂 CrO_3＋$TiCl_4$＋无机氧化物(如 SiO_2)载体存在下，在 75～90℃和 1.4～2.1 MPa 条件下进行配位聚合得到的密度为 0.92～0.93 g/cm^3 范围的共聚物。共聚物中 α-烯烃含量较小，一般不超过 6%～10%，也可少至 1%。

线型低密度聚乙烯分子链中由于含有第二种单体，使分子链的链节组成不规则，使材料比一般的低压聚乙烯结晶度减少，且由于采用配位聚合，使分子链的支化度又比一般的高压聚乙烯支化度大大减少，仅含有短支链，无长支链，分子量分散性也大大减小。

2. 性能特点

线型低密度聚乙烯的熔融温度比一般低密度聚乙烯提高约 10～15℃，由于分子链结构和分子量分散性的改变，使材料拉伸强度、伸长率、刚性、冲击韧性、撕裂强度、抗翘曲性、耐热性、耐低温性等比一般低密度聚乙烯皆有明显提高，耐环境应力性也大大改善。作为薄膜材料，在保持同样工作性能的条件下，可以使厚度减小 20%～25%。

二、交联聚乙烯

聚乙烯可以通过高能照射或化学方法进行交联，从而使许多性能得到改善。

1. 辐射交联

采用 α，β，γ 等高能射线或快速电子、放射性同位素的照射，可以对聚乙烯进行交联。

$$\begin{matrix}\sim\sim CH_2-CH_2\sim\sim \\ \sim\sim CH_2-CH_2\sim\sim\end{matrix} \xrightarrow{\text{高能射线}} \begin{matrix}\sim\sim CH_2-CH\sim\sim \\ \sim\sim CH_2-CH\sim\sim\end{matrix} + \begin{matrix}H\cdot \\ H\cdot\end{matrix} \longrightarrow \begin{matrix}\sim\sim CH_2-CH\sim\sim \\ | \\ \sim\sim CH_2-CH-\end{matrix} + H_2\uparrow$$

所得交联聚乙烯的交联度与辐射线的照射剂量和照射温度有关，达交联饱和时，最大交联度可达到 60%～70%。

在亲水性单体（如丙烯酰胺）存在下进行辐射交联，可以使该单体接枝到聚乙烯上，改善聚乙烯的表面粘附性，从而改善胶接和印刷性能。

2. 化学交联

可以用有机过氧化物对聚乙烯进行交联。过氧化物分解可以产生自由基，可以导致聚乙烯分子链产生活性中心，两个分子链的活性中心连接使分子链之间交联。例如可以采用过氧化异丙苯对低密度聚乙烯进行交联。

$$C_6H_5-C(CH_3)_2-O-O-C(CH_3)_2-C_6H_5 \xrightarrow{132℃} 2\,C_6H_5-C(CH_3)_2-O\cdot \longrightarrow 2\,C_6H_5-\overset{O}{\overset{\|}{C}}-CH_3 + 2CH_3\cdot$$

$$2CH_3\cdot + 2\sim\sim CH_2-CH_2-CH_2-CH_2 \longrightarrow 2CH_4 + \begin{matrix}\sim\sim CH_2-CH_2-CH-CH_2\sim\sim \\ \sim\sim CH_2-CH_2-CH-CH_2\sim\sim\end{matrix}$$

$$\begin{matrix}\sim\sim CH_2-CH_2-CH-CH_2\sim\sim \\ | \\ \sim\sim CH_2-CH_2-CH-CH_2\sim\sim\end{matrix}$$

化学交联中所用的过氧化物也可以是过氧化苯甲酰、二叔丁基过氧化物、叔丁基过氧化氢等。也可以用三乙氧基硅烷在有机锡催化下对聚乙烯进行交联，其结果是通过 $-\underset{|}{\overset{|}{Si}}-O-\underset{|}{\overset{|}{Si}}-$ 桥使分子链交联起来。

由于交联后的材料成为不熔不溶状态，因此用化学交联法时应先将交联剂混入聚乙烯粒料中，经加热混炼后压制成型或挤出成型；而用辐射交联时是对聚乙烯制品直接进行照射。化学交联的优点是不需要较昂贵的辐射源，可以普遍推广。

三、氯化聚乙烯

氯化聚乙烯缩写代号为 PEC，是聚乙烯的重要改性产品。

1. 氯化原理

将聚乙烯溶解于加热的氯代烃中，充氮驱除空气，在引发剂存在下或紫外光照射下，在60～110℃和不超过0.7 MPa的条件下通入氯气可以使之氯化，控制氯化时间，可以得到氯化程度不同的产物。氯化后的聚乙烯分子链上部分氢原子被氯原子取代，产物仍然是白色固体。

$$Cl_2 \xrightarrow{\text{光或引发剂}} 2Cl\cdot$$

$$\sim\sim CH_2-CH_2-CH_2-CH_2\sim\sim + Cl\cdot \longrightarrow \sim\sim CH_2-CH_2-\underset{\cdot}{CH}-CH_2\sim\sim + HCl\uparrow$$

$$\sim\sim CH_2-CH_2-\underset{\cdot}{CH}-CH_2\sim\sim + Cl_2 \longrightarrow \sim\sim CH_2-CH_2-\underset{Cl}{\underset{|}{CH}}-CH_2\sim\sim + Cl\cdot$$

2. 氯化聚乙烯的性能和用途

氯化聚乙烯分子链上由于含有侧氯原子，破坏了原聚乙烯分子链的对称性，使结晶结构破坏，使材料变得更柔软，赋予材料类似于橡胶的弹性。但随氯原子含量增大，材料弹性减小，刚性增大。当氯含量小于25%时，材料是塑性体或弹塑性体。当氯含量在25%～48%时，材料是典型的弹性体。当氯含量在49%～58%时，材料变为硬弹性体，可制备仿皮革制品。当氯含量超过60%，材料成为刚性材料，只用能用于注塑。

氯化聚乙烯与聚乙烯的性能相比，改善了材料的耐候性、耐油性，进一步提高了耐化学试剂性，也使材料变成阻燃材料，使有限氧指数从原来聚乙烯的17.4提高到30～35。当氯含量较低时，材料的冲击韧性会比原聚乙烯更好些，但耐环境应力开裂性仍不佳。当氯含量大于45%时，耐环境应力开裂性有明显改善。

氯化聚乙烯的主要用途是作为聚氯乙烯的增韧剂，也可以挤出成型耐燃、耐油、耐环境应力开裂的电线、电缆包皮，或用于家具、建材制品制备，还可挤成单丝或抽成纤维(氯纶)，制作渔网、筛网等。近年来采用含氯量仅10%左右的氯化聚乙烯制备耐燃薄膜，其抗撕裂性也特别优良。

四、氯磺化聚乙烯

1. 制备原理

前已述及，在SO_2存在的条件下对聚乙烯进行氯化，可产生氯磺化聚乙烯。将聚乙烯溶解到加热的四氯化碳中，在紫外线照射下或引发剂(用偶氮化合物)存在下，通入氯气和少量SO_2，聚乙烯就可进行氯磺化应反，控制反应时间，就可以得到氯磺化程度不同的氯磺化聚乙烯。在氯磺化聚乙烯中，分子链的每1 000个碳原子中约含的25～42个氯原子，约含有1～3个氯磺酰基($-SO_2Cl$)。

2. 氯磺化聚乙烯的性能

氯磺化聚乙烯是白色海绵状弹性固体，具有优良的耐氧、耐臭氧性，因此耐大气老化性比聚乙烯有明显的提高，其耐热性、耐油性、阻燃性比聚乙烯也有明显改善，有限氧指数可提高到30～36。氯磺化聚乙烯具有良好的耐磨耗性和抗挠曲线性，是优良的橡胶材料。氯磺化聚乙烯的耐化学腐蚀性也优于聚乙烯。由于分子链上含有侧基氯原子和体积较大的氯磺酰基，使分子链柔曲性变差，韧性及耐寒性变差。

作为橡胶材料，氯磺化聚乙烯分子链中无不饱和键，不能用硫磺硫化，但由于氯磺酰基的存在，可以使材料用氧化铅、氧化镁或氧化锌等进行硫化。

$$\sim\sim CH_2-\underset{SO_2Cl}{\underset{|}{CH}}-CH_2-CH_2\sim\sim \xrightarrow{+H_2O} \sim\sim CH_2-\underset{SO_2OH}{\underset{|}{CH}}-CH_2-CH_2\sim\sim + HCl$$

$$2\ \sim\sim CH_2-\underset{SO_2OH}{\underset{|}{CH}}-CH_2-CH_2\sim\sim \xrightarrow{+PbO} \begin{matrix} \sim\sim CH_2-CH-CH_2-CH_2\sim\sim \\ | \\ SO_2-O \\ | \\ Pb \\ | \\ SO_2-O \\ | \\ \sim\sim CH_2-CH-CH_2-CH_2 \end{matrix} + H_2O$$

氯磺化聚乙烯可用于天然橡胶或合成橡胶的改性，也可直接制作橡胶制品，此外还可作为织物涂层、金属和其他硬质材料涂层。

§3.2 聚 丙 烯

继 Ziegler 之后，Natte(意)很快发现用改进的齐氏催化剂可制得高分子量的聚丙烯，而在此前采用自由基聚合只能得到无商品价值的低分子量聚丙烯。1957 年意大利首先建成聚丙烯生产线。1960 年，几个国家的数家公司的聚丙烯相继上市，聚丙烯作为塑料材料的用途迅速增长，成为继聚乙烯之后的聚烯烃塑料的另一个重要品种。

§3.2.1 制备方法

一、单体制备

聚丙烯的单体丙烯也是由石油馏分(轻油)或天然气高温裂解制取。

$$\text{石油初级馏分} \xrightarrow{\text{高温裂解}} C_3\ \text{成分(丙烷、丙烯等)} \xrightarrow{\text{分离净化}} \text{丙烯}$$

丙烯：$CH_3-CH=CH_2$，常压下是气体，沸点 −47.7℃。由于分子中甲基的诱导效应，使双键中电子对向一侧偏移，比乙烯更活泼，更容易聚合。

用于聚合的丙烯对纯度要求很高，应仔细清除水分、丙炔等杂质，要求丙炔含量小于 0.000 1%，水分含量小于 0.000 15%。

二、聚合

(一) 反应原理

聚丙烯的工业化生产是采用改进的齐氏催化剂，称为齐-纳催化剂。齐-纳催化剂由 $TiCl_3$ 与 $Al(C_2H_5)_3$ 或 $AlCl(C_2H_5)_2$ 组成。在这种复合催化剂存在下产生阴离子型的定向配位聚合。

$$nCH_3-CH=CH_2 \xrightarrow{TiCl_3+Al(C_2H_5)_3} \left[\underset{CH_3}{\underset{|}{CH}}-CH_2 \right]_n$$

如果采用一般的齐氏催化剂，只能得到应用价值不大的等规度很小的聚丙烯。

(二) 实施方法

聚丙烯络合催化的定向配位聚合可以采用以下几种实施方法。

1. 浆液法(淤浆法)

将催化剂加入到石脑油(沸点范围 20～160℃的石油馏分，主要成分是戊烷、乙烷、庚烷、辛烷等)组成浆状液，其比例是 10 份催化剂比 90 份石脑油，再将浆状液加入反应器并通入丙烯，在 50～60℃，0.5～1 MPa 的压力条件下反应 8 h，可以得到转化率约 80%～85%的聚合物。反应实质上是悬浮聚合，可加入少量氢气作为链传递剂，调节产物分子量。

2. 液态本体聚合

将丙烯加压液化，加入催化剂进行聚合，反应在 60～70℃，3.2～3.5 MPa 压力条件下进行，转化率可达 95%，是一种简单经济的方法。

3. 气相聚合

丙烯以气态加入反应器，将催化剂分散在溶剂中，从反应器上端喷入，在约 3.5 MPa 压力及 90℃左右条件下进行气相聚合。采用该方法的优点是催化剂效率高，用量少，容易从聚合物中清理干净。

上述齐-纳催化剂是第一代催化剂，效率低，以消耗催化剂中的每克钛计，仅可制得 1.3～3 kg聚合物。1975 年后出现第二代齐-纳催经剂，是在催化剂中加入 $MgCl_2$ 作为载体，可使催化剂效率提高到每消耗 1 g 钛制得 70～100 kg 聚合物。

§3.2.2 结构与性能

一、聚丙烯结构

聚丙烯是线型链烃聚合物，与聚乙烯在性能上有颇多相似处，特别是在电性能和溶解溶胀性方面。但由于聚丙烯的主链骨架碳原子上交替地连接着侧甲基，又使聚丙烯在性能上有颇多颇大的改变。侧甲基的存在使聚丙烯的分子链变得比聚乙烯分子链刚硬，也改变了分子链的对称性，使分子链的规整性降低。分子链变刚会使聚合物玻璃化温度与熔融温度提高，规整性降低又会使玻璃化温度及熔融温度下降，其净结果使二者都有所提高。

由于侧甲基的位阻效应，聚丙烯分子链在空间不能像聚乙烯那样呈平面锯齿形，而是以三个单体单元为一个螺旋周期的螺旋形结构。

与侧甲基连接的主链骨架碳原子是叔碳原子，由于甲基的诱导效应变得更活泼，使聚丙烯的化学性质比聚乙烯有颇大改变，更容易受氧攻击而氧化，在热和紫外线或其他高能射线作用下更易断链，而不是交联。叔碳原子又是个不对称碳原子，使聚丙烯产生空间异构现象，可以存在以下三种异构体。

(1) 等规聚丙烯，其分子链上所有甲基皆位于分子链一侧。

$$\sim\sim\mathrm{CH{-}CH_2{-}CH{-}CH_2{-}CH{-}CH_2{-}CH{-}CH_3}\sim\sim \quad (\text{each CH bears a pendant } \mathrm{CH_3} \text{ below})$$

(2) 间规聚丙烯，其分子链上所有甲基交替地位于分子链两侧。

$$\mathrm{{-}\underset{\large CH_3}{\underset{|}{CH}}{-}CH_2{-}\overset{\large CH_3}{\overset{|}{CH}}{-}CH_2{-}\underset{\large CH_3}{\underset{|}{CH}}{-}CH_2{-}\overset{\large CH_3}{\overset{|}{CH}}{-}CH_2}\sim\sim$$

(3) 无规聚丙烯，甲基随机地分布于分子链两侧。

$$
\begin{array}{c}
\quad\quad\quad\quad\quad\quad\quad\quad\quad\quad CH_3 \quad\quad\quad\quad\quad\quad\quad\quad CH_3 \\
\sim\sim CH-CH_2-CH-CH_2-CH-CH_2-CH-CH_2-CH-CH_2\sim\sim \\
CH_3 \quad\quad\quad CH_3 \quad\quad\quad\quad\quad\quad\quad\quad CH_3
\end{array}
$$

工业上生产的聚丙烯是以上三种异构体的混合物，但以等规异构体占绝对优势。聚合物等规异构体所占比例称为等规指数，又称等规度。工业化聚丙烯的等规指数约为 90%～95%。在工业化生产的聚丙烯中，间规、无规两种异构体可以以一个完整的分子链出现，也可以以嵌段形式同在一个大分子链上。等规异构体结构最规整，极易结晶，间规异构体结晶能力较差，无规异构体是无定形结构。通常用聚丙烯在正庚烷中不溶解的百分数作为聚丙烯等规指数的定量量度，仅仅是一种粗略的量度，因为某些高分子量的无规异构体以及高分子量的等规、无规、间规嵌段分子链在正庚烷中也可能不会溶解。

等规指数大小影响着聚丙烯的一系列性能。等规指数愈大，聚合物的结晶度愈高，熔融温度和耐热性也增高，弹性模量、硬度、拉伸、弯曲、压缩等强度皆提高，韧性则下降。图 3－1 所示是等规指数对聚丙烯拉伸性能的影响。

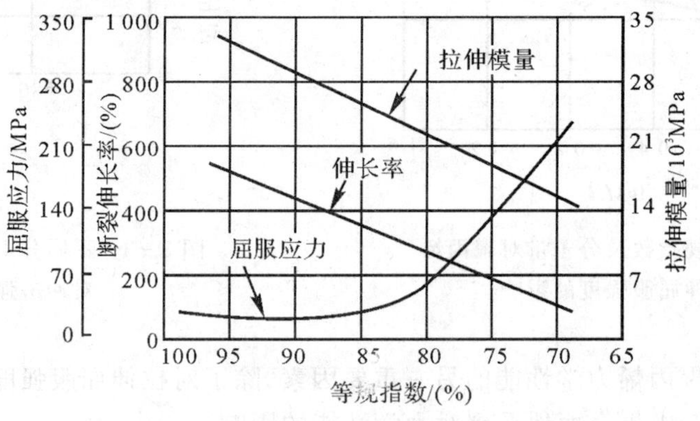

图 3－1　等规指数对聚丙烯拉伸性能的影响

聚丙烯的分子量对它的性能也有影响，但影响规律与其他材料有某些不同。分子量增大，除了使熔体粘度增大和冲击韧性提高符合一般规律外，又会使熔融温度、硬度、刚度、屈服强度等降低，却与其他材料表现的一般规律不符。其实，这是由于高分子量的聚丙烯结晶较困难，分子量增大使结晶度下降引起材料上述各性能下降。对于工业化生产的聚丙烯公布的分子量数据，数均分子量($\overline{M}_n$)多在(3.8～6)$\times 10^4$ 之间，重均分子量($\overline{M}_w$)在(2.2～7)$\times 10^5$ 之间。$\overline{M}_n/\overline{M}_w$值一般在 5.6～11.9 之间。分析表明，这一比值愈小，即分子量分散性愈小，其熔体的流动行为对牛顿型流体偏离愈小，材料的脆性也愈小。

二、聚丙烯的性能

聚丙烯外观上也是白色蜡状体，密度约在 0.9～0.91 g/cm^3 之间，是塑料材料中除了聚 4－甲基－1－戊烯和聚异质同晶体之外最轻的品种。由于聚丙烯的晶相与无定形相的密度差别较小，使聚丙烯比聚乙烯略显透明些。

1. 力学性能

聚丙烯力学性能的绝对值高于聚乙烯，但在塑料材料中仍属于偏低的品种，例如拉伸强度仅可达到 30 MPa 或稍高的水平。如前所述，在材料的结构因素中，等规指数对力学性能影响较大，图 3-2 所示是几个等规指数不同的试样拉伸屈服强度测试数据。由图中可以看出，等规指数较大的试样具有较高的拉伸屈服强度。图中同时也可看到分子量对拉伸屈服强度的影响。等规指数对聚丙烯的冲击强度影响较复杂，一般说来，随等规指数提高，冲击强度下降，但下降至某一数值后不再变化。图 3-3 是等规指数对冲击强度的影响。从图中亦可看到当分子量高达一定数值后（熔融指数小于 1），冲击强度不再受等规指数的影响，这可能是由于分子量很高时分子链难以结晶，材料结晶度不再随等规指数增大而增大之故。

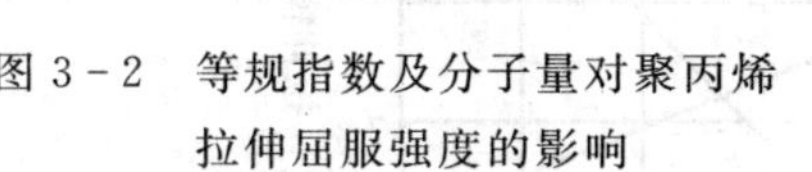

图 3-2　等规指数及分子量对聚丙烯拉伸屈服强度的影响

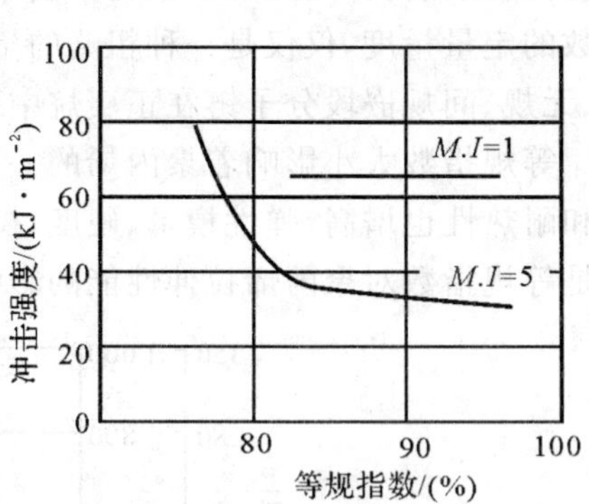

图 3-3　不同分子量聚丙烯等规指数对冲击强度的影响

分子量是影响聚丙烯力学性能的另一重要因素，除了对拉伸屈服强度的影响如图 3-2 中所示外，可从表 3-5 中更全面地看到对力学性能的影响。

表 3-5　分子量对聚丙烯力学性能的影响

性能＼熔融指数	3.0	0.7	0.2
拉伸强度/MPa	34	30	29
断裂伸长率/(%)	350	115	175
弯曲弹性模量/MPa	1 310	1 170	1 100
洛氏硬度(R 标)	95	90	90
冲击强度/(kJ·m^{-2})	90	227	307

聚丙烯的韧性对温度和加载速率的依赖性很大，高于玻璃化温度时，冲击破坏呈韧性断裂，低于玻璃化温度呈脆性断裂，且冲击强度值大幅度下降。提高加载速率使韧性断裂向脆性断裂转变的温度上升。

聚丙烯具有优异的抗弯曲疲劳性，其制品在常温下可弯折 10^6 次而不损坏。

聚丙烯硬度高于聚乙烯，使其表面具有良好的光泽。聚丙烯摩擦因数小于聚乙烯，自身对磨时摩擦因数为 0.12，对钢的摩擦因数是 0.33。

聚丙烯力学性能方面的缺点是韧性不够好，特别是温度较低时脆性明显。

2. 热性能

对于聚丙烯玻璃化温度的报道值有−18℃，0℃，+5℃等，这也是由于人们采用不同试样，其中所含晶相与无定形相的比例不同，使分子链中无定形部分链长不同所致。聚丙烯的熔融温度比聚乙烯约提高 40～50℃，一般约在 164～170℃，100％等规度聚丙烯熔点为 176℃。

聚丙烯的耐热性稍高于聚乙烯，无载下最高连续使用温度可超高 120℃，轻载下可达 120℃，低载下可达 110℃，较重载荷下可达 100℃。聚丙烯耐沸水、耐蒸气性良好，在 135℃的高压锅内可蒸煮 1 000 h 不破坏，特别适宜于制备医用高压消毒用品。

聚丙烯的分子量对耐热性也有影响，分子量提高，维卡软化点、热变形温度都会下降，但耐寒性改善。这也像分子量提高对力学性能的影响一样，因为分子量提高时结晶度会下降之故。聚丙烯的比热容、热导率皆小于聚乙烯，分别是 1 880 J/(kg·K)和 0.17～0.19 W/(m·K)，绝热性优于聚乙烯。

3. 电性能

聚丙烯是直链烃属聚合物，侧甲基的存在并未赋予材料明显极性，仍属于非极性聚合物之列。因此，聚丙烯电性能与聚乙烯很相似，几项电性能指标与聚乙烯很接近，介电常数约在 2.2～2.6 之间，$\tan\delta$ 约为$(5～8)\times10^{-4}$，体积电阻率大于 $10^{14}\,\Omega\cdot m$，介电强度 20～26 kV/mm，电性能基本上不受环境湿度及电场频率改变的影响，是优异的介电和电绝缘材料。在允许工作范围内，温度升高会使电性能降低。聚丙烯耐电弧性在 135～180 s 之间，在塑料中属于较高水平。

4. 耐化学试剂及耐溶剂性

聚丙烯的耐化学试剂性良好，除强氧化剂、浓硫酸、浓硝酸、硫酸与铬酸混酸等对它有侵蚀作用外，其他试剂对聚丙烯无作用。

聚丙烯是非极性结晶型聚合物，在室温下不溶解于任何溶剂，但可以在某些溶剂中溶胀。聚丙烯的溶解度参数与聚乙烯很接近，约为 $16.3(J/cm^3)^{1/2}$。当温度升高时，可以溶解于溶解度参数接近的溶剂中。表 3－6 是聚丙烯在若干溶剂中的溶胀情况。

表 3－6　聚丙烯在某些溶剂中的溶胀情况*

溶剂名称	聚丙烯试样变化		
	增重/(％)	增厚/(％)	外观变化
丙酮	2.2	1.0	无变化
苯	12.0	—	溶胀
醋酸丁酯	6.3	1.8	微变白
二硫化碳	18.3	3.9	溶胀，微变白
四氯化碳	43.0	7.3	溶胀，微变白
三氯甲烷	26.7	4.8	溶胀，微变白
醋酸乙酯	5.0	1.6	微胀
乙醚	8.5	—	—

续 表

溶剂名称	聚丙烯试样变化		
	增重/(%)	增厚/(%)	外观变化
1,2-二氯乙烷	9.2	2.0	溶胀、微白
汽 油	13.7	4.5	溶胀、变白
庚 烷	11.1	4.4	溶胀、变白
浓硝酸	1.0	3.0	发 黄
甲 苯	12.8	3.6	溶胀、发白
松节油	14.2	5.0	发胀、变白
二甲苯	12.7	3.7	发胀、变白

* 采用通用聚丙烯试样,在23℃浸泡到试剂中1年后的测试结果。

5. 环境与老化性能

聚丙烯对氧的作用比聚乙烯更敏感,特别是在温度较高时。聚丙烯耐紫外线能力比聚乙烯更差,也容易受到高能辐射的破坏。无论受到氧的作用,或紫外线以及高能照射的作用,聚丙烯都是降解产生低分子物,而不是像聚乙烯那样受高能辐射时发生交联。图3-4是聚丙烯与聚乙烯氧化速率比较。在有铜的存在下,聚丙烯的氧化降解速率会成百倍地急剧增大,使聚丙烯很快脆化,称为铜害作用,因此在聚丙烯中一般都需要加入抑铜剂(水杨叉乙二胺、苯甲酰肼或苯并三唑等)。

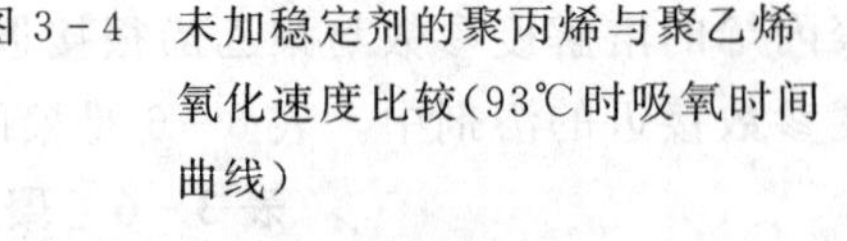

图3-4 未加稳定剂的聚丙烯与聚乙烯氧化速度比较(93℃时吸氧时间曲线)

6. 燃烧性能

聚丙烯极易燃烧,有限氧指数与聚乙烯相同,仅为17.4。应用在具有燃烧危险的环境中时应加有阻燃剂。

§3.2.3 聚丙烯的加工

一、加工性能

聚丙烯成型加工性具有如下特点:

(1) 吸湿性小,仅0.01%~0.03%,成型加工前不需要对粒料进行干燥。

(2) 适用于多种成型方法。

(3) 熔体粘度小,易成型出薄壁长流程制品,不需要采用很高的成型压力。

(4) 具有结晶性,收缩率绝对值及其变化范围都较大,在1%~3%范围内,且具有较明显的后收缩性。工艺参数对制品结晶度有较大影响,对制品性能和尺寸变化也有较大影响。

(5) 熔体具有较明显的非牛顿性,粘度对剪切速率和温度都比较敏感。

(6) 熔体弹性大,冷却凝固速度快,制品易产生内应力。

(7) 受热时容易氧化降解,应尽量减少受热时间,并尽量避免受热时与氧接触。

二、加工工艺

聚丙烯可采用注塑、挤出、吹塑、旋塑、热成型、发泡、喷涂等工艺,其中最常采用的是注塑与挤出。

1. 注塑

聚丙烯具有良好的注塑成型工艺性,其典型的注塑工艺条件如表 3-7 所列。

表 3-7 聚丙烯的典型注塑工艺

工艺参数		取值范围	工艺参数	取值范围
料筒温度/℃	后部	160～180	模具温度/℃	20～60
	中部	180～200	注射压力/MPa	70～100
	前部	200～230	螺杆转速/($r \cdot min^{-1}$)	≤80
喷嘴温度/℃		180～190		

2. 挤出

聚丙烯可以挤出成型管材、板材等型材,也可以挤成单丝,挤出吹塑薄膜,特别是双轴拉伸薄膜,表 3-8 是聚丙烯双轴拉伸薄膜挤出吹塑工艺条件。

表 3-8 聚丙烯双轴拉伸薄膜挤出吹塑工艺条件

工艺参数	取值范围		
	Ⅰ	Ⅱ	Ⅲ
薄膜宽度/mm	40 000	4 000	5 500
薄膜厚度/μm	16～60	16～60	16～60
挤出量/($kg \cdot h^{-1}$)	250～300	400～600	650～900
螺杆直径/mm	150	200	250
螺杆长径比	30～32	30～32	30～32
牵引速度/($m \cdot min^{-1}$)(拉伸前)	2.5～25	3～30	4～40
牵引速度/($m \cdot min^{-1}$)(拉伸后)	7.5～75	10～100	15～150

§3.2.4 聚丙烯的应用

聚丙烯可制备下列用途的制品。

(1) 医疗器具,如注射器、盒、输液袋、输血工具、病人用具(盒、杯、壶等)。

(2) 一般用途机械零件中的轻载结构件,如壳、罩、手柄、手轮、特别适于制备反复受力的铰链、活页、法兰、接头、阀门、泵叶轮、风扇叶轮等。

(3) 汽车零部件。聚丙烯和增强聚丙烯可以制备汽车方向盘、蓄电池壳、空气过滤器壳、启动脚踏板、发动机舱、车厢、通风采暖系统、灯罩、工具箱、消声器等。

(4) 家用电器零件和一般家用件，如窗门框架、小折叠椅、盥洗室水槽，箱子与盒子的整体活页、卡扣等。

(5) 化工方面，可制备耐热耐腐容器，管道、设备衬里，涂层等。

(6) 包装方面，可制备拉伸薄膜、叠层薄膜、单丝、绳索、编织袋等。

(7) 电气绝缘薄膜。

§3.2.5 聚丙烯的改性

聚丙烯改性的目的是为了提高韧性、改善耐寒性、耐候性、染色性、尺寸稳定性，进一步提高力学性能与耐热性能等。聚丙烯改性目前常采用如下几种方法。

一、与聚乙烯共混

聚丙烯与聚乙烯共混主要是为了改善聚丙烯的韧性。聚丙烯与聚乙烯的结构相似，可以以任何比例共混，一般是混入10%～40%的高密度聚乙烯，可以明显改善聚丙烯的韧性，例如可以使落球冲击强度提高8倍以上，并可以使成型流动性进一步提高。但随聚乙烯用量的增加，会使材料耐热性、拉伸强度等性能降低。

二、与乙丙橡胶共混

聚丙烯与乙丙橡胶共混主要是为了改善韧性和耐寒性。加入10%乙丙橡胶就具有明显的增韧效果，但却使材料耐热性下降，耐候性也进一步下降，故一般采用乙-丙-二烯烃三元共聚物(EPDM)与聚丙烯共混，可以起到良好效果，可以得到综合性能良好的改性聚丙烯。

三、与其他聚合物共混

聚丙烯与聚酰胺共混，可以改善染色性，提高耐热性，但聚丙烯与聚酰胺混溶性较差。若利用掺入少量顺丁烯二酐与聚丙烯的接枝共聚物作为增溶剂，可以改善聚丙烯与聚酰胺的混溶性，因为顺丁烯二酐对聚酰胺有亲合性。也可以将普通聚丙烯与经过氯化或氧化的聚丙烯共混来获得染色性好、热稳定性也好的共混材料。

四、增强聚丙烯

1. 玻璃纤维增强聚丙烯

用10%～40%的玻璃纤维对聚丙烯进行增强，可以使聚丙烯的拉伸强度、弯曲强度提高一至二倍，冲击强度提高一至三倍，热变形温度提高70～90℃，并可保持聚丙烯的其他优良性能，仅仅使熔体流动性和材料断裂伸长率有所下降。

2. 钙塑聚丙烯

用粉状硫酸钙、碳酸钙等对聚丙烯进行增强，可提高聚丙烯的硬度、刚度，降低收缩率，提高耐热性等。采用聚丙烯树脂含量10%～50%(质量)，上述粉状钙盐含量90%～50%的配料进行共混所得到的钙塑聚丙烯可使弹性模量比原聚丙烯提高一倍，热变形温度提高25℃以上。

§3.3 聚1-丁烯

1-丁烯 $CH_3-CH_2-CH=CH_2$ 的聚合物按中国化学会1980年有机化学命名原则，应该命名为“聚1-丁烯”，其缩写代号是PB，但许多出版物中仍沿用旧式命名“聚丁烯-1”。聚1-丁烯在20世纪60年代就由德国赫氏(Huls)公司开发，1971年投产上市。

§3.3.1 制备方法

一、单体制备

聚1-丁烯所用单体1-丁烯 $CH_3-CH_2-CH=CH_2$ 可以由丁醇脱水而得。

$$CH_3-CH_2-CH_2-CH_2-OH \longrightarrow CH_3-CH_2-CH=CH_2+H_2O$$

脱水反应采用铝-硅与活性粘土混合物为催化剂。1-丁烯亦可从石油或天然气的 C_4 馏分中分离，但分离方法复杂，成本高。

二、聚合

聚1-丁烯的制备可以采用与聚丙烯类似的方法，采用齐-纳催化剂进行离子型络合配位聚合。

$$nCH_3-CH_2-CH=CH_2 \xrightarrow[\text{常压}]{40\sim50℃} \left[\begin{array}{c}CH-CH_2\\ |\\ C_2H_5\end{array}\right]_n$$

聚合物的数均分子量在(0.7～3.0)×10^6 之间，超过一般聚乙烯的10倍以上。

§3.3.2 结构与性能

一、结构

聚1-丁烯分子链上交替地连接着侧乙基，其结果一方面由于空间位阻效应使分子链刚性增大，另一方面由于乙基体积较大，使分子链之间距离增大，减小了分子链之间的作用力，有利于使分子链变得更柔曲。两种效应的净结果反而使聚1-丁烯分子链柔性比聚丙烯好一些，宏观上表现为聚1-丁烯的玻璃化温度低于聚丙烯，约为−20℃，脆化温度约为−25℃。聚1-丁烯的分子链空间排列亦呈立体螺旋结构，由三个单体单元构成一个螺距。

二、性能

聚1-丁烯是无色、无臭的半透明固体，为半结晶型聚合物，其独特之处是可以具有两种晶型。当熔体冷却时，首先形成第一晶型，密度约0.89 g/cm^3，熔点124℃。第一晶型不稳定，放置三四日后逐渐变为稳定的第二晶型，密度约为0.95 g/cm^3，熔点135℃，强度、刚度也比第一晶型增大。聚1-丁烯具有下述优异性能：

(1) 类似于聚乙烯、聚丙烯的优异介电、电绝缘性能，几项电性能指标约为：介电常数2.2～2.3，tanδ值不超过5×10^{-3}，体积电阻率大于10^{14} Ω·m，薄膜制品的介电强度可高达70 kV/mm。

(2) 优异的抗蠕变性、冲击韧性和耐环境应力开裂性，良好的耐寒性，这主要是因为聚1-丁烯的分子链比较柔曲，又具有很高的分子量。

(3) 良好的化学稳定性和耐溶剂性。聚1-丁烯除受含氧酸的侵蚀外，对大多数无机试剂可耐至93℃，室温下的醇、醛、酮、醚及植物油对它无作用，但烃类及卤代烃类对其有侵蚀作用，60℃时可使它完全溶解。

(4) 较好的耐热性，热变形温度为113℃，无载荷下最高连续使用温度为108℃。

(5) 优良的耐磨性和抗挠曲性。

(6) 较高的填料填充性。

§3.3.3 加工与应用

一、聚 1-丁烯加工

聚 1-丁烯可以采用注塑、挤出、旋塑、浇铸等方法成型，最重要的成型方法是挤出，用于成型管材、薄膜和单丝等。其加工性能特点是：

(1) 熔融加工温度范围约在 160～240℃。

(2) 吸水率低，仅 0.01%，不需对粒料预先进行干燥。

(3) 成型收缩率大于聚丙烯，低于聚丁烯。

(4) 挤出时具有较强的巴拉斯效应，比聚乙烯、聚丙烯更明显。

(5) 成型后制品应时效处理不少于一周，以便获得结构稳定的第二晶型。

二、聚 1-丁烯的应用

聚 1-丁烯主要在以下几方面具有广阔的应用前景：

(1) 挤出管材，供工业、民用、建筑等方面应用。聚 1-丁烯管材在保证同样应用性能的同时，比聚乙烯、聚丙烯管材壁厚可减小，加之聚 1-丁烯本身具有良好的抗挠曲性，因此管材具有十分良好的柔韧性和盘绕性，使用、安装都很方便，使其应用范围比聚乙烯、聚丙烯管材可以更广。

(2) 挤出单丝和薄膜，其韧性、抗撕裂性皆优异，市场潜力极大。

聚 1-丁烯的价格比较昂贵，主要是由于单体成本昂贵，限制了它的大量应用。

§3.4 聚 4-甲基-1-戊烯

聚 4-甲基-1-戊烯的缩写代号是 PMP，是 4-甲基-1-戊烯 $CH_3—\underset{\displaystyle CH_3}{\underset{|}{CH}}—CH_2—CH=CH_2$ 的均聚物，实际中应用的聚合物常常是 4-甲基-1-戊烯与少量其他 α-烯烃的共聚物，其商品名称是 TPX。聚 4-甲基-1-戊烯的合成最初由意大利的 Natta 报道，但首先工业化生产由英国 I.C.I 公司完成。

§3.4.1 制备方法

一、单体制备

4-甲基-1-戊烯可以由丙烯二聚制得。

$$2CH_3—CH=CH_2 \xrightarrow[0.1\sim10\ MPa]{40\sim205℃} CH_3—\underset{\displaystyle CH_3}{\underset{|}{CH}}—CH_2—CH=CH_2$$

二、聚合

采用齐-纳催化剂，在常压和略高于室温的条件下对单体 4-甲基-1-戊烯进行络合配位聚合，可以得到等规聚 4-甲基-1-戊烯。

$$CH_3-\underset{\displaystyle CH_3}{\underset{|}{CH}}-CH_2-CH=CH_2 \xrightarrow[\text{常压}]{30\sim60℃} \left[\underset{\displaystyle CH_2-CH(CH_3)_2}{\underset{|}{CH}}-CH_2 \right]_n$$

聚合时是将单体、催化剂溶于烃类溶剂中进行熔液聚合。

§3.4.2 结构与性能

一、结构

工业化生产的聚4-甲基-1-戊烯是等规结构，可以结晶，在缓慢冷却条件下结晶度可达65%，一般情况下结晶度可达40%。聚4-甲基-1-戊烯分子链在空间也呈立体螺旋结构，由于侧异丁基体积较大，使螺旋体每个螺距拉得较长，7个单体单元构成两个螺距，侧异丁基体积大也使得分子链间距离较大，故聚4-甲基-1-戊烯的密度小。

聚4-甲基-1-戊烯奇特的性能是，虽然属于半结晶型聚合物，却是高度透明的材料，在现有半结晶聚合物是绝无仅有的，这是由于聚4-甲基-1-戊烯的晶区与非晶区的密度很接近，折射率也很接近，在两相界面处基本上无光散射现象，况且聚4-甲基-1-戊烯的晶粒无光学各向异性，致使该聚合物与其他聚合物不同。

纯粹的聚4-甲基-1-戊烯均聚物制品，往往观察到透明度较差，内部似乎有无数微小空洞。其产生原因是该聚合物晶区与无定形区膨胀系数不同所致，晶区的膨胀系数大于无定形区，在熔点时，晶区密度比无定形区的密度约小7%，冷却至60℃，晶区密度与无定形区相同，待冷却至室温时，晶区密度反而稍稍大于无定形区。这样一来，在制品从熔融状态冷却到室温时，晶相部分比无定形相部分收缩大，两相边界处产生应力，使制品内部拉开无数微小空洞。这些微小空洞都出现在球晶周围，影响到制品透明性和外观。

如果将4-甲基-1-戊烯与少量其他α-烯烃（1-丁烯、1-己烯、1-辛烯等）共聚，可以克服上述微空洞现象，因为共聚物分子链可以共结晶，共结晶体结晶速率慢，与无定形相膨胀系数差别很小，从而避免在两相界面形成应力，避免形成空洞。这些共聚单体以1-己烯效果最好。因此，工业上生产的聚4-甲基-1-戊烯，总是与少量其他α-烯烃的共聚物，商品名称称为TPX。

二、性能

聚4-甲基-1-戊烯是高度透明的轻质塑料，密度仅0.83 g/cm^3，是现有塑料中密度最小的，透光率可达90%，是少数几种透明的光学塑料之一。

聚4-甲基-1-戊烯由于主链上连有笨重的侧异丁基，使分子链变刚，玻璃化温度和熔融温度比聚乙烯均有大幅度提高，玻璃化温度约在50～60℃范围，纯聚4-甲基-1-戊烯均聚物熔点为245℃。当与少量其他α-烯烃共聚时，聚合物的结晶度、熔融温度皆会有降低。表3-9所列是聚4-甲基-1-戊烯同4-甲基-1-戊烯与5%的其他α-烯烃共聚时共聚体的结晶度及熔点比较。表3-10是TPX中1-己烯含量对共聚物结晶度、熔点的影响。

聚4-甲基-1-戊烯具有良好的耐热性，在聚烯烃中名列前茅，其最高连续使用温度在121～160℃之间。

表 3-9　聚 4-甲基-1-戊烯同 TPX 中不同 α-烯烃对材料结晶度和熔点影响的比较

共聚单体名称	结晶度/(%)	熔　点 T_m/℃
无共聚单体时	65	245
1-己烯	60	238
1-辛烯	50	234
1-癸烯	46	229
1-十八烯	25	225

表 3-10　1-己烯含量对 TPX 的结晶度、熔点的影响

1-己烯含量/(%)	结晶度/(%)	熔　点 T_m/℃
0	65	245
5	60	238
10	57	235
20	53	228

聚 4-甲基-1-戊烯具有优异的介电和电绝缘性能，在这方面更优于其他聚烯烃，介电常数约 2.12，$\tan\delta$ 为 1.5×10^{-4}，体积电阻率大于 $10^{14}\Omega\cdot m$，介电强度为 27.6 kV/mm。这些优异的电性能随环境湿度的改变变化很小，因为聚 4-甲基-1-戊烯的吸水性极小。电场频率的改变对电性能的影响也很小。作为绝缘材料，聚 4-甲基-1-戊烯的工作温度可以高于聚乙烯、聚丙烯、聚 1-丁烯等。

聚 4-甲基-1-戊烯质轻、透明、耐腐蚀、透气性优，为其较广泛的应用奠定了基础。

§3.4.3　加工与应用

一、加工

聚 4-甲基-1-戊烯具有如下加工特点：

(1) 吸湿率极小，不超过 0.01%，成型加工前无需干燥。

(2) 熔体具有典型的假塑性体特征，粘度对剪切速率很敏感，对温度也很敏感，熔体本身粘度也很小，注塑成型中应采用自锁式喷嘴。

(3) 由于具有结晶性，成型中会出现较大收缩，收缩率变化范围也较大，约在 1.5%～3.0%之间，工艺参数对收缩率及制品性能影响都较大。

(4) 熔融加工温度范围较小，一般控制在 270～300℃之间。

(5) 可以采用注塑、挤出、吹塑、热成型等工艺方法成型加工。注塑、挤出成型时，应采用高压缩比的螺杆。

二、应用

聚 4-甲基-1-戊烯主要应用在以下几方面：

(1) 制备透明的医疗设备、器械和用具。

(2) 制备化工厂的透明容器和管道。

(3) 制备仪器仪表中的耐热透镜、视镜。

(4) 制备汽车内照明设备、器件。

(5) 制备要求加热的食品容器，如奶瓶、食品烘烤设备器件，如微波炉中的盘碟器皿、餐具等。

(6) 制备透明包装薄膜。

§3.5 其他聚烯烃

除上述介绍的四种聚烯烃外，采用齐-纳催化剂，还可以制备出许多较高级烯烃的均聚物。但这些均聚物由于侧基长度越来越大，大分子链的紧密堆砌愈来愈困难，侧链的柔曲性和缠结越来越大，使材料玻璃化温度和熔融温度愈来愈低，直到聚 1-辛烯和聚 1-壬烯之后玻璃化温度和熔融温度又随之缓慢上升。这些均聚物迄今尚没有一种能够作为有价值的塑料材料应用，它们的共同缺点是在放置过程中会产生复杂的形态改变，使某些平面或表面削弱，引起裂纹等。作为塑料材料应用，有实用价值的只有乙烯与某些单体的共聚物，现扼要介绍如下。

§3.5.1 乙烯-丙烯共聚物

乙烯与丙烯共聚可以得到两种很有价值的材料，一种是随机共聚物，作为橡胶材料，即乙丙橡胶应用；另一种是立松嵌段共聚物，作为塑料材料应用。

一、随机共聚物——乙丙橡胶

将乙烯与丙烯以大致相同的比例，用齐-纳催化剂进行共聚，所得到的共聚物中，两种单体沿分子链随机分布，是一种无定形共聚物——乙丙橡胶。乙丙橡胶分子链上无双键，必须采用过氧化物进行硫化。硫化后的乙丙橡胶具有类似于天然橡胶的弹性，由于分子链上无双键，具有优异的耐候性和耐臭氧性，并具有耐热、耐寒、耐蒸气、化学性能稳定，电绝缘性优异，耐磨，压缩变形小等优点，但综合力学性能稍逊于天然橡胶。为了采用硫磺硫化，可以加入少量二烯烃作为第三种单体与之共聚，得到三元乙丙橡胶。

二、立构嵌段共聚物——乙丙塑料

(一) 合成条件

通常情况下只有用一种单体聚合才能得到高结晶度聚合物，用两种单体共聚，即使是采用齐-纳型复合络合催化剂，也仅能得到无定形共聚物。但如果采用其他特殊方法，亦可使两种单体共聚得到聚异质同晶的高结晶度共聚物，称为聚异质同晶体，英文名称是 Polyallomer。这种聚异质同晶体一般是以丙烯为主体，与极少量的其他烯烃共聚，其中最常用的是丙烯与乙烯共聚。

丙烯与乙烯形成聚异质同晶体的条件是：两单体配比是丙烯 93%～99.9%，乙烯 0.1%～7%（重量比），采用 $LiAlH_4$，NaF 和 $TiCl_3$ 组成复合配位型催化剂，在约 150℃，0.7 MPa 条件下进行阴离子型聚合，就可以得到高结晶度的丙烯与乙烯的立构嵌段共聚物。

(二) 结构与性能特点

丙烯与乙烯在上述条件下形成的立构嵌段共聚物，具有等规构型，可以达到 80%～85% 的高结晶度，致使共聚物性能与聚丙烯、聚乙烯均聚物有颇多颇大不同，也不同于两种均聚物的共混物。高结晶度的聚丙烯、聚乙烯均聚物，皆有某些优良的物理、力学性能，但综合力学性能均不佳。丙烯与乙烯形成的聚异质同晶体兼具拉伸、弯曲、冲击、伸长率、刚度、硬度等良好综合力学性能；耐热性、耐寒性、耐环境应力开裂性也很优良，是一种综合物理力学性能颇优的聚烯烃塑料。聚异质同晶体的冲击强度可超过聚丙烯 4 倍，脆化温度可达到－40℃，虽不及聚乙烯，但远优于聚丙烯，其他性能指标均优于或相当于高密度聚乙烯。

（三）加工与应用

1. 加工

聚异质同晶体可以进行注塑和挤出成型，可以挤出型材和薄膜。

聚异质同晶体具有慢速结晶的特点，成型加工过程中工艺控制比聚乙烯、聚丙烯都要容易，不需要快速冷却即可以得到韧性制品。刚脱出模具或从口模挤出经冷却定型的制品，需要经过一昼夜后才能达到最终的刚度，因为刚成型出的制品仍然是无定形结构，经缓慢结晶后方可变刚。

聚异质同晶体收缩率及其变化范围小于聚乙烯和聚丙烯，约在 1%～2%。

聚异质同晶体的注塑和挤出工艺条件分别如表 3－11 和表 3－12 所列。

表 3－11　聚异质同晶体注塑工艺条件

工　艺　参　数	取　值　范　围
料筒温度/℃	230～260
模具温度/℃	15～20
注射压力/MPa	70～140

表 3－12　聚异质同晶体挤出工艺条件

薄　膜　挤　出		厚　片　材　挤　出	
料筒温度/℃	220～260	料筒温度/℃	177～205
口模温度/℃	245	口模温度/℃	205
螺杆转速/(r・min^{-1})	43	螺杆转速/(r・min^{-1})	28
薄膜卷取速度/(m・min^{-1})	65	牵引速度/(m・min^{-1})	0.45

2. 应用

聚异质同晶体主要应用在以下几方面：

(1) 制备食品、药品的包装用容器及薄膜。

(2) 制备耐弯折的用具、工具、零件，如铰链、折叠椅等。

(3) 制备工业、日用容器，防毒面具等。

(4) 制备其他工业、日用品，如各种玩具、话机听筒、管道、运输箱、工具箱、人造革、钓鱼工具等。

§3.5.2　离子聚合物

离子聚合物的英文名称是 Ionomer，首先由美国杜邦公司生产，是一种兼具热塑性和热固性塑料特性的乙烯与不饱和羧酸的共聚物。

一、组成与制备

离子聚合物通常是以乙烯为主体，加入 1%～10%的丙烯酸(或甲基丙烯酸)进行高压共聚，得到分子链结构为如下通式的共聚物。

$$\left[\!\!-\!(CH_2-CH_2)_x\!-\!(CH_2-\underset{\displaystyle COOH}{\underset{|}{C}}R-)_y\!\right]_n$$

将所得到的共聚物用钠、钾、镁、锌等的氢氧化物或其醇盐、羧酸盐处理，用以中和共聚物主链侧位的羧酸基，可以使共聚物形成离子型的交联键。

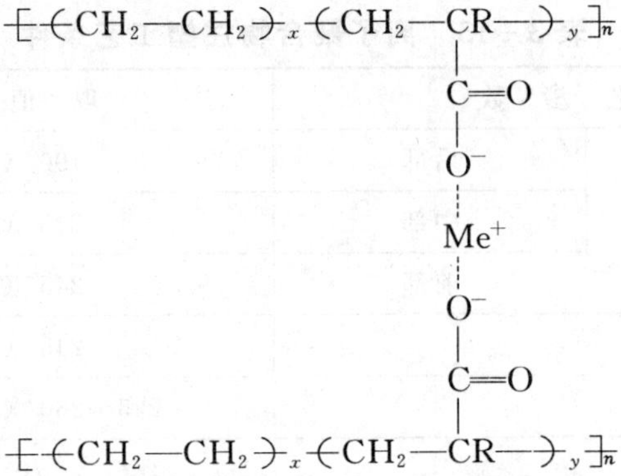

$$\begin{array}{c}
-\!\!\left[(CH_2-CH_2)_x(CH_2-CR-)_y\right]_n \\
| \\
C{=}O \\
| \\
O^- \\
\vdots \\
Me^+ \\
\vdots \\
O^- \\
| \\
C{=}O \\
| \\
-\!\!\left[(CH_2-CH_2)_x(CH_2-CR-)_y\right]_n
\end{array}$$

交联键是依靠羧基阴离子与金属阳离子的静电吸引，故称为离子型交联键。离子型交联键赋予材料兼具热塑性和热固性塑料的奇特性能。

二、性能

离子型聚合物内的离子型交联键在常温下稳定，且因分子链中侧羧基含量少，交联密度小，赋予材料类似于橡胶的弹性，兼具介于一般热塑性塑料与热固性塑料之间的刚性和其他物理力学性能，其韧性和弹性介于结晶型聚烯烃与弹性体之间，低温力学性能优于聚烯烃和聚氯乙烯。温度升高时离子键会可逆地断裂，使材料可以熔融流动，能够采用一般热塑性塑料成型方法加工，拓宽了材料制备制品的方法。待产品冷却后又重新形成离子键。

交联的离子键抑制了材料的结晶性，赋予材料透明性。由于材料的主链组成和交联键的存在，使材料具有良好的耐化学性、耐油脂性，良好的耐环境应力开裂性，比之聚乙烯、聚丙烯等一般聚烯烃塑料大大改善的表面粘附性，兼具有良好的韧性和耐寒性以及优异的耐弯折性。离子聚合物的耐磨耗性也远优于低密度聚乙烯、聚丙烯、聚氯乙烯，与聚甲醛、聚酰胺、高密度聚乙烯相当。其中以采用由含钠离子化合物处理所得到的产物耐油脂性、韧性最优，以采用由含锌离子的化合物处理所得产物的耐化学腐蚀性和表面粘附性最优。

离子聚合物密度约在 0.93～0.969 g/cm³ 之间，透光率可达 80%～92%。

三、加工与应用

1. 加工

离子聚合物可以采用热塑性塑料常用的注塑和挤出加工方法，可挤出型材和薄膜。离子聚合物有以下工艺特点：

(1) 熔体粘度随温度改变有极大变化，例如当低于 190℃时，其粘度高于低密度聚乙烯，但当超过 190℃时，又远低于低密度聚乙烯。

(2) 成型收缩率具有明显的各向异性，横向收缩率约为2%，基本上是恒值；纵向收缩率约在0.2%～1.8%的较大范围内变化，随工艺参数改变有所不同。

(3) 充模速率宜取缓慢至中速，若充模过快，会引起浇口处过大摩擦剪切热，使熔体粘度明显减小而产生喷射；但若过慢又会产生过多的热损失使熔体迅速冷却增粘，因此适当的充模速率与冷却速率有关。

(4) 要求制品壁厚很均匀，变壁厚制品极易产生翘曲，例如对壁厚差超过10%的圆筒状制品无法取得笔直产品。

(5) 模具温度宜控制在低于50℃，超过该温度会产生粘模问题。

离子聚合物的注塑工艺条件见表3-13。

表3-13 离子聚合物注塑工艺条件

工艺参数		取值范围
料筒温度/℃	后部	190*(170**)
	中部	245*(210**)
	前部	245*(210**)
喷嘴温度/℃		245*(210**)
熔体温度/℃		245～260*(210～220**)
注射压力/MPa		70～110
模具温度/℃		0～50

* M.I<4.0的材料。　** M.I>4.0的材料。

2. 应用

离子聚合物主要用于以下几方面用品的制备：

(1) 汽车零部件和机械、电器零部件，如方向盘、安全器具、安全帽、工具等。

(2) 盛装洗涤剂、食用油、机油、化妆品、药品、食品等的容器。

(3) 管材、板材、家具、玩具。

(4) 耐电晕放电的电绝缘制品。

(5) 薄膜、涂膜、收缩薄膜，用于肉类、冷冻食品、果汁、药品的包装。

(6) 耐磨与耐冲击的制鞋材料。

§3.5.2 乙烯-乙酸乙烯共聚物

乙烯-乙酸乙烯共聚物的缩写代号是EVA，是迄今为止乙烯与非烯烃单体共聚物中最具有商品价值的材料之一。

一、组成与制备

EVA的分子链结构具有如下通式：

$$\left[\left(CH_2-CH_2\right)_x CH_2-\underset{\substack{| \\ O \\ | \\ C=O \\ | \\ CH_3}}{CH}\right)_y\Big]_n$$

分子链中两种单体比例可以在很大范围内调节。

以上共聚物是由乙烯与乙酸乙烯二单体混合物在过氧化物引发剂存在下，在 150～160 MPa压力、200～220℃温度条件下经自由基聚合而成。调节二单体比例，可得到性能不同的共聚物。

二、性能

EVA 分子链中，由于乙酸乙烯的存在，使主链侧位出现了较大的侧基，破坏了单纯用乙烯聚合时所得聚乙烯那种分子链的规整性，因而也降低了聚合物的结晶性。结构式中，乙酸乙烯部分含量越高，共聚物结晶性越低，其性能越类似橡胶。可借助调节乙酸乙烯单体的含量，调节共聚物的结晶性，改变材料的性能。从表 3－14 中可以看到乙酸乙烯含量对共聚物性能的影响。

表 3－14　乙酸乙烯含量对 EVA 性能影响

乙酸乙烯含量/(%)(重量)	共 聚 物 性 能
＜20	似低密度聚乙烯，作为塑料使用
20～40	似增塑 PVC，似橡胶的柔性树脂
40～50	橡胶状材料
50～70	软橡胶状材料
＞70～95	胶乳材料

共聚物的分子量对性能也有影响，分子量增大，软化点上升，加工性和制品表面光泽性下降，但强度增大，冲击韧性和耐环境应力开裂性提高。

EVA 比之聚乙烯的性能改善主要是弹性、柔性、光泽性、透气性的改善，耐环境应力开裂性提高，对填料的受容性增大。可以采用加入较多增强性填料的方法避免 EVA 比聚乙烯力学性能的下降。

三、加工与应用

1. 加工

EVA 可以采用注塑、挤出、吹塑等多种成型工艺。成型工艺条件仅是熔体温度可低于低密度聚乙烯 20～30℃，其他参数类似于低密度聚乙烯。

2. 应用

EVA 的主要用途是生产以下几方面制品：

(1) 作为食品包装，特别是肉类食品包装的优质薄膜材料，其透气性良好。

(2) 各种软管，如冰箱、洗衣机、煤气输送等软管。

(3) 弹性、柔性的建筑材料，例如覆盖材料、垫层材料，防震材料等。

(4) 防水密封材料。

(5) 日用品，如自行车鞍座、玩具、装饰用品。

(6) 耐应力开裂的电线、电缆包皮。

§3.5.4　乙烯-丙烯酸乙酯共聚物

乙烯-丙烯酸乙酯共聚物的缩写代号是 EEA，也是一种乙烯与非烯烃单体共聚物中一种有较好商品价值的材料。

一、组成与制备

EEA具有如下通式的分子链结构：

$$\left[\!\left(CH_2-CH_2 \right)_x \left(CH_2-\underset{\underset{\displaystyle OC_2H_5}{|}}{\underset{\displaystyle C=O}{\underset{|}{CH}}} \right)_y\right]_n$$

分子链中所含两单体比例可以在很大范围内调节，其中丙烯酸乙酯含量增大，共聚物的密度和柔性皆增大，一般是将丙烯酸乙酯含量控制在5%～20%，最常采用的是20%。

共聚物的制备与EVA相似，采用高压的自由基共聚方法。

二、性能

EEA具有与增塑聚氯乙烯很相似的柔性，但耐寒性优于增塑聚氯乙烯，也不存在增塑剂会外渗之弊。EEA加工时的热稳定性好，对填料的受容性大，它的最大优点是弹性及耐环境应力开裂性优异，更胜EVA一筹。EEA的其他许多性能与EVA相似，但耐热性优于EVA，是兼具升温条件下稳定、低温时柔软的优异材料，例如在300～400℃高温条件下，热失重小于聚乙烯，在−20℃的低温条件下柔韧性是EVA的2倍。

EEA的耐化学腐蚀性优于EVA，并且可采用类似于聚乙烯的交联方法使之交联，进一步提高耐热性、耐溶剂性、抗蠕变性和耐环境应力开裂性，拉伸强度等力学性能也大大提高。

三、加工与应用

EEA可以用注塑、挤出、吹塑等方法加工，其熔融加工温度范围为205～295℃，模具温度控制在不高于60℃。

EEA的主要用途是制备耐低温的密封件，制备耐环境应力开裂的通讯电缆包皮、半导体套管等，也可以制备医疗方面的手术袋，可制备包装薄膜、低温软管等。

思 考 题

1. 试述聚乙烯的高压聚合与低压聚合的反应原理、反应产物结构特点。
2. 试分析聚乙烯结构及对性能的影响。
3. 聚乙烯有哪些突出优点和哪些明显的缺点？
4. 聚乙烯的主要改性方法有哪些？改性产物性能上各有何改变？
5. 聚丙烯在结构和性能上与聚乙烯有哪些不同？它的主要优缺点各有哪些？
6. 聚乙烯与聚丙烯成型加工的工艺性有哪些共同特点，又各有什么不同点？
7. 聚丙烯的改性有哪些主要方法，改性后对材料性能各有哪些改善？
8. 聚1-丁烯有哪些突出性能，试从其结构上给以解释。
9. 聚4-甲基-1-戊烯性能上有什么独特之处，试从结构上给以解释。
10. 工业上生产的聚4-甲基-1-戊烯是否是纯均聚物？试说明原因。
11. 乙烯-丙烯两单体的共聚物的结构及性能与反应条件有何关系？
12. 何谓聚异质同晶体？丙烯与乙烯共聚生成的聚异质同晶体有什么性能特点？
13. 试分析离子聚合物的结构，这种结构赋予材料怎样的性质？
14. EVA，EEA各是什么共聚物？这两种共聚物的组成对性能有何影响？两种共聚物在性能上都有哪些优点？

15. 试设想以聚乙烯为母体，认真分析一下其他聚烯烃塑料随着结构上的改变各引起哪些性能上的改变。

第四章 聚乙烯基塑料

聚乙烯基塑料是以取代的乙烯单体聚合生成的树脂为基础的塑料，这些取代基包括卤素原子和某些基团，但氟原子取代的乙烯单体生成的树脂、塑料又自成一大类，苯(代)乙烯单体为基础的树脂、塑料也自成一大类。故本章的内容仅包括除氟以外的卤代乙烯和苯代以外的其他基团取代乙烯单体所生成的树脂、塑料，主要品种包括聚氯乙烯、聚偏二氯乙烯、聚乙酸乙烯、聚乙烯醇、聚乙烯醇缩醛等。

§4.1 聚氯乙烯

聚氯乙烯的缩写代号是 PVC。按照产量，聚氯乙烯在世界范围和我国皆是占据五大通用塑料中的第二位。

§4.1.1 制备方法

一、单体制备

20 世纪 60 年代以前，氯乙烯的生产一直是以电石为原料先制得乙炔，再与氯化氢加成得到氯乙烯。随石油化工的发展，当今生产氯乙烯的工业化主要方法皆是以乙烯为原料，采用以下两种路线。

(1) 乙烯氯化法

$$CH_2=CH_2+Cl_2 \xrightarrow[50℃]{FeCl_3} CH_2Cl-CH_2Cl \xrightarrow{450\sim550℃} CH_2=CHCl+HCl\uparrow$$

(2) 乙烯氧氯化法

$$2CH_2=CH_2+\frac{1}{2}O_2+Cl_2 \longrightarrow 2CH_2=CHCl+H_2O$$

第二种方法经济上更优越，反应可一步完成，参加反应的氯气也可以更充分利用。该方法已成为当今生产氯乙烯的主要方法。

$CH_2=CHCl$ 常压下是无色气体，沸点是－14℃，商品供应时压缩为液体。氯乙烯容易聚合，储存时应加有阻聚剂。

二、聚合

氯乙烯可以在过氧化物、偶氮化合物引发下按自由基机理进行聚合。聚合的实施方法可按悬浮法、乳液法、本体法和溶液法进行，但以悬浮法和乳液法为主。

1. 悬浮聚合

将氯乙烯单体分散在水中，所用分散剂是聚乙烯醇或白明胶或甲基纤维素等，加入引发剂过氧化苯甲酰或过氧化二碳酸二异丙酯，或采用偶氮二异丁腈。通过机械搅拌在 50～60℃，0.6～0.7 MPa 压力下聚合，得到聚氯乙烯聚合物后分离、干燥。

悬浮聚合生产的聚氯乙烯占世界聚氯乙烯总产品的80%以上,占我国总产量的98%以上。悬浮法工艺成熟,后处理简单,产品纯度高,综合性能好,产品有多种用途。悬浮法所生产的聚合物数均分子量约为(3.6~8.5)×10^4。

2. 乳液聚合

乳液聚合是用于聚氯乙烯糊状树脂的生产。聚合中所用乳化剂要求乳化力强、稳定性好。常用乳化剂品种是十二烷基苯磺酸钠或十二醇硫酸钠、硬脂酸铵等。引发剂采用过硫酸铵或过硫酸钾、过硫酸钠或过氧化氢等。

将氯乙烯加入含有乳化剂、引发剂和缓冲剂的水乳液中,在40~60℃,0.7 MPa的压力条件下,搅拌12~18 h,可得到乳状聚氯乙烯。

有一种比较新的乳液聚合法,称为"种子"聚合法,该方法是在配方中加入少量乳化剂(通常用量的25%~40%),同时加入单体用量1.5%~2.5%的聚氯乙烯细粒胶乳种子,以水溶性过氧化物引发聚合,聚合中不断补充单体和乳化剂。采用"种子"聚合法的优点是可以使树脂颗粒变化控制在较小范围,胶乳液也稳定。

乳液聚合的优点是速度快,聚合微粒粒径较大,体系稳定,便于连续生产,缺点是聚合物后处理麻烦,不易将乳化剂等清除,影响到聚合物的电绝缘性、热稳定性等,生产成本也高。乳液聚合的聚合物产品一般以糊状形式供应,主要用于人造革、泡沫塑料、织物涂层、搪塑制品的制造。该法生产的树脂分子量分散性大,数均分子量 $\overline{M}_n$ 约为(1.25×12.5)×10^4。

§4.1.2 结构与性能

一、聚氯乙烯的结构

聚氯乙烯可以看作是聚乙烯分子链上每个单体单元中的一个氢原子交替地被氯原子取代的结果。电负性较强的氯原子作为侧取代基的存在对聚合物性能产生如下影响:

(1) 增大了分子链之间的吸引力,同时由于氯原子体积大,有较明显的空间位阻效应,这两个因素都促使分子链变刚变硬,使材料玻璃化温度比聚乙烯有大幅度上升,材料的硬度、刚性增大,力学性能提高,但韧性和耐寒性下降。

(2) Cl—C键是偶极子,使材料宏观上表现出明显极性,导致材料电性能比聚乙烯有所降低。

(3) 氯原子的存在使材料具有阻燃性。

(4) 在与氯原子相连的同一个骨架碳原子上相连的另一个原子是氢原子,由于氯原子的诱导效应,使C—H键的电子云明显向C原子方向偏移,而H原子处缺电子,成为质子。因此聚氯乙烯是质子授予体(电子接受体),这对聚合物的溶解性有颇大影响。

(5) 与氯原子相连的骨架碳原子是不对称碳原子,聚氯乙烯理论上应存在三种空间异构体。核磁共振分析测得工业化生产的聚氯乙烯约含55%~65%的间规异构体,其余为无规异构体。

对聚氯乙烯进行脱氯化氢试验证明,聚合物分子链中各单体基本上是头-尾连接。X射线衍射测得工业化生产的聚氯乙烯仅具有5%~10%的结晶度,基本上属于无定形聚合物。

聚合过程中,由于按"回咬"机理的链转移,聚氯乙烯存在着一定的支化度,平均每50~60个链节有一个支化点。如果进行低温聚合(例如在−40℃),可以减少支链,使聚合物结晶度和玻璃化温度提高,耐热性提高,但又会使聚合物变得更脆,熔融温度也提高,变得更难加工，因此实际中很少采用。

二、聚氯乙烯的性能

聚氯乙烯树脂是白色或淡黄色的坚硬粉末，密度约 1.40 g/cm^3，纯聚合物吸湿性不大于 0.05%，增塑后吸湿性增大，可达到 0.5%，纯聚合物的透气性和透湿率都较低。

聚氯乙烯一般都加有多种助剂。不含增塑剂或含增塑剂不超过 5%的聚氯乙烯称为硬聚氯乙烯，含增塑剂的聚氯乙烯中增塑剂的加入量一般都很大，使材料变软，故称为软聚氯乙烯。助剂的品种和用量对材料物理力学性能影响很大。

1. 力学性能

由于氯原子的存在增大了分子链间的作用力，不仅使分子链变刚，也使分子链间的距离变小，敛集密度增大。测试表明，聚乙烯的平均链间距是 4.3×10^{-1} m，聚氯乙烯平均链间距是 2.8×10^{-10} m，其结果使聚氯乙烯宏观上比聚乙烯具有较高的强度、刚度、硬度和较低的韧性，断裂伸长率和冲击强度均下降。与聚乙烯相比，聚氯乙烯的拉伸强度可提高到两倍以上，断裂伸长率下降约一个数量级。未增塑的聚氯乙烯拉伸曲线类型属于硬而较脆的类型。

2. 热性能

聚氯乙烯玻璃化转变温度约为 80℃，80～85℃开始软化，完全流动时的温度约为 140℃，这时聚合物已开始明显分解。在现有的塑料材料中，聚氯乙烯是热稳定性特别差的材料之一，在适宜的熔融加工温度 170～180℃下会加速分解释出氯化氢，在富氧气氛中会加剧分解。工业上生产的各种品级和牌号的聚氯乙烯都加有热稳定剂。聚氯乙烯的最高连续使用温度在 65～80℃之间。

3. 电性能

侧基氯原子的存在使聚氯乙烯成为具有一定极性的聚合物（C—Cl 键偶极矩为 0.68×10^{-29} C·m），故聚氯乙烯的介电和电绝缘性比之聚乙烯等聚烯烃塑料皆有较明显降低。室温时，C—Cl 偶极子处于不活动状态，材料的电性能尚好，其介电常数约在 3.2～3.6 之间，介质损耗因数 $\tan\delta$ 值约为 2×10^{-2}，体积电阻率约为 $10^{10}\sim10^{14}$ Ω·m，介电强度 10～35 kV/mm。但随着温度升高，C—Cl 偶极子活动性增大，电性能下降。在电场中偶极子会取向，取向与电场频率有关，因此聚氯乙烯的电性能会受到电场频率的影响。

4. 耐化学试剂及耐溶剂性

聚氯乙烯的耐化学腐蚀性比较优异，除浓硫酸、浓硝酸对它有损害外，其他大多数无机酸、碱类、无机盐类、过氧化物等对聚氯乙烯皆无侵蚀作用，可以作为防腐材料。

增塑后的聚氯乙烯耐化学腐蚀性有所降低，降低程度与增塑剂品种与用量有关。乳液聚合的树脂耐化学性不及悬浮法树脂。聚氯乙烯是无定形的极性聚合物，溶解度参数约为 19.4～19.6 $(J/cm^3)^{1/2}$，对于汽油、矿物油、烃类等非极性溶剂和醇类都很稳定，但可以被芳烃和强极性溶剂如酮类、酯类、氯代烃类等溶胀。环己酮和四氢呋喃都是聚氯乙烯的良好溶剂，这不仅因为这两种溶剂与聚氯乙烯溶解度参数比较接近，主要是因为这两种溶剂都是质子接受体（电子授予体），可以与作为质子授予体（电子接受体）的聚氯乙烯产生特殊的相互吸引作用。

5. 环境与老化性能

聚氯乙烯的热稳定性差，对光及机械作用都比较敏感，在热、光、机械作用下（例如加工时的摩擦剪切作用）易分解脱出氯化氢。为克服这些缺陷，除加入稳定剂外，常常采用改性方法。

6. 阻燃性

聚氯乙烯分子链组成中，按其质量约含有57%的氯元素，赋予材料良好的阻燃性，氧指数约为47(聚乙烯仅为17.4)，在强烈火源中如果着火，也可以自熄。

§4.1.3　聚氯乙烯的加工

一、工艺特性

聚氯乙烯具有如下成型加工工艺特性：

(1) 热稳定性差。为避免材料过热分解，应尽量避免一切不必要的受热现象，严格控制成型温度，避免物料在料筒内滞留时间过长(特别是生产启动和班次交接时)，并应尽量减少塑化过程中的摩擦热。聚氯乙烯熔融粘度高，熔融加工工艺中应尽量避免使用分子量太高的品级，配料中应加入适当润滑剂以增加物料流动性，稳定剂应采用效率较高的有机锡类，如马来酸二丁基锡、二月桂酸二正辛基锡等。注塑成型不宜采用柱塞式注塑机。

(2) 聚氯乙烯熔体粘度高，需要较高的成型压力，为避免熔体破裂，注塑、挤出时宜采用中、低速，避免高速。

(3) 聚氯乙烯热分解时放出氯化氢，对设备有腐蚀作用，加工的金属设备应采取电镀的防护措施或采用耐腐钢材。

(4) 聚氯乙烯熔体冷却速度快(比热容仅为836～1 170 kJ/(kg·K)，且无相变热)，成型周期短。

二、加工工艺

聚氯乙烯可以采用注塑、挤出、吹塑、压延、搪塑、发泡等成型工艺。对于增塑聚氯乙烯制品，成型加工前需先向聚氯乙烯粉料或颗粒料中加入增塑剂和其他助剂进行预混，并进行塑化。将塑化后的配料准备成适于加工的形状，例如采用注塑、挤出工艺时，则需要挤出造粒；用于压延工艺时，需要先预压成软板。

1. 注塑

注塑成型主要用于硬聚氯乙烯。硬聚氯乙烯注塑成型工艺条件列于表4－1。

表4－1　硬聚氯乙烯注塑成型工艺条件

工艺参数		取值范围	工艺参数	取值范围
料筒温度/℃	后部	160～170	注射压力/MPa	80～130
	中部	165～180	螺杆转速/(r·min^{-1})	28
	前部	170～190	模具温度/℃	30～60

注：注塑机类型：往复螺杆式；螺杆类型：渐变型。

2. 挤出成型

聚氯乙烯可以挤出成型各种型材，也可以挤出吹塑薄膜。表4－2和表4－3分别是聚氯乙烯管材和聚氯乙烯薄膜的挤出成型工艺条件。

表 4-2 聚氯乙烯管材成型工艺条件*

工 艺 参 数		硬聚氯乙烯	软聚氯乙烯
料筒温度/℃	后部	80～100	90～100
	中部	140～160	120～130
	前部	160～170	130～140
口模温度/℃		160～170	150～160
模唇温度/℃		160～180	170～180
螺杆转速/(r·min^{-1})		12	20
拉伸比		1.04	1.2

* 管材内径 85 mm,外径 95 mm。

表 4-3 聚氯乙烯薄膜挤出吹塑工艺条件

工 艺 参 数	硬聚氯乙烯	软聚氯乙烯
螺杆类型	渐变型	渐变型
螺杆直径/mm	25	65
螺杆长径比	20	20
螺杆压缩比	3.5～4.0	3.6
均化段螺槽深/mm	—	2.4
螺杆转速/(r·min^{-1})	40～50	200
过滤网/目	60	60
牵引速度/(m·min^{-1})	10	—
料筒温度/℃	170～185	160～175
接头温度/℃	180～190	170～180
口模温度/℃	190～195	185～190
薄膜厚度/mm	0.05～0.06	0.05～0.08

§4.1.4 聚氯乙烯的应用

聚氯乙烯的应用主要集中在制备以下几方面的制品：

(1) 薄膜和人造革,薄膜主要供农用。

(2) 耐油、耐腐、耐老化的不燃电线电缆包皮、绝缘层。

(3) 各种型材如管、棒、异型材、门窗框架、瓦楞板及建材、室内地板装饰材料、各种板材。

(4) 家具、玩具、运动器材、医用管件、包装涂层等。

§4.1.5 聚氯乙烯的改性

聚氯乙烯的缺点是软化点低,耐热性和耐寒性差,韧性也欠佳,特别是热稳定性差,此外熔体粘度也较高，加工较困难。为克服这些缺点，就产生了各种改性的聚氯乙烯。

一、氯化聚氯乙烯

氯化聚氯乙烯又称为过氯乙烯，系由聚氯乙烯树脂经氯化后所得。

1. 氯化方法

制取氯化聚氯乙烯主要采用悬浮氯化法。将聚氯乙烯树脂粉悬浮于浓度为20%左右的盐酸(或水)中，用氯仿或二氯乙烷为膨润剂，借以形成稳定的悬浮体。用过氧化物引发剂引发或紫外光照射，在常压和60～65℃温度的条件下通入氯气进行氯化。氯化后的聚氯乙烯含氯量可达到66%～67%。

2. 性能改善

氯化聚氯乙烯比之聚氯乙烯性能上有明显改善，主要表现在耐热性和耐寒性提高。未氯化的聚氯乙烯最高连续使用温度仅65～80℃，氯化后的聚氯乙烯可提高到100℃。未氯化的聚氯乙烯脆化温度仅−20℃，氯化后的聚氯乙烯脆化温度可达到−45℃。氯化聚氯乙烯的拉伸、弯曲强度比聚氯乙烯皆有所提高，耐腐蚀、耐老化性进一步提高，阻燃性也进一步提高，有限氧指数从原来的47提高到60左右。氯化聚氯乙烯密度大于聚氯乙烯，且含氯量愈大，密度愈大，当含氯量为65%时，密度为1.52 g/cm^3。

二、共聚改性

将氯乙烯与某些其他单体共聚，可以改善聚氯乙烯的某些性能。

1. 氯乙烯与乙酸乙烯共聚

用过氧化物引发剂使二单体进行悬浮或溶液共聚，可以得到含乙酸乙烯10%～25%的共聚物。氯乙烯-乙酸乙烯共聚物分子链中，含有侧基氯原子和乙酰基，降低了分子链的有序性，故乙酸乙烯进入共聚物分子链实际上起到了内增塑作用，使共聚物熔体流动性增大，韧性和耐寒性也得到改善，但也因此使材料耐化学试剂、耐溶剂性降低，强度、硬度也不及聚氯乙烯。

2. 氯乙烯与丙烯共聚

氯乙烯与丙烯的共聚物可由过氧化物引发使二单体进行悬浮共聚而得，其中共聚物中丙烯含量不超过10%。这种共聚物比之聚氯乙烯的性能改善是流动性增大，不仅可进行注塑成型，还可中空吹塑形状复杂的容器。共聚物的热稳定性比聚氯乙烯提高，还具有良好的透明性和耐化学试剂性，可用以制备医药、食品的包装容器。

3. 氯乙烯与丙烯腈共聚

采用本体法、溶液法、悬浮法、乳液法等共聚合，都可以制得氯乙烯与丙烯腈的共聚物，但乳液法最常用。乳液共聚时用过硫酸盐为引发剂。共聚物中丙烯腈含量在20%～60%的范围内。

氯乙烯丙烯腈共聚物的软化点比聚氯乙烯有大幅度提高，可达到140～160℃，故耐热性也有较大程度提高。含有60%丙烯腈的共聚物基本性能与聚丙烯腈相似，可以抽丝作为纤维，织物手感好，保温性优，难燃，耐酸碱，不怕虫蛀。

4. 氯乙烯与丙烯酸酯共聚

氯乙烯可以与许多丙烯酸酯类单体共聚，共聚方法可以是乳液法或悬浮法。共聚物的软化点比聚氯乙烯高，流动性也比聚氯乙烯好，有利于成型加工；共聚物的冲击韧性、耐寒性也比聚氯乙烯有明显改善。这种共聚物是透明材料，可以制造座舱玻璃、仪表面板。

5. 氯乙烯与偏二氯乙烯共聚

氯乙烯与偏二氯乙烯两单体可以在过氧化物、偶氮化合物或过硫酸盐的引发下进行共聚。共聚可采用乳液法或悬浮法，两种单体比例可以在很大范围内改变，所得到共聚物的性能和用途明显不同。作为塑料、涂料、胶粘剂使用的共聚物，偏二氯乙烯含量不超过60%，一般主要采用乳液共聚合。作为纤维使用的共聚物，偏二氯乙烯含量可达到75%～90%，主要采用悬浮共聚合。

偏二氯乙烯与氯乙烯结构接近，二者的共聚物保持了聚氯乙烯的许多特点，由于主链由两种单体构成，使共聚物比之聚氯乙烯均聚物或聚偏二氯乙烯均聚物的流动性皆有明显改善，这是由于两单体的存在互相起着内增塑作用。偏二氯乙烯链节的存在使共聚物分子链间距增大，使共聚物流动性优于纯聚氯乙烯均聚物。纯聚偏二氯乙烯由于分子链的对称性，是高结晶度聚合物，熔融温度高，氯乙烯单体的存在又破坏了聚偏二氯乙烯分子链的对称性，使共聚物软化点降低，因此共聚物加工性比聚氯乙烯有所改善。

氯乙烯-偏二氯乙烯可采用注塑、挤出、吹塑方法加工。共聚物的强韧性和透明性优于聚氯乙烯，耐油性、耐化学试剂性、耐光性也较好，阻燃性亦优，但最大的特点是透气性、透湿性均很小，适宜于作为密封性包装材料。

§4.2 聚乙酸乙烯

聚乙酸乙烯的缩写代号是PVAC，是乙酸乙烯的聚合物。聚乙酸乙烯是玻璃化温度较低的无定形聚合物，不能作为塑料使用，但可作为用途较多的聚乙烯醇、聚乙烯醇缩醛的原料，且本身也可作为涂料、胶粘剂及纤维、纸张的处理剂使用，故应予简要介绍。

§4.2.1 制备方法

一、单体制备

乙酸乙烯由乙酸与乙炔反应而得。

$$CH_3—COOH+CH\equiv CH \xrightarrow{放热} CH_3—COOH=CH_2$$

乙酸乙烯在常压下是无色液体，沸点72～73℃，具有很强的聚合能力，室温下就可以缓慢地聚合，储存时应加入二苯胺或对苯二酚作为阻聚剂。

二、聚合

在引发剂或光的作用下，乙酸乙烯可以按自由基机理很迅速聚合，聚合反应是放热反应，一经开始，即可自行加速进行。聚合反应的实施可以采用本体、悬浮、乳液或溶液聚合法，最常采用的是溶液聚合法。采用醇类作溶剂时所得聚合物聚合度较小，采用苯类和乙酸酯类作溶剂时聚合度较大。

§4.2.2 结构与性能

聚乙酸乙烯在聚合过程中，可以形成“头-尾”结合和“头-头”结合两种结构，即

~~~CH_2—CH—CH_2—CH~~~　　　~~~CH_2—CH—CH—CH_2~~~

（侧基均为 —O—C(=O)—CH_3）

“头-尾”结合的结构是主要形式，在市售的聚乙酸乙烯中，“头-尾”结构含量约占98.5%。

聚合反应中由于链转移，使分子链会产生支链或形成交联。由于聚乙酸乙烯具有较笨重的侧乙酰基，且在分子链中“头-尾”结构与“头-头”结构并存以及支链和交联的存在，使聚乙酸乙烯分子链规整性差，只能以无定形结构存在。

聚乙酸乙烯是无色无味、无臭无毒的热塑性透明树脂，密度约1.2 g/cm^3，吸水率较大，约2%～3%，长时浸水，可高达8%。随分子量大小不同，树脂可从柔性的沥青状到坚硬的角质状，玻璃化温度约在23～33℃范围，高于50℃时，不论分子量大小，皆呈橡胶状，70～90℃时变为粘性熔体，130℃时开始降解，超过200℃发生分解。

聚乙酸乙烯具有明显的冷流性，不适宜作为承载的结构制品应用，吸水性较大也限制了它在电气方面的应用，其电性能不仅受环境湿度影响，也对电场频率很敏感，在工频电场中，介电常数约为7～8，但在10^6 Hz电场中，介电常数变为3，吸湿后介电常数增大，它的介质损耗因数也具有较大值，在10^{-2}数量级。

聚乙酸乙烯是无定形结构，溶解度参数在19.0～19.4 $(J/cm^3)^{1/2}$之间，许多溶剂如氯仿、二氯乙烷、甲醇、乙酸乙酯、乙酸丁酯、丙酮、乙酸、苯等皆可使之溶解，强极性溶剂和非极性溶剂(烃类)可使之溶胀。

§4.2.3 应用

聚乙酸乙烯的乳液或溶液对木材、纸张、皮革、玻璃、陶瓷、金属等皆具有良好的粘接力，可作为这些材料的胶粘剂，乳液还可以作为这些材料的涂料。

聚乙酸乙烯的主要用途是制备聚乙烯醇，此处还可以分别与乙烯和氯乙烯共聚，扩展聚乙烯和聚氯乙烯的用途。

§4.3 聚乙烯醇

聚乙烯醇的缩写代号是PVA，由聚乙酸乙烯的水解而得，而不是由单体乙烯醇聚合而得，因为游离的乙烯醇并不存在。

§4.3.1 制备方法

聚乙烯醇可由聚乙酸乙烯在酸性或碱性醇溶液中水解得到，工业上主要采用碱性醇溶液水解，容易使产物净化并提高其稳定性。
~~~

$$\left[CH_2-\underset{\underset{\underset{\underset{CH_3}{|}}{C=O}}{|}}{\underset{|}{O}}{CH}\right]_n \xrightarrow[KOH]{C_2H_5OH} \left[CH_2-\underset{OH}{\underset{|}{CH}}\right]_n + CH_3-COOC_2H_5 + CH_3-COOK$$

反应在加热和强烈搅拌下进行。

§4.3.2 结构与性能

聚乙烯醇分子链上含有强极性的侧羟基，分子链结构也较规整，故可以结晶，是极性结晶型聚合物。聚乙醇树脂是白色或乳黄同色粉末，密度约 1.26～1.29 g/cm^3，可在水中溶胀，经搅拌或微热后可溶解。为使它不在水中溶解，可采取如下处理：

(1) 进行加热，使其产生部分交联。当加热超过 160℃时即可产生部分交联，可大大提高耐水性。

(2) 用醛处理，使其表面生成不溶于水的聚乙烯醇缩醛。

(3) 利用某些有机物如邻苯二甲酸二乙酯、丁二酸二乙酯等与之反应使产生分子链间交联。

聚乙烯醇的玻璃化温度约为 85℃，熔融温度范围 220～240℃，晶区熔点约为 220℃。当受热达 160℃时会产生分子内或分子间的醚化反应，使耐水性增强，刚度增大，性能变脆，加热超过 200℃会开始分解。

聚乙烯醇具有很强的吸湿性，在一般环境条件下就会吸湿，在相对湿度 65%，25℃条件下吸湿可达 4.5%，故不宜在电绝缘方面应用。聚乙烯醇虽可透水蒸气，但对于醇类蒸气、有机溶剂蒸气、隋性气体和氢气却具有良好的阻透性，吸湿后阻透性下降。一般可对聚乙烯醇薄膜表面涂以聚偏二氯乙烯制成复合膜达到阻气性良好的目的（聚偏二氯乙烯透气性小又不吸湿）。

聚乙烯醇是极性结晶型聚合物，溶解度参数为 47.9(J/cm^3)$^{1/2}$，除受水影响外，不受烃类、氯代烃、醇、酮、酯、油脂等一般溶剂的影响，也不受臭氧的攻击，但会受浓酸，特别是氧化性酸的攻击而分解。

聚乙烯醇分子链含有侧羟基，能够进行多元醇的一切典型反应，例如可与醛、酮缩合，也可脱水醚化或与有机酸进行酯化反应。

§4.3.3 加工与应用

聚乙烯醇主要是用来制备薄膜，薄膜加工方法可采用浇铸法或挤出法。

浇铸法：将含有乙二醇、丙三醇等增塑剂的聚乙烯醇 10%～20%水溶液，倾注到干燥鼓轮或钢带上，待水挥发后，将干膜在 120℃热处理即可得到聚乙烯醇薄膜。

挤出法：将聚乙烯醇溶解为无泡的高浓度溶液，然后用专用挤出机挤往转鼓，干燥后即成薄膜。由于聚乙烯醇达熔融温度时即出现分解，无法用一般熔融挤出方法，故采用上述可以溶液加料，并能脱气、压缩、加热的特殊挤出机进行挤出。

聚乙烯醇薄膜具有良好的透明性，透光率为 30%～60%，具有良好的韧性、可印刷性和阻气性，良好的耐化学试剂性和耐溶剂性，可作为油性食品包装，长期储存可保持食品原味，用于包装鲜肉，长时可保持鲜肉色泽。聚乙烯醇薄膜还可用作纺织品包装和聚酯真空浇铸的脱模膜。此外，聚乙烯醇可以用于织物、纸张的表面处理剂和胶粘剂、制备乳液的乳化剂等。

聚乙烯醇另一大用途是制备聚乙烯醇缩醛类，在胶粘剂、纤维和绝缘涂层等方面获得了广泛应用。

§4.4 聚乙烯醇缩醛

聚乙烯醇缩醛是聚乙烯醇与醛类的缩合产物，可用来缩合的醛类很多，可以是脂肪族醛类，包括不饱和醛类，也可以是芳香族醛类，但有实际应用价值的仅是甲醛、乙醛、丁醛的缩合产物，其中聚乙烯醇缩丁醛可作为塑料使用，其他两种缩醛仅可作为纤维或粘合剂使用。聚乙烯醇缩甲醛、缩乙醛、缩丁醛的缩写代号分别是 PVFL，PVAL，PVB。

§4.4.1 制备方法

聚乙烯醇与甲醛、乙醛、丁醛的缩合皆可按一步法或二步法进行。

一、一步法缩合

聚乙烯醇与甲醛、乙醛或丁醛的一步法缩合是直接利用聚乙酸乙烯为原料。聚乙酸乙烯的水解（生成聚乙烯醇）和缩醛化反应是在一个设备内分两步连续进行的。聚乙酸乙烯水解时的催化剂，也可以作为聚乙烯醇缩醛化反应的催化剂，因此两步反应可以在同一容器中均相地进行，故一步法又称均相法。一步法中采用酸性催化剂，一般使用硫酸或盐酸。将聚乙酸乙烯溶液（甲醇、乙醇或乙酸）、酸性催化剂的醇溶液以及醛加入反应釜中，在 65～75℃下连续猛烈搅拌，聚乙酸乙烯醇解后生成的聚乙烯醇会立即与醛缩合而并不从体系中沉淀出。一步法的优点是耗时短，但要消耗大量溶剂，溶剂难以回收。

二、二步法缩合

二步法又称非均相法，是将聚乙酸乙烯在醇溶液中先水解为聚乙烯醇，再将聚乙烯醇与相应的醛进行缩合。两步反应分别在不同容器中进行。聚乙烯醇与醛的缩合在酸性催化剂存在下于 60～80℃下进行。

§4.4.2 结构与性能

一、结构

聚乙烯醇缩醛是由聚乙烯醇与醛类反应缩去水后的产物，聚乙烯醇缩醛具有如下通式的分子结构：

$$
\sim\sim CH_2-\underset{\underset{O}{|}}{CH}-CH_2-\underset{\underset{O}{|}}{CH}-CH_2\sim\sim
$$

$$
\text{(两个 O 与 } \overset{H}{\underset{R}{C}} \text{ 相连)}
$$

式中 R 可以是 H 原子。CH_3-，C_3H_7-分别代表缩甲醛、缩乙醛、缩丁醛。

在聚乙烯醇缩醛的实际生产中，一般仅达到 70%～85%的缩醛度，上式分子结构只是一种理想化缩醛的分子结构，在实际的缩醛产品中，尚存在着部分羟基未参与缩醛反应。从聚乙酸乙烯醇解生成聚乙烯醇的过程中，也有少量侧乙酰基未被水解。因此，实际的缩醛分子链具有如下结构。

```
~~~CH2—CH—CH2—CH—CH2—CH—CH2—CH—CH2~~~
       |       |        |       |
       O       O        OH      O
        \  H  /                 |
         \ | /                  C=O
           C                    |
           |                    CH3
           R
```

以上三种基团在分子链中所占比例与聚乙酸乙烯水解及聚乙烯醇缩醛化工艺条件控制有关。

二、性能

聚乙烯醇缩醛是一类韧性透明聚合物，密度在 1.1～1.2 g/cm³ 之间，其中缩甲醛密度最大，缩丁醛最小。缩醛类聚合物吸湿性较大，这与分子链结构中含有残留的—OH 基及乙酰氧基有关。三种缩醛的吸湿率分别为 1%，2%，3%～5%。

缩醛类有较大的透湿性，但对有机溶剂蒸气和氢气透过率较小。

缩醛类具有高于聚烯烃塑料的力学强度，表 4－4 是几种缩醛聚合物力学性能数据。

表 4－4　聚乙烯醇缩醛的力学性能*

性　能	PVFL	PVAL	PVB
拉伸强度/MPa	40～70	36～65	45～55
拉伸模量/MPa	＞1 500	＞1 500	＞1 500
断裂伸长率/(%)	4～10	3～5	5
弯曲强度/MPa	125	—	—

* 不含增塑剂的试样测试值。

缩醛类聚合物的软化温度不太高，其中缩甲醛、缩乙醛约为 110～150℃，缩丁醛仅 80～140℃，超过 200℃时三种聚合物均分解。

分子链上含有残留的极性基团对缩醛类电性能有不利影响，未增塑的缩醛体积电阻率约为 10^{12} Ω · m，缩甲醛、缩乙醛介电强度可达 39 kV/mm，缩丁醛仅 15.7 kV/mm，介电常数平均约为 3.5，介质损耗因数约 0.01。

缩醛类聚合物具有较好的耐大气老化性，长期曝露在日光下对性能影响甚小，也可耐大气中的湿度变化，不受菌类和昆虫的侵害。缩醛类聚合物对脂肪烃、碱、稀酸具有良好的抵抗性，但升温条件下碱与酸均可使之分解。许多溶剂可以使缩醛聚合物溶解，其中二氯乙烷、四氢呋喃、冰醋酸、醇苯混合物(30：70)和醇、四氯化碳混合物(30：70)均是缩甲醛的良好溶剂。缩乙醛、缩丁醛除可溶于上述溶剂外，还可在醇、酮、芳烃、酯类中溶解。苯二甲酸酯和癸二酸酯是缩醛的增塑剂，其中作为塑料使用的缩丁醛的常用增塑剂是邻苯二甲酸二丁酯、二辛酯、癸二酸二丁酯等。

§4.4.3 加工与应用

一、加工

聚乙烯醇缩甲醛主要是作为纤维(维纶-维尼纶),缩乙醛主要是作为清漆与涂料,只有缩丁醛主要作为塑料使用,且以薄膜形式为主。这里介绍 PVB 薄膜成型工艺。

1. 流涎法成膜

将含增塑剂的 PVB 配成 10%～20%乙醇溶液,过滤后流涎于连续运转的不锈钢带上,60～70℃下使溶剂挥发即得到缩丁醛薄膜。

流涎薄膜的清洁度高,用于航空安全玻璃时的清晰度高,缺点是容易起泡,裁截玻璃时浪费较大。该法也存在溶剂回收问题。

2. 挤出热压延制膜

将 PVB 树脂与适当比例的增塑剂混合,在捏和机上捏和 15～20 min,静置约半小时使增塑剂被树脂充分吸收。捏和后的团粒状料通过双螺杆挤出机挤出预塑化,使料成为条状,再加入单螺杆挤出机进一步塑化,并通过扁机头挤出成薄片。挤出机料筒温度在 130～140℃之间,扁机头温度为 140～50℃。挤出的片料再通过缝隙可调的热辊筒压延即可得到要求厚度的均厚薄膜,热辊筒温度约为 140℃。由于 PVB 对金属辊筒有粘附作用,需在辊筒上涂以有机硅橡胶作为脱模剂。为防止 PVB 薄膜收卷时自粘,也需撒敷一薄层小苏打粉方可取卷。

二、应用

聚乙烯醇缩甲醛主要用于制备纤维——维纶,此外还可与热固性酚醛树脂混合,制备优良的胶粘剂,用于对钢、黄铜、铝合金、玻璃钢、木材、橡胶制品的粘接,作为胶粘剂在航空工业中应用较多。聚乙烯醇缩甲醛也可制备冲击韧性好,压缩模量大的泡沫塑料。缩醛度高的聚乙烯醇缩甲醛可用于制造唱片和照相胶卷。

聚乙烯醇缩乙醛主要用于制备清漆,其漆膜硬而耐磨,耐大气老化性亦优。聚乙烯醇缩乙醛也可用于模压塑料,加有增塑剂和润滑剂的模压塑料可制造唱片、砂轮、鞋跟,具有坚韧耐磨的优点。

聚乙烯醇缩丁醛的主要用途是作为塑料薄膜,用于硅玻璃或有机玻璃的中间夹层材料成为安全玻璃(防弹、抗冲击)。这种玻璃透明、耐光、耐热、力学性能高,在受到很大冲击能时仍可粘住破裂的玻璃不使飞散,在飞机和汽车上应用广泛。PVB 也可挤出成硬管或软管使用。另外,PVB 也是良好的胶粘剂材料,与热固性酚醛树脂混合可制成性能优异的强力胶粘剂,原苏联的 Бф 胶即是由此而制得。

思 考 题

1. 聚氯乙烯分子链结构上侧氯原子的存在对聚合物性能有哪些影响?
2. 聚氯乙烯有哪些优良性能? 又有哪些突出缺点? 试说明其原因。
3. 试述你所了解的聚氯乙烯的改性方法。
4. 聚乙酸乙烯有哪些性能特点?
5. 聚乙烯醇对水有溶解性,用什么方法可使它具有耐水性?
6. 试述聚乙烯醇缩醛缩合制备的一步法和二步法。
7. 试述聚乙烯醇缩丁醛的制膜工艺。

第五章　聚苯乙烯类塑料

聚苯乙烯是20世纪30年代出现的塑料品种，以优异的介电性和电绝缘性著称。作为塑料材料，其价格低廉、模塑性能好、透明、容易着色、刚度好、吸湿低等。聚苯乙烯的缺点是性脆、耐热性低、耐化学试剂、耐溶剂性差。为克服这些缺点，又产生了许多改性产品，包括综合性能优良，被视为工程塑料的用途颇广的ABS在内。

§5.1　聚苯乙烯

聚苯乙烯是苯乙烯的聚合物，缩写代号是PS，是五大通用塑料之一。

§5.1.1　制备方法

一、单体制备

聚苯乙烯的单体苯乙烯的实验室制备是由肉桂酸（苯基丙烯酸）常压干馏而得。

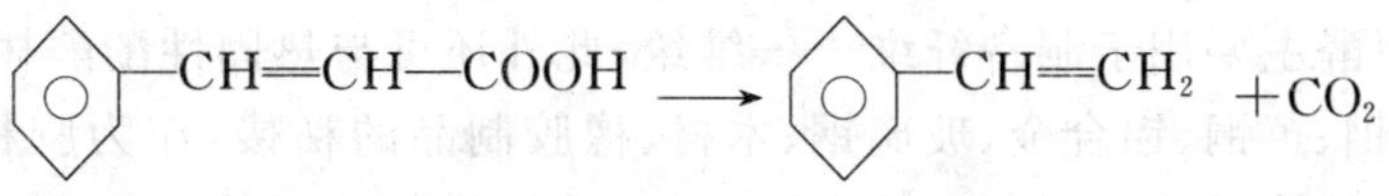

$$C_6H_5-CH=CH-COOH \longrightarrow C_6H_5-CH=CH_2 + CO_2$$

该法也是工业上最初制取苯乙烯的方法。

现今工业上制取苯乙烯的方法是先制取乙苯，再由乙苯脱氢得到苯乙烯。

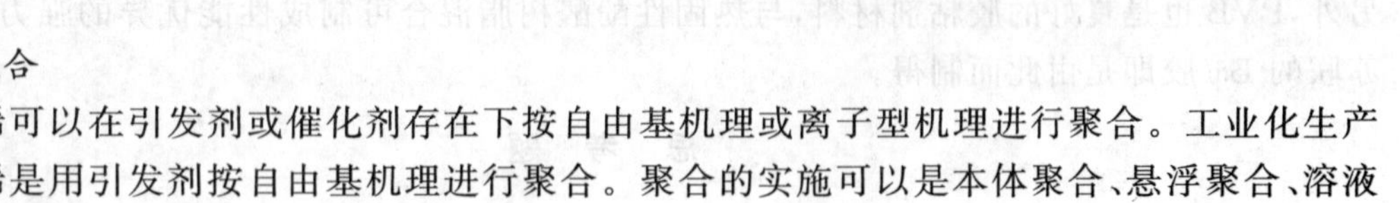

$$C_6H_6 + CH_2=CH_2 \xrightarrow[\text{常压},95\sim100℃]{AlCl_3} C_6H_5C_2H_5 \xrightarrow{630℃} C_6H_5CH=CH_2 + H_2\uparrow$$

苯乙烯常压下是无色油状液体，沸点145～146℃，属易燃品。由于苯基的存在，使—CH$=CH_2$受到一定的极化（偶极矩0.37），因此苯乙烯比乙烯、丙烯更容易聚合，储存时应加入阻聚剂。

二、聚合

苯乙烯可以在引发剂或催化剂存在下按自由基机理或离子型机理进行聚合。工业化生产的聚苯乙烯是用引发剂按自由基机理进行聚合。聚合的实施可以是本体聚合、悬浮聚合、溶液聚合或乳液聚合。

1. 本体聚合

本体聚合是聚苯乙烯大规模工业化生产的主要方法。将单体在无引发剂或仅加少量引发剂的条件下先在预聚釜中在氮气保护下，在80～100℃下进行预聚，使之达到30%～35%的转化率。再将预聚体连续送入塔式反应器，加入要求量的引发剂进行聚合。反应塔应带有加热、冷却夹套，以便调节控制塔温。塔温分布是上部100～110℃、中部140～160℃、下部170～190℃，这样的温度分布是为了提高转化率，可以使沸腾上升未转化的单体继续聚合，引发剂采用过氧化物。本体聚合采用先预聚再完全聚合的两步法是为了解决散热问题。

本体聚合的优点是产物纯度高、透明性好，产品介电、电绝缘性优良；缺点是散热困难，由于温度分布不均和局部过热，使产物分子量分散性大，影响到材料的力学性能。该法所得产品主要用于制备电性能要求高的注塑、挤出制品。

2. 悬浮聚合

悬浮聚合是聚苯乙烯工业化生产的另一重要方法。将单体、引发剂、悬浮剂加入装有水为分散介质的反应釜中，引发剂采用过氧化物，悬浮剂采用聚乙烯醇或碳酸镁。单体以直径约0.1～1 mm的小滴粒分散在水中，可以大大减少散热问题。悬浮剂的作用是使小滴粒表面形成保护膜，防止彼此粘在一起。因此悬浮聚合实质上是无数个小的本体聚合。聚合过程中应进行强烈搅拌，聚合温度控制在90～110℃，提高温度可使完成聚合的时间缩短，例如90℃下需6.5 h，110℃下仅需3.5 h。聚合结束后将得到的细小珠状聚合物水洗、离心分离、干燥。

悬浮聚合的优点是散热容易、产物分子量较高，分散性小，缺点是由于分散剂不易除尽，使产物纯度不及本体聚合。该法所得产品主要供一般工业用品、日用品的注塑、挤出。也常用于制备泡沫塑料。

3. 溶液聚合

溶液聚合是将单体溶解到适当溶剂中进行聚合。所用溶剂应能溶解单体、聚合物和添加剂。

在溶液中进行聚合，由于体系粘度小，进行搅拌比本体聚合时容易，实施过程中机械设备上的困难较少，散热也较容易。由于反应过程中聚合链向溶剂传递，聚合速率低，聚合物平均分子量小，力学性能差。另外，采用溶剂需要较严格的安全措施，防止火灾危险，溶剂回收也较麻烦。溶液聚合所得到的聚合物主要用于配制清漆。

4. 乳液聚合

用皂类乳化剂使苯乙烯单体在水中乳化，乳化后的单体形成远小于悬浮聚合中的液滴，部分单体进入乳化剂胶束，反应过程中亦进行强烈搅拌。乳液聚合由于增长链自由基处于隔离状态，使自由基寿命较长，因此聚合反应速率高、聚合物分子量高、分散性小，使其力学性能、耐热性均较优，但由于体系辅助成分多，乳化剂、分子量调节剂等很难清除干净，以致产物纯度比悬浮聚合还要差，后处理也复杂，成本高于悬浮聚合。该聚合方法所得聚合物主要用于涂料和泡沫塑料。

工业化生产的聚苯乙烯数均分子量约在$(0.4\sim1.8)\times10^4$，重均分子量在$(1\sim5)\times10^5$之间。

§5.1.2 结构与性能

一、聚苯乙烯结构特点

聚苯乙烯分子链结构式是 $\mathrm{+CH_2-CH+_n}$，可以看作是聚乙烯分子链上交替地连接着侧

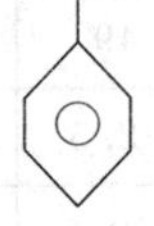

苯基。侧苯基的存在使聚苯乙烯具有如下结构特点：

(1) 使分子链变刚变硬，这是因为苯基体积较大，有较大的位阻效应，使分子链旋转困难。

分子链变刚变硬的结果，使聚合物的玻璃化温度比之聚乙烯、聚丙烯都大大提高，玻璃化温度约在90～100℃之间。

(2) 与侧苯基连接的主链骨架碳原子是不对称碳原子，故使聚合物分子链存在空间异构现象。由于工业化生产的聚苯乙烯是无定形聚合物，人们长期认为聚苯乙烯只存在无规结构，事实上可以有等规、间规结构。等规聚苯乙烯已经制备出，聚合物也因此成为可结晶结构，但由于熔点高，流动也困难，难以加工，其性能也很脆，目前尚未在实际中得到应用。一般工业化生产的聚苯乙烯以无规异构体为主，含有少量的间规异构体，且由于采用自由基聚合，分子链中仍会产生少量支链。以无规异构体为主和存在少量支链是使工业化聚苯乙烯只能以无定形存在的基本因素。

(3) 侧苯基的存在使聚苯乙烯比聚乙烯、聚丙烯化学上都要活泼些，苯环所能进行的特征性反应如氯化、加氢、硝化、磺化等，聚苯乙烯都可以进行。因此，聚苯乙烯的耐化学性不及聚乙烯、聚丙烯等化学上比较惰性的聚合物。

(4) 侧苯基可以使主链骨架上α-位置上的氢原子活化，在空气中易氧化生成过氧化物，并引起降解，使分子量降低而变脆，并变色老化。

(5) 由于聚合物是无定形聚合物，其溶解度参数约为18.6$(J/cm^3)^{1/2}$，可以在许多溶解度参数接近的溶剂中溶解，使耐溶剂性变差。

(6) 侧苯基不会使聚苯乙烯产生明显的极性，故具有优异的介电、电绝缘性能。

(7) 由于苯环是共轭体系，使聚合物耐辐射性较高，因为苯环可使吸收的辐射能在苯环上均匀分配。

二、聚苯乙烯的性能

聚苯乙烯是无色无臭无味的透明性刚硬固体，制品掷地时有金属般响鸣。聚苯乙烯透光率不低于88%，雾度约3%，折射率较大，在1.59～1.60之间，具有特殊光亮性，但储存时易泛黄。泛黄的原因之一是单体纯度不够，特别是含有微量硫元素时；二是聚合物在空气中缓慢老化引起发黄。聚苯乙烯较轻，密度在1.04～1.065之间。聚苯乙烯易燃烧，燃着后离开火焰可持续燃烧，火焰呈橙黄，伴有浓烟。

1. 力学性能

聚苯乙烯在热塑性塑料中是典型的硬而脆塑料，拉伸、弯曲等常规力学性能皆高于聚烯烃，但韧性却明显低于聚烯烃，拉伸时无屈服现象。

聚苯乙烯力学性能测试值对测试条件、试样制备方法比其他塑料具有更明显的依赖关系。分子量对力学性能虽有影响，但不像其他多数聚合物影响那样大，这可以从表5-1中4个品级的聚苯乙烯试样力学性能测试值差别不大得到说明。

表5-1 不同品级聚苯乙烯力学性能比较

性能	品级			
	通用型	高分子量型	耐热型	易流动型
拉伸强度/MPa	41～49	45～52	45～52	41～49
断裂伸长率/(%)	1.0～2.5	1.0～2.5	1.0～2.5	1.0～2.5
拉伸模量/MPa	3 450	3 450	3 790	3 450

续表

性　　能	品　　级			
	通用型	高分子量型	耐热型	易流动型
弯曲强度/MPa	62～76	69～83	76～97	62～76
简支梁冲击强度(缺口)/(kJ·m^{-2})	1.33～1.87	1.33～1.87	1.33～1.87	1.33～1.87

一般而言，在分子量较低范围内，分子量增大可使强度提高，但当分子量增大到使重均分子量超过 10^5 时，分子量对强度影响就不明显。

聚苯乙烯在长期载荷作用下强度值比标准条件下测试值会明显降低，约降低到标准值的1/3～1/4，这一点比一般聚合物更为明显。例如，预定承载两周以上的聚苯乙烯制品，设计的拉伸载荷仅应取 6～11 MPa。对聚苯乙烯制品进行退火处理可提高力学强度。

2. 热性能

聚苯乙烯分子链虽是刚性链，但由于是无定形结构，超过玻璃化温度即开始软化，软化点仅 95℃左右，许多力学性能都受到温度升高的明显影响，如图 5-1 至图 5-3 所示。

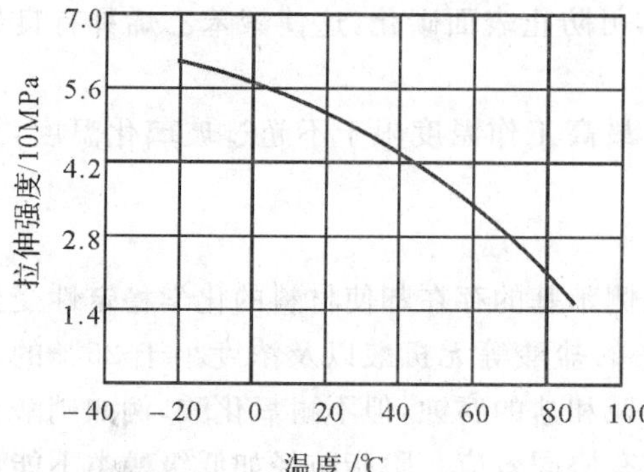

图 5-1　温度升高对聚苯乙烯拉伸强度的影响

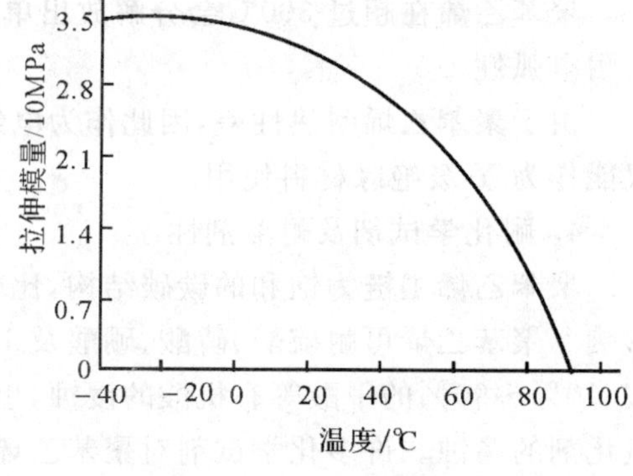

图 5-2　温度升高对聚苯乙烯拉伸弹性模量的影响

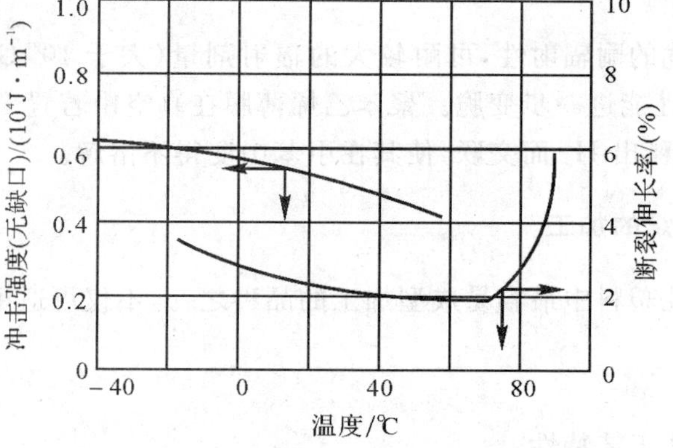

图 5-3　温度升高对聚苯乙烯冲击强度的影响

聚苯乙烯最高连续使用温度仅60～80℃，其具体数值与承载大小有关，这是因为分子链基本上无极性，分子链间作用力小，在热作用下容易滑移。聚苯乙烯120℃开始成为熔体，180℃后具有流动性，其热稳定性好，超过300℃才开始分解，因此聚苯乙烯有比较宽的成型加工温度区间。

聚苯乙烯热变形温度在70～98℃之间，与材料配方及热处理有关。对聚苯乙烯进行退火处理，不仅可提高力学强度，也可提高热变形温度，例如在77℃下退火150 min，可使热变形温度达85℃，退火1 000 min，可达90℃。一般采用的退火温度约低于实际的热变形温度5～6℃。

聚苯乙烯的热导率较小，约在0.10～0.15 W/(m·K)之间，且基本上与温度无关，是较良好的绝热保温材料。聚苯乙烯泡沫是应用广泛的优质绝热材料。

3. 电性能

聚苯乙烯是非极性聚合物，具有颇为优异的介电、电绝缘性能，几项主要的电性能指标都具有较优数值，如介电常数约为2.45～2.65，介质损耗因数为$(1\sim4)\times10^{-4}$，体积电阻率大于$10^{14}\ \Omega\cdot m$，介电强度超过25 kV/mm，介电常数和介质损耗因数在$60\sim10^6$ Hz电场内基本不变，仅当在10^7 Hz时，介质损耗因数约增大4倍。由于吸湿率很小，电性能也不受环境湿度改变的影响。

聚苯乙烯在超过300℃会分解放出单体苯乙烯，可防止表面碳化，这使聚苯乙烯具有良好的耐电弧性。

由于聚苯乙烯耐热性差，因此作为电绝缘材料，最高工作温度限于不超过玻璃化温度，故仅能作为Y级绝缘材料使用。

4. 耐化学试剂及耐溶剂性

聚苯乙烯主链为饱和的碳碳结构，比较惰性，但侧苯基的存在却使材料的化学稳定性受到影响。聚苯乙烯可耐硫酸、磷酸、硼酸及10%～36%的盐酸等无机酸以及浓度小于25%的乙酸、10%～90%的甲酸等有机酸的浸蚀，也可耐许多碱和盐的腐蚀，但不耐氧化酸，例如硝酸和氧化剂的腐蚀。许多化学试剂对聚苯乙烯的攻击具有协同效应。除脂肪烃如低级醇类不能使聚苯乙烯溶解外，芳烃，例如苯、甲苯、乙苯、氯代烃和二氯乙烷、氯苯、氯仿、酮类、酯类都可使聚苯乙烯溶解。在这些溶剂中的溶解性随聚苯乙烯分子量的增大而有所减小。这些溶剂对聚苯乙烯的侵害程度还与接触的时间及制品内有无应力有关。对制品退火处理可减小溶剂对制品的侵害。

聚苯乙烯具有较优的耐辐射性，可耐较大的辐射剂量（大于10^6 Gy），大剂量辐射会使材料释出H_2而交联，使性能进一步变脆。聚苯乙烯薄膜在真空中若置于波长为2.537×10^{-7} m的紫外线照射下，也可释出H_2而交联，使其在甲苯中变得不溶解。

§5.1.3　聚苯乙烯的加工

聚苯乙烯是热塑性塑料中最容易成型加工的品种之一，不仅可适用多种成型工艺，也具有许多良好的工艺特点。

一、工艺特性

聚苯乙烯具有下述工艺特性：

(1) 吸湿率很小，在0.02%～0.3%，成型加工前一般皆不需要专门的干燥工序。

(2) 聚苯乙烯是无定形聚合物，无明显熔点，从开始熔融流动至开始明显分解的温度范围宽,适宜成型的温度范围亦宽。

(3) 熔体具有明显的假塑性体行为,但出现假塑性体行为有一个临界剪切应力。当剪应力 $\tau < 60/\overline{M}_w$(MPa)时,熔体基本上属于牛顿型,超过这一临界值,假塑性体特性变得很明显。聚苯乙烯熔体粘度对温度也很敏感。因此,聚苯乙烯制品性能与工艺参数,特别是与成型温度及成型压力有明显关系,这是因为这两个参数对制品中分子链的取向程度有明显影响。

(4) 聚苯乙烯收缩率及其变化范围都较小,一般在0.2%~0.8%之间,有利于成型出尺寸精度较高和尺寸较稳定的制品。

(5) 聚苯乙烯制品容易产生内应力,这是因为在成型时的剪切力作用下,分子链易取向,但在制品冷却阶段,取向的分子链尚未得到松弛,熔体就已冷却到玻璃化温度之下,使取向冻结。

二、加工工艺

聚苯乙烯可以采用注塑、挤出、热成型、旋转模塑、吹塑、发泡等多种成型工艺,其中注塑、挤出、发泡是最常采用的工艺方法。

1. 注塑成型

注塑成型是聚苯乙烯最重要的成型方法,可根据制品形状和壁厚不同,在很大范围内调节熔体温度。注塑成型可在螺杆式注塑机,亦可在柱塞式注塑机上进行。采用螺杆式注塑机时,最适宜的熔体温度是在190~230℃范围,其典型的注塑工艺条件如表5-2中所列。

表5-2 聚苯乙烯的典型注塑工艺条件

工艺参数		取值范围	工艺参数	取值范围
料筒温度/℃	后部	140~180	注射压力/MPa	30~120
	中部	180~190	螺杆转速/(r·min^{-1})	70
	前部	190~200	后处理温度/℃	70
喷嘴温度/℃		180~190	后处理时间/h	2~4
模具温度/℃		40~60		

2. 挤出成型

聚苯乙烯可挤出成型板材、棒材和薄膜。挤出成型一般采用螺槽深度渐变的渐变型螺杆,螺杆长径比在17~24范围,压缩比在2~4范围,料筒温度约为150~200℃。

3. 发泡成型

聚苯乙烯可采用发泡成型制备绝热保温制品和缓冲包装材料。发泡成型有以下两种方法。

(1) 将聚苯乙烯树脂先制备成含有发泡剂的颗粒形式,称为可发性聚苯乙烯。这种可发性颗粒可以放置到任何形状的成型工具中,无需加压仅需加热就可发泡成为要求的制品。可发性聚苯乙烯中采用丁烷、戊烷等饱和脂肪烃作为发泡剂。用可发性聚苯乙烯制备泡沫制品需经过预发泡。预发泡是将可发性聚苯乙烯粒料加热到发泡剂沸点温度(95~115℃),使发泡剂沸腾成为气体、粒料膨胀形成泡孔,冷却后发泡剂重又凝结为液体溶于聚苯乙烯内,使已形成的泡孔变为局部真空。使这种局部真空的泡孔与外界大气压达到平衡的过程称为熟化。将预发泡并熟化后的含泡孔粒料置入模具内加热后,粒料进一步膨胀并相互熔合在一起成为制品。对可发性粒料预先进行预发泡并熟化,可以保证最终的泡沫制品达到要求的密度并保证密度的均匀性。

(2) 向聚苯乙烯树脂粉中加入发泡剂(偶氮二异丁腈、碳酸铵等)和其他助剂,均匀混合,置于模具中加热加压,发泡剂分解使配料发泡成型为制品。

§5.1.4 聚苯乙烯的应用

聚苯乙烯由于价廉易得、透明、加工性能好、绝缘性优、易印刷与着色,用途广泛。聚苯乙烯主要应用在以下各方面:

(1) 制备装饰、照明制品、仪器仪表壳罩、仪表板、汽车灯罩等。

(2) 一般电绝缘用品、高频电容器、高频绝缘用品及传输器件,光导纤维。

(3) 绝热保温材料、冷藏冷冻装置绝热层、建筑用绝热构件。

(4) 防震、抗冲击的泡沫包装垫层。

(5) 日用杂品、玩具、一次性餐具、透明模型等。

§5.2 改性聚苯乙烯

聚苯乙烯的缺点是韧性差,耐热性低,耐化学试剂耐溶剂性欠佳。在寻求克服这些缺点的过程中,产生了下述各种改性聚苯乙烯。

§5.2.1 抗冲击性聚苯乙烯

抗冲击性聚苯乙烯缩写代号为 HIPS,称为高抗冲击聚苯乙烯。

为克服某种塑料的脆性,人们往往通过向该塑料中加入韧性优异的橡胶组分来达到目的。为克服聚苯乙烯脆性,人们对许多橡胶进行了试验,证明用丁苯橡胶或顺式 1,4 -聚丁二烯,即顺丁橡胶对聚苯乙烯改性,可以达到比较理想的增韧效果。

一、制备方法

用丁苯橡胶或顺丁橡胶对聚苯乙烯的改性增韧,可以采用以下两种方法。

(一) 共混法

将丁苯橡胶(或顺丁橡胶)与聚苯乙烯混合(聚苯乙烯与丁苯橡胶配比为 80～85 : 15～20),将混合后的料在双辊辊压机、捏和机或挤出机中共混。由于两相混溶性有一定限度,共混体中聚苯乙烯相与橡胶相之间的分散不均匀,故所得共混物韧性比聚苯乙烯不会大幅度提高,仅有一定改善。

(二) 接枝共聚法

接枝共聚法是将丁苯或顺丁橡胶粉碎为碎粒后溶解到苯乙烯单体中,用过氧化物引发进行共聚。共聚反应的实施可以采用一步法或二步法。一步法又称本体法,是将橡胶碎粒溶入苯乙烯单体中后,采用连续的本体聚合工艺,在 110～165℃下聚合 14～15 h,再升温到 220～285℃,达到 80%～85%的转化率,即完成聚合反应,再直接进行造粒。该法工艺简单,但反应温度高、反应体系粘度高,对设备及物料输送技术要求高。二步法又称本体悬浮法,是将橡胶碎粒溶于苯乙烯中,在 100～120℃下引发聚合,达转化率 25%～35%,再转入另一反应器内在 85～150℃下进行悬浮聚合。悬浮剂可采用聚乙烯醇、乙基纤维素或磷酸钙。完成聚合后将产物洗涤干燥,挤出造粒。二步法的优点是反应温度低,分子量易控制,容易变换产品,但操作是间歇式，后处理工序多。

接枝共聚的抗冲击聚苯乙烯具有如下的示意性结构通式。

$$\left[\!\left(CH_2-CH=CH-CH_2\right)_x CH-CH_2\right)_y\!\right]_n$$

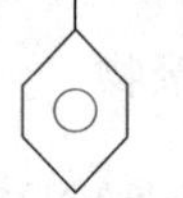

接枝共聚所得到的抗冲击聚苯乙烯比之聚苯乙烯均聚物的韧性有颇大改善。

二、结构与性能

用上述接枝方法获得的共聚物，是主链由丁二烯、苯乙烯两种单体相嵌形成的嵌段共聚物，但又含有苯乙烯短侧支链。由于共聚物中所含苯乙烯组分较多(占 90%～95%)，分子链端以苯乙烯单体为主。这种共聚物比之聚苯乙烯均聚物，韧性有大幅度改善，冲击强度可提高7倍以上。人们也采用过乙丙橡胶、聚异戊二烯、丁腈橡胶等与聚苯乙烯接枝共聚，亦可制得具有一定增韧效果的抗冲击性聚苯乙烯，但效果均不及用丁苯橡胶或顺丁橡胶。

用丁苯橡胶或顺丁橡胶增韧效果最好的原因是：它们与聚苯乙烯具有最适宜的混溶性。为了达到良好的增韧效果，要求增韧剂与原树脂应具有恰到好处的混溶性。如果混溶性差，橡胶相与聚苯乙烯相不能很好混合粘附，就达不到增韧效果；但如果混溶性太好，达到分子级混溶，也不能达到良好的增韧效果，因为这样形成的就不是嵌段共聚物，而是二者的随机共聚物。为达到理想效果，橡胶与聚苯乙烯的溶解度参数值应接近，但又有一较小的差值，丁苯橡胶和顺丁橡胶是最理想的选择。

影响增韧效果的因素还有：

(1) 橡胶用量。橡胶用量一般应控制在 5%～10%之间，用量进一步增大，增韧效果已不显著，但共聚物耐热性会降低。当橡胶含量大于 8%时，冲击强度增加已不多，拉伸强度和耐热性反而有所下降，最佳橡胶用量似以 6%～7%为宜。

(2) 橡胶粒径大小。橡胶粒径应在 1～10 μm 之间。共聚后，橡胶相以小于 50 μm 粒径的不连续相分散在聚苯乙烯相中(以嵌段形式)，这样当材料承载时可以阻止或减少裂纹扩展，防止或减小断裂的可能，达到良好的增韧效果。

(3) 橡胶应具有适当的凝胶含量和溶胀指数。橡胶的凝胶含量是指在甲苯中不溶解的百分数。用于共聚的橡胶凝胶含量应在 5%～20%。橡胶的溶胀指数是指已溶胀凝胶与未溶胀凝胶的体积比。要求橡胶的溶胀指数应在 10%～20%。这两个指标都会影响到橡胶相在树脂相中的分散情况以及橡胶粒径的大小。

高抗冲击聚苯乙烯除冲击韧性有大幅度提高外，耐化学试剂耐溶剂性也有一定改善，对制品连接性能有很大改善，例如可采用自攻螺纹直接连接，而毋需使用金属螺纹嵌件，这也是因为材料韧性提高并具有了弹性恢复所致。

三、加工与应用

抗冲击性聚苯乙烯的加工性能良好，其流动性虽比聚苯乙烯有所减小，但优于丙烯酸塑料和绝大部分热塑性工程塑料，与 ABS 成型性能相近，可以进行注塑、挤出、热成型、旋塑、吹塑、泡沫成型等。

注塑成型温度约在 150～220℃，模具温度可在室温或略高于室温，注射压力为 70～200 MPa。

抗冲击聚苯乙烯可用来制备家用电容壳体或部件、电冰箱内衬材料、空调设备零部件、洗衣机缸体、电话听筒、玩具、吸尘器、照明装置、办公用具零部件，也可以与其他材料复合制备多层片状复合包装材料，制备纺织纱管、镜框、文教用品等。

§5.2.2 苯乙烯-丙烯腈共聚物

苯乙烯-丙烯腈共聚物(AS或SAN)是改性聚苯乙烯的重要品种之一，缩写代号为AS或SAN，它是以苯乙烯单体为主体，用丙烯腈与之共聚，使之比聚苯乙烯均聚物的若干性能得到改善。

一、制备方法

苯乙烯与丙烯腈的共聚，其最佳工艺路线是连续本体聚合。将两种单体按比例混合，以过氧化苯甲酰或偶氮二异丁腈为引发剂进行共聚。在两单体的比例中，苯乙烯一般占70%～80%，其具体比例与共聚时的温度有关，在60℃下聚合时，苯乙烯占76%为宜，在150±30℃下聚合时，苯乙烯以78%为宜，这样才能进行恒比共聚合，得到组成恒定的共聚物。当共聚物中丙烯腈含量在30%时，共聚物透明性、冲击强度、拉伸强度、弯曲强度等综合性能较好。共聚合时控制聚合反应的转化率在80%左右。共聚也可以采用悬浮共聚或乳液共聚，但由于丙烯腈在分散介质水中溶解度大于苯乙烯，使反应体系两相组成不断改变，难以得到组成比恒定的共聚物，同时得到的共聚物分子量分布很宽，使产品性能受到影响。因此，实际生产中悬浮共聚和乳液共聚采用较少。两单体共聚后得到如下结构通式的随机共聚物。

$$\left[\!\!-CH(C_6H_5)-CH_2-CH(CN)-CH_2-\!\!\right]_n$$

二、结构与性能

苯乙烯-丙烯腈共聚物中分子链上引入了强极性的侧—CN基，使共聚物比之聚苯乙烯均聚物在性能上有如下改变：

(1) 具有良好的耐油脂性和耐烃类溶剂性，也提高了耐醇类和耐多数氯代烃类、耐酸碱、洗涤剂、去污剂等溶剂、化学试剂的能力，但酮类、某些芳烃和某些氯代烃仍可使之溶解。

(2) 软化点提高，耐热性改善，维卡软化点比聚苯乙烯约提高25～40℃，最高连续使用温度在75～90℃之间，热变形温度为82～105℃(1.81 MPa)。

(3) 韧性改善，且赋予材料耐应力开裂性和耐裂纹扩裂性，抗震动性。

(4) 刚性增大，力学性能提高，模塑收缩率及其波动范围减小，有利于成型精度较高的塑件。

(5) 流动性有所降低，加工性变得稍差些。

(6) 吸湿性增大。

(7) 热稳定性比聚苯乙烯略有降低。

(8) 电性能变得不及聚苯乙烯，如介电常数约为2.8～3.3，体积电阻率不小于$10^{13}\ \Omega\cdot m$，介质损耗因数$(7\sim12)\times10^{-3}$，均稍次于聚苯乙烯。

AS是外观呈水白色至微黄色的透明或半透明体，着色后透明性更差。

三、加工与应用

AS也可适用于多种方法成型加工，可以注塑、挤出、吹塑、旋转模塑、热成型、泡沫制品成型，但最常采用的是注塑和挤出。注塑成型在 180～270℃范围内进行，模具温度范围 65～75℃。挤出成型在 180～230℃范围内进行。

AS的应用扩大了原聚苯乙烯的应用范围，主要应用于制备餐具、杯、盘、牙刷柄等日用品、化妆品、包装容器、仪表面罩、仪表板、收录机及电视机旋扭、标尺、仪表透镜、耐油的机械零件、空调机零部件、照相机及汽车零部件（尾灯罩、仪表壳、仪表盘）、风扇叶片、文教用品、渔具、玩具、灯具等，也可用于制备耐热的强度较高的薄壁管材。

§5.2.3 苯乙烯-甲基丙烯酸甲酯共聚物

以苯乙烯单体为主，用甲基丙烯酸甲酯与苯乙烯共聚对聚苯乙烯改性，所得到的共聚物缩写代号是 MS。这样的共聚物保留了聚苯乙烯的原有优点，又使其若干性能得到改善。

一、制备方法

MS的制备可以采用本体法、乳液法和悬浮法进行共聚。例如，可以将 70 份苯乙烯和 30 份甲基丙烯酸甲酯加入到含引发剂和悬浮剂的 70℃的水中，不断搅拌，共聚 5 h后，就可得到转化率 98%的 MS共聚物。共聚物具有如下结构通式：

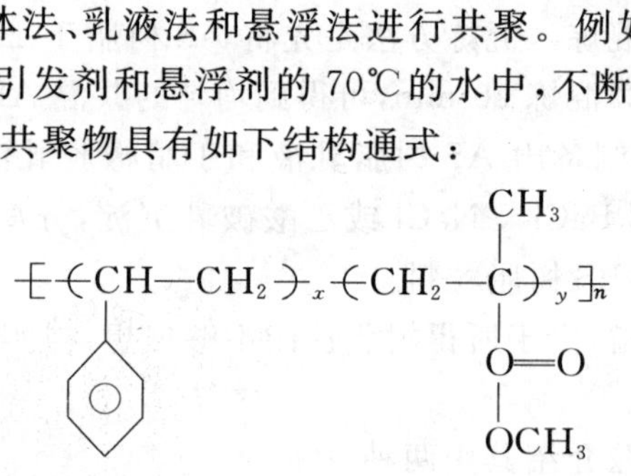

$$\left[\left(\underset{\substack{|\\ C_6H_5}}{CH}-CH_2\right)_x\left(CH_2-\underset{\substack{|\\ C=O\\ |\\ OCH_3}}{\overset{\substack{CH_3\\ |}}{C}}\right)_y\right]_n$$

MS共聚物的商品名称为 204 号树脂。

二、结构与性能

MS是苯乙烯与甲基丙烯酸甲酯的嵌段共聚物，分子链组成以苯乙烯单体为主。MS具有以下性能特点：

（1）与聚苯乙烯均聚物相比，具有较好的韧性和综合力学性能，拉伸、弯曲等强度均稍高于聚苯乙烯，断裂伸长率增大，韧性有所提高，耐磨性也提高。

（2）透光性比聚苯乙烯有所提高，透光率可达到 90%。

（3）比聚苯乙烯具有较好的耐油性、耐候性，耐热性也有所提高，热变形温度接近聚甲基丙烯酸甲酯的水平，最高连续使用温度可达到 93℃。

（4）基本上保持了聚苯乙烯的成型加工流动性（仅略有下降），流动性优于聚甲基丙烯酸甲酯，吸水率也小于聚甲基丙烯酸甲酯。

三、加工与应用

MS可以采用注塑、挤出、模压等成型。模压时应制成粉状供料。注塑成型在 165～260℃范围内进行，注射压力为 70～210 MPa。

MS的用途与聚苯乙烯相似，此外还可以制造挡风玻璃、光学镜头、汽车透明零件。

§5.3 ABS塑料

ABS树脂是丙烯腈、丁二烯、苯乙烯三元共聚物，也是人们在对聚苯乙烯改性中开发的一种新型塑料材料。由于具有很优异的综合物理力学性能、良好的耐化学性、容易成型加工，价格又便宜，已成为用途极广的一种工程塑料。

§5.3.1 制备方法

工业上生产ABS可以采用多种方法，这些方法大体可以归结为两大类：共混法和接枝共聚法。

一、共混法

共混法是将AS树脂与丁腈橡胶按要求的比例进行熔融混炼，其混炼方法可有以下两种：

(1) 将AS固体树脂(其组成中含丙烯腈30%)65份与丁腈橡胶35份，加上硫化剂和其他需要的助剂，在辊筒上进行混炼。混炼方法是先将AS树脂于149～205℃在混炼机辊筒上使之塑化，再加入丁腈橡胶继续混炼20 min，可得到均匀的共混ABS。

(2) 先用乳液聚合分别制备出AS树脂乳液和丁腈橡胶乳液，再将两种乳液按比例混合均匀，并加入必要的助剂，用$BaCl_2$，NaCl或乙酸破乳沉淀，分离水洗、干燥，送入螺杆挤出机中混炼、挤出造粒，即得到ABS树脂粒料。

共混法制备的ABS树脂，由于所得树脂性能不够理想，在实际生产中已应用较少。

二、接枝共聚法

接枝共聚有数种方法，兹介绍其中两种。

1. 乳液接枝共聚法

用此法先需制备聚丁二烯胶乳。用过氧化异丙苯作引发剂，油酸钠做乳化剂，在约10℃左右对丁二烯进行乳液聚合达转化率75%，即得丁二烯胶乳。

将丁二烯胶乳30份(以固体含量计)、苯乙烯50份、丙烯腈20份加入带有高速搅拌的反应釜内(内含300份水)，并以过硫酸钾为引发剂，油酸钠为乳化剂，并加少量链转移剂，在氮气保护下于65～75℃下反应，得ABS胶乳。用NaCl破乳沉淀，离心分离、干燥，挤出造粒，即得ABS粒料。

2. 本体悬浮接枝共聚法

将顺丁橡胶溶于丙烯腈、苯乙烯两单体混合液中，进行本体预聚合，当转化率达到25%～35%时，倾入水中进行悬浮聚合，将共聚物离心脱水，洗涤并干燥，挤出造粒。

§5.3.2 结构与性能

一、结构

ABS是丙烯腈、丁二烯、苯乙烯的三元共聚物，具有结构通式

$$\left[\left(CH_2\underset{\underset{CN}{|}}{CH} \right)_a \left(CH_2—CH═CH—CH_2 \right)_b \left(CH_2—\underset{\underset{C_6H_5}{|}}{CH} \right)_c \right]_n$$

其分子链中三种单体比例可在较大范围内调节，其大致的比例范围是：$a=0.2\sim0.3$，$b=0.05\sim0.4$，$c=0.4\sim0.7$。

由共混法与接枝共聚法制得的 ABS 结构上有较明显差异，共混法制得的 ABS 基本上是 AS 树脂与丁腈橡胶的两相混合物，其结构示意可用下图表示：

```
A—A—B—A—A—B—B—B—A—A—B
                                        两相混合物
S—A—S—S—A—A—S—S—S—A—S
```

接枝共聚法得到的 ABS 是 AS 树脂分子链与丁二烯分子链接枝的结构。

```
        S—A—S—S—A—A—S—A—S—A
          |
        B—B—B—B—B—B—B—B—B—B
                          |
    A—S—S—A—S—A—S—S—A—S—A
```

二、性能

ABS 外观上是淡黄色非晶态树脂，不透明，密度与聚苯乙烯基本相同。ABS 具有良好的综合物理力学性能，耐热、耐腐、耐油、耐磨、尺寸稳定、加工性能优良，它具有三种单体所赋予的优点。其中丙烯腈赋予材料良好的刚性、硬度、耐油耐腐、良好的着色性和电镀性；丁二烯赋予材料良好的韧性、耐寒性；苯乙烯赋予材料刚性、硬度、光泽性和良好的加工流动性。改变三组分的比例，可以调节材料性能。

1. 力学性能

对于大部分 ABS 试样或制品，最大拉伸强度都发生在屈服点，超过屈服点，拉伸强度又随伸长的增大而逐渐减小直至断裂，这是由于材料具有较高的泊桑比(0.35～0.39)，拉伸时产生较大的缩颈现象，使有效横截面减小。ABS 有多种品级规格，其中中等冲击强度品级的 ABS 具有最大拉伸强度值。

与拉伸强度一样，屈服点时测得的弯曲强度和弯曲模量可以代表 ABS 在短时载荷作用下的承载性能，它与屈服点时的拉伸强度都是比较各品级 ABS 强度和刚性的重要依据。

ABS 具有较好的冲击韧性，比之聚苯乙烯约提高 3～5 倍，尽管冲击性能对缺口有敏感性，但缺口敏感性却小于其他许多塑料，包括聚碳酸酯和聚酰胺在内。在较低的温度下，例如在约 −5℃时，仍保持有尚好的冲击强度。表 5-3 列出了 ABS 塑料力学性能测试值。

表 5-3　各品级的 ABS 塑料典型力学性能

性　　能	品级					
	中冲击级	高冲击级	超高冲击级	高耐热级	电镀级	阻燃级
拉伸强度(屈服点)/MPa	42.8～46.9	35.2～42.8	31.1～34.5	41.1～49.7	40～47.6	40～50.4
拉伸模量(屈服点)/MPa	2 346～2 622	2 070～2 346	1 518～2 070	1 794～ 2415	2 277～2 898	2 208～2 622
弯曲强度(屈服点)/MPa	72.5～79.4	58.7～72.5	48.3～58.7	69～86.3	69～86.3	69～84.9
弯曲模量/MPa	2 484～2 967	1 932～2 484	1 725～1 932	2 139～2 622	2 346～2 898	2 277～2 760
悬梁缺口冲击强度(24℃)/(kJ·m^{-1})	7.5～21.5	21.5～32	32～49	12.3～32	27.7～37.3	12.8～21.3
洛氏硬度	R108～118	R102～113	R90～100	R108～111	R103～111	R97～102

ABS组成中，随橡胶组分(共混型中丁腈橡胶含量，共聚型中丁二烯单体含量)增多，冲击韧性提高，但材料抗蠕变性下降，热膨胀性、熔体粘度也增大。橡胶含量减小，其他两种成分增大，材料拉伸强度、刚性、硬度、耐热性均提高，如图5-4所示。作为一种无定形塑料，ABS具有良好的抗蠕变性，在这方面不仅优于丙烯酸塑料、聚丙烯、硬聚氯乙烯等，也优于工程塑料共聚甲醛。在升温条件下，ABS的这一优点更明显些。在ABS各品级中，中冲击级的抗蠕变性最好。

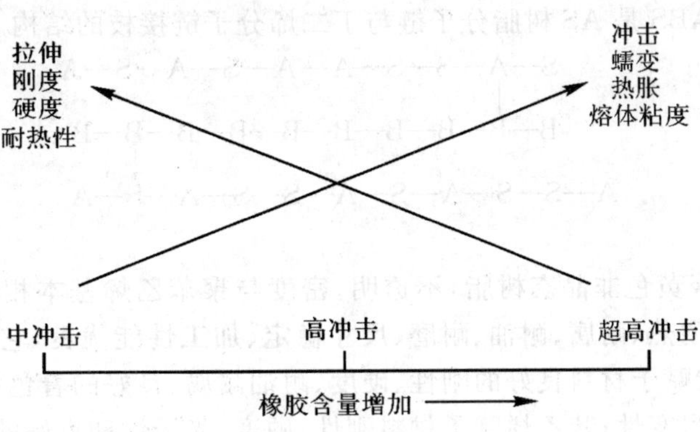

图5-4　ABS塑料各组分对性能的影响

2. 热性能

ABS的热性能对于材料的加工和最终的应用都具有重要意义。不同品级的ABS各种热性能数据有所差别。表5-4列出了ABS各品级的几种热性能指标测试值。

表5-4　ABS的典型热性能数据

性能		品级					
		中冲击级	高冲击级	超高冲击级	高耐热级	电镀级	阻燃级
热变形温度/℃	0.45 MPa	93～105	96～102	91～96	102～121	97～103	96
	1.81 MPa	102～107	99～107	87～91	94～110	89～98	85～88
线胀系数/(10^{-5}·K^{-1})		7.9～9.9	9.5～10.6	10.4～11	6.7～9.2	6.5～8.1	—
最高连续使用温度/℃		60～75	60～75	60	60～75	60	60～80

从表5-4可以看出，ABS的热变形温度在85～110℃之间(1.81MPa)，明显高于聚苯乙烯，与AS相当，但最高连续使用温度并不高。与某些聚合物共混可以使材料最高连续使用温度提高，例如ABS与聚碳酸酯共混，可以使最高连续使用温度提高到95～105℃，同时也使冲击强度有较大提高。

ABS具有良好的耐寒性，共混型ABS的脆化温度约为-18℃，共聚型可达-60℃。

各品级的ABS热导率约在0.14～0.35 W/(m·K)之间，线胀系数约在(2.9～13.0)×10^{-5}/K之间，比热容约在1 214～1 591 J/(kg·K)之间。

ABS具有可燃性，引燃后可缓慢燃烧。

3. 电性能

ABS具有良好的电性能，可以作为要求不很苛刻的电绝缘材料使用，其电性能指标与不同品级中所含几种单体比例以及添加剂品种和数量有关。表5－5中列出了ABS塑料电性能指标范围。

表5－5　ABS的电性能

性　能		数　值	性　能		数　值
介电常数	10^3 Hz	2.89～3.5	介质损耗因数	10^3 Hz	$(0.69～1.5)\times10^{-2}$
	10^6 Hz	2.87～3.2		10^6 Hz	$(0.83～3.1)\times10^{-2}$
体积电阻率/(Ω·m)		$(2～4)\times10^{13}$	耐电弧性/s		50～85
介电强度/(kV·mm^{-1})		12～16			

4. 耐化学试剂耐溶剂性

ABS具有较良好的耐化学试剂性，除了浓的氧化性酸之外，对各种酸、碱、盐类都比较稳定，与各种食品、药物、香精油长期接触也不会引起什么变化。醇类、烃类对ABS无溶解作用，只能在长期接触中使它缓慢溶胀，醛、酮、酯、氯代烃等极性溶剂可以使它溶解或与之形成乳浊液，冰醋酸、植物油可引起应力开裂。

5. 耐候性

ABS分子链中的丁二烯部分含有双键，使它的耐候性较差，在紫外线或热的作用下易氧化降解。特别对于波长不足350 nm的紫外光部分更敏感。老化破坏的宏观表现是使材料变脆，例如经过半年户外曝露的ABS试样冲击强度可下降50%。老化的脆化层起初增长较快，随后变慢。加入酚类抗氧剂或炭黑可在一定程度上改善老化性能。

§5.3.3　ABS塑料的品级

ABS由于综合性能好，应用较广泛，品级较多，以下仅简介其主要品级。

一、通用型

表5－3中所列中冲击型、高冲击型、超高冲击型皆属于标准型，即通用型ABS，代表了市场上出售的ABS的绝大多数，主要供制备多数注塑和挤出制品用。通用型ABS中也有许多规格，但其材料组成主要是依靠调节三种单体比例达到所要求的性能平衡。

二、高耐热型

高耐热型ABS是将通用型ABS中所用单体之一的苯乙烯，部分地或全部由α－甲基苯乙烯所代替，所得到的ABS耐热性明显提高，其他性能与标准型接近，加工性能则由于熔体粘度较高变得稍为困难。

三、电镀型

电镀型ABS就其基本组成而言，与通用型ABS并无区别，仅是要求其中的丁二烯含量控制在18%～23%，并采用接枝共聚工艺而非共混法制得，这样可以使塑料电镀前的表面处理(粗化、敏化、活化等)工艺可按易于控制的方式进行，获得塑件基体表面、表面处理层、金属镀层之间的牢固结合，也可以使材料具有较低的线胀系数，与金属镀层的线胀系数较易匹配，减小镀层在环境温度变化时的应力。

四、透明型

一般的ABS塑料是不透明的，透明ABS是采用甲基丙烯酸甲酯作为第四种单体与通常的ABS中所含的三种单体共聚。这种透明ABS的透光率可达72%，雾度约10%，其他性能与中冲击型的标准型ABS接近。另一种透明ABS是用甲基丙烯酸酯代替标准型ABS中的丙烯腈，所得三元共聚物又称MBS，这种材料透光率可达到90%(3.2 mm厚度的制品)。

五、阻燃ABS

由于ABS本身可以缓慢燃烧，对于有阻燃要求的应用，必须向材料中添加卤素化合物阻燃剂达到要求的阻燃目的。一般而言，阻燃级ABS具有与中冲击型ABS类似的性能平衡，某些阻燃级ABS具有比较准型ABS较高的弯曲模量和较好的耐光性。

六、ABS合金

ABS可以与许多其他聚合物通过共混而形成ABS合金。在这些合金中，保留了组成合金的各材料的优点，减少了各自的缺点。主要的ABS合金有如下几种：

1. ABS与聚碳酸酯的合金

ABS与聚碳酸酯的合金，写作ABS/PC，是由ABS与PC共混制得。这种合金具有优异的韧性，良好的抗热变形性和良好的刚性。该合金的成型方法主要是注塑，它的熔融粘度要高于ABS，比ABS成型加工要困难些。该合金可以电镀。

2. ABS与聚氯乙烯的合金

ABS可以与聚氯乙烯共混制成合金，缩写为ABS/PVC。这种合金保持了聚氯乙烯良好的阻燃性，其拉伸强度、弯曲强度、热变形温度、耐化学腐蚀性介于ABS与聚氯乙烯之间，冲击韧性可等于或优于ABS或聚氯乙烯，成型加工的稳定性优于聚氯乙烯，稍逊于ABS。这种合金主要采用挤出成型制备型材。

3. ABS/SMA合金

ABS/SMA是ABS与苯乙烯-顺丁烯二酐共聚物形成的共聚体，这种共聚体具有与ABS相似的优异综合性能和相似的加工性，但耐热性有较大提高。这种共聚体合金主要采用注塑和挤出成型，也可以采用电镀。

§5.3.4　ABS塑料的加工

ABS具有较良好的成型加工工艺性，可以采用多种成型加工方法。

一、工艺特性

ABS是无定形聚合物，无明显熔点，熔融流动温度不太高，随所含三种单体比例不同，在160～190℃范围即具有充分的流动性，且热稳定性较好，在约高于285℃时才出现分解现象，因此加工温度范围较宽。ABS熔体具有较明显的非牛顿性，提高成型压力可以使熔体粘度明显减小，粘度随温度升高也会明显下降。ABS吸湿性稍大于聚苯乙烯，吸水率约在0.2%～0.45%之间，但由于熔体粘度不太高，故对于要求不高的制品，可以不经干燥，但干燥可使制品具有更好的表面光泽并可改善内在质量。在80～90℃下干燥2～3 h，可以满足各种成型要求。ABS具有较小的成型收缩率，收缩率变化最大范围约为0.3%～0.8%，在多数情况下，其变化小于该范围。

二、加工工艺

1. 注塑

注塑是ABS塑料最重要的成型方法,可以采用柱塞式注塑机,但更常采用螺杆式注塑机,后者更适于形状复杂制品、大型制品成型。表5-6列出了ABS的典型注塑工艺条件。

表5-6 ABS塑料注塑工艺条件

工艺参数		通用型	高耐热型	阻燃型
料筒温度/℃	后部	180～200	190～200	170～190
	中部	210～230	220～240	200～220
	前部	200～210	200～220	190～200
喷嘴温度/℃		180～190	190～200	180～190
模具温度/℃		50～70	60～85	50～70
注射压力/MPa		70～90	85～120	60～100
螺杆转速/(r·min^{-1})		30～60	30～60	20～50

2. 挤出

ABS可以在通用型单螺杆挤出机上挤出管、棒、板等型材,可采用渐变型螺杆,亦可采用突变形螺杆,螺杆长径比一般在18～20之间,压缩比为2.5～3.0之间。表5-7是ABS挤出的典型工艺。

表5-7 ABS挤出成型工艺条件

工艺参数		管材	棒材
料筒温度/℃	后部	160～165	160～170
	中部	170～175	170～175
	前部	175～180	175～180
口模温度/℃		175～180	150～160
模唇温度/℃		190～195	170～180
螺杆转速/(r·min^{-1})		10.5	11～14

3. 电镀

ABS是少数几种能采用电镀工艺的塑料品种之一。用于电镀的ABS是电镀级ABS,其中含有丁二烯单体在18%～23%之间,并采用接枝共聚法制备,这样可使材料的电镀层最为牢固。

制品电镀前应经过消除应力、除油、粗化、敏化、活化等工序,最后才能化学镀和电镀。

粗化的目的是使塑件表面形成亲水层并获得适当的粗糙度,这样才能保证最终的镀层具有良好的附着力。

敏化是使塑件表面吸附一层有还原性的金属离子,例如二阶锡离子或三价钛离子,以便在随后的活化工序中可以使银或钯离子还原成具有催化作用的离子,可以缩短化学镀的诱导期,加快沉积速度并使镀层均匀。

活化是在已敏化的塑件表面再吸附一层金属微粒，作为化学镀的催化中心，为金属沉积播下晶种，是化学镀前的最后一道工序。活化处理是用含有催化活性的金属(Ag,Pd,Pt,Au 等)化合物溶液对敏化后的塑件表面再进行处理。

化学镀：化学镀是一种使金属离子在含有还原剂的水溶液中被催化还原而连续沉积到塑件表面的过程。表 5-8 是 ABS 化学镀镍溶液配方。

表 5-8　ABS 化学镀镍溶液配方(之一)及工艺

镀液成分或参数	取值范围
氯化镍	40～60 g/L
次磷酸钠	30～60 g/L
柠檬酸钠	60～90 g/L
羟基乙酸钾	10～30 g/L
pH 值	5～6
温度/℃	60～65

一般而言，化学镀得到的镀层较薄，多数情况下是为电镀层提供一个导电层并作为最后电镀层的底层。

电镀：采用直流电源，将已获得化学镀层的塑件浸入所要镀金属的盐类水溶液中，将塑件作为阴极，该金属的金属板作为阳极，通电使盐溶液中的金属离子在塑件上不断沉积，而阳极的金属又不断地溶解补充到盐类水溶液中。表 5-9 列出了 ABS 塑件酸性镀铜和光亮镀镍电解液配方及工艺两例。

表 5-9　ABS 塑件电镀镀液配方及工艺实例

酸性镀铜		光亮镀镍	
硫酸铜($CuSO_4 \cdot 5H_2O$)	150～250 g/L	硫酸亚镍	250～300 g/L
硫酸	40～60 g/L	氯化亚镍	25～35 g/L
阴极电流密度	1～2 A/dm^2	硼　酸	35～40 g/L
温度	室温	1,4-丁炔二醇	0.3～0.5 g/L
时间	6～10 min	糖　精	0.8～1.09 g/L
		pH 值	4～4.6
		温　度	40～50℃
		阴极电流密度	1.5～3.0 A/dm^2
		搅拌方式	阴极移动

§5.3.5　ABS 的应用

ABS 由于具有优良的综合性能，用途十分广泛，主要包括以下各方面：

(1) 制备机械零件，如齿轮、轴承、水箱外壳、把手、泵叶轮等。

(2) 制备电机、仪器仪表零部件，例如电机外罩、仪器仪表盘、仪表箱、仪表面板等。

（3）汽车工业方面，制备车前部格栅、加热器、空调器导管、前灯聚光圈、反射镜护罩、车轮装饰罩、扶手、挡泥板等。

（4）家电方面，制备冰箱搁板、搁盘、搁盘架、蒸发器、风扇扇叶、衬里、电视机及收录机前后罩、洗衣机水轮、空调机和吸尘器外壳、电话机听筒、机座等。

（5）工业用品，例如蓄电池槽、贮槽内衬，排液、排气、排废管道、耐腐管道、集装箱包装容器、纺机及织机零部件、纱锭等。

（6）建筑行业中制备各种板材、管材、门户面板。

（7）家用日用中可制备相机、时钟、缝纫机、自行车、轻骑以及家具等的零部件，还可制备箱包零件、鞋跟、婴幼用品等。

（8）其他方面，可制备计算机、办公机械零部件、娱乐用品、小帆船、体育用品、园艺及草坪修整工具、装置的零部件、喷灌设备零部件，等等。

思 考 题

1. 聚苯乙烯的合成，可采用那些实施工艺？各工艺有何优缺点，所得聚合物的具体应用范围有何不同？

2. 试分析聚苯乙烯的结构对性能的影响。聚苯乙烯有哪些较突出的优异性能和明显缺点？其原因何在？

3. 试述抗冲击性聚苯乙烯的制备方法和基本组成。影响抗冲击性聚苯乙烯性能的因素有哪些？

4. AS比之聚苯乙烯性能上有哪些重要改变？试从材料组成及结构上给予解释。

5. 聚苯乙烯工艺性能上有哪些特点？

6. 聚苯乙烯泡沫制品有哪两种制备方法？试简述其梗概。

7. 甲基丙烯酸甲酯对聚苯乙烯的改性共聚物（MS）有何性能特点，比之聚苯乙烯性能上有哪些改善？

8. ABS的制备有哪两种完全不同的方法？这两种方法所得ABS树脂在结构和性能上有何差异？

9. 为什么ABS具有良好的综合物理力学性能？三种单体对对材料性能各有何影响？

10. 试说明ABS中丁二烯含量的改变对材料的力学性能、耐热性和工艺性的影响。

11. ABS可以电镀，试说明电镀前都需进行哪些工序。

12. 试说明高耐热型和透明型ABS各由哪些单体共聚而得到？

第六章　丙烯酸类塑料

以丙烯酸及其酯类聚合所得到的聚合物统称丙烯酸类树脂，相应的塑料统称聚丙烯酸类塑料，其中以聚甲基丙烯酸甲酯应用最广泛。

§6.1　聚甲基丙烯酸甲酯

聚甲基丙烯酸甲酯缩写代号为PMMA，俗称有机玻璃，是迄今为止合成透明材料中质地最优异，价格又比较适宜的品种。

§6.1.1　制备方法

一、单体制备

合成聚甲基丙烯酸甲酯所用单体甲基丙烯酸甲酯的制备有两种方法：丙烯氰醇法和异丁烯氧化法。

1. 丙酮氰醇法

丙酮氰醇法是制备甲基丙烯酸甲酯比较古老而成熟的方法，它是以丙酮为原料，进行氰化得到丙酮氰醇中间体，再与硫酸、甲醇反应，最终得到甲基丙酮酸甲酯。

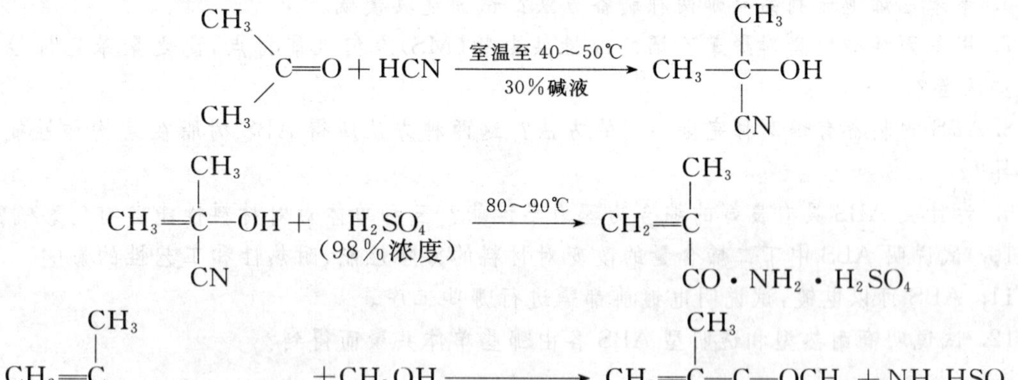

$$(CH_3)_2C{=}O + HCN \xrightarrow[\text{30\%碱液}]{\text{室温至 }40\sim50^\circ C} CH_3{-}C(CH_3)(CN){-}OH$$

$$CH_3{=}C(CH_3)(CN){-}OH + \underset{\text{(98\%浓度)}}{H_2SO_4} \xrightarrow{80\sim90^\circ C} CH_2{=}C(CH_3){-}CO\cdot NH_2\cdot H_2SO_4$$

$$CH_2{=}C(CH_3){-}CONH_2\cdot H_2SO_4 + CH_3OH \xrightarrow[\text{(水解、酯化)}]{} CH_2{=}C(CH_3){-}\overset{\overset{O}{\|}}{C}{-}OCH_3 + NH_4HSO_4$$

生成丙酮氰醇后，在丙酮氰醇与硫酸反应时，其分子内原子经过重排生成丙烯酰胺，并与硫酸生成硫酸盐，后者再在甲醇水溶液中进行水解并与甲醇酯化最终生成甲基丙烯酸甲酯。

2. 异丁烯直接氧化法

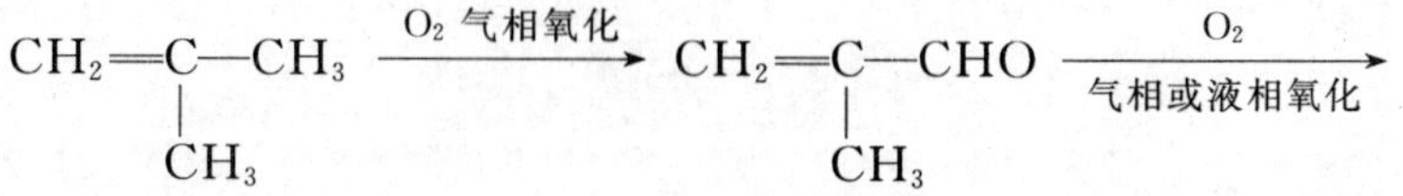

$$CH_2{=}C(CH_3){-}CH_3 \xrightarrow{O_2\text{ 气相氧化}} CH_2{=}C(CH_3){-}CHO \xrightarrow[\text{气相或液相氧化}]{O_2}$$

$$CH_2=\underset{CH_3}{\underset{|}{C}}-COOH \xrightarrow[\text{酯化}]{+CH_3OH} CH_2=\underset{CH_3}{\underset{|}{C}}-\overset{O}{\overset{\|}{C}}-OCH_3$$

异丁烯氧化法的优点是可以利用石油化工产品为原料。

甲基丙烯酸甲酯在常压常温下是液体，沸点 100.5℃，有芳香味，易自聚，储存时需加有氢醌阻聚。

二、聚合

聚甲基丙烯酸甲酯的工业化生产方法是采用引发剂由单体按自由基机理进行聚合。亦可采用丁基锂或碱金属酰胺为催化剂按阴离子型机理的聚合，但尚未用于工业化生产。按自由基机理聚合的实施方法可采用本体聚合、悬浮聚合、乳液聚合、溶液聚合等，其中本体聚合适于直接制备型材（板、棒、管等），悬浮法适于制备模塑用的颗粒料或粉状料，溶液聚合与乳液聚合分别用于制备胶粘剂和涂料。现仅介绍本体聚合和悬浮聚合。

（一）悬浮聚合制备颗粒料、粉状料

甲基丙烯酸甲酯在聚合过程中，由于反应速率快、放热多，制备一般模塑用的颗粒料、粉状料，不宜采用本体聚合，因为本体聚合时反应所放热量不易散出，以致引起聚合体系温度升高，聚合极快，所得到的聚合物分子量极大，使其熔融粘度很高，不易用于注塑、挤出成型方法，故模塑用料皆采用悬浮聚合法制取。

悬浮聚合以水为介质，所用分散剂可以是聚乙烯醇、明胶、碳酸镁、滑石粉等，分散剂可采用硫酸镁，碳酸镁亦可兼起稳定剂的作用，引发剂采用过氧化物或偶氮化合物，最常采用的是过氧化二苯甲酰，采用磷酸氢钠为缓冲剂调节反应介质 PH 值，采用二氯乙烯或十二烷基硫醇为链转移剂以调节聚合物分子量。反应开始时温度控制在 80℃，随反应进行，因反应放热可使温度上升到 120℃，聚合反应约在 1 h 内完成，可得聚合物数均分子量 $\overline{M}_n$ 约在 $(3\sim4.5)\times10^5$。对聚合物进行过滤、洗涤、干燥，即得粉状树脂，可再经挤出造粒得到颗粒料。

（二）本体聚合制备型材

采用本体聚合方法仅用于制备板、棒等型材，因为这些型材在使用中一般都要承受载荷，而本体聚合方法的优点恰是所得聚合物分子量高，力学性能优，承载能力大，况且本体聚合在模具中进行，可以一次完成聚合兼成型制品的作用，节约生产总费用。

采用本体聚合制备型材要分段进行，一般需分为预聚、浇铸、完成聚合三步。

1. 制备预聚体

将单体与增塑剂、引发剂、脱膜剂按比例配匀，泵送至带搅拌器的反应釜内，加热使聚合反应开始，放热使反应体系达 85℃时停止加热，反应升温达 90℃时开启冷却系统，待反应体系粘度达 2 Pa·s 时，这时单体转化率达 10%，即得到可用于浇铸的预聚体。

2. 浇铸

将预聚体浇入模具中。棒材所用模具是抛光的不锈钢圆筒，板材模具由两块清洁的无机玻璃板组成。制备板材时，两块玻璃板之间周边需垫以硫化橡胶片，并用弹性夹具夹紧。采用弹性夹具的目的是为了调节板材厚度。

3. 完成聚合

将浇有预聚体的模具置于热水箱内加热，在 40～42℃下聚合至凝胶状，再将模具转入蒸气加热箱内在110℃下继续聚合3 h,即可取出模具冷却,得到产品。

以上分段聚合的目的是可以有效地解决聚合放热的散热问题,并可解决一步聚合时的收缩量过大使制品尺寸难以控制的问题,还可以避免将单体直接浇入模具中的泄漏问题。

本体聚合制得的型材,其数均分子量可达10^6。

§6.1.2 结构与性能

一、结构

聚甲基丙烯酸甲酯分子链具有如下结构:

$$\left[CH_2 - \underset{\underset{\underset{OCH_3}{|}}{C=O}}{\overset{CH_3}{\overset{|}{C}}} \right]_n$$

较大的侧甲酯基和α碳原子上的侧甲基的存在对聚合物带来如下影响:

(1) 使分子链变刚。与聚乙烯相比,聚甲基丙烯酸甲酯的玻璃化温度有大幅度升高,达到104℃,而聚乙烯的玻璃化温度远低于0℃,聚丙烯酸甲酯的玻璃化温度约为0℃。

(2) 侧甲酯基是极性基团,会使聚合物的电性能比聚乙烯有所降低。

(3) 分子链骨架上有同时与侧甲基及侧甲酯基连接的不对称碳原子,使聚合物会存在空间异构现象。红外光谱分析证明,工业化生产的聚甲基丙烯酸甲酯是三种空间异构件的混合物,以间规、无构异构体为主,仅含少量等规异构体(间规异构体约占54%,无规异构体37%,等规异构体9%),因此聚合物宏观上属于无定形聚合物。如果在−78℃的低温条件下进行聚合,可以得到间规异构体含量达78%的产物。采用阴离子型催化聚合亦可得到等规或间规立构为主的产物。

二、性能

聚甲基丙烯酸甲酯是刚性硬质无色透明材料,密度为1.18~1.19 g/cm^3,折射率较小,约1.49,透光率达92%,雾度不大于2%,是优质有机透明材料。

1. 力学性能

聚甲基丙烯酸甲酯具有良好的综合力学性能,在通用塑料中居前列,拉伸、弯曲、压缩等强度均高于聚烯烃,也高于聚苯乙烯、聚氯乙烯等,冲击韧性较差,但也稍优于聚苯乙烯。浇注的本体聚合聚甲基丙烯酸甲酯板材(例如航空用有机玻璃板材)拉伸、弯曲、压缩等力学性能更高一些,可以达到聚酰胺、聚碳酸酯等工程塑料的水平。一般而言,聚甲基丙烯酸甲酯的拉伸强度可达到50~77 MPa水平,弯曲强度可达到90~130 MPa,这些性能数据的上限已达到甚至超过某些工程塑料。其断裂伸长率仅2%~3%,故力学性能特征基本上属于硬而脆的塑料,且具有缺口敏感性,在应力下易开裂,但断裂时断口不像聚苯乙烯和普通无机玻璃那样尖锐参差不齐。40℃是一个二级转变温度,相当于侧甲基开始运动的温度,超过40℃,该材料的韧性,延展性有所改善。聚甲基丙烯酸甲酯表面硬度低,容易擦伤。

聚甲基丙烯酸甲酯的强度与应力作用时间有关,随作用时间增加,强度下降。图6-1是浇注片材拉伸性能与应力作用时间的关系。经拉伸取向后的聚甲基丙烯酸甲酯(定向有机玻璃)的力学性能有明显提高,缺口敏感性也得到改善。

2. 热性能

聚甲基丙烯酸甲酯的耐热性并不高,它的玻璃化温度虽然达到 104℃,但最高连续使用温度却随工作条件不同在 65～95℃之间改变,热变形温度约为 96℃(1.81 MPa),维卡软化点约 113℃。可以用单体与甲基丙烯酸丙烯酯或双酯基丙烯酸乙二醇酯共聚的方法提高耐热性。聚甲基丙烯酸甲酯的耐寒性也较差,脆化温度约 9.2℃。聚甲基丙烯酸甲酯的热稳定性属于中等,优于聚氯乙烯和聚甲醛,但不及聚烯烃和聚苯乙烯,热分解温度略高于 270℃,其流动温度约为 160℃,故尚有较宽的熔融加工温度范围。

聚甲基丙烯酸甲酯的热导率和比热容在塑料中都属于中等水平,分别为 0.19 W/(m·K)和1 464 J/(kg·K)。

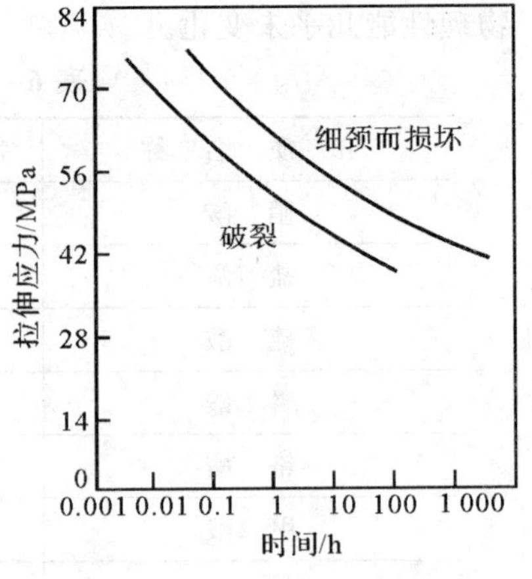

图 6-1 聚甲基丙烯酸甲酯拉伸性能随时间变化

3. 电性能

聚甲基丙烯酸甲酯由于主链侧位含有极性的甲酯基,电性能不及聚烯烃和聚苯乙烯等非极性塑料。甲酯基的极性并不太大,聚甲基丙烯酸甲酯仍具有良好的介电和电绝缘性能。表 6-1 是聚甲基丙烯酸甲酯的电性能数据。值得指出的是,聚甲基丙烯酸甲酯乃至整个丙烯酸类塑料,都具有优异的抗电弧性,在电弧作用下,表面不会产生碳化的导电通路和电弧径迹现象。20℃是一个二级转变温度,相应于侧甲酯基开始运动的温度,低于 20℃,侧甲酯基处于冻结状态,材料的电性能比处于 20℃以上时会有所提高。

表 6-1 聚甲基丙烯酸甲酯的电性能

性能		数值	性能		数值
介电常数	60 Hz	3.4～4.5	$\tan\delta$	60 Hz	$(4.5\sim5.3)\times10^{-2}$
	1 kHz	3.3		1 kHz	$(3.1\sim3.9)\times10^{-2}$
	1 MHz	2.2～2.5		1 MHz	$(2.8\sim3.2)\times10^{-2}$
体积电阻率/(Ω·m)		$>10^{13}$	介电强度/(kV·mm^{-1})		18～22

4. 耐化学试剂及耐溶剂性

聚甲基丙烯酸甲酯可耐较稀的无机酸,但浓的无机酸可使它侵蚀,可耐碱类,但温热的氢氧化钠、氢氧化钾可使它浸蚀,可耐盐类和油脂类,耐脂肪烃类,不溶于水、甲醇、甘油等,但可吸收醇类溶胀,并产生应力开裂,不耐酮类、氯代烃和芳烃。它的溶解度参数约为18.8 $(J/cm^3)^{1/2}$,在许多氯代烃和芳烃中可以溶解,如二氯乙烷、三氯乙烯、氯仿、甲苯等,乙酸乙烯和丙酮也可以使它溶解。表 6-2 是对若干酸性物质的耐腐蚀能力。

聚甲基丙烯酸甲酯对臭氧和二氧化硫等气体具有良好的抵抗能力。

5. 耐候性

聚甲基丙烯酸甲酯具有优异的耐大气老化性,其试样经 4 年自然老化试验,重量无变化,拉伸强度、透光率略有下降,色泽略有泛黄,抗银纹性下降较明显,冲击强度还略有提高,其他物理性能几乎未变化。

表 6-2　聚甲基丙烯酸甲酯的耐酸能力

介　质　名　称	室温不受腐蚀的最大浓度/(%)	60℃不受腐蚀的最大浓度/(%)
硝　酸	10	<10
盐　酸	31	31
硫　酸	25	20
磷　酸	50	25
铬　酸	<40	<40
甲　酸	25	25
乙　酸	50	10
草酸、酒石酸、柠檬酸	饱和溶液	饱和溶液

6. 燃烧性

聚甲基丙烯酸甲酯很容易燃烧，有限氧指数仅 17.3。

§6.1.3　聚甲基丙烯酸甲酯的加工

一、工艺特性

(1) 聚甲基丙烯酸甲酯含有极性侧甲基，具有较明显的吸湿性，吸水率一般在 0.3%～0.4%，成型前必须干燥，干燥条件是 80～85℃下干燥 4～5 h。

(2) 聚甲基丙烯酸甲酯在成型加工的温度范围内具有较明显的非牛顿流体特性，熔融粘度随剪切速率增大会明显下降，熔体粘度对温度的变化也很敏感。因此，对于聚甲基丙烯酸甲酯的成型加工，提高成型压力和温度都可明显降低熔体粘度，取得较好的流动性。

(3) 聚甲基丙烯酸甲酯开始流动的温度约 160℃，开始分解的温度高于 270℃，具有较宽的加工温度区间。

(4) 聚甲基丙烯酸甲酯熔体粘度较高，冷却速率又较快，制品容易产生内应力，因此成型时对工艺条件控制要求严格，制品成型后也需要进行后处理。

(5) 聚甲基丙烯酸甲酯是无定形聚合物，收缩率及其变化范围都较小，一般约在 0.5%～0.8%，有利于成型出尺寸精度较高的塑件。

(6) 聚甲基丙烯酸甲酯切削性能甚好，其型材可很容易地机加工为各种要求的尺寸。

二、加工工艺

聚甲基丙烯酸甲酯可以采用浇铸、注塑、挤出、热成型等工艺。

1. 浇铸成型

浇铸成型用于成型有机玻璃板材、棒材等型材，即前面介绍的用本体聚合方法成型型材。浇铸成型后的制品需要进行后处理，后处理条件是 60℃下保温 2 h，120℃下保温 2 h。

2. 注塑成型

注塑成型采用悬浮聚合所制得的颗粒料，成型在普通的柱塞式或螺杆式注塑机上进行。表 6-3 是聚甲基丙烯酸甲酯注塑成型的典型工艺条件。

表 6-3　聚甲基丙烯酸甲酯注塑工艺条件

工　艺　参　数		螺杆式注塑机	柱塞式注塑机
料筒温度/℃	后部	180～200	180～200
	中部	190～230	—
	前部	180～210	210～240
喷嘴温度/℃		180～200	180～200
模具温度/℃		40～80	40～80
注射压力/MPa		80～120	80～130
保压压力/ MPa		40～60	40～60
螺杆转速/($r \cdot min^{-1}$)		20～30	—

注塑制品也需要后处理消除内应力，处理在 70～80℃的热风循环干燥箱内进行，处理时间视制品厚度，一般均需 4 h 左右。

3. 挤出成型

聚甲基丙烯酸甲酯也可以采用挤出成型，用悬浮聚合生产的颗粒料制备有机玻璃板材、棒材、管材、片材等，但这样制备的型材，特别是板材，由于聚合物分子量小，力学性能、耐热性、耐溶剂性均不及浇注成型的型材，其优点是生产效率高，特别是对于管材和其他用浇注法时模具难以制造的型材。挤出成型可采用单阶或双阶排气式挤出机，螺杆长径比一般在 20～25。表 6-4是挤出成型的典型工艺条件。

表 6-4　聚甲基丙烯酸甲酯挤出成型工艺条件

工　艺　参　数		片　　材	棒　　材
螺杆压缩比		2	2
料筒温度/℃	后部	150～180	150～180
	中部	170～200	170～200
	前部	170～230	170～200
挤出压力/MPa		2.8～12.4	0.7～3.4
进料口温度/℃		50～80	50～80
口模温度/℃		180～200	170～190

4. 热成型

热成型是将有机玻璃板材或片材制成各种尺寸形状制品的过程，将裁切成要求尺寸的坯料夹紧在模具框架上，加热使其软化，再加压使其贴紧模具型面，得到与型面相同的形状，经冷却定型后修整边缘即得制品。加压可采用抽真空牵伸或用对带有型面的凸模直接加压的方法。热成型温度可参照表 6-5 推荐的温度范围。

采用快速真空低牵伸成型制品时，宜采用接近下限温度，成型形状复杂的深度牵伸制品时宜采用接近上限温度，一般情况下采用正常温度。

此外，型材也可采用车、铣、钻、裁等机械加工方法。

表 6-5　聚甲基丙烯酸甲酯热成型温度

下限温度/℃	上限温度/℃	正常温度/℃	冷却温度/℃
149	193	177	85

§6.1.4　聚甲基丙烯酸甲酯的应用

聚甲基丙烯酸甲酯作为性能优异的透明材料广泛应用在以下各方面：

(1) 灯具、照明器材，例如各种家用灯具、荧光灯罩、汽车尾灯、信号灯、路标。

(2) 光学玻璃，例如制造各种透镜、反射镜、棱镜、电视机荧屏、菲涅耳透镜、相机透光零件等。

(3) 制备各种仪器仪表表盘、罩壳、刻度盘。

(4) 制备光导纤维。

(5) 商品广告橱窗、广告牌。

(6) 飞机座舱玻璃、飞机和汽车的防弹玻璃(需带有中间夹层材料)。

(7) 各种医用、军用、建筑用玻璃。

§6.1.5　定向有机玻璃

聚甲基丙烯酸甲酯板材在玻璃化温度以上经定向拉伸，并在拉伸状态下冷却，可以得到分子链处于取向状态的板材，称为定向有机玻璃。定向有机玻璃比之非定向有机玻璃的性能有颇大改善。

一、定向拉伸方法

将优质有机玻璃板材加热至 105～110℃(稍高于 T_g)，迅速置于装有固定夹具和水冷却装置的拉伸设备，拉伸至要求的拉伸度后，停止拉伸并保持在拉力下冷却。对于圆形玻璃板，是沿径向多向均匀拉伸；对于方形玻璃板，是沿互相垂直的两个方向拉伸。经拉伸后的有机玻璃板材，分子链沿板材平面方向产生双轴取向并被冻结。

二、定向有机玻璃性能

与未拉伸的有机玻璃板材相比，定向有机玻璃分子链由于变为有序的定向排列，拉伸强度、弯曲强度、抗银纹性、抗裂纹扩展性、模量、断裂伸长率皆提高，冲击强度亦提高。

上述各力学性能改善与拉抻度有关，拉伸度增大，性能改善幅度增大，但当拉伸度超过 50%～60%后，除冲击强度尚继续有所提高外，其他性能基本上不再变化。因此，一般应将拉伸度控制在 60%左右，这时材料具有良好的综合性能。

拉伸度 $\varepsilon_{拉}$ 定义为

$$\varepsilon_{拉} = \left[\sqrt{\frac{t_1}{t_2}} - 1\right] \times 100\% \qquad (6-1)$$

式中，t_1，t_2 分别是板材拉伸前后的厚度。表 6-6 是定向有机玻璃与非定向有机玻璃力学性能的比较。

表 6-6　定向有机玻璃与未定向有机玻璃力学性能的比较

性　　能	测　试　温　度/℃							
	−60		20		60		80	
	定向	未定向	定向	未定向	定向	未定向	定向	未定向
拉伸强度/MPa	141	112	77.5	71	43	41	20.5	15*
伸长率/(%)	3.3	1.6	23.2	3.6	31	2	43.7	60*
拉伸模量/MPa	—	5 500	3 600	2 900	1 920	1 800	1 140	1 400
弯曲强度/MPa	154	—	119.5	99	69*	73.5	39.5*	53
静弯曲挠度/mm	7.5	—	23.0	6.0	23.0*	16.3	23.0*	23.0*
冲击强度/($kJ \cdot m^{-2}$)	25.8	14.5	25.5	—	29.8	14.2	36.8	15.4

* 试样未破坏时得到的数据。

表 6-7 表明拉伸度对有机玻璃板材抗银纹性的影响。

表 6-7　拉伸度对有机玻璃板材抗银纹性影响

拉伸度/(%)	0	30	50	70
引起银纹时的拉伸应力/MPa	48.8	57.3	65	66

§6.2　甲基丙烯酸甲酯共聚物

丙烯酸类共聚物很多，但实际应用中以甲基丙烯酸甲酯的共聚物较多。

§6.2.1　甲基丙烯酸甲酯与苯乙烯共聚物

一、372 号树脂

在§5.2.3 里介绍的 MS 共聚物中，是以苯乙烯为主，与甲基丙烯酸甲酯共聚进行改性，得到下述结构的共聚物。

$$\left[\left(CH_2-\underset{\displaystyle C_6H_5}{CH}\right)_x\left(CH_2-\overset{\displaystyle CH_3}{\underset{\displaystyle \underset{\displaystyle OCH_3}{C=O}}{C}}\right)_y\right]_n$$

但当这种共聚物中，若以甲基丙烯酸甲酯单体为主，苯乙烯单体含量较少时，则所得共聚物性能更接近聚甲基丙烯酸甲酯，又比纯聚甲基丙烯酸甲酯均聚物性能有某些改善，称为苯乙烯改性的聚甲基丙烯酸甲酯。当上述结构式中，$x : y = 15 : 85$ 时，所得共聚物商品牌号称为 372 号树脂，是改性有机玻璃模塑塑料主要品种之一。

372 号树脂具有如下性能特点。

(1) 比聚甲基丙烯酸甲酯均聚物的成型流动性有所改善。

(2) 比聚甲基丙烯酸甲酯均聚物吸湿性减小。

(3) 基本上保持了聚甲基丙烯酸甲酯的力学性能和耐热性，透光率保持在 90%以上。

二、373 号树脂

如果用 100 份 372 号树脂与 5 份丁腈橡胶进行共混，所得到的共混材料冲击韧性可以成倍增长，这种材料称为 373 号树脂，也是改性有机玻璃的模塑用料主要品种之一。

§6.2.2　甲基丙烯酸甲酯与丙烯酸甲酯共聚物

甲基丙烯酸甲酯可以与一系列丙烯酸甲酯类单体共聚，其中与丙烯酸甲酯的共聚物应用较多。这种共聚物的商品牌号称为 613 号树脂，具有如下结构。

$$\left[\left(CH_2-\underset{\underset{\underset{OCH_3}{|}}{C=O}}{\overset{\overset{CH_3}{|}}{C}} \right)_x \left(CH_2-\underset{\underset{\underset{OCH_3}{|}}{C=O}}{CH} \right)_y \right]_n$$

其中 $x>y$。613 号树脂也是改性有机玻璃的重要模塑塑料品种，它具有比 372 号树脂更好的强度和硬度，透光率保持了聚甲基丙烯酸甲酯均聚物的水平。

§6.3　其他丙烯酸类聚合物

§6.3.1　聚 α-氯代丙烯酸甲酯

聚 α-氯代丙烯酸甲酯的结构如下：

$$\left[CH_2-\underset{\underset{\underset{OCH_3}{|}}{C=O}}{\overset{\overset{Cl}{|}}{C}} \right]_n$$

这是一种耐热、坚硬、耐划伤性优异的透明塑料，许多物理力学性能皆优于聚甲基丙烯酸甲酯。这种材料可由过氧化物引发的自由基聚合或金属有机化合物催化的阴离子型聚合制得。现将该材料与聚甲基丙烯酸甲酯的某些性能对比列于表 6-8。

表 6-8　聚 α-氯代丙烯酸甲酯与聚甲基丙烯酸甲酯性能比较

性　　能	聚甲基丙烯酸甲酯	聚 α-氯代丙烯酸甲酯
密度/($g \cdot cm^{-3}$)	1.18～1.19	1.47～1.49
拉伸强度/MPa	50～77	93～114
弯曲强度/MPa	90～130	152～169
缺口悬梁冲击强度/($J \cdot m^{-1}$)	16	16～27

续表

性　　能	聚甲基丙烯酸甲酯	聚 α-氯代丙烯酸甲酯
弯曲模量/MPa	3 100	
洛氏硬度/M	80～105	115～118
热变形温度(1.81 MPa)/℃	60～102	135～141
透光率/(%)	92	≥91
雾　度/(%)≤	2	2
吸水率/(%)	0.4	0.1
有限氧指数	17.3	自熄

从上述对比可以看出，聚 α-氯代丙烯酸甲酯不仅力学性能、耐热性优于聚甲基丙烯酸甲酯，而且耐燃性、吸湿性也优于后者，且可以保持与后者基本相同的光学性能，是很优异的透明材料。这种材料的缺点是密度大、耐候性差些。聚 α-氯代丙烯酸甲酯可用本体聚合浇注法生产板材，供要求耐热、表面硬度高的高速军用飞机的座舱玻璃用。这种材料由于聚合时对单体纯度要求很高，价格昂贵，不宜普遍用于其他方面。

§6.3.2　聚 α-氰基丙烯酸甲酯

聚 α-氰基丙烯酸甲酯的结构如下：

$$\left[CH_2-\underset{\underset{\underset{OCH_3}{|}}{C=O}}{\overset{\overset{CN}{|}}{C}} \right]_n$$

可由引发剂引发的自由基聚合或弱碱性物质(水或醇)催化的阴离子型低温聚合而得。该聚合物作为塑料时只能采用浇注的本体聚合方法生产板材、片材等型材，不能采用生产粒料进行注塑、挤出等成型，因为在熔融状态下易分解。该聚合物力学性能、耐热性均优，例如热变形温度可达 157℃，维卡软化点 168℃，弯曲强度 104～122 MPa，弯曲模量(3.3～3.8)×10^3 MPa，断裂伸长率 45%～49%，缺口悬臂梁冲击强度为 272 J/m。该材料除用于制备耐热透明玻璃外，主要用途是用作快速胶粘剂。

思　考　题

1. 试述聚甲基丙烯酸甲酯从单体制备到聚合物生成的反应原理。

2. 说明聚甲基丙烯酸甲酯本体聚合和悬浮聚合各自的适用对象并加以解释。本体聚合为什么要分段进行？

3. 聚甲基丙烯酸甲酯分子链结构有何特点？为什么它属于无定形聚合物？

4. 对聚甲基丙烯酸甲酯的力学性能和电性能有影响的有哪些二级转变温度？它如何影响该材料的力学性能或电性能？

5. 定向有机玻璃是怎样制得的？它与非定向机玻璃在性能上有何差别？

6. 聚甲基丙烯酸甲酯有哪些重要共聚物？这些共聚物与聚甲基丙烯酸甲酯均聚物性能上有何异同？

7. 聚α-氯代丙烯酸甲酯有哪些较突出的性能？它为何不被广泛推广使用？

第七章 氟 塑 料

凡分子链中含有氟原子的塑料，统称氟塑料。氟塑料是耐化学腐蚀性、电性能、耐热性、摩擦性能皆非常优异的工程塑料。

§7.1 聚四氟乙烯

聚四氟乙烯缩写代号为 PTFE，简称 F_4，在氟塑料中生产量最大，应用最广，约占氟塑料总产量的 60%～80%，重要性居于首位。聚四氟乙烯分子链结构为

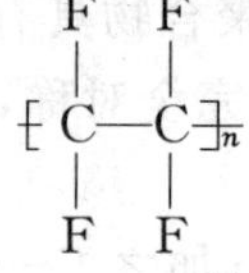

§7.1.1 制备方法

一、单体制备

聚四氟乙烯的单体四氟乙烯的制备是以氟石（CaF_2）为原料，经下述几步反应而得到。

$$CaF_2 + H_2SO_4 \longrightarrow CaSO_4 + 2HF$$

$$2HF + CHCl_3 \longrightarrow CHClF_2 + 2HCl$$

$$2CHClF_2 \xrightarrow[\text{约 }700℃]{\text{铂管}} CF_2{=}CF_2 + 2HCl$$

四氟乙烯常压下是气体，无色无臭，－76.3℃可变为液体，易爆，易自聚，储存时应避免与氧接触，并应加入阻聚剂。

二、聚合

纯四氟乙烯在低于室温的温度下就可以猛烈地聚合。由于聚合反应会猛烈放热，一般不宜采用本体聚合，工业上采用悬浮聚合和乳液聚合两种方法。

1. 悬浮聚合

将单体加入装有水、引发剂（过硫酸铵）、活化剂（盐酸，用量 1%～2%）的不锈钢反应釜中，加入过程中不断搅拌。单体的加入应逐渐加入，不断补充。聚合在 30～50℃，0.5～0.7 MPa 条件下进行，反应进行 1～2 h。反应结束后将聚合物从釜底抽出后捣碎、磨细、洗涤并干燥，得到粒度为 35～500 μm 的树脂粉。

2. 乳液聚合

将单体加入装有水、引发剂（过硫酸铵）、乳化剂（全氟辛酸铵）的不锈钢反应釜中。单体应逐渐加入，不断补充。聚合在 20～25℃，2 MPa 的条件下进行。反应完成后，将含有聚合物的

分散液搅拌、凝聚、水洗、干燥后得到粒度比悬浮聚合时更小的粉状树脂。

工业化生产的聚四氟乙烯，重均分子量 $\overline{M}_w$ 在$(0.4\sim9)\times10^6$之间，有时可高达 10^7 数量级。

§7.1.2 结构与性能

一、结构

聚四氟乙烯的分子链 $\left[CF_2—CF_2\right]_n$，可以看作是聚乙烯分子链骨架碳原子上所连接的所有氢原子全部由氟原子取代后的结果。由此带来聚四氟乙烯如下的结构特点：

(1) 由于氟原子体积比氢原子大，F—C 键键长又短，使分子链已不可能像聚乙烯那样在空间呈平面锯齿形排列，而只能是以拉长的螺旋形(扭曲的锯齿形)排列，方能使较大的氟原子紧密地堆砌在碳—碳链骨架周围。在低于 19℃时，一个螺距可以包括多达 12～26 个碳原子(6～13个单体单元)。高于 19℃时，分子链稍微松开，螺距拉长，一个螺距更可包括多达 14～30 个碳原子(7～15 个单体单元)。

(2) 氟原子与骨架碳原子的连接和紧密堆砌，使分子链产生很大刚性，分子链的高度规整又使聚合物产生高度结晶，这样便决定了聚合物具有高耐热性和高熔点。

(3) 与每个碳原子连接的两个氟原子完全对称，使聚合物成为完全的非极性聚合物，赋予材料极优异的介电和电绝缘性能。

(4) 氟原子对骨架碳原子有屏蔽作用，加之 F—C 键具有较高键能，特别是当一个碳原子上连接有两个氟原子时，键长进一步缩短，键能更加增大(1.39×10^{-10} m→1.35×10^{-10} m，431 kJ/mol→504 kJ/mol)，使材料具有高度热稳定性。

(5) 由于上述第(4)个特点，加之聚合物的非极性和结晶结构，使材料具有极优异的耐化学试剂性和耐溶剂性。

(6) 分子链的高刚性及分子链的异常巨大(分子量极高)，使聚四氟乙烯的熔融粘度极高，很难流动。

(7) 分子链的非极性，使分子链间吸引力很小，分子链又是无支链的高刚性链，缠结很小，使得材料宏观上力学性能不佳，并容易出现冷流现象。

二、性能

聚四氟乙烯是较柔软的白色结晶型聚合物，表面手感滑腻，密度在 2.14～2.30 g/cm³ 之间，是现有作为塑料材料的聚合物中密度最大的品种。这是因为聚四氟乙烯中与骨架碳原子相连接的全部是氟原子，比之一般皆含有较多氢原子的聚合物，氟原子原子量要大得多，聚四氟乙烯的高度结晶结构又使分子链紧密堆砌，使得聚四氟乙烯具有比其他聚合物更大的密度。

1. 力学性能

聚四氟乙烯是典型的软而弱聚合物，刚度、硬度、强度都较小，拉伸强度一般在 10～30 MPa，与聚乙烯相当，拉伸弹性模量约 400 MPa，略低于高密度聚乙烯，冲击强度则不及聚乙烯。聚四氟乙烯受载时容易出现蠕变现象，是典型的具有冷流性的塑料。聚四氟乙烯力学性能方面优异的特性是摩擦因数小，在 0.02～0.10 之间，是现有塑料材料，乃至所有工程材料中最小者。

2. 热性能

聚四氟乙烯具有极优异的耐高、低温性，长时工作温度范围很宽，约在－250～＋260℃之间，有资料介绍，即使在－269℃仍具有展性，260℃仍可以承受 5 MPa 载荷。

聚四氟乙烯的玻璃化温度约为 115℃（另有报道为 126℃），结晶转变温度为 327℃（又有资料称其为熔点），即使超过这一温度，聚合物仍不能流动。分解温度超过 400℃（又有资料介绍为 415℃），但达到 360℃，分子链已开始断链。聚四氟乙烯的热导率约为 0.20～0.24 W/(m·K)，在塑料中居中等水平，但线胀系数在塑料中具有较大值，约在 $(10\sim15)\times10^{-5}$ m/(m·K)之间，大于钢材 10～20 倍，其线胀系数的特点是随温度升高有明显增大的现象，如图 7－1 所示。

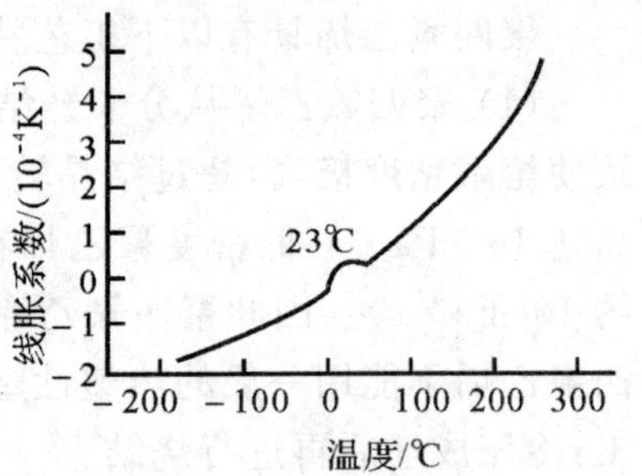

图 7－1 聚四氟乙烯线胀系数随温度的变化

3. 电性能

聚四氟乙烯具有极优异的介电和电绝缘性，且基本上不受电场频率的影响，这是非极性聚合物的共有特点，电性能也可在很宽的温度范围内保持不变，这是聚四氟乙烯所特有的，为聚四氟乙烯作为 C 级绝缘材料的使用提供了可靠保证。聚四氟乙烯吸湿性极小，可以在潮湿环境下保持良好的电性能。表 7－1 是聚四氟乙烯的电性能数据。

表 7－1 聚四氟乙烯的电性能

性能		数值	性能	数值
介电常数	60 Hz	<2.1	体积电阻率/(Ω·m)	$10^{15}\sim10^{16}$
	10^3 Hz	<2.1	介电强度/(kV·mm^{-1})	18～20
	10^6 Hz	<2.1		(59～79*)
介质损耗因数	60 Hz	$(2\sim3)\times10^{-4}$		
	10^3 Hz	$(2\sim3)\times10^{-4}$		
	10^6 Hz	$(2\sim3)\times10^{-4}$		

* 薄膜制品的数据。某些定向薄膜的测试值还要高。

4. 耐化学试剂及耐溶剂性

聚四氟乙烯具有极优异的耐化学腐蚀性，被称为"塑料之王"，所有强酸、强碱、强氧化剂、盐类对聚四氟乙烯皆无影响，即使在升温条件下也是如此，对沸腾的王水也很稳定。只有氟元素本身和熔融的碱金属才对它有侵蚀作用（可以与其中的氟原子作用生成氟化物）。对于有机化合物，除了卤化胺类和芳烃对其有轻微溶胀外，其他所有有机溶剂对聚四氟乙烯都无作用。聚四氟乙烯的溶解度参数很小，仅为 12.6 $(J/cm^3)^{\frac{1}{2}}$。它具有低能表面，粘附性很差，很难胶接，但可以利用与熔融碱金属的作用使表面生成氟化物改变粘附性。

5. 其他性能

聚四氟乙烯不能燃烧，它的有限氧指数高达 95，这是由于分子链组成中有大量氟原子存在之故。

聚四氟乙烯分子中无光敏基团，对光的作用很稳定，也不受臭氧的作用，故耐大气老化性很突出。

聚四氟乙烯对高能射线作用较敏感，主要是由于高能射线可以打开碳—氟键和碳—碳键使之破坏。

§7.1.3 聚四氟乙烯的加工

聚四氟乙烯具有以下工艺特点：

(1) 聚四氟乙烯从分子链结构看属于热塑性聚合物，但由于分子链刚性大和分子量极高，致使熔融粘度极高，超过结晶转变温度327℃，仍不会出现熔融状态，温度升至380℃，粘度仍高达10^{10} Pa·s(低密度聚乙烯在232℃粘度为9.5×10^{3} Pa·s，聚苯乙烯在加工温度下粘度约10^{4} Pa·s)。因此聚四氟乙烯实际上仅只能出现凝胶态，而不能出现熔融流动态，这就使聚四氟乙烯不能用一般的热塑性塑料熔融加工方法加工，而只能采用类似于粉末冶金的方法加工：冷压成坯后再进行烧结。

(2) 聚四氟乙烯是结晶型聚合物，结晶度大小对制品性能影响颇大。制品烧结成型在高于结晶转变温度下进行，烧结后的制品需冷却至室温并在冷却过程中结晶，因此冷却速率对制品结晶度有影响，因而也就对制品性能有颇大影响。

(3) 聚四氟乙烯热导率毕竟较小，烧结时需将冷压的坯料从室温升至较高的烧结温度，加热速率的控制很重要，加热速率过快易造成部分材料过热分解。烧结温度亦不宜过高，否则也易使聚合物部分分解。聚四氟乙烯分解会产生有毒气体氟。

(4) 聚四氟乙烯线胀系数大，坯料加热至烧结温度以及热结后的制品冷至室温，尺寸的变化都较大，这是与一般塑料加工所不同的，给工艺控制带来了特殊要求。

聚四氟乙烯的烧结可采取模压烧结，用以制备模压制品，亦可采用挤压烧结、推压烧结制备管、棒等连续型材。若将模压的毛坯车削成一定厚度的薄片，通过两辊辊压机压延，还可以制备聚四氟乙烯薄膜。

聚四氟乙烯具有良好的切削性，可将烧结后的坯料切削为要求的形状和尺寸。

§7.1.4 聚四氟乙烯的应用

聚四氟乙烯优异的耐热性和热稳定性，广泛的工作温度范围，优异的电性能，极优异的耐化学腐蚀性和耐溶剂性，突出的阻燃性，良好的摩擦性和防粘性，使它在许多应用领域占有重要地位。概括起来，聚四氟乙烯主要在以下各方面有较广泛应用。

(1) 防腐　各种化工设备、化工机械广泛采用聚四氟乙烯零部件用于防腐，如阀门、阀座、泵、管道系统、隔膜、伸缩接头，多孔的聚四氟乙烯板材、反应器、蒸馏塔，腐蚀性介质的过滤材料、设备衬里、搅拌器等。

(2) 电绝缘　聚四氟乙烯是重要的C级绝缘材料，主要的应用形式之一是电线电缆包覆外层，广泛用于无线电通讯、广播的电子装置，也用在电子设备的连接线路中，在高频、超高频电场作用下具有极小的介电常数和介电损耗。另一种重要应用形式是在印刷线路板中，以覆铜层压板形式应用，具有良好的高温绝缘性和介电性、优异的化学稳定性。绝缘薄膜也是聚四氟乙烯重要的电绝缘应用形式，主要用于各种电机电器的包绕、电容器绝缘介质和绝缘衬垫。

(3) 密封　各种密封圈、密封垫、填料函，特别是各种防腐和耐热装置的密封更是需要聚四氟乙烯。

(4) 摩擦磨损　制备各种活塞环、轴承(常需添加其他材料)、支承滑块、导向环等。

(5) 防粘　用于塑料加工及食品工业、家用品(如防粘锅)的防粘层。

(6) 其他　医疗用高温消毒用品、外科手术的代用血管、消毒保护品、贵重药品包装、耐高温的蒸气软管。

§7.2 聚三氟氯乙烯

聚三氟氯乙烯缩写代号为PCTFE,简称F_3,是氟塑料族中的重要成员。

§7.2.1 制备方法

一、单体制备

可由六氯乙烷与氟化氢反应制得三氟三氯乙烷,后者再与锌反应脱氯得到三氟氯乙烯。

$$CCl_3-CCl_3+HF \longrightarrow CClF_2-CCl_2F$$

$$CClF_2-CCl_2F+Zn \xrightarrow[65℃]{乙醇(溶剂)} CF_2{=}CFCl+ZnCl_2$$

三氟氯乙烯是略带乙醚味的无色气体,沸点-27.9℃。

二、聚合

三氟氯乙烯的聚合可以采用本体法、悬浮法、乳液法和溶液法。工业上普遍采用悬浮法和乳液法。

(一) 悬浮聚合

以过硫酸铵为引发剂,全氟辛酸钠为分散剂,焦亚硫酸钠为还原剂,并加入缓冲剂,在20～35℃,0.5 MPa条件下进行聚合。反应后聚合物经离心分离、水洗、研磨、干燥。

(二) 乳液聚合

以过硫酸钾为引发剂,全氟辛酸为乳化剂,并加缓冲剂调节乳液pH值为7左右,在25～35℃下进行聚合。聚合反应约进行20 h,可得粒径约0.1 μm左右的粉状聚合物。

工业上生产的聚三氟氯乙烯数均分子量约为$(3\sim4)\times10^5$。

§7.2.2 结构与性能

一、结构

聚三氟氯乙烯分子链结构为 $\left[CF_2-CFCl\right]_n$,可以看作是聚四氟乙烯分子链中有一个氟原子交替地被氯原子取代的结果。由于氯原子的引入,使聚合物比聚四氟乙烯性能上有如下改变:

(1) 氯原子体积比氟原子大,破坏了原聚四氟乙烯中分子结构的几何对称性,使分子链紧密堆砌程度有所减小,但分子链总体结构仍比较规整,仍然可以结晶,但结晶程度会有所减小。

(2) 分子链堆砌程度的减小,使分子链刚性减小,使聚合物的熔点比聚四氟乙烯有所下降,耐热性也降低。

(3) 氯原子的引入,使分子链产生一定极性,使材料的电性能比聚四氟乙烯有所下降。极性的产生又使分子链之间增大了吸引力,宏观上导致材料力学性能,例如拉伸强度、模量等均有所提高。

(4) 氯原子和氟原子的体积皆大于氢原子,对骨架碳原子均有良好的屏蔽作用,使材料亦具有优异的耐化学腐蚀性。

二、性能

聚三氟氯乙烯是乳白色半透明固体，密度约 2.07～2.18 g/cm^3，薄膜状态时透明，吸水率极小，几乎是零，渗透性很小，对许多气体和液体都不渗透，对湿气透过性在塑料中也是甚低者。

1. 力学性能

聚三氟氯乙烯力学性能比聚四氟乙烯有所提高，二者比较见表 7－2。

表 7－2　聚三氟氯乙烯与聚四氟乙烯力学性能比较

材料＼性能	拉伸强度 MPa	拉伸模量 MPa	伸长率 (%)	弯曲模量 MPa
聚三氟氯乙烯	30～40	1 500	80～250	1 700
聚四氟乙烯	15～30	400	200～400	420

聚三氟氯乙烯的冷流性比聚四氟乙烯明显减小，力学性能受结晶度影响较大，结晶度提高、拉伸、弯曲等强度、硬度、模量都会明显提高，但冲击强度却下降。

2. 热性能

聚三氟氯乙烯所报道的玻璃化温度在 42～58℃之间，熔点为 215℃，连续工作温度范围在－200～＋200℃之间，在 0.45 MPa 和 1.81 MPa 负荷下的热变形温度分别为 130℃和 75℃。

3. 电性能

聚三氟氯乙烯由于分子链上同一个碳原子连接有氟原子和氯原子，氟—碳键与氯—碳键偶极矩不同(分别为 0.60×10^{-29} C·m 和 0.68×10^{-29} C·m)，略显极性；但电性能仍优异，其介电常数约在 2.2～2.7 之间，介质损耗因数在$(0.9\sim1.7)\times10^{-2}$之间，体积电阻率不小于 10^{14} Ω·m，介电强度 20～24 kV/mm，耐电弧性颇优，约 360 s。由于呈弱极性，电场频率对介电常数和介电损耗有一定影响，在电场频率从 60 Hz 增加到 10^3 Hz 和 10^6 Hz，介电常数略有减小，介电损耗先是有所增大，继而又有所减小。环境湿度对电性能无影响。

4. 耐化学试剂及耐溶剂性

聚三氟氯乙烯的耐化学试剂性不及聚四氟乙烯，但优于绝大多数塑料品种。氯磺酸、熔融的苛性碱和熔融碱金属、氯、高温高压下的氨和氯气均可以使三氟氯乙烯受到侵蚀。除此之外，其他酸类、碱类、强氧化剂、盐类等皆对聚三氟氯乙烯无任何影响。高度卤化的某些溶剂在高温下可以使聚三氟氯乙烯溶解，其他任何溶剂对它都无作用。

5. 其他性能

聚三氟氯乙烯具有良好的耐大气老化性，在室外光照一年，性能基本不变，也具有良好的耐高能辐射性，优于聚四氟乙烯，也优于其他氟塑料。聚三氟氯乙烯也具有极优异的阻燃性，有限氧指数高达 95。

聚三氟氯乙烯的渗透性很小，对空气和许多有机溶剂、无机化合物溶液都具有良好的阻透性。

§7.2.3　加工与应用

一、加工

聚三氟氯乙烯可以采用一般热塑性塑料的成型加工方法，但它的熔融粘度高(230℃时粘度约为10^6 Pa·s)，必须采用较高的成型温度和压力。聚三氟氯乙烯熔点约215℃，熔融加工要求在250～300℃之间，但300℃就开始分解，所以加工温度范围较窄，加工较困难。聚三氟氯乙烯分解后放出腐蚀性气体，对设备与人体都有害，必须采取有效的防护措施。聚三氟氯乙烯热导率较小，加工时升温和冷却都较慢，由于是结晶型材料，收缩率及变化范围较大，约在1%～2.5%之间。

聚三氟氯乙烯可采用注塑、挤出成型。注塑成型时料筒温度控制在270～290℃，喷嘴温度为265～270℃，模具温度为110～130℃，注射压力为80～150 MPa。挤出成型时料筒温度约为240～280℃，口模温度约为280～310℃。无论注塑或挤出，料筒与螺杆均应采用耐热耐腐合金钢制造，模具型面应镀铬。

二、应用

聚三氟氯乙烯除具有与聚四氟乙烯某些相似的用途外，由于它的强度刚度较好，冷流性也小，还可用于以下各方面：

(1) 制备要求耐腐、密封的机械零件，如高压阀瓣、泵和管道、高压密封件。

(2) 用涂覆方法可对反应器、冷凝加热器、搅拌器、通风机、离心机、分馏塔、泵等进行防腐保护。

(3) 制备透光窗材料，例如导弹的红外窗。

(4) 用于高真空系统的密封材料代替陶瓷和铝(阻气性好)。

(5) 制备比聚四氟乙烯形状更复杂的零件，如高频真空管底座、插座等耐腐的电子设备零部件。

§7.3 聚全氟乙丙烯

聚全氟乙丙烯是四氟乙烯与六氟丙烯两种单体的共聚物，缩写代号是FEP，简称F_{46}。

§7.3.1 制备方法

聚全氟乙丙烯所用的第二种单体是由第一种单体四氟乙烯经如下反应制得。

$$3CF_2{=}CF_2 \xrightarrow[\text{通过填充石墨的镍管}]{655℃} 2CF_2{=}CF{-}CF_3$$

六氯丙烯是无色无臭气体，沸点为－29.4℃。

由两种单体生成聚全氟乙丙烯的共聚合可采用本体法和悬浮法，但工业上更常用乳液法。以水为介质，用过硫酸铵为引发剂，全氟羧酸盐，例如壬酸铵($C_8F_{17}COONH_4$)为乳化剂，盐酸为活化剂，按比例加入两种单体。聚合反应在75～80℃，3 MPa压力的条件下进行。聚合过程中不断加入两种单体混合物，维持反应压力。聚合后得到乳液态产物，经凝聚、洗涤、干燥、挤出造粒，产物呈透明状。共聚物具有如下结构。

$$\left[\left(CF_2{-}CF_2\right)_x\left(CF_2{-}\underset{\displaystyle CF_3}{\underset{|}{CF}}\right)_y\right]_n$$

其中第二单体含量在14%～18%之间。

§7.3.2 结构与性能

一、结构

聚全氟乙丙烯是直链型聚合物，分子链可视为聚四氟乙烯主链上每四个碳原子上连接的一个氟原子被—CF_3 基取代的结果，这样就使聚合物产生如下变化：

（1）与聚四氟乙烯相比，分子链的对称性、规整性被破坏，使分子链的刚性降低，柔性增加，材料的熔点会降低，流动性增加，耐热性也有所降低。

（2）规整性的破坏使材料结晶性受到影响，结晶度会降低。

（3）分子链仍不显示极性。

二、性能

聚全氟乙丙烯是乳白色半透明至透明固体，密度为 2.14～2.179/cm^3，仅次于聚四氟乙烯，表面光洁如蜡，吸水率不超过 0.01%。

1. 力学性能

聚全氟乙丙烯的常规力学性能与聚四氟乙烯相似，但韧性和室温下的抗蠕变性优于聚四氟乙烯，高温下的抗蠕变性则不及聚四氟乙烯。力学性能受温度影响颇大，但即使在 200℃时仍能承受一定载荷。摩擦因数小，仅次于聚四氟乙烯，且随载荷增大而降低，又有静摩擦因数小于动摩擦因数的特性。表 7-3 是聚全氟乙丙烯在不同温度下力学性能测试数据。

表 7-3 温度对 F_{46} 力学性能影响

性　能	温度/℃			
	−96	−60	25	200
拉伸屈服强度/MPa	—	39～40	13.4～14.8	3.1～4.0
拉伸断裂强度/MPa	109～120	39～40	19～22	4.2～4.9
拉伸弹性模量/MPa	—	816～837	350	—
断裂伸长率/(%)	4～5	35～40	250～330	200～250
弯曲弹性模量/MPa	—	—	563～598	—
悬梁冲击强度/(J·m^{-1})	—	150*	不断	—

* −50℃的测试数据。

2. 热性能

聚全氟乙丙烯玻璃化温度约为 30℃，熔融温度约 265～270℃，可在−85～+205℃范围长时工作，脆化温度为−90℃，在−200～+260℃范围，性能也不致严重恶化，分解温度高于 400℃，是一种优良的耐高低温聚合物。聚全氟乙丙烯的热导率约 0.19 W/(m·K)，比热容为 1 172 J/(kg·K)，在塑料中分别属于中等或中等偏低水平。

3. 电性能

聚全氟乙丙烯具有接近于聚四氟乙烯的优异介电及电绝缘性能，由于无极性和吸湿率极小，电性能也基本上不受电场频率及环境湿度变化的影响，电性能在很宽的温度范围内保持稳定，是一种很优异的电绝缘材料。表 7-4 是聚全氟乙丙烯的电性能。

4. 耐化学试剂耐溶剂性

聚全氟乙丙烯的耐化学性优于聚三氟氯乙烯，与聚四氟乙烯接近，对于所有稀的或浓的无机酸、碱类均具有良好的稳定性。醇、酮、烃类、卤代烃、芳烃、去污剂、油脂对它无作用，只有高温下的元素氟、碱金属及三氟化氯等才可对它作用。四氯化碳和全氟化合物可以使它溶胀。例如在150℃，0.5 MPa压力下浸入四氯化碳中可以增重1%～3%，在类似条件下浸入全氟化合物增重可达10%。但当溶剂除去后仍可恢复原形状和性能。

表 7-4 聚全氟乙丙烯的电性能

性能		数值	性能		数值
介电常数	60 Hz	2.1	tanδ	60 Hz	3×10^{-4}
	10^3 Hz	2.1		10^3 Hz	2×10^{-4}
	10^6 Hz	2.1		10^6 Hz	6×10^{-4}
体积电阻率/(Ω·m)		$10^{14}\sim10^{16}$	耐电弧性/s		165
介电强度/($kV\cdot mm^{-1}$)		78～150			

5. 其他性能

聚全氟乙丙烯耐大气老化性优良，阻燃性也极优，有限氧指数高达95。

§7.3.3 加工与应用

一、加工

聚全氟乙丙烯可采用一般热塑性塑料的成型加工方法，但熔融温度较高，粘度也较高，需采用较高的成型压力，但在高剪切速率下易产生熔体破裂现象，迫使必须采用较低的挤出或注射速率，并应增大喷嘴、流道直径。另一方面，在允许范围内尽可能提高溶体温度，以降低粘度。聚全氟乙丙烯收缩率及其波动范围均较大，在3%～6%之间。

聚全氟乙丙烯可进行注塑、挤出、模压等成型。注塑时料筒温度控制在330～380℃，注塑压力35～140 MPa，模具温度205～235℃。注塑结束后料筒内残料可采用聚丙烯酸酯类清洗。挤出成型的料筒温度控制在315～395℃，挤出压力0.7～17 MPa，采用长径比大于15、压缩比为3的螺杆。

聚全氟乙丙烯的模压是将其装入加热至315～375℃模具内，再冷至150～205℃，加压0.7～7 MPa，以熔体充满型腔和压实为限，最后脱模。成型中以硅油为脱模剂。

二、应用

聚全氟乙丙烯的应用范围基本上同于聚四氟乙烯，但可以制备形状更复杂的制件。此外尚可制备各种热收缩管膜，套在需要防腐防粘的辊筒或其他设备上，广泛用于化工、印染、食品等领域。还可以制成耐高温包装材料。

§7.4 可熔性聚四氟乙烯

可熔性聚四氟乙烯本名全氟烷氧基聚合物，化学名全称“四氟乙烯-全氟烷基乙烯基醚共聚物”，缩写代号为PFA，具有如下结构：

$$\left[\left(CF_2-CF_2 \right)_x \left(\underset{\displaystyle OC_3F_7}{\underset{|}{CF_2-CF}} \right)_y \right]_n$$

这种聚合物具有聚四氟乙烯几乎所有的优异性能，又可采用一般热塑性塑料加工方法，故被人们誉称为可熔性聚四氟乙烯。

§7.4.1 制备方法

可熔性聚四氟乙烯的工业制备目前采用乳液共聚法。将四氟乙烯与适量的全氟丙基乙烯基醚两单体混合加入聚合釜中，以水为介质，全氟辛酸铵为乳化剂，过硫酸铵为引发剂，在70℃左右，1.5 MPa 压力下共聚合，聚合完成后将含聚合物的乳液凝聚、洗涤、干燥、挤出造粒等。

§7.4.2 结构与性能

一、结构

可熔性聚四氟乙烯可以看作是聚四氟乙烯分子链骨架上有少数碳原子所连接的氟原子被全氟丙氧基（$—OC_3F_7$）所取代的结果。由于这一取代带来了如下影响：

(1) 破坏了原聚四氟乙烯分子链的规整性和对称性。

(2) 全氟丙氧基的体积远大于氟原子，增大了分子链间距离，并产生空间位阻效应。

(3) 全氟丙氧基与氟原子共同连接在同一个碳原子上，不会引起聚合物产生明显的极性。

以上各影响的综合结果是使聚合物分子链刚性下降，可以出现熔融态；使聚合物的结晶能力下降，结晶度减少，聚合物仍可保持聚四氟乙烯的各种优异性能。

二、性能

可熔性聚四氟乙烯是乳白色半透明固体，密度 2.1～2.17 g/cm^3，由于侧基与主链之间有醚键存在，使吸水率略大于聚四氟乙烯，约为 0.03%。

1. 力学性能

可熔性聚四氟乙烯拉伸强度接近或略高于聚四氟乙烯，约为 28～30 MPa，高温下的强度保持率高于聚四氟乙烯，例如在 285℃经 2 000 h 后，拉伸强度、伸长率基本不变，耐弯曲寿命长，可反复弯折 $5\times(10^4\sim10^5)$ 次，远优于聚四氟乙烯，也具有如同聚四氟乙烯的良好的自润滑性。

2. 热性能

可熔性聚四氟乙烯的熔点是 302～315℃，低于聚四氟乙烯，但高于聚三氟氯乙烯和聚全氟乙丙烯，最高连续使用温度为 260℃，与聚四氟乙烯相同。PFA 的热变形温度很低，在 1.81 MPa载荷下仅 48℃，0.45 MPa 载荷下为 75℃。

3. 电性能

可熔性聚四氟乙烯具有与聚四氟乙烯相似的极优异电性能，电性能基本上不受电场频率的影响，且在很宽的温度范围内保持不变。在 60～10^9 Hz 电场内，介电常数保持不超过 2.1，60～10^6 Hz 内，介电损耗保持在 10^{-5} 数量级，10^9 Hz 电场中，介电损耗增大到 10^{-3} 数量级。体积电阻率约 10^{16} Ω·m，介电强度低于聚四氟乙烯，在 20～24 kV/mm 之间，耐电弧性 180 s。

4. 耐化学试剂耐溶剂性

与聚四氟乙烯一样，可熔性聚四氟乙烯的化学性质极为稳定，除了高温元素氟和熔融碱金属可以使它分解外，其他一切试剂对它几乎不起作用。

除上述品质外，可熔性聚四氟乙烯还具有如同聚四氟乙烯一样的不粘性、不燃性和耐老化性。

§7.4.3 加工与应用

一、加工

可熔性聚四氟乙烯可以采用注塑、挤出、模压等成型方法。但该聚合物临界剪切速率较低，注塑和挤出时只宜采用较低的出料速率和成型压力。注塑可在柱塞式或螺杆式注塑机上进行，料筒温度后、中、前部分别为200℃，300℃，405℃，注塑压力40～50 MPa，模具温度约200℃。挤出时采用长径比20～24，压缩比为3的螺杆，料筒前、中、后三段温度分别为295～310℃，400～410℃，420～430℃，机头口模温度约400～420℃。模压成型温度330～380℃，压力5.0～14.0 MPa，在成型温度下保持20～30 min，然后在压力下缓冷至200～240℃，方可脱模。

二、应用

可熔性聚四氟乙烯的应用领域与聚四氟乙烯相同，但可以比聚四氟乙烯成型出形状更复杂的制品。

思 考 题

1. 试述聚四氟乙烯的结构特点。了解聚四氟乙烯的独特性能及与分子链结构的关系。
2. 了解聚四氟乙烯的加工特性，它与一般热塑性塑料加工有何不同？
3. 试述聚三氟氯乙烯与聚四氟乙烯结构及性能上的异同。
4. 试述聚全氟乙丙烯与聚四氟乙烯结构及性能上的异同。
5. 试述可熔性聚四氟乙烯与聚四氟乙烯结构及性能上的异同。
6. 概述本章所介绍的几个氟塑料品种的共同突出特性。

第八章　聚酰胺类塑料

聚酰胺又称尼龙，是品种颇多、应用最广泛的工程塑料类别之一。凡分子链中含有交替出现的酰胺基—NH—CO—的聚合物，皆称为聚酰胺。聚酰胺可由二元羧酸与二元胺两种单体缩聚或由同时含有胺基与羧基的ω氨基酸自缩聚，或内酰胺开环聚合而得到。聚酰胺按主链组成可以是脂肪族聚酰胺，也可以是芳香族聚酰胺或脂环族聚酰胺、含杂环的聚酰胺等。按现今生产和应用上的重要性，本章仅介绍脂肪族和芳香族聚酰胺。聚酰胺缩写代号为PA。

§8.1　脂肪族聚酰胺

脂肪族聚酰胺分子链由亚甲基和酰胺基组成。按单体类型不同，脂肪族聚酰胺又分为p型和mp型两种类型。

§8.1.1　p型聚酰胺与mp型聚酰胺

一、p型聚酰胺

由ω氨基酸自缩聚或由内酰胺开环聚合制得的聚酰胺是p型聚酰胺，称聚酰胺p，p代表单体中所含碳原子数。例如聚酰胺6、聚酰胺9就是典型代表。聚酰胺9由ω-氨基壬酸自缩聚制得，工业上采用的生产路线是先用癸二酸与氨反应得到癸二酸单酰胺，后者再与次氯酸钠反应制得9-氨基壬酸。9-氨基壬酸可以熔融自缩聚得到聚酰胺9。

$$HOOC\text{-}(CH_2)_8\text{-}COOH + NH_3 \xrightarrow{170\sim185^\circ C} \underset{\text{癸二酸单酰胺}}{HOOC\text{-}(CH_2)_8\text{-}CONH_2}$$

$$HOOC\text{-}(CH_2)_8\text{-}CONH_2 + 2NaClO \longrightarrow \underset{\text{9-氨基壬酸}}{HOOC\text{-}(CH_2)_8\text{-}NH_2} + Na_2CO_3 + Cl_2$$

$$nHOOC\text{-}(CH_2)_8\text{-}NH_2 \xrightarrow{220^\circ C} \underset{\text{聚酰胺 9}}{\text{-}[NH\text{-}(CH_2)_8\text{-}CO]_n\text{-}} + n\ H_2O$$

聚酰胺6则是由己内酰胺开环聚合得到。己内酰胺先高温水解得6-氨基己酸，然后缩聚与加聚同时进行得聚酰胺6。

$$\underbrace{NH\text{-}(CH_2)_5\text{-}CO}_{\text{环}} + H_2O \xrightarrow{\text{高温水解}} H_2N\text{-}(CH_2)_5\text{-}COOH$$

$$nH_2N\text{-}(CH_2)_5\text{-}COOH \longrightarrow H_2N\text{-}[(CH_2)_5\text{-}CONH]_{n-1}\text{-}(CH_2)_5\text{-}COOH + (n-1)H_2O$$

$$H_2N\text{-}(CH_2)_5\text{-}COOH + nH_2N\text{-}(CH_2)_5\text{-}CO \longrightarrow H\text{-}[NH\text{-}(CH_2)_5\text{-}CO]_{n+1}\text{-}OH$$

上述已内酰胺的水解和聚酰胺6的生成是在反应釜中连续进行的过程，反应约在260℃下进行。

聚酰胺 6,7,8,9,11,12 和聚酰胺 3,4 等都属于 p 型聚酰胺,其中聚酰胺 6,9 应用最广。

p 型聚酰胺中,酰胺基沿分子链的分布规律是:

$$\cdots\overset{\overset{\large O}{\|}}{C}-NH\cdots\overset{\overset{\large O}{\|}}{C}-NH\cdots\overset{\overset{\large O}{\|}}{C}-NH\cdots\overset{\overset{\large O}{\|}}{C}-NH\cdots\overset{\overset{\large O}{\|}}{C}-NH\cdots\overset{\overset{\large O}{\|}}{C}-NH\cdots$$

在每两个酰胺基之间含有 $p-1$ 个连续的亚甲基。

二、mp 型聚酰胺

由二元胺与二元羧酸缩聚所得到的聚酰胺是 mp 型聚酰胺,称为聚酰胺 mp,其中 m 代表所用二元胺中所含碳原子数,p 代表所用二元羧酸的碳原子数。mp 型聚酰胺的典型代表如聚酰胺 66,它的工业化生产方法是以已二胺与已二酸为原料,先使二者配制成聚酰胺 66 盐,再进行缩聚得到聚酰胺 66。聚酰胺 66 盐的配制如下:

$$HOOC(CH_2)_4COOH + H_2N(CH_2)_6NH_2 \xrightarrow[\text{经二单体乙醇溶液}]{60^\circ C}$$

$$^{+}H_3N(CH_2)_6NH_3^{+} \cdot {}^{-}OOC(CH_2)_4COO^{-}$$

配制时将二单体的乙醇溶液在搅拌下混合,成盐析出后,过滤、醇洗、干燥,再配制成 60%的水溶液供缩聚用。聚酰胺 66 盐在高温和水引发下缩聚成高分子量的聚酰胺 66。

$$n\ {}^{+}H_3N(CH_2)_6NH_3^{+} \cdot {}^{-}OOC(CH_2)_4COO^{-} \xrightarrow[\text{270～280℃(保持真空)}]{\text{220～250℃(初)}}$$

$$[NH(CH_2)_6NH-OOC(CH_2)_4CO]_n + (2n-1)H_2O$$

上述聚酰胺 66 制备过程中首先将两单体配制成 66 盐的目的是了保持缩聚时两单体的严格等摩尔比,才能获得高分子量聚合物,因为形成聚酰胺的缩聚反应是可逆反应。缩聚反应后期进一步升温和保持真空条件,同样是为了得到高分子量聚合物。

聚酰胺 66,69,610,612,1313 等都属于 mp 型聚酰胺,此外还有许多 mp 型聚酰胺品种。

mp 型聚酰胺中,酰胺基沿分子链的分布规律为

$$\cdots\overset{\overset{\large O}{\|}}{C}-NH\cdots NH-\overset{\overset{\large O}{\|}}{C}\cdots\overset{\overset{\large O}{\|}}{C}-NH\cdots NH-\overset{\overset{\large O}{\|}}{C}\cdots\overset{\overset{\large O}{\|}}{C}-NH\cdots NH-\overset{\overset{\large O}{\|}}{C}\cdots$$

在两个亚胺基之间含有 m 个连续的亚甲基,二个羰基之间含有 $p-2$ 个亚甲基。

§8.1.2 脂肪族聚酰胺的结构与性能

一、结构

所有脂肪族聚酰胺分子链都是线型结构,分子链骨架由—C—N—链组成,具有良好的柔曲性,因此都是典型的热塑性聚合物。分子链上有规律地交替排列着较强的极性酰胺基,分子链很规整,具有较强的结晶能力。极性的酰胺基可以使分子链之间形成氢键,因为一个分子链上的酰胺基上与氮原子连接的氢原子是质子授予体,另一个分子链上的酰胺基上与碳原子连接的氧原子是质子接受体,二者之间相互吸引形成氢链。氢键的形成增大了分子链之间的作用力,使聚合物的结晶能力进一步增强,同时也使聚合物的熔点升高。另一方面,分子链的柔性又赋予材料良好的韧性。

由于不同品种的聚酰胺其单体所含碳原子数不同,使分子链之间所能形成的氢键比例数及氢键沿分子链分布的疏密程度不同,影响到不同聚酰胺的结晶能力和熔点有明显差别。分

子链上的酰胺基间形成的氢键比例愈大，材料的结晶能力就愈强，熔点愈高。不同聚酰胺形成氢键多寡的规律如下：

（1）对于 p 型聚酰胺，凡单体中含有奇数个碳原子者，分子链上的酰胺基可以 100%形成氢键。凡单体中含有偶数个碳原子者，分子链上的酰胺基仅有 50%可以形成氢键。

（2）对于 mp 型聚酰胺，凡两种单体都含有偶数碳原子者，分子链上的酰胺基可以 100%形成氢键。两种单体中，其中有一种或两种含有奇数个碳原子，分子链上的酰胺基就只能 50%形成氢键。

概括以上规律可以得出：无论 p 型或 mp 型聚酰胺，凡单体中全部含有偶数个亚甲基者，其聚合物分子链上酰胺基都可 100%形成氢键，凡单体中全部或其中一种单体含有奇数个亚甲基者，聚合物的酰胺基仅只能 50%形成氢键。

脂肪族聚酰胺熔融状态的粘度都很低，在塑料中很突出，这不仅是因为它们的分子链柔性良好，还由于其分子量都不太高，一般不超过 3～4 万。例如工业上生产的聚酰胺 66，最大聚合度仅约 100，$\bar{M}_n$ 约(2.2～2.3)×10^4。只有单体浇铸聚酰胺 6 的 $\bar{M}_n$ 可以达到 3.5～7.0 万。

聚酰胺中的酰胺基是亲水基团，因此聚酰胺是吸湿性较强的塑料，较强的极性酰胺基又对聚合物电性能有不利影响。聚酰胺具有较高的内聚能密度，溶解度参数值 δ 较大，例如聚酰胺 6 的 δ 值是 28 $(J/cm^3)^{\frac{1}{2}}$，聚酰胺 66 是 27.8 $(J/cm^3)^{\frac{1}{2}}$。聚酰胺又是结晶型聚合物，只有 δ 值与之接近，又能与它们形成氢键的少数溶剂才可以使它们溶解。

二、性能

脂肪族聚酰胺皆是乳白色角质状固体，密度较小，不同聚酰胺密度在 1.01～1.16 g/cm^3 之间。聚酰胺是塑料中吸湿性最强的品种之一，不同聚酰胺吸水性亦有差别，取决于分子链上酰胺基含量，含量愈大，吸水性愈强，如表 8－1 所示。聚酰胺的平衡吸湿率很高，在高温度环境中长期储存时，某些聚酰胺的平衡吸湿率可高达 10%。

表 8－1　聚酰胺吸水性与酰胺基含量的关系

聚酰胺名称	6	66	69	619	612	1010	12
酰胺基含量/(%)	38	38	32	30.7	28	25.4	22
24 h 吸水率/(%)	1.3～1.9	1.0～1.3	0.5	0.4	0.4	0.39	0.25～0.3

1. 力学性能

脂肪族聚酰胺是典型的硬而韧聚合物，综合力学性能优于以前各章所介绍的通用塑料，但某些性能指标低于丙烯酸塑料，而韧性远优于丙烯酸塑料。不同聚酰胺的力学性能值与分子链中连续的亚甲基数量有关，也与酰胺基所形成的氢键比例有关。表 8－2 列出若干脂肪族聚酰胺的典型力学性能与热性能。

测试环境和条件（温度、湿度、加载速率）对力学性能测试结果影响颇大，这符合一般规律。对于聚酰胺，由于吸湿性强，测试环境的湿度对测试结果影响比其他塑料更突出，因为水分对材料有增塑作用。因此，对于聚酰胺的测试，应特别强调测试环境的标准性。

聚酰胺具有良好的耐磨耗性，是优良的耐磨材料之一。结晶度愈高，材料硬度愈大，耐磨性愈好。

表 8－2　脂肪族聚酰胺的典型力学性能和热性能

性能 \ 聚酰胺名称	4	46[1]	6	66	7	8	9	69	610	1010	612	11	12	1313
拉伸强度/MPa	—	102	60～65	80	58～60	—	58～65	45～70	60	50～60	62	55	43	35～37
拉伸模量/MPa	—	—	—	2 900	—	—	—	966～2 000	2 000	1 600	2 000	1 300	1 800	—
断裂伸长率/(%)	36	80	30	60	100～200	38	182	50～200（屈服）	200	250	200	300	300	>250
弯曲强度/MPa	—	146	90	—	75	—	—	48～76（屈服）	90	70～80	83	70	—	33～42
弯曲模量/MPa	—	3 200	2 600～2 700	3 000	—	—	—	—1 100～2 340	2 200	1 300	2 000	1 000	1 400	—
冲击强度，简梁/(kJ・m^{-2})	—	—	≥5～7	—	—	—	250～300	—	—	245	—	—	—	251～290
悬梁/(J・m^{-1})	—	90（缺口）	—	—	—	—	—	37.3～144	—	—	54（缺口）	107～299（缺口）	50	—
熔点/℃	260～265	290	215～225	250～260	223	200～205	210～215	241～271	213～220	200～210	210	187	178	170～174
热变形温度，(1.81 MPa)/℃	—	150	63～66	75	—	—	46～50[2]	—	55	—	60	55～63	51	—
最高连续使用温度/℃	—	150[3]	105	105	—	—	—	—	—	80	65	90	90	—
脆化温度/℃	—	—	—	−35	—	—	−10	—	—	−60	—	—	−70	—

(1) 绝干状态下的数据。

(2) 马丁耐热数据。

(3) 带稳定剂配方的数据。

2. 热性能

聚酰胺是半结晶型聚合物,结晶度一般小于聚乙烯、聚丙烯、聚四氟乙烯等高结晶度聚合物。根据聚酰胺分子链具有良好柔性的结构特点,某些资料推测各种聚酰胺的玻璃化温度约在从稍高于室温到室温的范围内。由于分子链间会形成氢键,聚酰胺的熔融温度一般均高于聚烯烃,熔融温度范围较窄,有较明显的熔点。不同聚酰胺的玻璃化温度和熔点的高低主要取决于分子链中所含连续亚甲基的数量及亚甲基的奇、偶数。连续亚甲基数增多,玻璃化温度和熔点就较低。连续亚甲基数接近的聚酰胺、含偶数个亚甲基的聚酰胺,其熔点高于含奇数个亚甲基的聚酰胺,表 8-2 的数据可说明这一规律。一般而言,聚酰胺具有良好的耐寒性。不同聚酰胺的热变形温度和最高连续使用温度不同,但总的说来,都不是太高。

脂肪族聚酰胺的热导率约在 0.17～0.34 W/(m·K)范围,比热容约在 1 255～2 092 J/(kg·K)之间,在塑料中分别居于中等水平和中等至较高水平。

3. 电性能

聚酰胺分子链中含有极性酰胺基,这对电性能带来不利影响。在室温且干燥的条件下,聚酰胺尚具有较好的电性能,但也明显低于聚乙烯、聚苯乙烯等材料。在潮湿环境下,体积电阻率和介电强度均会下降,介电常数和介质损耗也明显增大。随电场频率增大,介电常数会有所降低,介电损耗也会改变。温度升高,电性能均会降低。一般而言,各种脂肪族聚酰胺的介电常数在 3～4 之间,介质损耗因数在 10^{-2} 数量级,体积电阻率在 10^{10}～10^{12} Ω·m之间,介电强度在 15～20 kV/mm 之间。

4. 耐化学试剂及耐溶剂性

聚酰胺对碱类和绝大多数盐类的作用稳定,只有少数盐类对它们有浸蚀作用,个别盐类如 KSCN 溶液可以使它们溶解。氧化剂、酸类,特别是强酸对聚酰胺有侵蚀作用。聚酰胺中酰胺基分布密度愈大,耐酸性愈差。酸类的破坏作用是引起断链(降解)。

聚酰胺具有良好的耐溶剂性,对于一般烃类、卤代烃、酯类、芳烃等的作用均很稳定,特别是对于汽油、煤油、润滑油等具有优异的抵抗性。只有少数与聚酰胺溶解度参数接近、又能与它们形成氢键的溶剂,才能使它们溶解,例如甲酸、冰醋酸、苯酚、甲酚等。醇类和水可以使聚酰胺溶胀。

5. 其他性能

在室内的室温环境下,聚酰胺性能稳定,可保持长时性能不变。但如果暴露到室外大气环境中,性能会逐渐地明显下降,特别当温度超过 60℃时,性能下降特别明显,主要的变化是发暗、变脆,力学性能下降。在 100℃的户外环境下暴露,寿命仅为 4～6 周。炭黑是聚酰胺的有效防老剂。此外,碱金属的溴盐、碘盐、亚磷酸酯类可以作为聚酰胺的抗氧剂。

不同聚酰胺的氧指数约在 26～30 之间,在火源作用下可以燃烧,但多数聚酰胺具有自熄性,即使燃烧,火焰传播速度也很慢。

§8.1.3 增强聚酰胺与单体浇铸聚酰胺

一、增强聚酰胺

各种脂肪类聚酰胺都可以用玻璃纤维进行增强,使力学性能包括强度、刚度、硬度大幅度提高,抗蠕变性改善,耐热性提高,收缩率下降,尺寸稳定性改善。玻璃纤维在增强后的材料中所占比例可在 10%～45%范围,但最佳含量约为 30%～35%,这时的材料综合性能最佳。玻纤含量进一步增加使物料熔体粘度太大，加工困难，反而引起某些工作性能下降。表 8－3 列出了几种玻纤增强聚酰胺的力学性能和热性能。

表 8－3　几种增强聚酰胺的力学性能和热性能

性能＼材料		增强 PA6(GF30%)	增强 PA610(GF30%)	增强 PA1010 (GF 30%～35%)
密度/$(g\cdot cm^{-3})$		1.35	1.34	1.20～1.30
拉伸强度/MPa≥		150～170	140	122
拉伸模量/MPa≥		—		5×10^3
弯曲强度/MPa≥		200～240	180	155
弯曲模量/MPa≥		5.2×10^3	5.3×10^3	4.5×10^3
断裂伸长率/(%)≥		12	11	—
简梁冲击强度$(kJ\cdot m^{-2})$	缺口	12	9～12	—
	无缺口	100	60	70
热变形温度/℃ (1.81 MPa)		200	—	150

表 8－3 所列是国产长玻纤(长 4～6 mm)增强聚酰胺数据。短玻纤(长 0.3～0.4 mm)增强聚酰胺的力学性能与上述性能接近，仅冲击强度较低，但短玻纤增强的聚酰胺工艺性较优，所成型的制品外观优良。除玻纤外，也可用碳纤维增强，增强后的材料力学性能更优，但造价高，仅用于某些特殊场合。

二、单体浇铸聚酰胺

单体浇铸聚酰胺缩写为 MC(Monomer Cast)聚酰胺，是将单体直接浇铸到模具内进行聚合并成为制品的一种方法，与聚甲基丙烯酸甲酯直接浇铸到模具中进行本体聚合颇为相似。采用该方法得到的聚酰胺制品分子量高于一般的聚酰胺，制品力学性能、耐热性均明显高于一般聚酰胺制品。

(一) MC 聚酰胺成型原理

MC 聚酰胺主要用于聚酰胺 6，采用碱聚合法使单体己内酰胺在模具内直接聚合并成型为制品。其反应是：

$$\underline{OC\text{-}(CH_2)_5\text{-}NH} + NaOH \xrightarrow{130\sim140℃} \underline{OC\text{-}(CH_2)_5\text{-}N}Na + H_2O$$

$$\underline{OC\text{-}(CH_2)_5\text{-}N}\text{—}Na + \underline{OC\text{-}(CH_2)_5\text{-}NH} \xrightarrow[150\sim160℃]{\text{甲苯二异氰酸酯(助催化剂)}}$$

$$\underline{OC\text{-}(CH_2)_5\text{-}N}\text{-}[CO\text{-}(CH_2)_5\text{-}NH]_n\text{-}H + Na^+$$

上述聚合反应的助催化剂也可以采用 N－乙酰基己内酰胺。反应物是将己内酰胺、NaOH，TDI 三者按 1∶0.004∶0.003 配制。

(二) 实施工艺

己内酰胺具有很强的吸水性，储存中会吸入多量水分，浇铸聚合中与 NaOH 反应亦生成水。在浇铸聚合中必须脱去水分。脱水方法可分为氮气法和真空法。

1. 氮气法

将已内酰胺加入到脱水容器内，加热到 110℃，加入苛性钠，在搅拌下通入氮气，使之反应脱水 30 min，再升温至 140℃并加入助催化剂，迅速通入氮气并搅拌 15 min，然后迅速浇入 160℃的模具内，在 20～30 min 内即可完成聚合。最后脱出制品。

氮气法的缺点是需要耗用大量氮气，并有大量单体被带入空气中污染环境，制品的质量亦难控制。该法已逐渐被真空法所取代。

2. 真空法

将已内酰胺加入脱水容器内，加热至单体开始熔化时（熔点 70℃）就开始抽真空。待单体全部熔化后，加入 NaOH 并升温至 130～140℃，继续抽真空 10～15 min，之后加入助催化剂，搅拌均匀后迅速浇入 150～160℃的模具内，在 15 min 内即可完成聚合。保温 1 h 后即可脱模。

（三）单体浇铸聚酰胺的性能

MC 聚酰胺 6 数均分子量一般可达到 3.5～7.0 万，而普通聚酰胺 6 仅 1.3～2.2 万。因此 MC 聚酰胺 6 的物理性能优于普通聚酰胺 6，其主要性能如表 8-4 所示。

表 8-4　MC 聚酰胺 6 的主要性能

密度/(g·cm^{-3})	1.10～1.20	熔点/℃		223～225
拉伸强度/MPa	75～100	冲击强度/(kJ·m^{-2})	缺口	2.7～9.0
断裂伸长率/(%)	10～30		无缺口	200～630
拉伸模量/Mpa	3 500～4 500	热变形温度/℃ (1.81 MPa)		94
弯曲强度/MPa	140～170	最高连续使用温度/℃		100
弯曲模量/MPa	4 000	吸水率/(%)		0.7～1.2
洛氏硬度(R)	110～120	脆化温度/℃		-30～-40

§8.1.4　脂肪族聚酰胺的加工与应用

一、加工

聚酰胺具有良好的成型加工性，它们有下述共同工艺特点：

(1) 吸湿性强，加工前必须充分干燥。干燥条件一般是在 80～90℃的热空气循环烘箱或真空箱中干至粒料所含水分不影响成型为止。烘干温度不宜过高，以免引起材料氧化变黄。

(2) 熔体粘度低，注塑中会有流涎现象，需采用自锁式喷嘴防止流涎。

(3) 成型中分子链取向对剪切速率不太敏感，因此成型压力对制品性能影响较小。

(4) 聚酰胺高温下易氧化降解，超过 300℃就会分解。在满足成型工艺的前提下，应避免采用过高的熔体温度，亦应避免在料筒内滞留过长时间。

(5) 聚酰胺是半结晶型聚合物，制品成型中工艺参数改变对制品结晶度、收缩率及性能影响颇大。

聚酰胺可采用多种成型方法，但最主要的是注塑和挤出。

1. 注塑成型

注塑成型可采用柱塞式或螺杆式注塑机。螺杆式注塑机应带有止逆环，并采用长径比为 12～20，压缩比为 3～4 的突变型螺杆。成型时熔体温度下限应高于熔点 5～10℃，上、下限温度差 40～50℃。注塑压力可在 40～200 MPa 内选取，模温可从室温至 60℃。

2. 挤出成型

聚酰胺挤出成型所用挤出机螺杆与注塑机螺杆基本要求相同，熔体温度范围也相同，但挤出压力不能太高，压力太高会使挤出量减小，挤出压力一般为 3～4 MPa。

二、应用

聚酰胺应用范围较广，主要在以下各方面：

(1) 机械设备　例如轴承、轴瓦、小模数齿轮、蜗轮、密封垫、活塞环、泵叶轮、螺栓、螺母等连接件、水压机的立柱导套、阀座、风扇叶片等。

(2) 汽车工业　主要采用玻纤增强聚酰胺，可用在皮带轮、吸附罐、散热器箱体、刮水器、油泵齿轮等。

(3) 电子电器　各种线圈骨架、机罩、集成线路板、旋扭、电视机调谐零件、电器线圈。

(4) 化工设备　耐腐耐油管道、输油管、贮油容器、过滤器。

(5) 建筑与民用　窗、门、窗帘导轨、滑轮、自动门横栏、安全帽、绳索、打字机框架。聚酰胺 11 和 12 的双轴拉伸薄膜还用在食品包装上。

§8.2　芳香族聚酰胺

分子链骨架上含有芳香环的聚酰胺称芳香族聚酰胺。尽管芳香族聚酰胺的品种可以很多，目前投入实际应用的主要有两种：聚间苯二甲酰间苯二胺和全对位聚芳酰胺。

§8.2.1　聚间苯二甲酰间苯二胺(Nomex)

一、制备方法

以间苯二甲酰氯和间苯二胺为单体进行界面缩聚或低温溶液缩聚可以得到聚间苯二甲酰间苯二胺。

$$n\mathrm{Cl{-}CO{-}C_6H_4{-}COCl} + n\mathrm{H_2N{-}C_6H_4{-}NH_2} \xrightarrow[\text{或低温溶液缩聚}]{\text{界面缩聚}} \mathrm{\left[CO{-}C_6H_4{-}CO{-}NH{-}C_6H_4{-}NH\right]_{\mathit{n}}} + 2n\mathrm{HCl}$$

其中单体间苯二甲酰氯由间苯二甲酸用氯化亚砜酰氯化制得。

界面缩聚是将间苯二甲酰氯溶于环已酮中成为有机相，将间苯二胺溶在碳酸钠水溶液中成为水相。在快速搅拌下将水相倒入有机相，二相即在界面进行缩聚。反应可在 10 min 内完成。低温溶液缩聚是将间苯二胺与二甲基乙酰胺加入反应器内使前者完全溶解，冷却至一12℃以下，并在搅拌下缓慢加入间苯二甲酰氯，使二者进行缩聚，反应温度控制在不超过 68℃，反应进行 30 min 即告完成。低温溶液缩聚可以得到分子量更高的聚合物。

二、结构与性能

1. 结构

聚间苯二甲酰间苯二胺分子链骨架由交替排列的苯环和酰胺基组成，二者都呈高密度分布。苯环的存在使分子链不能内旋转，较强的极性酰胺基在分子链之间又可形成氢键，增大了分子链之间的作用力，苯环与酰胺基之间又可形成共轭体系。这三种因素都赋予聚合物分子链很大的刚性，决定了材料具有优异的耐热性，突出的强度、刚度，高熔点、高粘度。

2. 性能

聚间苯二甲酰间苯二胺外观上是白色粉末或小片，密度为1.33～1.36 g/cm³，可以结晶，具有一系列突出性能：高耐热、高强度、高刚度、耐化学腐蚀、耐高能辐射、难燃、耐潮湿。表8-5是聚间苯二甲酰间苯二胺力学性能及耐热性测试数据。

表 8-5 聚间苯二甲酰间苯二胺的力学性能及热性能

性　能	测试值	性　能	测试值
拉伸强度/MPa	80～120	熔融温度/℃	410
伸长率/(%)	6	最高连续使用温度/℃	200
压缩强度/MPa	300	热分解温度/℃	450
布氏硬度/MPa	340	脆化温度/℃	−70
维卡软化点/℃	270	最大结晶速率温度/℃	340～360

由表中数据可以看出，聚间苯二甲酰间苯二胺具有远高于脂肪族聚酰胺的力学性能和耐热性。作为纤维织物（熨烫布），其寿命是脂肪族聚酰胺纤维布的8倍，棉布的20倍，这充分说明了它的强度和耐久性。除突出的耐热性外，它还具有良好的耐热老化性，在220～250℃经2 000 h热老化后其表面电阻率和体积电阻率保持不变。它的耐辐射性也很优异，可耐$(4～5)\times 10^6$ Gy剂量的γ射线照射。Nomex具有较好的耐化学腐蚀性，可以耐稀酸、稀碱、沸水，也耐腐蚀性气体，例如在250℃的SO_2或SO_3作用下，强度仍可保持60%。但该材料不耐浓酸浓碱，浓硫酸和氨基磺酸均可使其溶解。它可耐醇类、酮类、脂肪烃、芳烃、汽油、煤油等，但强极性溶剂二甲基甲酰胺、二甲基乙酰胺均可使它溶解。由于分子链含有大量极性酰胺基，对电性能有不利影响，标准状态下的电性能接近或稍低于脂肪族聚酰胺的水平，但介电强度远高于脂肪族聚酰胺，它的优点是在较高温度或潮湿环境下仍可保持较好的电性能。表8-6是不同条件下Nomex的电性能测试数据。

表 8-6 不同测试条件下 Nomex 的电性能

电性能	测试条件				
	常态	受潮 48 h	浸水 48 h	130℃	180℃
体积电阻率/(Ω·m)	4×10^{12}	7×10^{9}	3×10^{9}	5×10^{11}	4×10^{11}
$\tan\delta$, 10^6 Hz	4.22×10^{-2}	4.43×10^{-2}	5.05×10^{-2}	4.96×10^{-2}	5.21×10^{-2}
介电常数	4.66	4.46	5.07	4.70	4.10
介电强度/(kV·mm⁻¹)	92.4	73.9	69.2	101	92.4

由于分子链上含有苯环，Nomex难以燃烧，即使燃烧，也会自熄。Nomex耐光性较差，其织物在日光下暴晒一年，强度会下降50%。

三、加工与应用

1. 加工

Nomex具有很高的熔点，约为410℃，熔体粘度很高（达10^{12} Pa·s），难以采用一般热塑性塑料的成型加工方法，主要成型方法是用浸渍法制备薄膜。将 Nomex 配制成树脂含量 10%～20%的二甲基乙酰胺溶液，用厚度为 0.05～0.06 mm 的铝箔通过浸胶机浸胶。浸胶后的铝箔经鼓风烘箱干燥，取出后冷至室温即可剥离下薄膜。

Nomex 主要用于制备纤维，称为 HT－1 纤维，采用干喷湿纺法，即采用高浓度高粘度纺丝溶液、大孔径喷丝头，高速纺丝法。

Nomex 还可层压，将玻璃布浸渍 Nomex 溶液后晾干叠制，层压为电绝缘板材。

2. 应用

Nomex 纤维可用于制备宇宙服、降落伞、轮胎帘子布、耐高温的滤布及服装。Nomex 层压制品主要用作 H 级电绝缘材料使用，亦可作为耐高温的装饰板、防火墙或制备蜂窝制品用于飞行器中。

§8.2.2 全对位聚芳酰胺

全对位聚芳酰胺是酰胺基位于苯环对位的一种聚芳酰胺，制备方法有两种，结构上也略有不同。

一、制备方法

1. 对苯二胺与对苯二甲酰氯缩聚

$$nH_2N-C_6H_4-NH_2 + nCl-CO-C_6H_4-CO-Cl \xrightarrow[\text{在 } N\text{-甲基吡咯烷酮中}]{\text{低温}} \left[NH-C_6H_4-NHCO-C_6H_4-CO\right]_n + 2nHCl$$

缩聚产物称聚对苯二甲酰对苯二胺，又称芳纶－1414 树脂。该树脂主要用于制备纤维，称为 Kevlax 纤维。

2. 对氨基苯甲酸自缩聚

$$nH_2N-C_6H_4-COOH \xrightarrow[\text{在 } N\text{-甲基吡咯烷酮中}]{\text{加热}} \left[NH-C_6H_4-CO\right]_n + nH_2O$$

缩聚产物称为聚对苯甲酰胺，又称芳纶－14 树脂，也用于制纤维，称为 B 纤维。

二、结构与性能

1. 结构

全对位聚芳酰胺分子链交替地由苯撑基和极性酰胺基组成。二者在分子链上都呈高密度分布，酰胺基与苯环又可以形成大共轭体系，这三种因素都决定了聚合物分子链会有极大的刚性，特别是苯撑基比间位苯基对分子链变刚的影响更大。两种全对位聚芳酰胺实际上均不会出现熔融状态。即使将聚合物配制成溶液，分子链也不能以柔曲的卷曲状存在，而是以伸直的棒状存在。因此全对位聚芳酰胺是一种溶致液晶聚合物。正是利用这种结构特性对它进行湿法纺丝。直棒状的分子链在加工时的剪切作用下高度取向，使制品具有超高模量超高强度。

2. 性能

全对位聚芳酰胺具有超高强度、超高模量、耐高温、耐腐蚀、阻燃、膨胀系数小等一系列优异性能。表 8－7 是 Kevlax 纤维与聚酰胺 6 力学性能的比较。Kevlax 纤维的拉伸强度可达到同直径钢丝的 5 倍。Kevlax 薄膜的拉伸强度约 200 MPa，伸长率约 40%～60%。

Kevlax 树脂具有极优异的耐热性，其玻璃化温度超过 300℃，分解温度约 500℃。在 280℃下经 100 h 后，强度保持率为 85%，320℃经 100 h，强度保持率仍可达 50%。

Kevlax 具有尚好的电性能，体积电阻率约为 $6\times10^{13}\ \Omega\cdot m$，$\tan\delta$ 值约 0.03，介电常数较高达 7.0，最突出的是介电强度，可达 200 kV/mm。

表 8－7　Kevlax 纤维与聚酰胺 6 纤维力学性能的比较

性　能	PA6 纤维	Kevlax 纤维
拉伸强度/MPa	700	2 300
伸长率/(%)	25	0.6
拉伸模量/MPa	10 860	35 870

三、加工与应用

1. 加工

全对位聚芳酰胺可采用与 Nomex 相似的方法制备薄膜。将树脂配制成 N－甲基吡咯烷酮溶液，用铝箔浸渍干燥而成膜。全对位聚芳酰胺主要用于超高强度超高模量纤维。将缩聚后的树脂水洗、干燥后溶到硫酸或 N－甲基吡咯烷酮溶液中成为较浓的液晶溶液，用热喷湿纺法抽制成丝。

2. 应用

全对位聚芳酰胺主要用在以下方面：

(1) 高性能的轮胎帘线和橡胶制品补强材料。

(2) 特种绳索与织物。

(3) 高强度、高模量复合材料，增强塑料，用于航天器、导弹壳体材料。

§8.3　透明聚酰胺

透明聚酰胺是比较新型的聚酰胺。通常的聚酰胺是结晶型聚合物，故材料呈乳白色不透明状。欲使聚合物获得透明性，必须从分子链结构入手，抑制晶体的生成，一般是采用向分子链上引入侧基的方法破坏分子链的规整性达到此目的，于是产生了透明聚酰胺。

§8.3.1　聚对苯二甲酰三甲基己二胺(Trogamid－T)

一、制备

以三甲基己二胺与对苯二甲酸为原料，应先将对苯二甲酸用氯化亚砜进行酰氯化反应制得对苯二甲酰氯，再与三甲基己二胺进行界面缩聚得到聚合物。反应如下：

$$n\mathrm{Cl{-}CO{-}C_6H_4{-}CO{-}Cl} + n\mathrm{H_2N{-}CH_2{-}C(CH_3)_2{-}CH_2{-}CH(CH_3){-}CH_2{-}CH_2{-}NH_2}$$

$$\longrightarrow \mathrm{[\!-CO{-}C_6H_4{-}CONH{-}CH_2{-}C(CH_3)_2{-}CH_2{-}CH(CH_3){-}CH_2{-}CH_2{-}NH\!-]_n} + 2n\mathrm{HCl}$$

二、结构与性能

1. 结构

聚对苯二甲酰三甲基己二胺分子链上每个单体单元上含有三个侧甲基，使分子链的规整性和对称性受到破坏，聚合物只能以无定形状态存在，故呈透明性。聚合物不同分子链上的酰胺基之间可以形成氢键。苯环的存在妨碍了分子链的自由旋转，酰胺基与苯环又可形成大共轭体系。这些因素都使得该聚合物比脂肪族聚酰胺分子链刚性要大，必然会影响到材料的力学性能与热性能。

2. 性能

聚对苯二甲酰三甲基己二胺密度约 1.12 g/cm³，透光率为 90%，仅次于聚甲基丙烯酸甲酯，优于聚苯乙烯和聚碳酸酯，折射率为 1.566，大于聚甲基丙烯酸甲酯，接近聚苯乙烯和聚碳酸酯。该聚合物具有优于一般脂肪族聚酰胺的力学性能与耐热性，电性能与一般脂肪族聚酰胺相当，但升温条件下的电性能则优于一般脂肪族聚酰胺。表 8－8 列出该聚合物的物理力学性能数据。

表 8－8　Trogamid－T 的物理力学性能

性　能		测试值	性　能	测试值
密度/(g・cm^{-3})		1.12	维卡软化点/℃	150
透光率/(%)		90	热变形温度(1.81 MPa)/℃	130
折射率		1.566	最高连续使用温度/℃	90*
拉伸强度/MPa		84	介电常数，10^6 Hz	3.4
简梁冲击强度/(kJ・m^{-2})	缺口	10～15	tanδ，10^6 Hz	0.023
	无缺口	不断	表面电阻率/(Ω・m)＞	5×10^{13}
吸水率/(%)		0.41	有限氧指数	26.8（可以自熄）
收缩率/(%)		0.5		

* 在此温度下静置 90 d 外形无变化。

Trogamid－T 具有良好的耐稀酸稀碱性，也可耐卤代烃类及其衍生物的浸蚀，其耐应力开裂性能优于聚碳酸酯、有机玻璃等透明塑料，韧性优于有机玻璃。

三、加工与应用

Trogamid－T 可以采用注塑、挤出、吹塑等成型工艺，成型前必须进行干燥。成型温度范围为 250～320℃，模温 70～90℃。Trogamid－T 的制品主要用于制备光学仪器、计量仪表、精密零部件、汽车、电器产品零件。

§ 8.3.2　PACP－9/6(商品名)

PACP－9/6 是另一种透明聚酰胺的商品名，是由 2.2－双(4－氨基环己基)丙烷与壬二酸和己二酸进行共缩聚所得，其分子链结构如下：

$$\left[HN-\bigcirc-\underset{CH_3}{\overset{CH_3}{C}}-\bigcirc-NH-CO-(CH_2)_x-CO \right]_n$$

式中 $x=4$ 和 7。该聚合物具有比 Trogamid－T 更高的透光率，可达 92％，与聚甲基丙烯酸甲酯相同，但雾度仅 0.5％，小于现有的所有光学塑料。分子链上具有六元环和两个侧甲基使分子链变刚，赋予材料优异的力学性能、耐热性及其他优异性能，其力学性能与 Trogamid－T 相当，耐热性优于 Trogamid－T。表 8－9 是 PACP－9/6 的主要物理力学性能数据。

表 8－9 PACP－9/6 的主要物理力学性能

性　　能	测试值	性　　能	测试值
透光率/(％)	92	邵氏硬度	85
雾度/(％)	0.5	玻璃化温度/℃	185
拉伸强度/MPa	85	热变形温度/℃	160
伸长率/(％)	50～100	介电常数	3.9
弯曲模量/MPa	2 225	$\tan\delta$	0.027
悬梁冲击强度/($J\cdot m^{-1}$)，缺口	55	体积电阻率/($\Omega\cdot m$)	1.6×10^{9}
		介电强度/($kV\cdot mm^{-1}$)	16.1

PACP－9/6 具有良好的成型加工性，可以注塑、挤出、吹塑，成型温度范围在 302～316℃之间，加工性能优于聚碳酸酯、聚苯醚等。该材料具有优异的综合性能，加工性又良好，发展前景广阔。

思　考　题

1. 试述 mp 型与 p 型脂肪族聚酰胺分子结构的特点。二者各用什么方法制备？制备 mp 型聚酰胺时为什么先要配制成酰胺盐？

2. mp 型、p 型聚酰胺分子链上酰胺基形成氢键各有什么规律？有何共同规律？氢键的形成对材料性能有何影响？

3. 试述脂肪族聚酰胺的结构特点和性能特点。

4. 聚酰胺增强后性能有那些变化？MC 聚酰胺 6 与一般聚酰胺性能有何差别？原因何在？

5. 什么样的溶剂才能溶解聚酰胺？说明原因。

6. 试说明 Nomex 的结构特点，解释它何以具有高强度、高耐热性。

7. 试说明全对位聚芳酰胺有哪两种制备路线？写出两种路线所得产物的结构，进而说明全对位聚芳酰胺结构特点和性能特点。

8. 聚芳酰胺可用那些方法加工为产品？

9. 解释透明聚酰胺具有透明性的原因。

第九章 聚碳酸酯

凡分子链中含有碳酸酯基$\leftarrow$O—R—O—CO$\rightarrow$的聚合物统称聚碳酸酯，可以看作是由二羟基化合物与碳酸的缩聚产物。式中R代表生成碳酸酯的二羟基化合物的主体部分，R可以属于脂肪族、脂环族、芳香族或脂肪-芳香族。R不同，所得到的聚碳酸酯不同。因此，理论上聚碳酸酯可以有很多品种。但迄今为止，作为工程塑料最有应用价值的是芳香族聚碳酸酯，其中特别是以双酚A型聚碳酸酯最重要，应用也最普遍。聚碳酸酯缩写代号为PC。

§9.1 双酚A型聚碳酸酯

双酚A型聚碳酸酯具有如下结构：

$$\left[O-C_6H_4-C(CH_3)_2-C_6H_4-O-\overset{O}{\overset{\|}{C}} \right]_n$$

§9.1.1 制备方法

由于自由状态的碳酸并不存在，因此双酚A型聚碳酸酯的制备需采用碳酸酯类与二羟基化合物的酯交换法或光气法来实现。两种方法都要采用单体双酚A。双酚A是由丙酮与苯酚在离子交换树脂或其他催化剂存在下反应而得。

一、酯交换法

酯交换法制备双酚A型聚碳酸酯的原理是用双酚A(4,4'-二羟-2,2'-二苯基丙烷)与碳酸二苯酯在碱性催化剂的存在下进行酯交换。

$$nHO-C_6H_4-C(CH_3)_2-C_6H_4-OH + C_6H_5-O-\overset{O}{\overset{\|}{C}}-O-C_6H_5 \xrightarrow[\text{催化}]{180\sim220℃}$$

$$\left[O-C_6H_4-C(CH_3)_2-C_6H_4-O-\overset{O}{\overset{\|}{C}} \right]_n + 2n\, C_6H_5-OH$$

上述的酯交换反应必须在高温的真空条件下进行，并必须采用催化剂。催化剂可以采用苯甲酸钠或醋酸锂、醋酸铬、醋酸钴或四硼酸钠。进行反应的两单体用量理论上应是1∶1，才能获得高分子量产物，但因碳酸二苯酯沸点低于双酚A，反应时容易逸出反应体系，故实际上采用双酚A与碳酸二苯酯的配比为1∶1.05，以弥补后者的损失。保持真空条件同样是为了获得高分子量产物。

酯交换的实施工艺是：将两反应组分加入交换釜内，加入催化剂，将反应釜抽至余压 2 600～4 000 Pa，起初反应控制在 170～180℃，进行酯交换的第一阶段反应（由于双酚 A 在超过 180℃时会分解，此阶段控制在该范围温度的目的是使双酚 A 先反应成为低聚物）。再升温至 220℃继续反应，至 80%～90%的苯酚被交换出，这时产生分子量仍不太高的聚合物。将物料移到聚合釜，在 290～300℃，真空度 130 Pa 的条件下进一步缩聚。缩聚反应结束后，在惰性气体中加热至 300℃保持 2～5 h，再将熔融物料排出，用 10%的盐酸浸泡粒料，除去碱性催化剂金属离子，用水洗至 pH 为 7，干燥后包装。

酯交换法所得聚碳酸酯数均分子量 $\overline{M}_n$ 可达 $(2.5～5)\times10^4$ 范围。取得较高分子量的关键因素是保持要求的真空度，否则分子量很难超过 3×10^4。酯交换法的优点是不使用溶剂、无毒性和火灾危险，但反应时间长，产物分子量低，设备要求高。

二、光气法

采用光气法可以获得分子量更高的聚碳酸酯。光气法的原理是将双酚 A 先转变成钠盐，再与光气（碳酸氯）在常温常压下进行界面缩聚。

$$HO-C_6H_4-C(CH_3)_2-C_6H_4-OH + 2HaOH \longrightarrow$$

$$NaO-C_6H_4-C(CH_3)_2-C_6H_4-ONa + 2H_2O$$

$$nNaO-C_6H_4-C(CH_3)_2-C_6H_4-ONa + nCOCl_2 \longrightarrow$$

$$\left[O-C_6H_4-C(CH_3)_2-C_6H_4-O-\overset{O}{\overset{\|}{C}}\right]_n + 2nNaCl$$

反应以双酚 A 钠盐的 NaOH 水溶液为一相，以通入光气的二氯甲烷为另一相，在两相界面进行缩聚反应。将配好的双酚 A 钠盐的 NaOH 水溶液加入光气化釜，并加入二氯甲烷，开动搅拌器至釜温降至 20℃，通入光气。当反应介质的 pH 值达到 7～8 时停止通入光气。将光气化后的物料移入缩聚釜，加入催化剂三甲苄基氯化铵 $C_6H_5CH_2N(CH_3)_3Cl$，分子量调节剂苯酚，在 25～30℃下反应 3～4 h，即可得到 $\overline{M}_n$ 为 $(1.5～2.0)\times10^5$ 产物。该缩聚反应是放热反应，应采用水冷保持反应温度。

光气法的优点是反应温度低速度快，可得到高分子量产物。缺点是消耗较昂贵的溶剂，具有毒性与火灾危险。

§9.1.2 结构与性能

一、结构

双酚 A 型聚碳酸酯具有对称结构,不存在空间异构现象。碳酸酯基具有极性,但由两个苯撑基和异丙撑基隔开,使聚合物总体上仅显示较弱的极性,会使分子链之间的作用力增大,同时对电性能有不利影响。分子链上含有苯撑基限制了分子链的内旋转,导致分子链刚性增大,又减小了聚合物在某些溶剂中的溶解性和吸水性。分子链上醚键的存在又赋予分子链一定柔性,可以使分子链绕醚键两端的单键旋转,又决定了聚合物可以溶解于某些溶剂。概括而言,分子链上的苯撑基、酯基的影响大于醚键的影响,决定了分子链属于刚性链。因此,可以预料聚合物具有较高的玻璃化温度和熔融温度、熔体粘度高,分子链在外力作用下不易滑移,抗变形性好(刚性好、蠕变小、尺寸稳定性优),力学性能也颇优。另一方面,又限制了分子链的取向和结晶,若一旦取向,又不易松驰,致使内应力不易消除,容易产生内应力被冻结的现象,导致在某种应用条件下的应力开裂现象。

双酚 A 型聚碳酸酯分子链易形成较稳定的原纤维这样的聚集状结构,原纤维会成束并混乱交错排列组成疏松的网络,使聚合物内存在大量空隙(自由空间)。原纤维内的分子链间作用力较大,敛集密度较高。在快速的外加载荷作用下,聚合物以原纤维为单位可自由移动,吸收大量外载荷的能量。这种结构特性赋予聚合物很高的抗冲击性能,聚合物的无定形结构也有利于材料的韧性。因此,尽管双酚 A 型聚碳酸酯具有刚性分子链,但却具有优异的韧性。

依双酚 A 型聚碳酸酯分子链的对称性和规整性,理论上本应是能够结晶的,但 X 射线衍射证明它是无定形结构,材料的高度透明也说明了这一点。这是由于聚碳酸酯分子链刚性较大,熔融温度和玻璃化温度皆远高于制品成型的模温,使聚合物成型时很快就从熔融温度降低到玻璃化温度之下,完全来不及结晶,只能得到无定形制品。如果将聚合物溶液缓慢蒸发或将熔体冷却到 180℃时并保持在该温度下数日,就可以得到聚合物的结晶结构,用这种方法所得到的制品不太透明和 X 射线衍射图都证明了这一点。

二、性能

双酚 A 型聚碳酸酯是无色或微黄色透明的刚硬、坚韧固体,带微黄色的材料是由于合成时双酚 A 纯度不高所致。该聚合物透光率可达 89%,无臭无味、无毒,密度约 1.20 g/cm^3,硬度大于聚甲基丙烯酸甲酯,作为透明材料,表面不易划伤。

1. 力学性能

双酚 A 型聚碳酸酯是典型的硬而韧聚合物,具有良好的综合力学性能,拉伸、压缩、弯曲强度均相当于聚酰胺 6,66,冲击强度高于所有脂肪族聚酰胺和大多数工程塑料,抗蠕变性也明显优于聚酰胺、聚甲醛。力学性能方面的缺点是耐疲劳性较差,缺口敏感性较明显。表 9-1 是双酚 A 型聚碳酸酯的主要物理力学性能测试数据。

2. 热性能

双酚 A 型聚碳酸酯具有良好的耐热性能。由表 9-1 可知,它的玻璃化温度较高,高于所有脂肪族聚酰胺,熔融温度略高于聚酰胺 6,但低于聚酰胺 66,热变形温度和最高连续使用温度均高于绝大多数脂肪族聚酰胺,也高于几乎所有的热塑性通用塑料。在工程塑料中,它的耐热性优于聚甲醛、脂肪族聚酰胺和 PBT,与 PET 相当,但逊于其他工程塑料。聚碳酸酯具有良好的耐寒性,脆化温度为 −100℃,可以在 −70℃条件下长时间工作。热导率及比热容在塑料材料中居中等水平，但与其他非金属材料相比，仍不失为良好的绝热材料。由于比热容不太高，且熔融时无明显相变热，尽管熔融温度高于聚乙烯、聚丙烯等，但成型加工时的塑化并不会消耗更多的热能。

表 9-1 双酚 A 型聚碳酸酯物理力学性能

性　能		测试值	性　能	测试值
密度/($g \cdot cm^{-3}$)		1.20	最高连续使用温度/℃	120
吸水率/(%)		0.15	热分解温度/℃	340
拉伸屈服强度/MPa		60～68	脆化温度/℃	−100
拉伸断裂强度/MPa		58～74	玻璃化温度/℃	145～150
伸长率/(%)		70～120	热导率/($W \cdot (m \cdot K)^{-1}$)	0.145～0.22
拉伸弹性模量/MPa		2 200～2 400	比热容/($J \cdot (kg \cdot K)^{-1}$)	1 090～1 260
弯曲强度/MPa		91～120	透光率/(%)	85～90
压缩强度/MPa		70～100	折射率/(%)	1.585～1.587
简梁冲击强度/($kJ \cdot m^{-2}$)	缺口	45～60	介电常数，10^6 Hz	3.05
	无缺口	不断	$\tan\delta$，10^6 Hz	$(0.9～1.1)\times10^{-2}$
布氏硬度/MPa		90～95	体积电阻率/($\Omega \cdot m$)	$(4～5)\times10^4$
热变形温度(1.81 MPa)/℃		126～135	介电强度/($kV \cdot mm^{-1}$)	15～22
流动温度/℃		220～230	有限氧指数	25～27

3. 电性能

双酚 A 型聚碳酸酯是弱极性聚合物，极性的存在对电性能有一定不利影响。在标准条件下电性能虽不如聚烯烃、聚苯乙烯等，但也不失为是电性能较优的绝缘材料，特别是因其耐热性优于聚烯烃，可在较宽温度范围保持良好的电性能。由于吸湿性较小，环境湿度对电性能无明显影响。电场频率对电性能影响也较小，随电场频率增高，介电常数略有减小，从 60 Hz 到 10^9 Hz，介电常数从 3.1 逐渐减小为约 2.8 左右。介电损耗随电场频率增大先是有所增大，从 10^{-3} 数量级逐渐增大到 10^{-2} 数量级，当电场频率为 10^7 Hz，损耗达最大值，约为 1.2×10^{-2}，频率继续增大，损耗又重新减小。

4. 耐化学试剂及耐溶剂性

双酚 A 型聚碳酸酯是无定形聚合物，它的内聚能密度在塑料中居中等水平，溶解度参数约 20 $(J/cm^3)^{\frac{1}{2}}$。脂肪烃类、油类、大多数醇类对它无作用，酮类、芳香烃类、酯类可使它溶胀，许多氯代烃，如二氯甲烷、二氯乙烷、氯仿、三氯乙烷等都是它的良好溶剂。噻吩、二氧六环、甲酚、四氢呋喃也可使它溶解。某些对它无溶解作用的溶剂与其接触可引起开裂。双酚 A 型聚碳酸酯含有碳酸酯基，酯基易水解，但憎水的苯环对酯基有一定的保护作用，使它尚可耐室温下的水、稀酸、盐类、氧化剂，但不耐碱，例如稀的氢氧化钠、稀氨水就可使它水解。它的耐沸水性很差，仅可耐 60℃的水温，进一步升高水温，就可因水解而失去韧性，若在沸水中反复煮沸，力学性能就会大大下降。

5. 其他性能

聚碳酸酯分子链上无仲、叔碳原子，具有较高的氧化稳定性，无双键又使它具有良好的耐臭氧性。聚碳酸酯在干燥的气候条件下，例如在15%的大气环境中暴露数年，物理力学性能基本不变，但在潮湿环境及强烈的日照条件下，会产生表面裂纹并发暗。聚碳酸酯是良好的紫外光吸收剂，光线贯穿层厚度仅0.8～1.0 mm，这对注塑及挤出制品性能影响不太，但对薄膜制品影响颇大，足可引起脆化。升高温度可以使聚碳酸酯老化加速，在125℃下老化可加速材料脆化，伸长率和冲击强度都会大大降低。当有水存在时进行老化更会大大加速性能的恶化。

聚碳酸酯在火焰中可缓慢燃烧，离火源后可自熄。

§9.1.3 加工与应用

一、加工

1. 工艺特性

聚碳酸酯熔体粘度高(240～300℃时粘度为10^4～10^5 Pa·s)，对成型薄壁长流程制品、形状复杂的制品不利。聚碳酸酯熔体非牛顿性不明显，增大剪切速率，粘度下降不明显，但粘度对温度比较敏感，提高温度会使粘度明显下降。聚碳酸酯分子链刚性大，且玻璃化温度较高，成型时进入模腔的熔体分子链被剪切取向后松驰速度慢，当熔体迅速冷却至玻璃化温度以下时，分子链来不及松驰就被冻结，造成制品内较大的内应力。减小内应力方法是尽可能提高熔体温度和模具温度(最高可达100℃)，采用高注射速率，带嵌件制品应对嵌件预热，制品脱模后在125℃热处理24 h等。

聚碳酸酯吸水性虽不算太大，但少量水分在成型温度下也会引起酯基水解、断链，使制品力学性能，特别是冲击强度明显下降，也会严重影响制品外观(出现银丝)。因此，成型前必须对粒料严格干燥。干燥条件是在120℃烘干约4～6 h。

聚碳酸酯收缩率及收缩率范围都不很大，约在0.5%～0.8%，与工艺条件及制品厚度有关。一般而言，聚碳酸酯可成型出精度较好的制品。聚碳酸酯对金属有很强的粘附性，这要求生产结束时应很好地清理料筒，否则粘附在料筒内壁上的熔体冷却收缩时会将筒壁上的金属拉下，损伤筒壁。

2. 成型加工方法

聚碳酸酯可以采用注塑、挤出、吹塑、旋塑、热成型和发泡成型等工艺，但主要是前三种方法。

注塑成型主要采用螺杆式注塑机，螺杆应是等距、深度渐变的单头螺纹螺杆，螺杆长径比为15～20，压缩比为1.5～2.5。螺杆头部应带有止逆环，喷嘴采用延长式敞开型或大通道密闭型。用于注塑成型的聚合物数均分子量$\overline{M}_n$约在(2.7～3.4)×10^4。注塑的料筒温度从后至前部约在250～290℃之间，相应的熔体温度约在280～300℃之间，注射压力约70～150 MPa，模温70～100℃，螺杆转速采用40～70 r/min，塑化压力0.35 MPa。

挤出成型所用挤出机螺杆与注塑机用螺杆基本相同，但长径比在18～20之间，进一步增大长径比，易引起材料降解。挤出料筒温度以250～255℃为宜，机头温度220～230℃，口模温度210℃，螺杆转速10.5 r/min。挤出成型所用聚合物的$\overline{M}_n$应在3.4×10^4左右。

聚碳酸酯可以吹塑中空容器，亦可吹塑薄膜，吹塑所用挤出机螺杆基本上与型材用挤出机螺杆相同。中空吹塑采用分子量较高的聚合物，薄膜吹塑用分子量稍低的聚合物。中空吹塑的料筒温度与型材挤出料筒温度相同，吹塑较大型容器时，口模温度约控制在190～200℃之间，吹塑中、小型容器时，口模温度在220～230℃之间，吹塑模温度在100～120℃之间，吹气压力对大型容器和中、小型容器分别控制在0.6～0.7 MPa和0.3～0.35 MPa。薄膜吹塑时，料筒温度在250～265℃之间，机头温度在240～250℃之间。

二、应用

聚碳酸酯可以作为E级绝缘材料（最高工作温度120℃），用于制备接插件、线圈骨架、绝缘套管、电话机听筒、矿灯电池盒、电视机偏转座盖等。聚碳酸酯薄膜广泛用于电容器中。

聚碳酸酯也广泛用于制造承载的机械零件，如齿轮齿条、蜗轮蜗杆、凸轮、棘轮、曲轴杠杆、紧固件、轴套、轴承保持架，某些设备的罩壳、框架、泵叶轮，便携工具箱等。

聚碳酸酯由于透光率高，也经常用于制备光学零件或装置，例如大型灯罩、防护玻璃、照相器材，制备飞机座舱玻璃代替聚甲基丙烯酸甲酯，由于冲击强度高，可减少材料用量，降低造价。也可用于制备高速飞机的风挡与天窗。在医疗器材方面，可用于制备杯、筒、瓶、人工内脏（肾、肺）等。此外，近年来聚碳酸酯还广泛用于制造影视光盘。

聚碳酸酯在其他方面还有较多应用，如食品包装、各种容器、导管等。

§9.1.4 双酚A型聚碳酸酯的改性

双酚A型聚碳酸酯的主要缺点是易产生应力开裂，熔体粘度高，成型加工较困难。为克服这些缺点，产生了各种改性方法。

一、增强聚碳酸酯

用10%～40%的玻璃纤维对聚碳酸酯增强，可以显著改善聚碳酸酯的耐应力开裂性，可以使引起开裂的应力提高4～5倍，同时也可以提高拉伸、压缩、弯曲、疲劳等强度。增强材料的耐热性也有所提高，但韧性降低，加工性变差。当玻纤含量小于10%时，增强效果不明显，当含量大于40%时，成型加工性严重变差，且制品韧性大幅下降。表9-2列出了增强聚碳酸酯的主要物理力学性能测试数据。

表9-2 玻纤增强聚碳酸酯的主要物理力学性能

性　　能	30%长玻纤聚碳酸酯	30%短玻纤聚碳酸酯
密度/($g \cdot cm^{-3}$)	1.45	1.45
拉伸强度/MPa	130～140	110～120
拉伸模量/MPa	10^4	$(6.5～7.5)\times10^3$
断裂伸长率/(%)	5	5
弯曲强度/MPa	170	140～150
压缩强度/MPa	120～130	100～110
简梁冲击强度/($kJ \cdot m^{-2}$)，缺口	10～13	7～9
热变形温度(1.81 MPa)/℃	146	140
吸水率/(%)	0.1	—
收缩率/(%)	0.2～0.3	0.2～0.3

二、共混聚碳酸酯

将聚碳酸酯与某些聚合物共混可以改善前者的流动性和耐应力开裂性，也拌随着其他性能的改变。

1. 与聚乙烯共混

将聚碳酸酯与聚乙烯共混，主要的目的是改善前者的流动性，同时也改善了耐溶剂应力开裂性。共混后的材料冲击韧性会进一步提高，但耐热性会降低，聚乙烯用量较大时材料的其他力学性能也会明显降低。表 9－3 是共混后材料的某些性能变化，可以看出聚乙烯用量以 3%～10%为宜。

表 9－3　聚乙烯含量对共混聚碳酸酯性能的影响

性　　能	共混物中聚乙烯含量/(%)					
	0	3	5	10	30	100
拉伸强度/MPa	68.8	79.2	73.5	61.0	42.8	24.0
断裂绅长率/(%)	92	88	120	72	70	150
简梁冲击强度/(kJ・m^{-2})，缺口	11.7	47.2	45.3	37.3	29	2.7
热变形温度(1.81 MPa)/℃	128	127.5	127	120	98	43
在 CCl_4 中引起开裂的弯曲应力/MPa	13.5	17.7	20.5	23.0	28.8	22.0

2. 与 ABS 共混

聚碳酸酯与 ABS 共混，可以改善熔体的流动性。随 ABS 用量增加，流动性增加幅度变大，但力学性能、耐热性却降低。当 ABS 在 30%以内时，力学性能、耐热性下降不明显。因此，ABS 用量宜控制在 30%以内。

3. 与聚甲醛共混

聚碳酸酯可与聚甲醛以任何比例混溶。共混物中聚甲醛用量增加，耐溶剂应力开裂时间增长，耐热性有所提高，冲击韧性会下降。当聚甲醛含量达 30%时，共混物的耐溶剂应力开裂性会明显改善，耐热性和冲击韧性改变都不大。当聚甲醛含量为 50%时，耐溶剂应力开裂性进一步提高，耐热性也有较明显提高，但冲击韧性却大幅下降。一般而言，当聚碳酸酯与聚甲醛的配比在 50～70：50～30 范围时，共混物综合力学性能、耐热性最佳，既可保持聚碳酸脂的优异性能，耐溶剂性和耐溶剂应力开裂性也明显改善。聚甲醛含量对共混物性能影响见表 9－4。

表 9－4　共混聚碳酸酯中聚甲醛含量对性能的影响

性　　能	聚 甲 醛 含 量/(%)					
	0	10	20	30	40	50
热变形温度(1.81 MPa)/℃	137	137	137	138	139	145
悬梁冲击强度/(kJ・m^{-1})，缺口	0.93	0.77	0.82	0.74	0.24	0.08
在溶剂中开裂时间/min	立刻	立刻	0.5	10～50	40～80	480

此外，向双酚 A 型聚碳酸酯中加入特定的助剂，可得到特定性能要求的品级，例如耐候型、阻燃型等聚碳酸酯。

§9.2 其他聚碳酸酯

§9.2.1 卤代双酚 A 型聚碳酸酯

如果将制备聚碳酸酯的主要单体双酚 A 改用其他双酚型单体，则可以得到性能有颇大不同的聚碳酸酯，其中用卤代双酚 A 最受人们的重视。例如可采用四氯代双酚 A 和四溴代双酚 A。

$$HO-C_6H_2Cl_2-C(CH_3)_2-C_6H_2Cl_2-OH \qquad HO-C_6H_2Br_2-C(CH_3)_2-C_6H_2Br_2-OH$$

将卤代双酚 A(通过钠盐形式)与光气进行界面缩聚，可以制得耐热性更高，同时可保持透明性和良好韧性的聚碳酸酯。特别是用四溴双酚 A 时，聚合物的耐热性提高幅度更大。表 9－5 是四氯双酚 A 型、四溴双酚 A 型和原双酚 A 型聚碳酸酯的几种性能比较。

表 9－5 几种聚碳酸酯的性能比较

性　　能	双酚 A 型聚碳酸酯	四氯双酚 A 型聚碳酸酯	四溴双酚 A 型聚碳酸酯
密度/(g·cm^{-3})	1.20	1.42	1.90
玻璃化温度/℃	148	180	225
熔融温度/℃	225	250～260	350～370
拉伸强度/MPa	68	69	69
燃烧性	缓燃、自熄	不燃	不燃

卤代双酚 A 型聚碳酸酯的缺点是密度大，加工更困难(因熔融温度更高)。

卤代双酚 A 与双酚 A 可同时与光气进行共缩聚得到共聚型聚碳酸酯。共聚物的耐热性随其中的卤代双酚 A 用量增多而提高，但密度也更大，熔融温度更高，加工流动性更差。

§9.2.2 聚酯聚碳酸酯

聚酯聚碳酸酯是 80 年代初才出现的新型聚碳酸酯，也是耐热性颇优的新型工程塑料。

聚酯聚碳酸酯是以双酚 A、对苯二甲酸、光气为单体进行共缩聚得到的产物，是分子链中含有双酚 A 型聚碳酸酯链节与双酚 A 对苯二甲酸酯链节的共聚物，其分子链结构可用下式表示：

$$\left[\left(O-C_6H_4-C(CH_3)_2-C_6H_4-O-\overset{O}{\overset{\|}{C}}\right)_x\left(O-C_6H_4-C(CH_3)_2-C_6H_4-O-\overset{O}{\overset{\|}{C}}-C_6H_4-\overset{O}{\overset{\|}{C}}-O\right)_y\right]_n$$

共聚物的全称可称为双酚 A 聚碳酸酯对苯二甲酸双酚 A 酯。将光气通入双酚 A、对苯二甲酸

的吡淀溶液中，可直接缩聚制得高分子量的上述共聚物。或者将双酚 A 先与对苯二甲酰氯反应制得含端羟基的低聚物，低聚物再与光气反应，得到端基为 $Cl-O-\overset{\overset{O}{\|}}{C}-$ 的低分子聚酯，再与双酚 A，NaOH 反应得到上述共聚物。

聚酯聚碳酸酯中，对苯二甲酸双酚 A 酯的含量一般不超过 25%，在此范围内，其含量增大，共聚物耐热性比纯双酚 A 型聚碳酸酯提高幅度增大，但流动性和冲击韧性下降幅度也增大。聚酯聚碳酸酯玻璃化温度可达 183～212℃，熔融温度不低于 315℃，分解温度约 400℃，最高连续使用温度可达 160～170℃，抗蠕变性、耐老化性也优于双酚 A 型聚碳酸酯，透光率约在 86%～87%。可向共聚物中掺混 2%～40%的橡胶改善其冲击韧性和加工流动性。

§9.2.3　烯丙基二甘醇碳酸酯

烯丙基二甘醇碳酸酯缩写代号为 ADC，商品牌号为 CR—39，是一种优质镜片材料。它是由一缩乙二醇与烯丙基碳酸酯缩聚而得。

$$HO-CH_2-CH_2-O-CH_2-CH_2-OH + CH_2=CH-CH_2-O-\overset{\overset{O}{\|}}{C}-OH \longrightarrow$$

$$CH_2=CH-CH_2-O-\overset{\overset{O}{\|}}{C}-O-CH_2-CH_2-O-CH_2-CH_2-O-\overset{\overset{O}{\|}}{C}-O-CH_2-CH=CH_2$$

其中的烯丙基碳酸酯先由烯丙醇与碳酸缩合而得。

该聚合物分子链中具有双键，是一种可由过氧化苯甲酰在 80℃左右引发交联的热固性透明塑料。该聚合物的特点是硬度高、耐磨、力学性能亦较好，透光率可达 91%，折射率为 1.498，是目前应用最广泛的镜片材料。

思　考　题

1. 试述双酚 A 型聚碳酸酯的两种制备方法的原理，并说明酯交换法的技术要点。比较两种方法的优缺点。
2. 试述双酚 A 型聚碳酸酯的结构及性能。
3. 双酚 A 型聚碳酸酯分子链是刚性链，为什么却具有优异的冲击韧性？
4. 双酚 A 型聚碳酸酯可以结晶吗？为什么一般总是得到无定形制品？
5. 聚碳酸酯有哪些工艺特性？对成型加工有何影响？
6. 双酚 A 型聚碳酸酯的主要缺点是什么？如何克服这些缺点？
7. 聚酯聚碳酸酯结构与双酚 A 型聚碳酸酯有何不同？它何以具有更高的耐热性？
8. 试述烯丙基二甘醇碳酸酯的结构和性能特点。

第十章　热塑性聚酯

由饱和的二元羧酸与饱和的二元醇缩聚得到的线型聚合物称为热塑性聚酯。由不饱和二元羧酸(或酸酐)与二元醇缩聚所得到的聚合物称为不饱和聚酯,其分子链中含有不饱和键,可以交联固化,是热固性聚合物,在另一章中介绍。热塑性聚酯可以有多种,但目前投入工业生产且应用较广的有两种,即聚对苯二甲酸乙二醇酯和聚对苯二甲酸丁二醇酯。

§10.1　聚对苯二甲酸乙二醇酯

聚对苯二甲酸乙二醇酯缩写代号是 PET,是对苯二甲酸与乙二醇的缩聚产物。

§10.1.1　制备方法

聚对苯二甲酸乙二醇酯的制备可以采用直接酯化法或酯交换法两种方法先制得对苯二甲酸双羟乙酯,再使后者缩聚得到聚合物。

直接酯化法:

$$HO-\overset{O}{\overset{\|}{C}}-C_6H_4-\overset{O}{\overset{\|}{C}}-OH + HO-CH_2-CH_2-OH \xrightarrow[\text{脱水}]{200\sim250℃}$$

$$HO(CH_2)_2-O-\overset{O}{\overset{\|}{C}}-C_6H_4-\overset{O}{\overset{\|}{C}}-O\leftarrow CH_2\rightarrow_2 OH + 2H_2O$$

酯交换法:

$$H_3C-O-\overset{O}{\overset{\|}{C}}-C_6H_4-\overset{O}{\overset{\|}{C}}-O-CH_3 + 2HO-CH_2-CH_2-OH \xrightarrow[\text{脱甲醇(需醋酸盐与三氧化二锑催化)}]{180\sim190℃}$$

$$HO\leftarrow CH_2\rightarrow_2 O-\overset{O}{\overset{\|}{C}}-C_6H_4-\overset{O}{\overset{\|}{C}}-O\leftarrow CH_2\rightarrow_2 OH + 2CH_3OH$$

缩聚:

$$nHO\leftarrow CH_2\rightarrow_2 O-\overset{O}{\overset{\|}{C}}-C_6H_4-\overset{O}{\overset{\|}{C}}-O\leftarrow CH_2\rightarrow OH \xrightarrow[\text{266 Pa 真空}]{270\sim280℃}$$

$$\left[\overset{O}{\overset{\|}{C}}-C_6H_4-\overset{O}{\overset{\|}{C}}-O\leftarrow CH_2\rightarrow_2 O\right]_n + (n-1)\ HO-CH_2-CH_2-OH$$

缩聚在熔融状态的高真空条件下进行，可以得到 $\overline{M}_n$ 为 $(2\sim3)\times10^4$ 的缩聚产物。酯交换法比直接酯化法更常用，因为直接酯化法所需单体对苯二甲酸纯度很高，因此，常常是先将粗制的对苯二甲酸酯化为容易提纯的对苯二甲酸二甲酯，与乙二醇进行酯交换。

§10.1.2 结构与性能

一、结构

聚对苯二甲酸乙二醇酯分子链 $\left[\!\!-\overset{O}{\overset{\|}{C}}-C_6H_4-\overset{O}{\overset{\|}{C}}-O\!\left(CH_2\right)_2\!O\!-\!\!\right]_n$ 可以看作是由三部分组成，柔性的脂肪烃基 $-CH_2-CH_2-$，刚性的苯撑基 $-C_6H_4-$，极性酯基 $-\overset{O}{\overset{\|}{C}}-O-$。苯撑基是刚性结构单元，阻碍分子链自由旋转，又可以与极性酯基形成大共轭体系，更增大了分子链的刚性。$-CH_2-CH_2-$ 又赋予分子链一定的柔性，但它的影响小于前两者，所以该聚合物总体上表现出较大的刚性，使其具有较高的玻璃化温度和较高的熔融温度，也可预料材料具有较优异的力学性能。极性酯基可以增大分子链之间的引力，但苯撑基的存在却会使分子链间引力减小。聚合物的内聚能密度在聚合物中属于中等或中等略偏高的水平，溶解度参数约21.9 $(J/cm^3)^{\frac{1}{2}}$。

聚对苯二甲酸乙二醇酯分子链上各基团排列整齐，大分子链规整，分子链上所有苯环几乎处在同一平面，微微呈平面起伏状。不同分子链凹凸部分相嵌，使聚合物的敛集密度较高。规整的分子链使聚合物可以结晶，但较刚的分子链又妨碍结晶过程。因此，聚合物从熔体冷却凝固时结晶速率较小，只能得到不太高的结晶度。有资料介绍，在一般的制品中该聚合物仅可达到 40%的最大结晶度。如果对熔体快速冷却，可得到无定形结构。

二、性能

聚对苯二甲酸乙二醇酯是无色透明（薄膜，无定形）或乳白色不透明（结晶型）固体，密度变化范围较大，前者为 1.33 g/cm^3，后者为 1.33～1.38 g/cm^3，而在特殊条件下得到的全晶型密度为 1.45 g/cm^3。透明型聚合物折射率为 1.655，对波长 4×10^{-7} m 以上光线透光率为 90%，不能透过波长 3.15×10^{-7} m 以下的光线。

1. 力学性能

聚对苯二甲酸乙二醇酯具有较突出的强韧性，未增强的聚合物的主要应用形式是薄膜，其薄膜的拉伸强度 3 倍于聚碳酸酯薄膜，9 倍于聚乙烯薄膜，可以与铝膜媲美，拉伸强度可达到 175～176 MPa，模量可达 3 870 MPa，如果经过拉伸定向，拉伸强度可进一步增大到 280 MPa，模量增大到 6 630 MPa。该聚合物薄膜的冲击强度是其他塑料薄膜的 3～5 倍。

玻纤增强后的 PET 呈米黄色，玻纤含量一般在 25%～45%，主要以注塑、挤出等制品形式应用，力学性能相当或略高于增强聚酸胺 6、增强聚碳酸酯等。表 10－1 是玻纤增强 PET 的主要物理力学性能测试数据。

由表 10－1 中数据可以看出，玻纤增强后的 PET 具有突出的强度和刚性，承载能力较大，并可意料在载荷下变形较小，长时承载时抗蠕变性优。

表 10－1　玻纤增强 PET 的物理力学性能

性　能		玻纤含量/(%)		
		25[1]	30[2]	45[3]
密度/($g \cdot cm^{-3}$)		—	—	1.69
拉伸强度/MPa		125	140～160	193
拉伸模量/MPa		—	—	14 500
断裂伸长率/(%)		2	2	2.1
弯曲强度/MPa		180	180～200	283
弯曲模量/MPa		9 100	—	13 800
冲击强度	缺口	7.9[4] J/m^2		128 J/m[5]
	无缺口	41.7[4] J/m^2	—	—
热变形温度(1.81 MPa)/℃		240	—	227
吸水性/(%)		—	—	0.04
硬度		170 MPa(布氏)	260～300(布氏)	179(洛氏 A)
介电常数		3.7(1 MHz)	3.5～4(1 Mz)	4.0(60 Hz)
$\tan\delta$		1.33×10^{-2}	$(3.5\sim5.5)\times10^{-2}$	5×10^{-3}(60 Hz)
体积电阻率/($\Omega \cdot m$)		3.67×10^{14}	$(2\sim8)\times10^{14}$	10^{13}
介电强度/($kV \cdot mm^{-1}$)		—	>24	—

(1) 上海涤纶厂产品。(2) 无锡塑料一厂产品。(3) 美杜邦公司产品。(4) 简支梁冲击试验。(5) 悬臂梁冲击试验。

2. 热性能

聚对苯二甲酸乙二醇酯的玻璃化温度据不同资料报道约在 67～80℃之间，熔融温度在 250～260℃范围，最高连续使用温度 120℃，热变形温度仅约 63℃(1.81 MPa)。但经玻纤增强后的聚对苯二甲酸乙二醇酯耐热性有很大提高，热变形温度可达 220～240℃，随温度提高，力学性能下降较小，在高低温交替作用下，力学性能变化小。

3. 电性能

聚对苯二甲酸乙二醇酯含有极性酯基，对材料电性能有一定不利影响，但仍具有良好的电性能。常温下酯基处于不活动状态，故室温时电性能测试数据有较高值。随温度升高，电性能略有降低。表 10－2 是温度对聚对苯二甲酸乙二醇酯电性能影响。电场频率改变对该聚合物介电性能影响不大。

表 10－2　温度对 PET 电性能的影响

电性能	20℃	100℃	140℃
$\tan\delta$(数量级)	10^{-2}	10^{-2}	10^{-2}
体积电阻率/($\Omega \cdot m$)(数量级)	10^{14}	10^{14}	10^{12}
介电强度/($kV \cdot mm^{-1}$)	30～35	25～28	—

4. 耐化学试剂耐溶剂性

聚对苯二甲酸乙二醇酯具有酯基，强酸强碱会引起分解，浓碱在室温即会引起水解，水蒸气亦可引起水解，稀碱溶液在较高温度下亦可引起水解，氨水对它的破坏更甚。该聚合物对氢氟酸、有机酸稳定。

聚对苯二甲酸乙二醇酯对非极性溶剂如烃类、汽油、煤油、滑油等都很稳定，对极性溶剂在室温下也较稳定，例如室温下不受丙酮、氯仿、三氯乙烯、乙酸、甲醇、乙酸乙酯等的影响。苯甲醇、硝基苯、三甲酚可以使该聚合物溶解。四氯乙烷-甲酚（或苯酚）混合液、苯酚-四氯化碳混合液、苯酚-氯苯混合液也可以使它溶解。

5. 其他性能

聚对苯二甲酸乙二醇酯具有优良的耐候性，室外暴露 6 年，拉伸、弯曲等力学性能可保持初始值的 80%。该聚合物具有缓慢的燃烧性，必须加入阻燃剂才能防止燃烧。

§10.2 聚对苯二甲酸丁二醇酯

聚对苯二甲酸丁二醇酯的缩写代号是 PBT，是对苯二甲酸与丁二醇的缩聚产物。

§10.2.1 制备方法

聚对苯二甲酸丁二醇酯的制备也可以采用直接酯化法和酯交换法两种方法。用这两种方法都是先制得对苯二甲酸双羟丁酯，再使后者进行缩聚。

直接酯化法：

$$HO-\overset{O}{\overset{\|}{C}}-C_6H_4-\overset{O}{\overset{\|}{C}}-OH + HO-CH_2-CH_2-CH_2-CH_2-OH \xrightarrow{220\sim250℃}$$

$$HO\text{-}(CH_2)_4\text{-}O-\overset{O}{\overset{\|}{C}}-C_6H_4-\overset{O}{\overset{\|}{C}}-O\text{-}(CH_2)_4\text{-}OH + 2H_2O$$

酯交换法：

$$H_3C-O-\overset{O}{\overset{\|}{C}}-C_6H_4-\overset{O}{\overset{\|}{C}}-O-CH_3 + HO-CH_2-CH_2-CH_2-CH_2-OH \xrightarrow{160\sim230℃}$$

$$HO\text{-}(CH_2)_4\text{-}O-\overset{O}{\overset{\|}{C}}-C_6H_4-\overset{O}{\overset{\|}{C}}-O\text{-}(CH_2)_4\text{-}OH + 2CH_3OH$$

以上两种方法中所生成的对苯二甲酸双羟丁酯再在高度真空和熔融状态下缩聚。

$$nHO\text{-}(CH_2)_4\text{-}O-\overset{O}{\overset{\|}{C}}-C_6H_4-\overset{O}{\overset{\|}{C}}-O\text{-}(CH_2)_4\text{-}OH \xrightarrow[133\text{ Pa 真空}]{230\sim270℃}$$

$$\left[\overset{O}{\overset{\|}{C}}-C_6H_4-\overset{O}{\overset{\|}{C}}-O\text{-}(CH_2)_4\text{-}O\right]_n + (n-1)\ HO-CH_2-CH_2-CH_2-CH_2-OH$$

§10.2.2 结构与性能

一、结构

聚对苯二甲酸丁二醇酯的分子链结构与聚对苯二甲酸乙二醇酯分子链结构极为相似，亦是由柔性的脂肪烃基 $—CH_2—CH_2—CH_2—CH_2—$ 、刚性苯撑基、极性酯基组成，酯基与苯撑基相连亦组成大共轭体系，与 PET 所不同的是，$\leftarrow CH_2 \rightarrow_4$ 与 $\leftarrow CH_2 \rightarrow_2$ 相比，长度较大，故 PBT 中柔性因素的影响比 PET 中柔性因素影响大一些，这便带来两个结果，其一是 PBT 比 PET 分子链总体上刚性要小些，会使材料玻璃化温度、熔融温度都会低些；其二是从熔体冷却到凝固状态时，结晶速率要大些，因此聚合物所可能达到的结晶度会高一些。

二、性能

聚对苯二甲酸丁二醇酯是乳白色结晶型固体，密度可在 1.31～1.55 g/cm^3 之间的很大范围内变化，与结晶度大小有关。由于结晶速率快，除薄膜制品外，很难取得完全的无定形制品。

1. 力学性能

未增强的聚对苯二甲酸丁二醇酯的力学性能在工程塑料中并无什么明显的优越性，只是摩擦因数较低，磨耗性较小。但经过玻璃纤维增强后力学性能提高幅度很大，增强效果超过许多工程塑料。例如 30%玻纤增强 PBT 的综合力学性能已超过 30%玻纤增强聚苯醚。表 10－3 和表 10－4 分别是未增强和增强后的 PBT 与其他几种常用工程塑料力学性能比较。

表 10－3 未增强 PBT 与几种工程塑料性能比较

性　　能	PBT	MPPO	PA6	PC	POM(共聚)
拉伸强度/MPa	56	54～66	65	56～66.5	61.5～69
拉伸模量/MPa	2 200	2 400～2 600	—	2 200～2 500	2 800～2 900
压缩强度/MPa	85	110～113	91	72～75.5	112
压缩模量/MPa	—	2 500	—	2 400	3 200
弯曲强度/MPa	87	88～93	90	91～120	91～97
弯曲模量/MPa	2 400	2 500～2 800	2 600～2 900	2 200～2 500	2 600
简梁冲击强度/($kJ \cdot m^{-2}$)，缺口	4.0	267[(1)] J/m	5.4	65～98	6.5～8.7
热变形温度(1.81 MPa)/℃	58	100～129	68	126～135	110
最高连续使用温度/℃	120～140	79～104	105	120	85

(1) 悬臂梁冲击数据。

2. 热性能

聚对苯二甲酸丁二醇酯由于分子链比 PET 分子链刚性小，玻璃化温度比 PET 更低，据资料报道不超过 50℃，熔融温度也低于 PET，在 224～230℃之间，与双酚 A 型聚碳酸酯相似。未增强的 PBT 热变形温度在 55～70℃之间。经玻纤增强后的 PBT 热变形温度大幅度提高，可达到 210～220℃之间，但最高连续使用温度，从表 10－3 与表 10－4 的数据可看出，增强与未增强的 PBT 并未明显改变。由此可知，玻纤增强后只是明显改善了 PBT 的短时耐热性。

表 10－4　30%玻纤增强 PBT 与几种其他增强工程塑料性能比较

性　能	PBT	MPPO(1)	PA6	PC	POM(共聚)
拉伸强度/MPa	119.5	100～117	150～170	130～140	126.6
拉伸模量/MPa	9 800	4 000～6 000	9 100	10 000	8 400
弯曲强度/MPa	168.7	121～123	200～240	170	203.9
弯曲模量/MPa	8 400	5 200～7 600	5 200	7 700	9 800
悬梁冲击强度/(J·m⁻¹),缺口	98	123	109	202	76
最高连续使用温度/℃	138	115～129	116	127	96

(1) 20%～30%玻纤增强 MPPO 数据。

3. 电性能

PBT 分子链中含有极性酯基,但酯基在分子链中分布密度比 PET 小些,故对电性能的不利影响应比对 PET 的影响稍小些,宏观上该材料表现出良好的电性能。未增强的 PBT 介电常数在 3.1～3.3 之间,增强后的 PBT 介电常数在 3.3～3.7 之间,增强和未增强的 PBT 介质损耗因数都在 10^{-2} 数量级,体积电阻率都在 10^{14} Ω·m 数量级。温度升高对 PBT 电性能有一定不利影响。电场频率改变对介电性能影响很小,随频率增大,$\tan\delta$ 略有下降。温度改变对 PBT 电性能影响也较小。

4. 耐化学试剂耐溶剂性

PBT 对脂肪烃类、醇类、醚类、大部分酯类、弱酸、弱碱、盐类都具有稳定性,但可在芳烃、醋酸、醋酸乙酯中溶胀,在二氯乙烷中溶胀更明显。PBT 对一般的有机溶剂都具有很好的耐溶剂应力开裂性。强酸、强碱和苯酚等可以使 PBT 破坏。在 50℃以下的热水中,PBT 基本上不受影响,但水温进一步提高,可引起 PBT 水解而使力学性能下降。图 10－1 是在 95℃热水中 PBT 拉伸强度随浸泡时间的下降曲线。

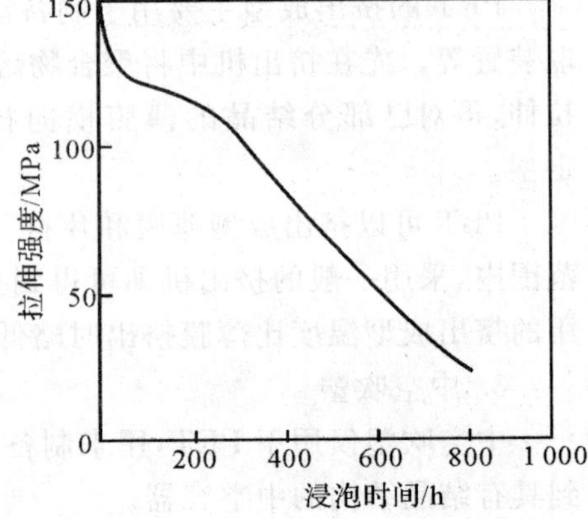

图 10－1　热水对 PBT 拉伸性能的影响

5. 其他性能

PBT 具有良好的耐老化性,在 120℃下经 4×10^4 h老化(约 4 年 7 个月)后,弯曲强度可保持初始值的 50%。

PBT 具有缓慢燃烧性,欲得到阻燃的制品,必须加入阻燃剂。

§10.3 热塑性聚酯的加工与应用

§10.3.1　加工

一、工艺特性

PET 和 PBT 成型加工具有如下的共同工艺特性:

(1) PET 和 PBT 虽然吸水性都较小,分别是 0.13%和 0.08%～0.09%,但两种聚合物在熔融状态的温度下都容易产生水解引起性能下降,成型加工前必须进行干燥。PET 应在 135℃的热风循环烘箱中干燥 2～4 h,PBT 应在 120℃下干燥 3～6 h,干燥温度较低时应延长干燥时间,务必使含湿量降低到 0.02%以下。

(2) PET 和 PBT 都是半结晶型聚合物,都具有较明显的熔程,熔体粘度较低。

(3) PET 和 PBT 熔体都具有较明显的假塑性体特征,粘度对剪切速率有较明显的依赖关系,当 $\dot{\gamma}>10^3\ s^{-1}$时,随 $\dot{\gamma}$ 增大,粘度会明显降低。温度改变对两种聚合物熔体粘度影响都较小。

(4) 两种聚合物都有较大的收缩率及其波动范围,分别为 2.0%～2.5%和 1.5%～2.0%,增强后收缩率绝对值减小,但波动范围仍较大。两种材料的制品不同方向收缩率差别较大,这一特点比其他大多数塑料表现更明显。

二、加工方法

PET 和 PBT 均可采用注塑和挤出成型,此外,PET 也可用来中空吹塑。

1. 注塑成型

PET 的注塑成型主要是采用增强 PET,主要工艺参数取值范围分别是:料筒温度 265～300℃,喷嘴温度 260～300℃,注射压力 56～80 MPa,模具温度 85～120℃。PBT 注塑成型既可用于非增强塑料,亦可用于增强材料。非增强材料注塑的料筒温度为 230～270℃,喷嘴温度约 255℃,模具温度 60～80℃,注射压力仅约 6～10 MPa。

2. 挤出成型

PET 的挤出成型主要用于制备双轴拉伸薄膜,成型时采用挤出机,拉伸辊筒、牵引机及卷取装置等。先在挤出机中将聚合物熔融并挤出成薄片,再在高于玻璃化温度的条件下先纵向拉伸,再对已部分结晶的薄膜横向拉伸。拉伸后的薄膜在 150～230℃的温度范围进行热定型。

PBT 可以挤出成型薄膜和片材。挤出时料筒温度与注塑成型大体相同,约在 270～290℃范围内,采用一般的挤出机即可得到拉伸强度高、刚性好、透明性好的薄膜。片材挤出时所采用的挤出成型温度比薄膜挤出时略低些。

3. 中空吹塑

中空吹塑仅用于 PET,用来制备聚酯瓶。先注塑成型得到型坯,再进行双轴定向拉伸得到具有结晶结构的中空容器。

§10.3.2 应用

未增强的 PET 和 PBT 主要是以薄膜形式使用,用来作为电机、变压器、印刷电路、电线电缆的包缠绝缘膜。未增强的 PET 也用来制备小型中空容器(聚酯瓶)用作饮料瓶或其他包装容器,如油瓶、酒瓶、二氧化碳瓶。薄膜还可用于制备复合膜。增强的 PET 和 PBT 可用来制备电子器件的结构件,例如开关零件,绕线架、连接件、电机罩、盖、空调机叶片等。增强 PET 和 PBT 也可用来制备汽车零件,如配电盘、点火线圈架、阀件等。增强 PET 和 PBT 大量用于制备机械零件,如增强 PET 用于制备齿轮,凸轮、叶片、泵壳等。增强 PBT 用于制备计算机罩、水银灯壳、电熨斗罩、烘烤机罩,亦可用于制备齿轮、凸轮、按扭等。

思 考 题

1. PET,PBT 各有哪两种制备方法？试写出反应式。

2. 试分析 PET,PBT 两聚合物的结构特点，这些结构各怎样决定了聚合物的主要性能。

3. PET,PBT 二聚合物结构上有何差异，这种差异对二者性能有何不同影响？

4. 了解 PET,PBT 各自的性能特点。

5. PET,PBT 二者有哪些工艺特性，它们各主要采用哪些成型加工方法？各自主要的产品形式有哪些？

第十一章 聚醚类塑料

分子主链上含有醚键(—O—)和硫醚键(—S—)的聚合物统称为聚醚类塑料，其分子结构通式可以写成$\left[R—O\right]_n$或$\left[R—S\right]_n$。本章分别介绍聚甲醛(POM)、聚苯醚(PPO)、氯化聚醚、聚苯硫醚(PPS)和聚醚醚酮(PEEK)。

§11.1 聚 甲 醛

聚甲醛(Polyformaldehyde 或 Polyoxymethylene，简写为 POM)的分子结构式为$\left[CH_2—O\right]_n$，它是继聚酰胺之后又一种综合性能优良的工程塑料，具有高的力学性能，如强度、模量、耐磨性、韧性、耐疲劳性和抗蠕变性，还具有优良的电绝缘性、耐溶剂性和加工性，因而成为五大通用工程塑料之一。聚甲醛可分为均聚甲醛和共聚甲醛两大类，均聚甲醛是由美国杜邦(Dupant)公司于 1959 年首先商品化(商品名为 Delrin)，共聚甲醛是由美国塞拉尼斯(Celamese)公司于 1962 年商品化(商品名为 Celcon)的。共聚甲醛较均聚甲醛的热稳定性好，其他性能基本相似。

§11.1.1 聚甲醛的制备

一、聚甲醛的合成原理

从低分子的甲醛或三聚甲醛合成高分子量的聚甲醛可以采用三种聚合原理：一是三聚甲醛的开环聚合，即将三聚甲醛的六元环在催化剂作用下打开聚合成为大分子；二是无水甲醛的加成聚合，即将甲醛的羰基双键打开后聚合成为大分子；三是甲醛在水溶液或醇溶液中的缩聚，即将甲醛溶于水中形成甲二醇($HOCH_2OH$)，或在醇溶液中形成半缩醛($R—O—CH_2—OH$)，然后进行缩聚反应，当聚合度超过 10 时自动生成晶核从溶液中沉淀出来，然后以晶核为生长点不断进行链增长反应形成聚甲醛大分子。

从聚合反应的实施方法可分为三聚甲醛的溶液聚合、本体聚合、气相聚合和辐射聚合；无水甲醛的溶液聚合、本体聚合等多种方法。由于采用甲醛直接聚合对单体甲醛的纯度要求很高，当纯度不够时难以得到高分子量化合物，因此目前工业上以三聚甲醛在催化剂作用下进行溶液聚合制备均聚甲醛和共聚甲醛较为普遍。

二、均聚甲醛的制备

均聚甲醛的制备是以精制过的三聚甲醛为原料，以活性较大的三氟化硼乙醚络合物[$BF_3\cdot O\cdot(C_2H_5)_2$]为阳离子催化剂，在石油醚、环己烷、苯等惰性溶剂中进行溶液聚合，反应式为

$$n(CH_2O)_3 + H_2O \xrightarrow[\text{石油醚}]{BF_3 \cdot O \cdot (C_2H_5)_2} HOCH_2 \leftarrow\!\!(OCH_2)\!\!\rightarrow_n OCH_2OH$$

上述反应按阳离子型聚合机理进行，首先是三氟化硼乙醚络合物与微量水反应形成催化剂阳离子，催化剂阳离子再使三聚甲醛开环形成阳离子活性中心（即链引发阶段），然后活性中心不断使三聚甲醛开环进行链增长，最终再加入链终止剂（氨水、醇、碳酸钠水溶液等）使反应终止。反应结束后进行溶液回收，并使聚合物粉料经水煮、洗涤、干燥后在酯化釜内进行酯化反应或醚化反应的后处理，以除去对热很不稳定的半缩醛端基。酯化和醚化的反应为

$$HOCH_2O(CH_2O)_nCH_2OH \xrightarrow[130\sim200℃,1\sim4\ h]{CH_3C(=O)-O-C(=O)CH_3} CH_3C(=O)-OCH_2O(CH_2O)_nCH_2O-C(=O)CH_3$$

$$HOCH_2O(CH_2O)_nCH_2OH \xrightarrow[150\sim200℃,1\sim2\ h]{(C_6H_5)_3CCl+\ CH_2-CH-R\ (\text{环氧})} (C_6H_5)_3C-OCH_2O(CH_2O)_nCH_2O-C(C_6H_5)_3$$

经封端后处理得到的粉料加入抗氧剂、紫外线吸收剂及其他助剂后再经挤出造粒即得到商品聚甲醛粒料，粒料中可加入 20%～30% 的短玻璃纤维经双螺杆挤出机造粒后得到玻纤增强聚甲醛粒料。

三、共聚甲醛的制备

共聚甲醛的制备可选择与均聚甲醛相似的溶液聚合法，一般以 3%～5% 摩尔比的二氧五环作为共聚单体，其反应式为

$$n(CH_2O)_3 + m\,(CH_2CH_2O\,CH_2O) \xrightarrow[65\sim70℃,1\sim2\ h]{BF_3 \cdot O \cdot (C_2H_5)_2,\text{石油醚}}$$

$$HO-CH_2CH_2O(CH_2O)_x(CH_2OCH_2CH_2O)_yCH_2CH_2OH$$

上述反应结束后也需进行后处理以除去端基上的半缩醛结构，可用 3% 氨水在 137～147℃，$(4\sim12)\times10^5$ Pa 下处理 2～3 h，使端基达到稳定状态，也可以在 190～210℃ 及 N_2 保护下或在空气中（须加入防老剂和稳定剂）熔融处理 30～60 min。

§11.1.2　聚甲醛的结构与性能

一、聚甲醛的结构与性能的关系

聚甲醛是一种没有侧链的高密度、高结晶度的线性聚合物，由于 C—O 键的键长（1.46×10^{-10} m）比 C—C 键的键长（1.55×10^{-10} m）短，因而聚甲醚链轴方向的填充密度大。其次聚甲醛分子键中 C 和 O 原子不是平面曲折构型而是螺旋构型，所以分子链间距离小、密度大，与聚乙烯相比，均聚甲醛的密度为 1.425～1.430 g/cm^3，而聚乙烯为 0.960 g/cm^3，当分子主链中引入少量 C—C 键后的共聚甲醛密度则稍有降低（1.410 g/cm^3），但仍比聚乙烯高得多。

聚甲醛分子链的柔顺性大，链的结构规整性高，因而结晶度高，结晶能力强。均聚甲醛的结晶度为 75%～85%，共聚甲醛为 70%～75%。聚甲醛十分容易结晶，即使快速淬火，结晶度

也能达到65%以上。例如经－80℃淬火的试样，当温度升高到25℃时结晶度已达65%，完全非晶态的聚甲醛只有在－100℃时才能得到。结晶度随淬火温度的升高而逐渐增大，低温淬火所得到的低结晶度的形态是很不稳定的，放置于室温后结晶度还会随时间增长而增加。在100～150℃的温度范围内处理聚甲醛，会使其结晶结构更趋完善，但在150～175℃范围内结晶度会逐渐降低，于175～180℃范围内结晶度会突然降低，只有当温度超过181℃时晶核才能完全消失。

聚甲醛的平均聚合度在1 000～1 500之间，数均分子量为30 000～45 000，分子量分布窄。

高密度和高结晶度是聚甲醛具有优良性能的主要原因，如硬度大和模量高，尺寸稳定性好，耐疲劳性突出，不易被化学介质腐蚀等。尽管聚甲醛分子链中C—O键有一定的极性，但由于高密度和高结晶度束缚了偶极矩的运动，从而使其仍具有良好的电绝缘性能和介电性能。

聚甲醛端基中含有半缩醛结构是导致其热稳定性差的主要原因，当加热至100℃左右时可从其端基的半缩醛处逐渐解聚，当加热至170℃左右时，可从其分子链的任何一处发生自动氧化反应而放出甲醛，甲醛在高温有氧时会被氧化成为甲酸，甲酸对聚甲醛的降解反应有自动加速催化作用，因此常在均聚甲醛树脂中加入热稳定剂、抗氧剂、甲醛吸收剂等以满足成型加工的需要。由于共聚甲醛分子链中含有一定量的C—C键，它可以阻止聚甲醛分子链的氧化降解，因而共聚甲醛比均聚甲醛的热稳定性能要好得多。但是无论是均聚甲醛还是共聚甲醛，在加工和应用时应充分重视其热稳定性和热氧稳定性差的缺点。

二、聚甲醛的性能

1. 物理力学性能

聚甲酸为白色粉末状固体或粒状固体，表面光滑且有光泽和滑腻感，硬而致密，呈现出半透明或不透明的特点。它的硬度大、模量高、刚性好、冲击强度、弯曲强度和疲劳强度高，耐磨性优异，有较小的蠕变性和吸水性，表11－1为聚甲醛的主要物理力学性能。

由表11－1可见，均聚甲醛比共聚甲醛的力学性能略高10%～20%，这主要是其结晶度比共聚甲醛要高10%左右的缘故。

表11－1 聚甲醛的物理力学性能

项　目	均聚甲醛	共聚甲醛
密　度/(g·cm^{-3})	1.425～1.430	1.410
结晶度/(%)	75～85	70～75
吸水率/(%)	0.25	0.22
洛氏硬度	M94,R120	M80
布氏硬度/MPa	114	—
拉伸强度/MPa	70	60
伸长率/(%)	40	60
拉伸模量/GPa	2.9～3.6	2.88
弯曲强度(屈服)/MPa	99	92

续 表

项目		均聚甲醛	共聚甲醛
弯曲模量/GPa		2.88	2.64
压缩强度(屈服)/MPa	1% 形变	36.5	31.6
	10% 形变	126.6	112.5
压缩模量/GPa		4.71	3.16
剪切强度/MPa		67	54
冲击强度/(kJ·m^{-2})	无缺口	108	95
	有缺口	7.6	6.5

聚甲醛力学性能的突出优点是抗疲劳性好、耐磨性优异和蠕变值低，表 11-2 为聚甲醛与其他塑料经 10^7 次弯曲试验后的疲劳强度比较，表 11-3 为聚甲醛与其他塑料反复多次冲击至破坏时的次数。

表 11-2　POM 与其他塑料经 10^7 次弯曲后的疲劳强度比较

塑料种类	疲劳强度/MPa	塑料种类	疲劳强度/MPa
共聚甲醛(M90)	25	PPO	8.5～14
共聚甲醛(M25)	27	PP	11～22
20%玻纤增强共聚甲醛	35	PMMA	18～32
均聚甲醛	30	AS	1.5～23
PA6	12～19	增强 AS	35
PA66	23～25	ABS	11～15
HPVC	13～17	PS(HIPS)	10
PC	7～10	HDPE	11

表 11-3　POM 与其他塑料反复冲击至破坏时的次数比较

重锤高度/mm	共聚甲醛	尼龙	聚碳酸酯	ABS
9	—	58	301	99
19	—	—	—	38
29	1929	58	89	42
39	949	36	18	27
49	825	1	4	15
59	242	1	3	15
69	263	1	2	8
79	473	1	1	7
89	263	1	—	6

聚甲醛的疲劳强度随温度升高而降低，而且对缺口敏感，有缺口时的疲劳强度几乎比无缺

口时小 1/2。尽管第一次冲击时的冲击强度比聚碳酸酯和 ABS 低，但多次反复冲击时的性能却好于 PC 和 ABS。

聚甲醛具有优异的耐磨性，它的摩擦因数小，摩耗量低，极限 PV 值高，而且动摩擦因数和静摩擦因数几乎相等。干摩擦因数为 0.1～0.4，水润滑时为 0.1～0.2，油润滑时为 0.01～0.1，对钢、黄铜及铝的摩擦因数分别为 0.18，0.20 和 0.22，填充聚四氟乙烯后的摩擦性能更好，在负荷小于 17.5 MPa 及温度低于 120℃时摩擦因数变化很小。

聚甲醛还具有优良的抗蠕变性，在 23℃，21 MPa 经 3 000 h 后的蠕变值仅为 2.3%，抗蠕变性超过 ABS、氯化聚醚等塑料。

2. 热性能

聚甲醛的热分解温度较低（T_d = 235～240℃），属热敏性塑料，最高连续工作温度并不高，均聚甲醛在 82℃可连续使用 1 年，在 121℃可连续使用 3 个月。共聚甲醛可在 114℃连续使用 2 000 h，在 138℃连续使用 1 000 h，在 160℃短时间使用。共聚甲醛较均聚甲醛热稳定性好，主要是因为其分子链中的 C—C 链可起到降解反应的中止点。但是聚甲醛的热变形温度却比较高，在 0.46 MPa 载荷下均聚甲醛和共聚甲醛的热变形温度可达 170℃和 158℃，表 11-4 为聚甲醛的热性能数据。

表 11-4　POM 的热性能数据

项　目	均聚甲醛	共聚甲醛	项　目		均聚甲醛	共聚甲醛
T_g/℃	−40～−60	−40～−60	马丁耐热/℃		60～64	57～62
T_m/℃	175	163	热变形温度/℃	0.46 MPa	170	158
T_f/℃	184	174		1.86 MPa	124	110
T_d/℃（料筒中）	235	240	最高连续使用温度/℃		85	105
比热/(kJ·kg^{-1}·K^{-1})	1.47	1.17	热变形(1.4 MPa,50℃,24 h)/(%)		0.5	1.0
热导率/(W·m^{-1}·K^{-1})	0.31	0.23	维卡软化温度/℃		154	148～153
线膨胀系数/(℃)$^{-1}$	8.1×10^{-5}	11.2×10^{-5}				

3. 电性能

聚甲醛具有较好的电性能，温度和湿度对介电常数、介质损耗因数和体积电阻率影响不大，表 11-5 为 POM 的电性能数据。均聚甲醛还具有好的耐电弧性，因为电弧作用后并未留下 C—C 导电通路，而是逸去了甲醛气体。

表 11-5　POM 的电性能数据

项　目		均聚甲醛	共聚甲醛
介电常数	50 Hz	3.7	3.8
	10^3 Hz	3.7	3.8
	10^6 Hz	3.7	3.7

续 表

项 目		均聚甲醛	共聚甲醛
介质损耗因数	50 Hz	0.003	0.005
	10^3 Hz	0.004	0.004
	10^6 Hz	0.004	0.004
体积电阻率/(Ω·m)$^{-1}$		1.3×10^{14}	8.0×10^{11}
表面电阻率/Ω		3.0×10^{13}	3.0×10^{13}
介电强度/(kV·mm^{-1})		18	17
耐电弧性/s		129	240

4. 化学性能

聚甲醛是弱极性结晶型聚合物，内聚能密度高、溶解度参数大，决定了它在室温下具有好的耐溶剂性，特别能耐非极性有机溶剂，即使在较高温度下对一般有机溶剂也表现出相当好的耐蚀性，表现为尺寸和力学性能不受有机溶剂的影响。但是均聚甲醛只能耐弱碱，而共聚甲醛可耐强碱及碱性洗涤剂，它们都不耐强酸和强氧化剂，也不耐酚类、有机卤化物及强极性有机溶剂。

聚甲醛的吸水性比 PA－6，PA－66，ABS 要低，共聚甲醛的吸水率约为 0.20%～0.22%，均聚甲醛约为 0.25%～0.27%，在潮湿的环境中仍能保持尺寸和形状的稳定性，即使长时间在热水中使用，力学性能也不会降低，短时在水中可使用在 121℃。

5. 老化性能

聚甲醛的耐候性不好，经大气老化后性能一般都要下降，长期在日光下暴晒会使分子链降解，表面粉化，变脆变色。如未加紫外线吸收剂的聚甲醛经 1 年室外老化后冲击强度下降至 1/6，而且表面出现裂痕和变色等现象。因此用于室外使用的聚甲醛，一般均要加入防老剂如 2,2'-亚甲基双(4－甲基－6－叔丁基苯酚)，也称 2246，或双氰胺；紫外线吸收剂如 2,4,6－三(2',4'-三羟基苯酚)－1,3,5－三嗪，炭黑等。

聚甲醛耐射线辐照性也不好，经 X 射线、γ 射线、高速电子流等高能射线照射后，会出现分子链断裂，力学性能下降。

§11.1.3 聚甲醛的改性

为了进一步改善聚甲醛的物理力学性能，常常对其进行玻璃纤维增强和润滑剂填充改性。

一、玻璃纤维增强聚甲醛

聚甲醛中加入 20%～30%经偶联剂处理过的短无碱玻璃纤维后，拉伸强度可提高 10%～20%，拉伸模量提高 1～3 倍，马丁耐热提高 0.5～1 倍，线膨胀系数大约降低 2/3，收缩率大约下降 5/6～6/7。但同时也会使其耐磨性、冲击强度和伸长率有所有下降，脆性和磨耗量增加。表 11－6 为玻纤增强与未增强共聚甲醛的性能比较。

二、耐磨聚甲醛

聚甲醛中填充固体润滑剂(如 PTFE 粉、MOS_2、石墨粉、碳纤维等)和润滑油(机油、硅油、脂肪酸酯等)可制得耐磨和含油的聚甲醛、它的力学性能与未填充时相比接近或稍有降低，但磨擦磨耗性能却得以大幅度提高，如摩擦因数、摩痕宽度和摩耗量会有明显地降低，临界极限PV值(在低速下)也得以较大提高，见表11-7和11-8所示。

表 11-6　玻纤增强与未增强共聚甲醛的性能比较

项　目		共聚甲醛	增强后共聚甲醛	项　目		共聚甲醛	增强后共聚甲醛
拉伸强度/MPa		62	77	冲击强度 $J\cdot m^{-1}$	有缺口	65.3	43.8
伸长率/(%)		60	2		无缺口	114	218
拉伸模量/GPa		2.88	7.03	线膨胀系数/(℃)$^{-1}$		8.45×10^{-5}	3.96×10^{-5}
弯曲强度/MPa		91	112	摩擦因数	对 POM	0.15	0.15
弯曲模量/GPa	23℃	2.64	6.44		对钢	0.35	0.35
	77℃	1.20	3.87	摩耗量/mg		14	40
	121℃	0.56	2.32	荷重变形/(%)(14 MPa,50℃)		1.0	0.6
压缩强度/MPa		110	127				
热变形温度/℃		110	163	吸水率/(%)		0.22	0.29

表 11-7　不同固体润滑剂填充的 POM 性能比较

项目 ＼ 填充剂配比		纯 POM	POM 100 碳纤维 5	POM 100 碳纤维 2.5 PTFE 2.5	POM 100 PTFE 5	POM 100 铅粉 25	POM 100 铅粉 25 PTFE 5	POM 100 碳纤维 3 PTFE 5
冲击强度/($kJ\cdot m^{-2}$)		99	61	76	73	49	77	81
硬　度(HRm)		75.8	71.7	70.2	72.7	67.2	66.8	68.7
压缩强度/MPa		121.5	108.4	106.1	108.1	92.8	86.8	91.2
负载变形/(%)		2.22	2.11	2.14	1.96	—	1.38	—
马丁耐热/℃		56.5	70.2	62.1	54.7	60.5	58.5	62.0
线膨胀系数 $\times10^{-5}$/℃$^{-1}$	0～40℃	10.9	7.9	8.8	11.0	8.1	9.3	7.4
	40～80℃	14.2	9.2	11.9	14.1	13.3	13.8	11.0
摩耗量/mg		7.0	4.2	5.8	1.5	3.8	3.3	8.0
摩痕宽度/mm		6.4	5.6	5.9	3.2	3.5	2.9	4.6
摩擦因数		0.44	0.22	0.20	0.25	0.31	0.22	0.02

表 11-8　含油 POM 与其他工程塑料极限 PV 值的比较　10^5 Pa・m/s

塑料名称	滑动速度/($m\cdot s^{-1}$)					
	0.25	0.50	0.75	1.00	1.50	2.00
含油 POM	—	39.0	36.6	26.6	10.4	8.4
纯 POM	2.25	2.13	1.61	1.03	1.13	1.00

续　表

塑料名称	滑动速度 /(m·s⁻¹)					
	0.25	0.50	0.75	1.00	1.50	2.00
PA-6	2.14	2.04	1.65	1.38	0.84	0.97
玻纤增强 PA6	2.17	2.22	—	1.76	1.65	1.48
MC尼龙	—	—	—	1.09	1.41	1.44
玻纤增强 PA1010	2.75	2.52	2.20	2.23	1.28	1.25
PA1010	1.39	1.26	1.10	1.06	1.01	0.97
PSU	—	0.63	—	1.40	2.40	2.00
PTFE 填充 PSU	—	2.50	—	2.40	2.25	2.50
PI	—	3.66	—	3.70	—	3.08
PTFE 填充 PI	—	10.70	—	13.40	—	12.50

§11.1.4　聚甲醛的加工

一、聚甲醛的成型工艺性

(1) 聚甲醛熔融温度范围窄(均聚甲醛约10℃、共聚甲醛约50℃),热稳定性差,加工温度不宜超过250℃,熔体不宜于在料筒中停留过长时间。在保证物料充分塑化条件下应尽量降低温度,并采用提高注射压力和速度增加熔料充模能力。当发现分解时应及时停车,清除分解产物,以免进一步分解。

(2) 聚甲醛结晶度高,由无定型熔体变为结晶型凝固体时的体积收缩率大约为17%,因此须采用保压补料方式防止收缩,以保证制品形状和尺寸的要求。

(3) 聚甲醛熔体凝固速率很快,会造成充模困难、制品表面出现皱折、毛斑、熔接痕等缺陷,因此宜将模温控制在80～130℃来消除这些缺陷。同时由于凝固快、固体表面硬度和刚性大、模塑收缩率大、摩擦因数小,故制品脱模性非常好且可快速脱模。

(4) 聚甲醛吸湿性较小,水份对其成型工艺影响较小,一般可不干燥,也可在110℃下干燥2 h。

(5) 聚甲醛加工时应选用突变螺杆,喷嘴宜选用直通式,模具的浇注系统应设计为流线型,浇口应尽可能大些。

二、聚甲醛的加工

聚甲醛最主要的加工方法是注射和挤出,还可进行吹塑、焊接、机械加工、表面施彩等。

1. 注射成型

注射成型是聚甲醛的最主要加工方法,可用来加工阀杆、螺母、齿轮、凸轮、轴承和薄壁制品及精密制品等,注射成型可选用柱塞式和螺杆式注射机,但以螺杆式较好。表11-9为聚甲醛的注射成型工艺条件。

表 11-9 POM 注射成型工艺条件(螺杆式)

项目		厚 6 mm 以下制品	厚 6 mm 以上制品
料筒温度/℃	前段	155～165	150～160
	中段	165～175	160～170
	后段	175～185	170～180
喷嘴温度/℃		170～180	165～175
注射压力/MPa		60～130	40～100
注射和保压时间/s		10～60	45～300
冷却时间/s		10～30	30～120
总周期/s		30～100	90～460
模具温度/℃		75～90	90～120
后处理温度/℃		—	120～130
后处理时间/h		—	4～8
模塑收缩率/(%)		1.5～2.0	2.0～3.5

2. 挤出成型

聚甲醛通过挤出成型可以生产棒材、管材、片材及电线电缆的包覆层,还可以进行原料的着色、增强和填充改性及制造合金。表 11-10 为聚甲醛棒材挤出工艺条件。

表 11-10 POM 棒材挤出工艺条件

项目		数值
料筒温度/℃	后段	150～155
	中段	160～165
	前段	175～180
机头温度/℃	后段	170～175
	前段	160～165
水冷定型模温度/℃		100～115
螺杆转速/(r·min⁻¹)		9.5～10.5
牵引速度/(mm·min⁻¹)		25～30
水冷定型模内径/mm		65
棒材直径/mm		62.5
收缩率/(%)		3.8
产量/(kg·h⁻¹)		9.5～10

§11.1.5 聚甲醛的应用

均聚甲醛具有优良的物理、力学、电绝缘性以及耐有机溶剂、耐磨、抗蠕变、耐疲劳等特性，广泛应用于代替各种有色金属和合金制造汽车、机械、仪表、农机、化工等行业的各种零部件。如齿轮、凸轮、轴承、衬套、垫圈、阀门、液体输送管道、把手及化工容器等。在汽车工业中大量用于制作万向轮、汽化器，在建筑业中制作水龙头，在农业中制作喷灌器喷嘴、喷雾器元件，还可做录音机、录像机磁带卷轴、抽水马桶浮球等。

共聚甲醛在农业机械、电器工业、建筑运输和精密仪器等领域内用作轴承、齿轮、凸轮、管材、导轨等产品以代替铜、锌等有色金属。还可用作汽车中的燃料泵、动力伐、马达齿轮、汽化器部件、万向节轴承、计算机外壳、洗衣机滑轮、影碟机零件、耐腐蚀消防水龙头和接头。

含油聚甲醛具有可将其内部润滑油不断渗析到工作面上的特点，可始终处于自润滑状态的优点，因而广泛用于纺织、电影机械、汽车等行业的轴承、轴套、齿轮、滑块等耐磨运动零部件。特别适宜于汽车耐磨自润滑部件，如汽车悬挂及操纵系统中球座、衬套、离合器踏板衬套，刮雨器、轴承等。

§11.2 聚 苯 醚

聚苯醚(Polyphenylene Oxide，简写为 PPO)的学名为聚 2,6-二甲基-1,4-苯醚，化学结构式为 $\left[C_6H_2(CH_3)_2{-}O \right]_n$ 。

聚苯醚是由美国通用电器(GE)公司于 1957 年首先采用氧化偶合的方法合成出来的，它具有优良的物理力学性能(如抗蠕变性、尺寸稳定性、耐水性)、耐热性(T_g 为 210℃、热变形温度为 190℃)和电绝缘性，但由于熔体流动性差、加工困难、制品易开裂和价格昂贵而使其应用受到了限制。在一次偶然的机会里发现 PS 或 HIPS 能够显著改善 PPO 的熔融加工性，两者之间的相容性很好，此后便出现了改性 PPO 即 MPPO。MPPO 由于综合性能好、品级多而迅速发展成为五大通用工程塑料之一。

§11.2.1 聚苯醚的制备

一、聚苯醚的合成

将 2,6-二甲基苯酚在铜-铵络合物的催化作用下，以甲苯为溶剂通入氧气进行氧化偶合反应制备聚苯醚，其反应式为

$$n\,(CH_3)_2C_6H_3{-}OH + \frac{n}{2}O_2 \xrightarrow[33\pm1℃]{\text{催化剂}} \left[C_6H_2(CH_3)_2{-}O \right]_n + nH_2O$$

该反应可按溶液法和沉淀法两种方法实施。溶液法一般是以卤化亚铜与二正丁胺的络合

物为催化剂，在甲苯、吡啶、氯苯等溶剂中通入氧气进行氧化偶合反应，反应过程中整个体系呈均相分布状态。反应结束时用醋酸终止反应并除去催化剂，然后加入甲醇或乙醇使聚合物沉淀出来。沉淀法也是以卤化亚铜与二甲胺的络合物为催化剂，以苯-乙醇混合溶剂作为反应介质，将单体 2,6－二甲基苯酚溶解后通入氧气进行氧化偶合反应，反应过程中由于沉淀剂乙醇的作用，不断有聚苯醚沉淀出来。

溶液法的优点是产物收率高(可达 95%以上)，催化剂的去除较方便和彻底，产物中杂质少、制品色泽和性能优良。缺点是对单体的纯度要求很高(99%以上)，操作步骤多。而沉淀法的优点是对单体纯度要求不高(95%以上)，操作步骤少。缺点是产物收率低，由于生产过程中边聚合边沉淀，部分催化剂会被包裹在聚合物内，使后处理洗涤较为困难，从而影响了产物的色泽和电性能。

二、MPPO 的制备

MPPO 的制备一般是选择特性粘度[η]为 0.5～0.55 的 PPO 与 PS 或 HIPS 按 7∶3 配比进行共混，共混料中可根据需要适量加入稳定剂、增塑剂、阻燃剂、润滑剂、颜料等。共混前需将 PPO 粉末在 120℃下干燥 2～3 h，HIPS 或 PS 在 80～90℃下干燥 3 h，经混合机搅拌 15 min 后进入双螺杆挤出机中造粒，挤出机的温度控制在 240～280℃为宜。制备出来的 MPPO 可加入 25%的短玻纤再经双螺杆挤出机造粒制备玻纤增强 MPPO。

§11.2.2　聚苯醚的结构与性能

聚苯醚的主链中含有大量的酚基芳香环，并且由于二个甲基封闭了酚基上两个邻位的活性点，造成分子链本身具有较高的刚性和分子间有高的凝聚力。氧原子与苯环处于 $p-\pi$ 共轭状态，使氧原子提供的柔顺性受带二个甲基的苯环影响而大大降低，因此聚苯醚有较高的热稳定性和耐化学腐蚀性。

由于链的刚性大，分子链间作用力强，使聚苯醚在受力时的形变减小，尺寸稳定，并阻碍了大分子的结晶和取向。而当受外力强迫取向后，又不易松驰，制品中残余的内应力难以自行消除，易产生应力开裂。

聚苯醚的分子结构中无任何可水解的基因，使其具有十分突出的耐水性，即使将它放入沸水中 7 200 h 后其拉伸强度、伸长率和冲击强度都没有明显下降。此处由于分子链无显著极性，因而电绝缘性也很好。

聚苯醚大分子链的端基为酚羟基（—⟨2,6-二甲基苯环，CH_3, CH_3⟩—OH），受热时易从端基处氧化，如其 T_g 为 210℃，而长期使用温度却为 120℃。为此常需将端基封闭(用异氰酸酯封端)处理，或者加入抗氧剂、防老剂等提高热氧稳定性。

聚苯醚与聚苯乙烯能够充分熔合，两者之间的相容性极好，相容后显示出单一的 T_g，且混合后的 T_g 与其组成变化呈线性关系。一般来说当 PS 用量由 20%增至 60%时，混合物(MPPO)的热变形温度可由 120℃降到 90℃，随着 PS 用量的增加，MPPO 的流动性增加，熔体粘度降低，加工工艺性能变好，应力开裂性大大降低。

§11.2.3　聚苯醚的性能

一、物理力学性能

聚苯醚树脂为白色、无毒的粉末状固体，比重为 1.06～1.07 g/cm^3，溶解度参数为 18.4 (J/cm^3)$^{\frac{1}{2}}$，属无定形聚合物。

与其他塑料相比，聚苯醚有很低的线膨胀系数(5.2×10^{-5}/℃)，玻纤增强的 MPPO 的线膨胀系数更低(2.5×10^{-5}/℃)，与金属铝(2.4×10^{-5}/℃)、镁(2.7×10^{-5}/℃)和锌(2.8×10^{-5}/℃)接近。

聚苯醚具有极低的吸水性，表 11－11 为聚苯醚(PPO)、改性聚苯醚(MPPO)、玻纤增强 MPPO 的吸水性数据。

表 11－11　几种聚苯醚的吸水率/(%)

试验条件	PPO	MPPO	20%GFMPPO	30%GFMPPO
23℃，24 h	0.03	0.07	0.06	0.06
50%RH	0.03	0.07	0.03	0.03
长期浸水	0.10	0.14	0.14	0.12

PPO 和 MPPO 硬而坚韧，具有很高的强度和模量，突出的抗蠕变性。与其他工程塑料相比，PPO 的拉伸、弯曲强度高于 PC 和 POM，模量高于 PC 并与 POM 接近，硬度与 POM 接近，抗蠕变性优于 POM 和 PC 而略低于 PSU。表 11－12 为 PPO 和 MPPO 的主要力学性能，表 11－13 为 PPO 在各种条件下的蠕变值。

表 11－12　PPO 和 MPPO 的主要力学性能

项　　目		PPO	MPPO
拉伸强度/MPa	23℃	81.5	67.5
	93℃	56.2	45.7
弯曲强度/MPa	−17.8℃	133.6	112.4
	23℃	116.0	95.0
	93℃	86.5	51.0
冲击强度/(J·m^{-1})(缺口)	−40℃	53.4	74.8
	23℃	64.1	96.1
	93℃	90.8	224.3
压缩强度/MPa (10%变形)		116.0	115.3
剪切强度/MPa		77.3	73.8
蠕变量/(%) (14 MPa，300 h)		0.50	0.75
拉伸弹性模量/GPa	23℃	2.74	2.49
	93℃	2.53	1.61

续 表

项 目		PPO	MPPO
弯曲弹性模量/GPa	−17.8℃	2.70	2.67
	23℃	2.63	2.53
	93℃	2.53	1.82
断裂伸长率/(%)	23℃	20～40	20～30
	93℃	30～70	30～40
洛氏硬度		M78,R119	M78,R119
极限疲劳强度/MPa (2×10^6次)		8.4	17.6
摩擦因数		0.18～0.23	0.24～0.30

表 11－13 PPO 在各种条件下的蠕变量

温 度/℃	负 荷/MPa	时 间/h	蠕变量/(%)
23	210	300	0.75
23	210	500	1.00
23	105	500	0.50
120	105	500	<0.80

由表 11－12 可见,MPPO 的力学性能接近或略低于 PPO,与 PC 较为接近。MPPO 是非结晶型塑料,成型收缩率低,冲击强度高,刚性较大,耐蠕变性优良,湿度对其力学性能影响小,基本上保持了聚苯醚物理力学性能的优点。

二、热性能

聚苯醚具有较高的耐热性,它的玻璃化温度(T_g)为 210℃,分解温度(T_d)为 350℃,马丁耐热温度为 160℃,脆化温度低于－170℃,热变形温度为 190℃,最高连续使用温度为 120℃,间断使用温度可达 205℃。当有氧存在时,从 121℃起到 438℃左右可逐渐交联转变为热固性塑料。而在惰性气体中,300℃以内无明显热降解现象,350℃以上时热降解才急剧发生。由此可见,聚苯醚的耐热性可达到热固性酚醛和聚酯的水平,且优于聚碳酸酯、聚酰胺、ABS 等工程塑料。

MPPO 的耐热性略低于 PPO,而与 PC 接近,它的热变形温度、玻璃化温度与 HIPS 含量有关,当 HIPS 含量由 0 增加至 100%时,热变形温度可由 190℃降至 70℃,而 T_g 则可由 210℃降至 100℃。

三、电性能

聚苯醚和 MPPO 因分子中无明显的极性不会产生偶极分离,很难吸水,因此它们的电绝缘性十分优异,在宽广的温度范围内(－150～200℃)和电场频率范围内($10\sim10^6$ Hz)介电性能几乎不受影响,也不受湿度影响,表 11－3 列出了它们的电性能数据。

四、化学性能

PPO和MPPO均具有十分优良的耐水性和耐化学介质性，对于以水为介质的化学药品（如酸、碱、盐、洗涤剂等），无论是在室温还是在高温下都能抵抗。在受力情况下，矿物油、酮类、酯类会使其产生应力开裂现象，卤代烃会使其溶胀，其他有机试剂对其作用甚小。

PPO和MPPO的耐水性十分突出，在沸水中经10 000 h后，它的拉伸强度、伸长率和冲击强度均没有明显的降低，因此可作为高温下耐水制品使用。

表11－14 PPO和MPPO的电性能

项　目	试验条件	PPO	MPPO
表面电阻率/Ω	23℃，50%RH	1.0×10^{17}	5.0×10^{17}
体积电阻率/(Ω·cm)	23℃，干燥	8.4×10^{17}	1.0×10^{17}
	23℃，50% RH	7.9×10^{17}	1.5×10^{17}
	55℃，干燥	9.4×10^{16}	—
	121℃，干燥	9.6×10^{15}	—
	183℃，干燥	4.2×10^{15}	—
介电常数	23℃，60 Hz	2.58	2.64
	23℃，10^6 Hz	2.58	2.64
介质损耗因数	23℃，60 Hz	0.000 4	0.000 4
	23℃，10^6 Hz	0.000 9	0.000 9
	60℃，60 Hz	—	0.000 6
	60℃，10^6 Hz	—	0.000 6
	100℃，60 Hz	—	0.000 8
	100℃，10^6 Hz	—	0.000 5
介电强度/(kV·mm^{-1})	—	16.0～19.7	21.6

§11.2.4　聚苯醚的改性

聚苯醚的主要缺点是熔体粘度高、流动性差、成型加工较一般工程塑料困难。此外内应力大，制品易开裂，耐疲劳性不好。在长期储存过程中，有转变为热固性塑料的趋势。目前常用共混、接枝、填充、合金、增强等手段进行改性。

聚苯醚的共混改性是在聚苯醚中混入聚苯乙烯或高抗冲聚苯乙烯，而接枝改性是在聚苯醚大分子侧链上引入聚苯乙烯链，两者均能降低聚苯醚的熔体粘度，增加熔体流动性，使熔融加工性变好，并能降低成本。

聚苯醚的合金化是在聚苯醚中加入适当的相容剂后，再与其他塑料复合制备聚苯醚合金，典型的合金制品有PPO/PA，PPO/PPS，PPO/PTFE，PPO/PBT，PPO/ABS等，这些合金兼备了两种塑料的优点。并改善了聚苯醚的缺点。如PPO/ABS合金可显著地提高PPO的耐冲击性、加工性、抗应力开裂性和表面可装饰性，使该合金成为耐热、高抗冲、尺寸稳定、表面可电镀、加工性好的综合性能优良的工程塑料。

聚苯醚的增强改性是在聚苯醚、改性聚苯醚中加入玻纤等增强材料，以进一步提高其物理力学性能和耐热性能。

§11.2.5 聚苯醚的成型加工及应用

一、聚苯醚的加工工艺性

(1) 聚苯醚是无定型聚合物，在熔融状态下的流变性基本接近于牛顿流体，但随熔体温度升高偏离牛顿流体的程度越大。由于聚苯醚熔体粘度大，因此加工时应提高温度并适当增加注射压力以提高熔体充模流动能力。纯聚苯醚加工性差，可适当加入增塑剂如环氧辛酯、磷酸三苯酯等加以改善。

(2) 聚苯醚的分子链刚性大、玻璃化转变温度高，不易结晶和取向，强迫取向后很难松驰，所以制品内残余内应力高，因此在成型后可通过后处理予以消除。后处理一般为 180℃油浴 4 h 左右。

(3) 聚苯醚吸水率很低，微量水份在高温下对其化学结构不会产生影响，但可能会使制品表面出现银丝、气泡等缺陷，因此可在 130℃以下干燥 3～4 h。

(4) 聚苯醚为无定型聚合物，成型收缩率较小，一般为 0.2%～0.7%。

(5) 聚苯醚的边角废料可重复使用，一般重复 3 次其物理力学性能没有明显降低，因此回收料可再用于要求不高的制品中。

二、聚苯醚的成型加工方法

聚苯醚和改性聚苯醚的主要成型加工方法是注塑，其次是挤塑、吹塑和发泡。注塑成型用于加工形状复杂、带有嵌件的零部件，挤塑成型用于加工棒材、管材、片材和电线包覆层等，吹塑成型用于中空制品，发泡成型用于加工具有高比刚度、耐热、阻燃、隔音隔热的泡沫塑料制品。表 11－15 为 MPPO 的注塑工艺条件。

表 11－15 MPPO 的注塑工艺条件

项目		MPPO	玻纤增强 MPPO
料筒温度/℃	前段	270	290
	中段	265	290
	后段	240	275
喷嘴温度/℃		270	290
模具温度/℃		80	100
注射压力/MPa		124	138
螺杆转速/(r·min^{-1})		73	73
成型周期/s		30～60	30～60

三、聚苯醚的应用

聚苯醚的制品以 MPPO 为主，这是因其具有优良的综合性能，特别是它的尺寸稳定性、电气绝缘性、耐水性和耐蒸煮性在工程塑料中很突出，而且品级和合金材料多达百种，价格适中，加工性好，因而最适宜于应用在潮湿、有负荷、电绝缘、力学性能和尺寸稳定性要求高的场合。如电视机、电子电器零件、汽车、办公机械、精密机械、液体输送设备、家用电器和纺织器材。

§11.3 氯化聚醚

氯化聚醚又称聚氯醚，它的学名为聚 3,3'-双(氯甲基)氧杂环烷，英文名称为 Chlorinated Polyether，化学结构式为

$$\left[CH_2-\underset{CH_2Cl}{\overset{CH_2Cl}{\underset{|}{\overset{|}{C}}}}-CH_2-O \right]_n$$

氯化聚醚是在 1958 年由美国赫克里斯公司首先工业化生产的，商品名为 Penton，随后英国、日本、苏联及中国等国家先后生产出了氯化聚醚及其共混、共聚的改性产品，但它的发展不如其他工程塑料迅速。

氯化聚醚因具有突出的耐化学介质腐蚀性而在工程塑料中倍受关注，它的耐腐蚀性仅次于聚四氟乙烯而与聚三氟氯乙烯相近，但它的价格较氟塑料低，且可以按通常热塑性塑料的加工方法成型制品，其次它的热稳定性、电绝缘性、耐磨性均较优良，此外还具有极低的吸水性(0.01%)和优良的尺寸稳定性，因此它是一种综合性能优良的工程塑料。

§11.3.1 氯化聚醚的制备

合成氯化聚醚所用的单体是 3,3'-双(氯甲基)氧杂环丁烷，它是一种无色透明的液体，沸点为(110±0.2)℃(5.3×10^4 Pa)，可在三氟化硼及其络合物(如三氟化硼乙醚、乙腈、醋酸络合物等)、有机铝(烷基铝、烷氧基铝)的催化下，按阳离子型反应机理开环聚合成为高聚物，反应式如下：

$$n\ \begin{matrix} ClCH_2 & & CH_2 & \\ & C & & O \\ ClCH_2 & & CH_2 & \end{matrix} \xrightarrow{\text{催化剂}} \left[CH_2-\underset{CH_2Cl}{\overset{CH_2Cl}{\underset{|}{\overset{|}{C}}}}-CH_2-O \right]_n$$

式中 n 约为 1 600～1 900。

氯化聚醚的合成可分为本体聚合和溶液聚合两种方式。

一、本体聚合

本体聚合是将单体 3,3'-双(氯甲基)氧杂环丁烷放入反应器内，再加入催化剂(如三氯化铝、烷基铝、烷氧基铝、氢化铝等)于 150～200℃内聚合反应。该法反应时间短、收率高、分子量大、设备简单、毒性小，缺点是反应热难以逸出，易引起爆聚，操作控制难，不宜工业化大规模生产。

二、溶液聚合

溶液聚合是工业上制备氯化聚醚的主要方法，它是将单体溶于氯苯、三氯乙烷、二氯乙烷等极性有机溶剂中，加入有机铝催化剂(如二乙基氯化铝、三异丁基铝等)，在搅拌下于 60～70℃内聚合反应得到树脂，再经过滤、萃取、干燥得到产品。该法的优点是反应热易散去，反应

容易控制，不会出现爆聚现象。缺点是溶剂消耗量大、毒性大，操作步骤多，生产成本高，表 11－16为国产氯化聚醚的技术指标。

表 11－16　国产氯化聚醚的技术指标

项　　目	颗粒状树脂	粉状树脂
外　观	浅黄色至乳白色半透明颗粒	白色细粉
特性粘度[η]	≥0.8	≥1
熔　点/℃	178～180	176～180
灰　份/(%)	<0.2	<0.3
挥发份/(%)	<1	—
拉伸强度/MPa	42	41～46
冲击强度/(kJ·m^{-2})	>40	—
溶解性	于120℃，1%环己酮中完全溶解	于120℃，1%己酮中完全溶解

§11.3.2　氯化聚醚的结构与性能

氯化聚醚是由 $\left[CH_2-\underset{CH_2Cl}{\overset{CH_2Cl}{\underset{|}{\overset{|}{C}}}}-CH_2-O \right]$ 结构单元连接起来的线性大分子聚合物，它的含氯量高达 45.7%，在其氯甲基相连的季碳原子上已无氢原子，因而不会发生像聚氯乙烯那样的消除氯化氢反应，氯甲基上的氯原子对骨架碳原子又有屏蔽作用，故氯化聚醚具有突出的化学稳定性和良好的热稳定性。只有强氧化性酸和少量像环已酮的溶液才能使其溶解，它的最高工作温度可达 140℃，连续工作温度可达 120℃，在腐蚀性介质中工作温度可达 120℃，在氮气中热分解温度为 320℃，在空气中为 290℃。

氯化聚醚分子链中含有大量的醚键，与醚键相联的次甲基上的碳无取代基，因而赋予大分子良好的柔顺性。但由于分子链上季碳原子上连有两个位阻较大的氯甲基，又增加了链的刚性，使大分子的柔性比聚甲醛低，其 T_g(10℃)远高于聚甲醛(－83℃)，而且脆化温度(－40℃)也较聚甲醛高。总之它的大分子链刚柔兼备以柔为主。

尽管氯化聚醚大分子链上含有许多极性的氯甲基，但由于对称排列因而并不显示极性，同时由于氯原子为憎水基使它具有极低的吸水率和良好的电绝缘性。大分子链结构规整，又具有较好的柔顺性，使它成为一种半结晶型聚合物，结晶度约 40%左右，结晶增加了大分子链的敛集密度，使其有高的密度(1.4 g/cm^3)和硬度、刚度及低的透气性。氯化聚醚的晶型有两种，其熔点 T_m 分别为 130℃和 175℃，缓慢冷却可得到高熔点(175℃)的 α 晶型，快速冷却得到低熔点(130℃)的 β 晶型，β 晶型加热至 130℃以上可逐渐转化为 α 晶型，α 晶型的制品较 β 晶型制品的强度高。如果将氯化聚醚的熔体淬火，可得到完全无定形的氯化聚醚，但这种无定形结构很不稳定，当温度升至室温以上时，又会转变为 β 晶型。此外，由于氯化聚醚的结晶速率很慢，其 T_g 略低于室温，故成型制品中即使有内应力，也会因大分子链的运动而自行消除。

氯化聚醚的力学性能随分子量增加而有所提高，但当其特性粘度[η]≥1.0～1.2 以后便不再明显地增加，因此作为结构材料的氯化聚醚其特性粘度[η]应不低于1.2。

§11.3.3 氯化聚醚的性能

一、力学性能

氯化聚醚除冲击强度偏低外，其他力学性能与通用热塑性塑料相当，它的力学性能与其结晶度、晶型、分子量的关系很大。一般情况下拉伸强度、弯曲强度、压缩强度和硬度均随结晶度增大而增加，而伸长率和冲击强度则下降；具有 α 晶型的制品强度较 β 晶型为高；当特性粘度[η]小于1.0时，随分子量增加力学性能增加很显著，而[η]超过1.0时则变化不明显。表11－17为氯化聚醚的力学性能数据。

表 11－17 氯化聚醚的力学性能

项目			数值
密度/(g·cm^{-3})			1.4
收缩率/(%)			0.6
吸水率/(%)			0.01
拉伸强度/MPa		23℃	40
		100℃	25
		－10℃	70
拉伸弹性模量/GPa		23℃	1.1
		100℃	0.63
		－10℃	5.6
伸长率/(%)		23℃	130
		100℃	200～250
		－10℃	20
压缩强度/MPa			62
弯曲强度/MPa			72～78
弯曲弹性模量/GPa			0.91
悬壁梁冲击强度/(kJ·m^{-2})	无缺口	23℃	＞50
		－15℃	15
		－40℃	14.5
	有缺口	23℃	2.1
		－15℃	1.6
		－40℃	1.6
洛氏硬度			M100

氯化聚醚的力学性能与聚烯烃塑料、PVC和ABS相当，但它的耐磨性和抗蠕变性却超过

了这些塑料，如在140℃，7 MPa载荷下经4 000 h后蠕变量小于5%。它的耐磨性甚至可超过PA6近2倍，PA66近3倍，环氧树脂5.0～6.5倍，聚三氟氯乙烯近17倍。

二、热性能

氯化聚醚是一种热稳定性塑料，可在120℃长期使用，在-40℃至T_g内呈脆性，其T_g略低于室温，导热系数很低，是一种优良的绝热塑料，热性能数据见表11-18。由于含氯量高，因而具有很好的阻燃性，即使在强火源中被点燃，离火后也可自熄。

表11-18　氯化聚醚的热性能

项　目		数　值
脆化温度/℃		-40
玻璃化温度/℃		10
熔　点/℃		180
热分解温度/℃	在氮气中	320
	在空气中	290
最高使用温度/℃		120
热变形温度/℃	0.46 MPa	140
	1.86 MPa	100
线膨胀系数/(℃)$^{-1}$	-35～0℃	9.0×10^{-5}
	0～23℃	11.9×10^{-5}
	23～100℃	14.8×10^{-5}
马丁耐热/℃		72
维卡软化点/℃		178～182
导热系数/(W·(m·K)$^{-1}$)		0.131
燃烧性		自　熄

三、电性能

氯化聚醚是一种良好的电绝缘材料，特别适宜于潮湿、有腐蚀介质和温度较高的场合下使用，电性能与聚碳酸酯相近，见表11-19。

表11-19　氯化聚醚的电性能

项　目		数　值
体积电阻率/(Ω·cm)	室　温	$(3\sim7)\times10^{16}$
	120℃	2×10^{13}
表面电阻率/Ω	室　温	$(1.6\sim6.4)\times10^{15}$
	120℃	2.7×10^{14}
介电常数(50 Hz)	室　温	3.3
	120℃	3.6

续 表

项 目		数 值
介质损耗因数(50 Hz)	室温	8×10^{-3}
	120℃	5×10^{-2}
介电强度/(kV·mm^{-1})		20～25

四、化学性能

氯化聚醚具有十分优异的耐化学介质腐蚀性，一般的有机溶剂如烃类、醇类、醚类、酮类、羧酸等在室温下均对其无作用，即使在升高温度后也不会有明显的破坏。各种矿物油类、动物油脂和植物油脂在其正常工作温度范围内不会使它发生任何永久性变形。只有极少数强极性溶剂在加热条件下才能使之溶胀或溶解，如50℃以上逐渐溶于环己酮，100℃以上溶于邻二氯苯、硝基苯、吡啶、四氢呋喃等，而芳烃、氯代烃、醋酸酯和乙二胺等仅在沸点时才能使之溶胀。

此外，绝大多数无机酸、碱、盐的溶液在相当宽的温度范围内对它没有腐蚀使用，但少数强氧化剂如98%浓硫酸、浓硝酸、双氧水、液氯、液氟、液溴等在室温下会使它腐蚀，而在浓氯磺酸、高氯酸、100%氢氟酸、液态二氧化硫中会有较显著的腐蚀作用，因此在使用时应加以注意。

§11.3.4 氯化聚醚的成型加工

一、氯化聚醚的成型工艺性

氯化聚醚具有与聚乙烯相似的良好成型工艺性，它由玻璃态转变为粘流态的温度约为180～220℃，从熔融至分解大约有50～90℃的范围，在此范围内可以进行熔融加工。它的熔体呈现非牛顿流体的特征，调节压力比调节温度对熔体充模流动性的影响要大。由熔融态到凝固态的体积变化率很小，因而收缩率低(0.4%～0.6%)，有利于制造精密零件。它的结晶速率缓慢，制品几乎无内应力，无需后处理，而且结晶度和晶型受模温的影响较大，模温高时冷却慢会得到坚硬不透明的α晶型，结晶度偏大。而模温低时会得到柔韧半透明的β晶型且结晶度偏低。随模温的提高和结晶度的增大，制品的拉伸、弯曲和压缩强度会有一定的提高，而冲击强度和伸长率会有所下降。因此模温宜控制在90～100℃，不能低于50～60℃。

氯化聚醚在室温的水中浸泡24 h后的吸水率仅有0.01%，在空气中的吸水率更小，而且微量水分对成型影响很小，因此一般无需干燥处理。

二、氯化聚醚的成型方法

氯化聚醚可采用注射、挤出、吹塑、压制、喷涂等方法加工为各种制品。

氯化聚醚的注射工艺性很好，它的熔体粘度低，可用柱塞式和螺杆式注射机成型，特别适合注射形状复杂的薄壁制品。一般料筒温度为180～270℃，注射压力为80～150 MPa，注射时间为3～15 s，保压和冷却时间为5～60 s，模温为90～100℃。

挤出成型用于制造氯化聚醚的管、棒、电线电缆和薄膜制品，一般选用与PE，PA相似的突变型螺杆，螺杆的长径比为(16～20)∶1，料筒温度为190～240℃，机头温度为180～220℃。

压制成型时将粉料放入185～200℃的模内按3～5 min/mm的时间压制，压力在5 MPa以上，压制完成后通水冷却至120℃以下卸压，然后卸模并将制品迅速投入至热水中处理，水温不同会影响晶型和结晶度以及制品的性能，一般水温宜控制在60～110℃内。

涂装是利用氯化聚醚的优异防腐性能将其粘附于金属材料表面，因它与金属有良好的粘接力，因而可用溶液、悬浮、流化床和粉末静电喷涂等方法进行涂装。

§11.3.5　氯化聚醚的应用

氯化聚醚主要用于化工、石油、矿山、冶金和电镀领域内作防腐材料，如防腐蚀泵、阀门、管道、反应器、轴承、密封件、绳索、衬里等。还可利用它在潮湿环境下有优良的性能，作为湿态、有盐雾环境中的电器绝缘材料。此外由于耐腐性优良、成型工艺性好、收缩率小、制品尺寸稳定、几乎无内应力等，用作精密机械零件，如轴承、齿轮、齿条等。但是由于其价格高、制品韧性低、原料合成困难等，限制了它的广泛应用。

§11.4　聚苯硫醚

聚苯硫醚是分子主链上含有苯硫基的热塑性工程塑料，其化学结构式为 $\left[\!\!-\mathrm{C_6H_4}-\mathrm{S}-\!\!\right]_n$，英文名称为 Polyphenylene Sulfide，简称 PPS。

聚苯硫醚因具有突出的耐热性和近似于聚四氟乙烯的化学稳定性而在工程塑料中占有重要的地位。其次还具有自阻燃性，与各种填料、增强材料及其他塑料良好的相容性，使其牌号、品种繁多。它还具有一般工程塑料的加工工艺性，避免了耐热塑料难加工的缺点。自出现初期，就被誉为“喷气时代的新型塑料”。

聚苯硫醚是由美国菲利浦石油公司于 1967 年研制出来的，1968 年以 Ryton 牌号投入工业化生产，此后日本、美国、西欧及中国均有许多公司和厂家投入了生产，目前该品种仍以较快的速度发展。

§11.4.1 聚苯硫醚的制备

实验室合成聚苯硫醚的方法有多种，而工业上主要有溶液聚合法和自缩聚法。

溶液聚合法是以对二氯苯和硫化钠为原料，在极性有机溶剂如六甲基磷酰三胺（HPT）或 N－甲基吡啶烷酮（NMP），温度为 175～350℃、常压下进行溶液聚合制备聚苯硫醚，反应副产物为氯化钠，反应式为

$$n\mathrm{Cl}-\mathrm{C_6H_4}-\mathrm{Cl}+n\mathrm{Na_2S}\xrightarrow[175\sim350^{\circ}\mathrm{C}]{\text{HPT 或 NMP}}\left[\mathrm{C_6H_4}-\mathrm{S}\right]_n+2n\mathrm{NaCl}$$

自缩聚法是以卤代苯硫酚金属盐为原料，在氮气保护下于 200～250℃下自缩聚制备聚苯硫醚，反应副产物为卤化金属盐，反应式为

$$nX-\mathrm{C_6H_4}-\mathrm{S}M\xrightarrow[\mathrm{N_2}]{200\sim250^{\circ}\mathrm{C}}\left[\mathrm{C_6H_4}-\mathrm{S}\right]_n+(n-1)MX$$

式中　X 为 Br 或 Cl；

M 为 Na，Cu，Li，K。

通常合成出来的聚苯硫醚是一种平均分子量仅在 4 000～5 000 左右而结晶度高达 75％的白色粉末，它的相对密度为 1.362，熔点 285℃，熔融指数高达 3 000～4 000 g/10 min（343℃，0.5 MPa 负荷、2 mm 喷嘴下测试），在 170℃以下不溶于现已知的任何溶剂中，这种低分子量的聚合物力学性能很低，除用作防腐涂层外无法直接作为塑料使用。

为了使其应用于塑料工业，必须对其热处理以适当提高分子量并降低熔融指数。通过对不同温度下聚苯硫醚原粉热处理后的红外光谱分析，发现热处理后聚苯硫醚分子结构中存在以下三种结构形式：

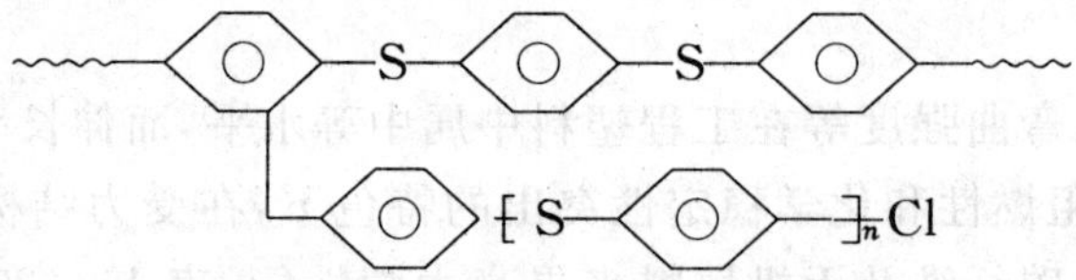

（Ⅰ）

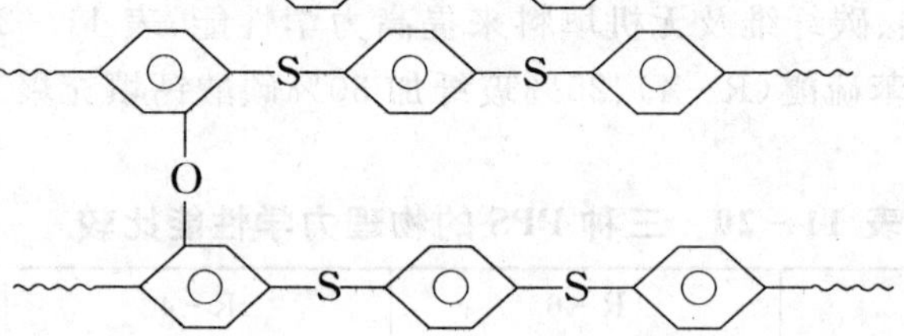

（Ⅱ）

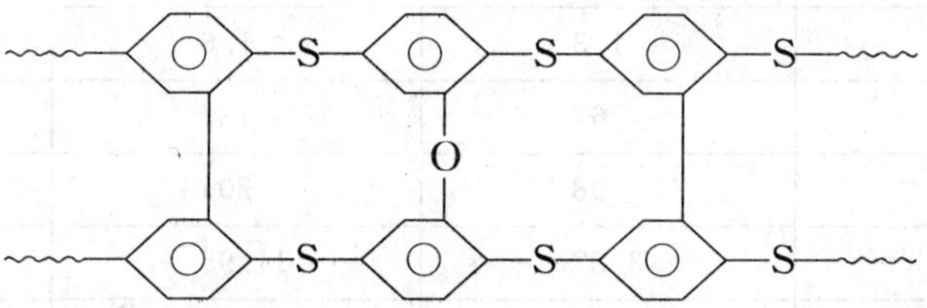

（Ⅲ）

可见热处理后均在线性分子链上出现了1,2,4－三取代苯或二苯醚的结果，Ⅰ和Ⅱ结构是使聚苯硫醚链增长或支化，而Ⅲ结构是使聚苯硫醚交联，三种结构均使它的分子量增大，熔融指数下降。

三种结构与处理条件关系密切，在150℃以下处理三种结构均不会出现，在150℃～285℃之间处理会得到Ⅰ和Ⅱ的结构，但处理时间很长。而在285～350℃之间处理也会得到Ⅰ和Ⅱ的结构且处理时间较短，超过350℃的热处理会出现Ⅲ型的交联结构。但是在氮气保护下即使温度高于350℃也不会得到上式三种结构中的任何一种结构，可见热处理后的结构除与温度有关外还与氧有关。因此较适宜的处理条件是在285～300℃的空气中进行，此时既不会形成处理过度而出现的不熔不溶的交联结构，又会使聚苯硫醚的分子量增加，处理时间由所需的熔融指数确定。

§11.4.2　聚苯硫醚的结构与性能

从聚苯硫醚的大分子链的结构可以看出，它是以苯环和硫原子交替排列构成的线性或略带支链的高分子化合物，分子链规整性强。由刚性苯环与柔性硫醚键连接起来的主链具有刚柔兼备的特点，因此聚苯硫醚可以结晶，其原粉结晶度高达75%，熔点高达285℃。其次由于主链上苯环与硫原子形成了共轭，且硫原子尚未处于饱和，经氧化后可使硫醚键变为亚砜基（$-\overset{O}{\overset{\|}{S}}-$）和砜基（$-\underset{\underset{O}{\|}}{\overset{\overset{O}{\|}}{S}}-$）或者使相邻大分子形成氧桥支化或交联，但并未使主链断裂，因此热氧稳定性十分突出，最高连续使用温度可达260℃，热分解温度可达522℃。第三，由于硫原子的极性被苯环共轭及高结晶度的束缚，整个聚合物呈现出非极性或弱极性的特点，因此电绝缘性和介电性以及耐化学介质性也很突出。第四，由于聚苯硫醚与众多的聚合物和添加剂

有良好的相容性，因此可以通过共混、增强、合金化等手段进行改性以提高其物理力学性能。

§11.4.3 聚苯硫醚的性能

一、物理力学性能

聚苯硫醚的拉伸强度、弯曲强度等在工程塑料中属中等水平，而伸长率和冲击强度却比较低，因此在保持其耐热性、阻燃性和化学稳定性突出的特色下，在受力结构件中使用的聚苯硫醚通常依靠添加玻璃纤维、碳纤维及无机填料来提高力学性能，表 11－20 为未改性聚苯硫醚(R－6)、40％玻纤增强聚苯硫醚(R－4)、25％玻纤加 30％碳酸钙填充聚苯硫醚(R－8)的物理力学性能的比较。

表 11－20　三种 PPS 的物理力学性能比较

项　　目		R－6	R－4	R－8
密　　度/(g·cm^{-3})		1.3	1.6	1.8
拉伸强度/MPa		67	137	99
弯曲强度/MPa		98	204	136
弯曲模量/GPa		3.87	11.95	12.60
压缩强度/MPa		112	148	—
伸 长 率/(％)		1.6	1.3	0.7
冲击强度 (J·m^{-1})	无缺口	110	435	120
	有缺口	27	76	27
洛氏硬度		R123	R123	R121
吸 水 率/(％)		＜0.02	＜0.05	＜0.03

由表 11－20 可见，聚苯硫醚经增强改性后，主要力学性能如拉伸、弯曲、压缩和冲击强度均有大幅度提高，而伸长率却降低，加有碳酸钙填充的聚苯硫醚(R－8)较未改性的聚苯硫醚(R－6)也有提高，但提高幅度比 R－4 小。经改性后的聚苯硫醚能在长期负荷和热负荷作用下保持高的力学性能和尺寸稳定性，因而能应用于温度高的受力环境中。此外，由于聚苯硫醚本身的硬度较高，与聚四氟乙烯、二硫化钼、碳纤维等复合后可以制出摩擦因数和摩耗量很小、耐高温的自润滑材料，已作为优异的耐磨材料在工业上使用。

二、热性能

热性能突出是聚苯硫醚最受人关注的性能，用玻璃纤维增强后热性能指标更高，表11－21列出了聚苯硫醚的热性能数据。

表 11－21　聚苯硫醚的热性能数据

项　　目	数　　值
玻璃化温度/℃	150
熔　　点/℃	285
热分解温度/℃	522

续　表

项　　目		数　　值
最高连续使用温度/℃		260
短期最高使用温度/℃		400
维卡软化温度/℃		205
热变形温度/℃	本体	135
	30%玻纤增强	218
	40%玻纤增强	260

聚苯硫醚与其他塑料的热变形温度和 UL 温度指数列于表 11－22 中，由表中数据可见，改性聚苯硫醚的耐热温度不仅高于通用工程塑料，甚至比热固性酚醛(PF)和 DAP 还要高。

表 11－22　PPS 和一些塑料耐热性的比较

塑 料 名 称	热变形温度/℃	UL 温度指数/℃
PPS (R－4)	260	200～220
PPS (R－8)	260	220～240
PF	193	150
GFPSU	188	140
GFPBT	216	140
GFPA	249	130
DAP	204	130

聚苯硫醚的热稳定性很好，热失重分析表明在 500℃以下的空气或氮气中加热没有明显的重量损失，只有在 700℃空气中才会完全降解。而在惰性气体中，即使在 1 000℃的高温下，仍能保持其原重量的 40%。此外，它的力学性能随温度升高下降很少，在 232℃经 5 000 h 的热老化后弯曲强度和拉伸强度均能保持在 50%以上。

三、电性能

聚苯硫醚的介电常数很小，介电损耗相当低，表面电阻率和体积电阻率对频率、温度、湿度的变化不敏感，是优良的电绝缘材料，它的耐电弧时间也较长。

四、化学性能

聚苯硫醚除了受强氧化性酸(如浓硫酸、浓硝酸和王水)外，不受大多数酸、碱、盐的侵蚀，具有接近于聚四氟乙烯的化学稳定性。在低于 175℃以下不溶于现已知的任何有机溶剂中，只有在 175℃以上时才溶于氯代萘中。聚苯硫醚与一般有机溶剂如苯、冰醋酸、油类、脂类物质接触时不会出现制品开裂。此外它对紫外线、射线也很稳定，不会出现表面发粘或分解的现象。表 11－23 为聚苯硫醚与其他工程塑料在各种介质中拉伸强度保持率的比较。

表 11-23 聚苯硫醚与其他工程塑料在各种介质中拉伸强度保持率的比较

名称	抗张强度保持率/(%)				
	聚苯硫醚	尼龙 66	聚碳酸酯	聚砜	改性聚苯醚
37%盐酸	100	0	0	100	100
10%硝酸	96	0	100	100	100
30%硫酸	100	0	100	100	100
85%磷酸	100	0	100	100	100
30%氢氧化钠	100	89	7	100	100
28%氢氧化铵	100	85	0	100	100
水	100	66	100	100	100
三氯化铁	100	13	100	100	100
次氯酸钠	84	44	100	100	100
溴水	64	8	48	92	87
丁醇	100	87	94	100	84
苯酚	100	0	0	0	0
丁胺	50	90	0	0	0
苯胺	96	85	0	0	0
丁酮	100	87	0	0	0
苯甲醛	84	98	0	0	0
氯苯	100	73	0	0	0
氯仿	100	57	0	0	0
醋酸丁酯	100	89	0	0	0
邻苯二丁酸二丁酯	100	90	46	63	19
二噁烷	88	96	0	0	0
丁醚	100	100	61	100	0
柴油	100	86	99	100	0
煤油	100	87	100	100	36
甲苯	98	76	0	0	0
苯基腈	100	88	0	0	0
硝基苯	100	100	0	0	0

[注] 条件:93℃,浸渍 24 h

五、燃烧性能

聚苯硫醚由于分子链由苯环和硫原子交替排列组成,本身具有阻燃作用,无须加入阻燃剂就可以达到 UL-94-V0 级,它的极限氧指数可以达到 44%～53%,与聚氯乙烯相近,高于 PSU,PA66,PPO,PC 等工程塑料,是一种自熄性工程塑料。

§11.4.4 聚苯硫醚的成型加工

聚苯硫醚通常采用注射、挤出、压制、喷涂等方法进行成型加工。

一、注射成型

用于注射成型的聚苯硫醚，其熔融指数一般为10～100 g/min(343℃，0.5 MPa下测出)，而且多为加入纤维增强或填料填充改性的品级。所用注射机一般应选用螺杆式注射机，要求加热温度能达到350℃，注射压力能达到150 MPa。喷嘴宜选用自锁式，以防止流涎现象。模具应能加热，在低模温(95℃以下)中得到的注射制品结晶度低(10%～15%以下)，需经后处理(204℃处理30 min)以提高结晶度从而使制品性能提高。而在高模温(120～200℃)中会得到高结晶度(50%～55%)的制品。常用的注射工艺条件为：料筒温度300～340℃，注射压力70～140 MPa，模具温度120～200℃，保压时间30～120 s，成型收缩率0.2%～0.8%。

二、模压成型

模压成型时需先将树脂粉末(熔融指数为200以下)于250℃预烘2 h，然后再按比例与填料均匀混合，再加入到模具中，在370℃下恒温30～40 min。取出后置于冷压机上加压成型，压力为10 MPa左右，自然冷却至150℃后进行脱模。再将制品于200～250℃下后处理，后处理时间依制品厚度而定。

三、喷涂成型

聚苯硫醚的喷涂以静电粉末喷涂为主，喷涂前需将金属工件进行除油、喷沙、化学处理，以提高工件与聚苯硫醚的粘附力。然后将工件在370～400℃下预热处理10～20 min，用喷枪将PPS粉末(依要求可在粉末中混入少量TiO_2，CrO_3，PTFE，石墨等)喷到工件表面，每次喷涂不宜过厚，反复操作3～4次，待流平、固化后得到平整而有光泽的涂层，涂层总厚度应不超过0.5 mm。

§11.4.5 聚苯硫醚的应用

聚苯硫醚的应用是以其耐热性为中心，兼顾它的耐化学介质性、尺寸稳定性、阻燃性和电绝缘性。

在电子电器领域，主要选用玻纤增强的聚苯硫醚制作H级绝缘材料和精密零件，如变压器骨架、高频线圈骨架、插头、插座、开关、接线架、电视机输出变压器，铝电解电容器差板，接触器转鼓鼓片等。

在机械领域作为叶轮、风机、叶片、离合器、齿轮、偏心轮、过滤器、复印机卡爪、旋转轴承及照相机光圈零件等。

在化工领域用作合成、输送、储存原料的反应釜、管道、罐的涂层，以及化工泵、燃烧泵、阀门等零件。

§11.5 聚醚醚酮

聚醚醚酮是指大分子主链由芳基、酮基和醚键组成的线性高分子化合物，它是聚芳醚酮中最主要的品种，英文名称为Polyetherether Ketone，缩写代号为PEEK，分子结构式为

$$\text{+O}-\langle\bigcirc\rangle-\text{O}-\langle\bigcirc\rangle-\text{CO}-\langle\bigcirc\rangle-\text{+}_n$$

聚醚醚酮最突出的性能是耐热性，最高连续使用温度可达240℃以上，用玻璃纤维增强后可达到300℃以上。其次还具有优异的力学性能、电绝缘性能、耐化学介质腐蚀性、耐水性和

耐水蒸气性、阻燃性以及耐射线辐射性，是一种综合性能十分优异的新型耐热聚合物。

1962年至1964年间，美国杜邦公司的Bonner和英国帝国化学工业公司的Goodman在傅氏催化剂作用下，通过亲电取代路线合成出了聚芳醚酮。但由于聚芳醚酮结晶度大，在大多数溶剂中不溶解，在形成高分子量以前就从溶剂中沉淀出来，致使他们合成不出高分子量的聚芳醚酮。之后不久，杜邦公司的B. M. Marks发现液体氟化氢是聚芳醚酮的良好溶剂，用此溶剂及三氟化硼为催化剂可以合成出高分子量的聚芳醚酮。1977年英国帝国化学工业公司采用亲核取代的路线成功合成出了聚醚醚酮，次年便以Victrex牌号出售，至1982年时年生产能力已达千吨规模。1987年美国阿莫克公司也生产出了以Kadel为商品名的聚醚醚酮。目前世界上生产聚芳醚酮的主要公司有英国I. C. I.（PEEK和PSK）、美国Amoco(PEEK)、德国BASF(PEKEKK)、美国Dupont(PEEK)和美国Hoechst(PEK和PEEKK)以及中国长春应用化学所徐州工程塑料厂(PEK－C)等，各公司生产出的聚芳醚酮的商品名称、英文缩写、化学结构式和热性能数据列于表11－24中。

表11－24　聚芳醚酮的种类及性能

公司名称	商品名	英文缩写	化学结构式	T_g/℃	T_m/℃	热变形温度/℃ 纯料	热变形温度/℃ 30%玻纤料
英国 I. C. I.	Victrex	PEEK	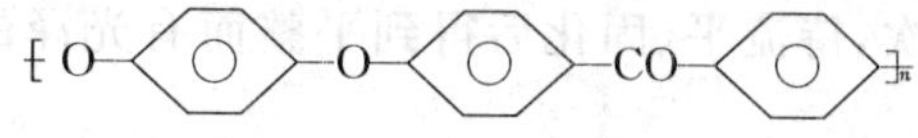 $\text{[O-C}_6\text{H}_4\text{-O-C}_6\text{H}_4\text{-CO-C}_6\text{H}_4\text{]}_n$	143	334	140	315
美国 Amoco	Kadel	PEEK		148	340	162	326
英国 I. C. I.	Victrex	PSK	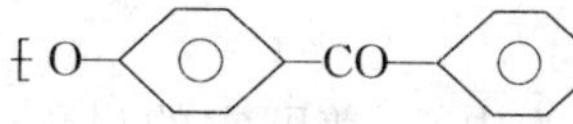 $\text{[O-C}_6\text{H}_4\text{-CO-C}_6\text{H}_4\text{]}_n$	162	373	186	352
美国 Hoechst	Hostatic	PEK		167	360	—	—
英国 I. C. I.	Victrex	HTX	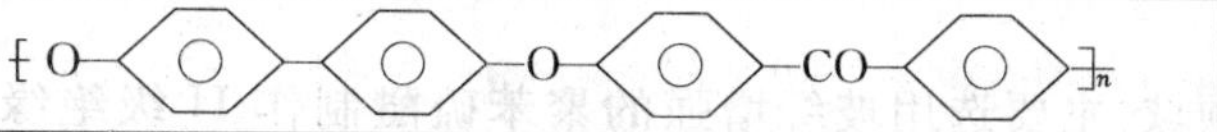 $\text{[O-C}_6\text{H}_4\text{-C}_6\text{H}_4\text{-O-C}_6\text{H}_4\text{-CO-C}_6\text{H}_4\text{]}_n$	205	380	—	—
美国 Dupont		PEKK	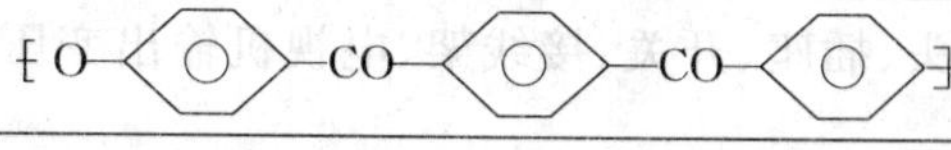 $\text{[O-C}_6\text{H}_4\text{-CO-C}_6\text{H}_4\text{-CO-C}_6\text{H}_4\text{]}_n$	156	338	—	—
德国 BASF	Ultra	PEKEEK	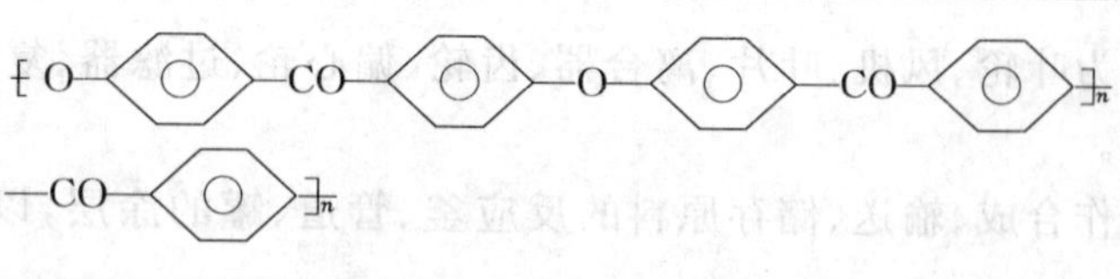 $\text{[O-C}_6\text{H}_4\text{-CO-C}_6\text{H}_4\text{-O-C}_6\text{H}_4\text{-CO-C}_6\text{H}_4\text{]}_n$ $\text{-CO-C}_6\text{H}_4\text{]}_n$	173	380	170	350
美国 Hoechst	Hostatek	PEEKK	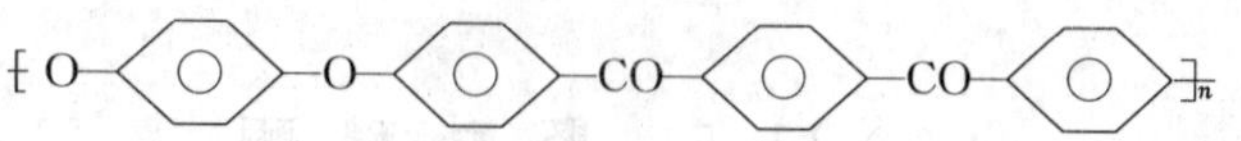 $\text{[O-C}_6\text{H}_4\text{-O-C}_6\text{H}_4\text{-CO-C}_6\text{H}_4\text{-CO-C}_6\text{H}_4\text{]}_n$	—	375	160	>320
中国徐州工程塑料厂		PEK－C	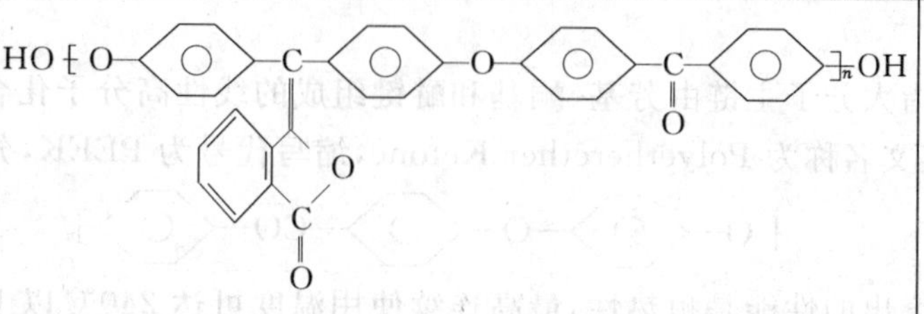 $\text{HO[O-C}_6\text{H}_4\text{-C(phthalide)-C}_6\text{H}_4\text{-O-C}_6\text{H}_4\text{-C(=O)-C}_6\text{H}_4\text{]}_n\text{OH}$	231	—	—	—

§11.5.1 聚醚醚酮的制备

聚醚醚酮的合成是以 4,4'-二氟二苯甲酮、对苯二酚和碳酸钠为原料，以二苯砜为溶剂，在氮气保护下，在逐渐升温至接近聚合物熔点的温度(320℃)时合成出来的，反应式如下：

$$nF-C_6H_4-\overset{O}{\overset{\|}{C}}-C_6H_4-F + nHO-C_6H_4-OH + nNa_2CO_3 \xrightarrow[\substack{200℃,1\ h \\ 250℃,15\ min \\ 320℃,2.5h}]{N_2,二苯砜}$$

$$\left[O-C_6H_4-O-C_6H_4-\overset{O}{\overset{\|}{C}}-C_6H_4\right]_n + 2nNaF + nCO_2\uparrow + nH_2O$$

合成过程为：先将对苯二酚和 4,4'-二氟二苯甲酮与二苯砜一起搅拌，加热至 180℃后在 N_2 保护下加入等摩尔比的无水碳酸钠，使温度上升至 200℃保温 1 h，再上升至 250℃保温 15 min，最后升温至 320℃保温 2.5 h。然后冷却反应物料得到淡黄色固体物，经粉碎过筛，并用丙酮、水及丙酮-甲醇溶液反复洗涤以除去二苯砜和无机盐。最后再于 140℃真空干燥后，得到相对粘度为 0.6(指 25℃下，1 g 聚合物溶于 100 ml 浓硫酸中)的聚醚醚酮。

§11.5.2 聚醚醚酮的结构与性能

聚醚醚酮是由苯环、醚键和酮基相互连接组成的线性高分子化合物，分子键上含有大量的苯环，由二个苯环与酮基形成的二苯酮以及苯环构成了大分子链的刚性结构，而醚键又提供了大分子的柔性，因此它的分子链呈现出刚柔兼备的特点。与聚苯醚相比，聚醚醚酮中与醚键相连的苯撑基无取代基，因而它的大分子链的柔顺性较聚苯醚好，表现在其 T_g(143℃)低于聚苯醚的 T_g(210℃)。由于它的分子链规整且有一定的柔顺性，因而可以结晶，最大结晶度达 48%，一般结晶度也可达到 35%。它的分子链中羰基的极性大，分子间作用力高于聚苯醚，又可以结晶，因而内聚强度高，导致力学性能高于聚苯醚，而电绝缘性略低于聚苯醚。虽然超过 T_g 后力学性能会有明显下降，但由于结晶的影响，即使在 200℃以上力学性能还能保持较高值。

§11.5.3 聚醚醚酮的性能

一、物理性能

聚醚醚酮的物理性能见表 11-25。

表 11-25 聚醚醚酮的物理性能

项目		数值
密度/($g\cdot cm^{-3}$)	非晶态	1.265
	完全结晶态	1.320
最大结晶度/(%)		48
标准结晶度/(%)		35
颗粒堆积密度/($g\cdot cm^{-3}$)		0.77

续 表

项 目		数 值
吸水率/(%)	24 h,40% RH	0.15
	24 h,饱和	0.60
吸油率/(%)		0.22
最高结晶温度/℃	熔体	256
	固体	185
熔体粘度/(Pa·s) (400 ℃)		450～550
熔体热稳定性/(%)(400 ℃,1 h后粘度变化率)		<10
成型收缩率 /(%)		1.1

二、力学性能

聚醚醚酮的力学性能见表 11－26 所示。

表 11－26 聚醚醚酮的力学性能

项 目		未增强	20%玻纤增强	30%玻纤增强	30%碳纤增强
拉伸强度/MPa	23℃	100	138	162	215
	100℃	66	—	129	185
	150℃	34	—	75	107
伸长率(%)		150	4.4	3.0	3.0
弯曲强度/MPa		170		—	248
弯曲模量/GPa	23℃	3.9	7.7	8.0	15.4
	100℃	3.0	—	—	12.2
	150℃	2.0	—	—	10.0
冲击强度 / J·m⁻¹	缺口	41	78	65	—
	无缺口	不断	—	—	—

由表 11－26 可以看出,聚醚醚酮在室温下的拉伸强度、弯曲强度、弯曲模量、冲击强度、伸长率均很大,这些数值均高于一般塑料,但当温度超过玻璃化温度后会有较大的下降。用玻璃纤维和碳纤维增强后拉伸强度、冲击强度、弯曲强度和模量增加幅度很大,伸长率降低很大。此外,聚醚醚酮还具有十分优良的抗蠕变能力,无缺口试件的抗疲劳性也很突出,能经受住载荷的反复作用。这些性能可由图 11－1 至图 11－4 表征。

三、热性能

聚醚醚酮具有十分优异的耐热性能,它的 T_g 为 143℃,T_m 为 334℃,未增强时热变形温度为 135～160℃,最高连续使用温度可达 240℃。用 20%玻璃纤维增强后热变形温度达 286℃,

用 30%玻璃纤维或碳纤维增强后热变形温度均超过 300℃。此外，它还具有很高的热氧稳定性，热失重曲线表明，400℃时的热失重为 0，500℃时为 2.5%，600℃时才达到 59%。图 11-5 为 270℃时聚醚醚酮的老化曲线，可见 270℃时经 1 000 h 的热老化拉伸强度基本不变。用聚醚醚酮包覆的电线在 220℃时的使用寿命可达 6 000 h 以上。聚醚醚酮还具有高的氧指数，燃烧时有很小的释烟密度。

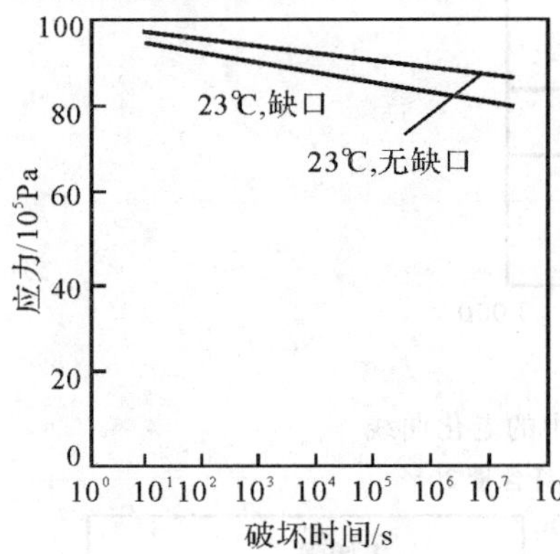

图 11-1　聚醚醚酮的蠕变曲线

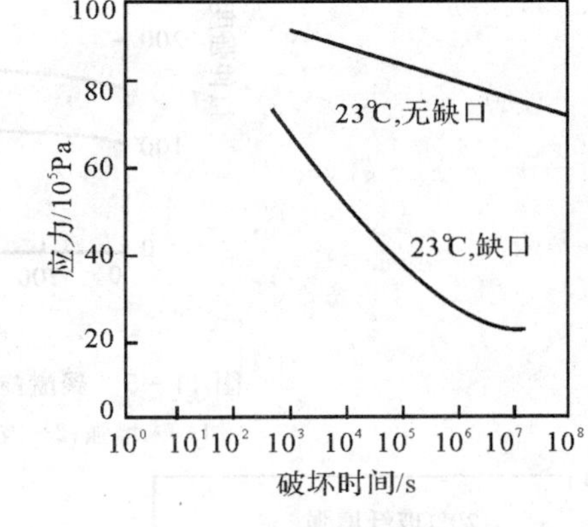

图 11-2　聚醚醚酮的疲劳曲线

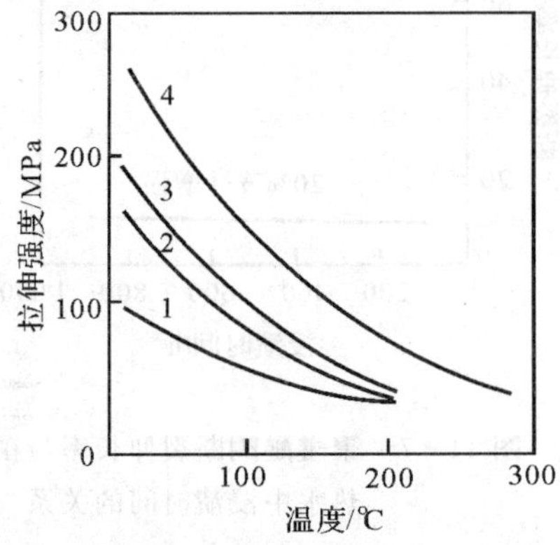

图3　聚醚醚酮拉抻强度与温度的关系

1—未增强；2—玻纤含量 20%；

3—玻纤含量 30%；4—碳纤含量 30%

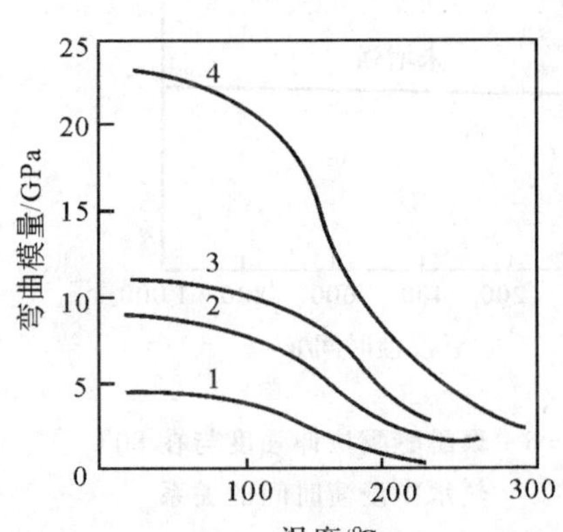

图 11-4　聚醚醚酮弯曲模量与温度的关系

1—未增强；2—玻纤含量 20%；

3—玻纤含量 30%；4—碳纤含量 30%

四、电性能

聚醚醚酮的电性能优良，体积电阻率可达 10^{14} Ω·m，在频率（50～10^{10} Hz）、温度（0～150℃）下介电常数均为 3.2～3.3，介电强度为 16～21 kV/mm，电性能基本不受湿度影响，可作为 C 级绝缘材料使用。

五、化学性能

除浓硫酸外，聚醚醚酮几乎能耐所有化学介质，即使在高温下仍能保持很高的化学稳定性。它的耐水性十分突出，可在 200℃水蒸气中长期使用，在 300℃高压水蒸气中短期使用。图 11-6 和图 11-7 为它在 80℃热水中浸渍时间与拉伸强度和伸长率的关系曲线，可见经 800 h 后性能基本不变。

由于它的大分子链上含有大量苯环，因此可吸收大量射线而不致破坏，耐辐照性能也很突出。

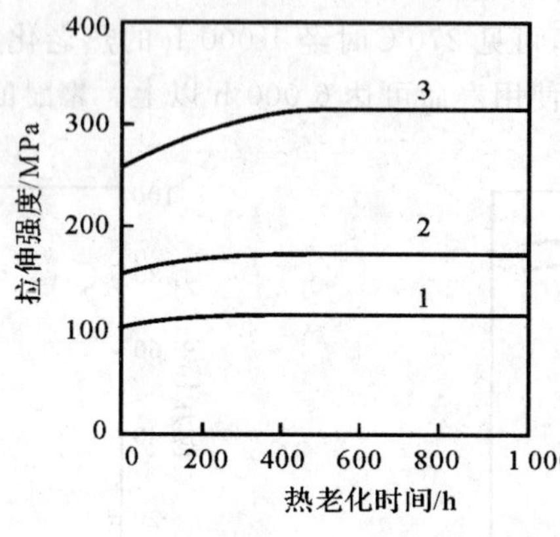

图 11－5　聚醚醚酮在 270℃空气中的老化曲线

1—未增强；2—玻纤含量 30%；3—碳纤含量 30%

图 11－6　聚醚醚酮拉伸强度与在 80℃热水中浸渍时间的关系

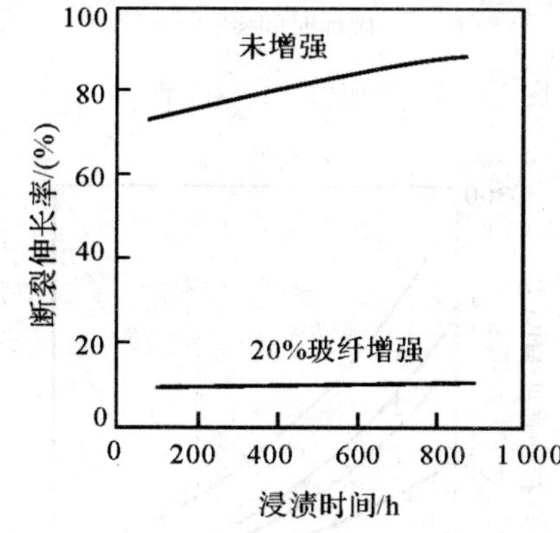

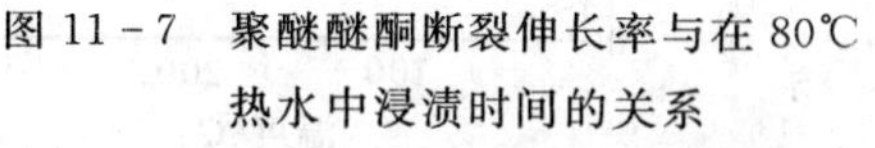

图 11－7　聚醚醚酮断裂伸长率与在 80℃热水中浸渍时间的关系

§11.5.4　聚醚醚酮的成型加工

聚醚醚酮可以按照热塑性塑料的方法进行注射、挤出、压制、吹塑、静电喷涂等方法加工，但加工条件较为苛刻。

一、注射成型

聚醚醚酮熔点高达 334℃，但在超过熔点后具有熔融流动性和很高的熔体热稳定性。在剪切速率为 1 000/s 时，测出 360℃的熔体粘度为 480 Pa·s，380 ℃为 400 Pa·s，400℃为 350 Pa·s，可见熔体粘度随温度上升有明显的下降，而且熔体的热稳定性也很好，在 400℃时保持 1 h 也不会影响其流动性，这就为熔融加工具有较高粘度的聚醚醚酮提供了可能。

但是，聚醚醚酮的熔融温度比一般塑料高出 100℃多，熔体粘度也比较大，因此注射时对设备的要求较高，一般要求注射机的加热系统能达到 400℃，注射压力能达到 150 MPa，模具温度能达到 160℃。表 11－27 列出了聚醚醚酮和玻纤增强聚醚醚酮的注射工艺条件。

表 11－27　PEEK 的注射成型工艺条件

项　目		未增强	玻纤增强
料筒温度/℃	后　段	350	370
	中　段	370	390
	前　段	365	390
喷嘴温度/℃		385	390
模具温度/℃		160	140～160
注射压力/MPa		128～138	128～138
注射时间/s		8	10
冷却时间/s		15	20
干燥条件		150℃，3 h	150℃，3 h
后处理条件		200℃，1 h	200 ℃，1 h

二、挤出成型

聚醚醚酮通过挤出成型可以生产薄膜、管材、单丝、电线包覆等制品。

聚醚醚酮未拉伸薄膜的结晶度低，强度和耐热性还不理想，一般通过拉伸和热处理予以提高。经拉伸和热处理后的聚醚醚酮薄膜，熔点比 PET 薄膜高 80℃，强度与均苯型 PI 薄膜相似，而耐湿性及耐化学药品性比均苯型 PI 薄膜还要好。表 11－28 为聚醚醚酮的挤出工艺条件。

表 11－28　PEEK 挤出成型工艺条件

项　目	数　值
螺杆直径/mm	45
螺杆长径比	20
螺杆转速/($r \cdot min^{-1}$)	16
电机电流强度/A	5.5
料筒后段温度/℃	350
料筒中段温度/℃	350～365
料筒前段温度/℃	370
口模温度/℃	365

§11.5.5　聚醚醚酮的应用

聚醚醚酮已在船舶、核电、油井、电子、传热传质、磁线、机械、航空航天等领域内应用。例如集成电路的片式笼形线圈、超纯水生产线的管子、复印机的分离爪、汽车座席的升降齿轮座、电线包覆、薄膜、接插件、滚动轴承保持架、飞机上的结构件、热水泵、过滤器、机械零件等。

思 考 题

1. 聚甲醛为什么是热敏性塑料？如何提高它的热稳定性？

2. 试从结构与性能的关系推测聚甲醛为什么具有以下优点？

(1) 高结晶度　　(2) 耐疲劳性

(3) 耐磨性　　(4) 尺寸稳定性

(5) 耐电弧性　　(6) 脱模性

3. 聚苯醚的主要性能优点是什么？为什么它难以在正常加工条件下形成结晶态？

4. 聚苯醚的主要性能缺点是什么？通常采用的改性途径是什么？

5. 试比较氯化聚醚和聚氯乙烯的热稳定性有什么区别？并解释为什么氯化聚醚具有优异的耐化学介质腐蚀性？

6. 简述聚苯硫醚的主要性能，并解释为什么要对聚苯硫醚进行热处理？热处理时温度对其结构会有什么影响？

7. 聚醚醚酮的主要特点是什么？加工时的主要困难又是什么？

第十二章　聚砜类塑料

聚砜是 20 世纪 60 年代出现的一类热塑性工程塑料，化学结构通式为

$$\left[R-\overset{\overset{O}{\|}}{\underset{\underset{O}{\|}}{S}}-R' \right]_n$$

其中 R 和 R′可为脂肪基和芳香基，但由于脂肪基聚砜不耐碱、不耐热，因而实用性不大。目前使用的聚砜均为芳香基和砜基组成的高聚物，按照聚砜的化学结构可将聚砜分为以下三类。

1. 双酚 A 型聚砜(或称普通聚砜)

该品种由美国联合碳化物公司(U. C. C.)于 1965 年工业化，商品名为 Udel，主要牌号有 P－1700，P－1710(注射级)；P－3500，P－3510(挤出机)；P－2350(电线电缆包覆级)。它的英文名称为 Polysulfone，缩写代号为 PSU，通常所说的聚砜即指 PSU，它的化学结构式为

$$\left[C_6H_4-\underset{\underset{CH_3}{|}}{\overset{\overset{CH_3}{|}}{C}}-C_6H_4-O-C_6H_4-\overset{\overset{O}{\|}}{\underset{\underset{O}{\|}}{S}}-C_6H_4-O \right]_n$$

2. 聚芳砜

该品种由美国 3 M 公司于 1969 年工业化，商品名称为 Astrel，主要牌号有 Astred-360。它的英文名称为 Polyarylsulphone，缩写代号为 PAS，化学结构式为

$$\left[C_6H_4-C_6H_4-\overset{\overset{O}{\|}}{\underset{\underset{O}{\|}}{S}}-C_6H_4-O-C_6H_4-\overset{\overset{O}{\|}}{\underset{\underset{O}{\|}}{S}} \right]_n$$

3. 聚醚砜

该品种由英国 I. C. I. 公司于 1972 年工业化，商品名称为 Victrex，主要牌号有 200P 和 300P，英文名称为 Polyethersulphone，缩写代号为 PES，化学结构式为

$$\left[C_6H_4-\overset{\overset{O}{\|}}{\underset{\underset{O}{\|}}{S}}-C_6H_4-O \right]_n$$

聚砜类塑料具有优异的耐热性，突出的抗蠕变性和尺寸稳定性，优良的电绝缘性等特点而成为综合性能很好的工程塑料，在塑料品种中占有重要的地位。

§12.1 聚砜塑料的制备

一、双酚A型聚砜的制备

PSU的制备分二步进行，首先将双酚A和氢氧化钠在二甲基亚砜等溶剂中反应生成双酚A钠盐，然后再与4,4′-二氯二苯砜在二甲基亚砜中进行溶液缩聚制备聚砜，其反应式如下：

成盐反应

$$HO-C_6H_4-C(CH_3)_2-C_6H_4-OH + 2NaOH \xrightarrow[CH_3-C_6H_4-CH_3\text{（带水剂）}]{CH_3-S(=O)-CH_3\text{（溶剂）}} NaO-C_6H_4-C(CH_3)_2-C_6H_4-ONa + H_2O$$

缩聚反应

$$n\,NaO-C_6H_4-C(CH_3)_2-C_6H_4-ONa + n\,Cl-C_6H_4-SO_2-C_6H_4-Cl \xrightarrow[CH_3-S(=O)-CH_3]{150\sim160℃} \left[C_6H_4-C(CH_3)_2-C_6H_4-O-C_6H_4-SO_2-C_6H_4-O \right]_n + 2n\,NaCl$$

成盐反应中利用二甲苯与水形成共沸物以便将副产物水除去，避免水在缩聚阶段使聚合物降解。缩聚反应的副产物NaCl对制品性能尤其是电性能的影响很大，必须严格洗涤除去。两步法比一步法制备PSU的优点在于避免产生对设备腐蚀性很强的HCl副产物的出现。

二、聚芳砜的制备

PAS的制备可采用熔融缩聚和溶液缩聚两种方法。

1. 熔融缩聚

熔融缩聚是将单体4,4′-二苯醚二磺酰氯和联苯在N_2保护下先加热熔融，然后在无水$FeCl_3$催化下进行Friedel-Crafts反应，缩聚反应条件为280℃，40 min，冷却后即为PAS，反应式为

$$n\,ClSO_2-C_6H_4-O-C_6H_4-SO_2Cl + n\,C_6H_5-C_6H_5 \xrightarrow[280℃,\ 40\ min]{\text{无水}FeCl_3,\ N_2} \left[SO_2-C_6H_4-O-C_6H_4-SO_2-C_6H_4-C_6H_4 \right]_n + n\,HCl$$

2. 溶液缩聚

溶液缩聚是将单体4,4′-二苯醚二磺酰氯、联苯和4-联苯单磺酰氯在溶剂硝基苯中加

热溶解后，再加入催化剂无水 $FeCl_3$ 并在 130℃缩聚反应 1 h 后，加入稀释剂二甲基甲酰胺沉淀出聚合物，最后经回流、洗涤、过滤和干燥等工序制出 PAS 成品，反应式为

$$2n\,ClSO_2-C_6H_4-O-C_6H_4-SO_2Cl + 2n\,C_6H_5-C_6H_5 + n\,C_6H_5-C_6H_4-SO_2Cl \xrightarrow[\text{硝基苯},130℃]{\text{无水 }FeCl_3} \left[(SO_2-C_6H_4-O-C_6H_4-SO_2-C_6H_4-C_6H_4)_2-S(=O)_2-C_6H_4-C_6H_4 \right]_n$$

三、聚醚砜的制备

PES 的合成路线很多，工业化的路线通常有两种，即脱盐法和脱氯化氢法，这两种方法均为溶液缩聚。

1. 脱盐法

脱盐法是将单体双酚 S(4,4′-二羟基二苯砜醚)在溶剂环丁砜中加热溶解后，再加入带水剂二甲苯、强碱 KOH 并通入 N_2 在 130～150℃下进行成盐反应。然后再加入 4,4′-二氯二苯砜于 220℃下进行溶液缩聚，最后再加入稀释剂环丁砜、封端剂三氯甲烷、稳定剂磷酸三苯酯经沉淀、水洗、干燥、挤出造粒等工序得出成品。反应式为

成盐反应

$$HO-C_6H_4-SO_2-C_6H_4-OH + 2\,KOH \xrightarrow[\text{二甲苯},130\sim150℃]{\text{环丁砜},N_2} KO-C_6H_4-SO_2-C_6H_4-OK + 2\,H_2O$$

缩聚反应

$$n\,KO-C_6H_4-SO_2-C_6H_4-OK + n\,Cl-C_6H_4-SO_2-C_6H_4-Cl \xrightarrow[220℃]{\text{环丁砜}} \left[C_6H_4-S(=O)_2-C_6H_4-O \right]_{2n} + 2nKCl$$

2. 脱氯化氢法

脱氯化氢法是将单体 4,4′-双磺酰氯二苯醚溶于硝基苯中，然后在无水 $FeCl_3$ 催化下与二苯醚进行 Friedel-Crafts 反应制备 PES，反应式为

$$n\,ClSO_2-C_6H_4-O-C_6H_4-SO_2Cl + n\,C_6H_5-O-C_6H_5 \xrightarrow[\text{硝基苯},130℃]{\text{无水 }FeCl_3} \left[C_6H_4-O-C_6H_4-SO_2 \right]_n + 2nHCl$$

或者将 4-二苯醚单磺酰氯溶于硝基苯中，然后在无水 $FeCl_3$ 催化下进行自缩聚，反应式为

$$n\,ClSO_2-C_6H_4-O-C_6H_5 \xrightarrow[\text{硝基苯},130℃]{\text{无水 }FeCl_3} \left[C_6H_4-SO_2-C_6H_4-O \right]_n + nHCl$$

上述两种方法相比，脱氯化氢法具有单体制备较简单、反应较平稳、成本低、工序少等优

点。但由于 Friedel-Crafts 反应存在使苯环对位、邻位和间位上氢被取代的可能性，因此聚合物支化程度较高，加工性较差，而且该法对设备腐蚀很严重。而脱盐法只要严格控制双酚S中2,4－二羟基苯砜醚异构体的含量，就可以得到分子链结构规整的全对位产物，使聚合物的流动性和冲击强度提高。脱盐法的缺点是工序繁多、产品的提纯较为困难。

§12.2 聚砜塑料的结构与性能

一、双酚 A 型聚砜的结构与性能

PSU 的分子主链是由异丙撑基 $-\underset{CH_3}{\overset{CH_3}{|}}{C}-$ 、醚键 $-O-$ 、砜基 $-\underset{O}{\overset{O}{\|}}{S}-$ 和苯撑基 $-C_6H_4-$ 连接起来的线性高分子化合物。

异丙撑基为脂肪基，有一定的空间体积，可减少分子间的作用力，能赋予聚合物韧性和良好的熔融加工性。异丙撑基上的二个无极性的甲基，使聚合物吸湿性很小，电绝缘性能提高。但它对聚合物的耐热性有一定的不利影响，与 PAS 和 PES 相比，PSU 的 T_g、热变形温度和最高连续使用温度较低。

醚键较异丙撑基更能增加分子链的柔顺性，醚键两端的苯基可绕其内旋转，它使聚合物的韧性增加，熔融加工性和在溶剂中的溶解性提高，同时也使聚合物的耐热性有所降低。

砜基上的氧原子对称、无极性，主链上的硫原子处于最高氧化状态，它为聚合物提供了优良的抗氧化能力。此外砜基与相邻的两个苯环组成了高度共轭的二苯砜结构，形成了一个十分稳固、刚硬、一体化的坚强体系，使得聚合物能吸收大量热能和辐射能而不致于使主链断裂，热稳定性高（$T_d>426$℃），抗辐射性优，硬度大，力学性能优异。

综合 PSU 链的结构可以看出，二苯砜基对分子链的刚性影响，超过了醚键和异丙撑基对分子链的柔性影响，因此 PSU 分子链的刚性仍然相当大。刚性链彼此之间的缠结不易解除，使得大分子整链的运动困难，因而熔融流动时的温度较高（T_f 约为 310℃），熔体粘度大，371℃的熔体粘度为 60 000 Pa·s，熔体流动性对温度敏感而对剪切速率不敏感。刚性链聚合物静强度很高，在受力时形变小，尺寸稳定，抗蠕变能力高。但同时又使大分子链受外力作用后残余应力在制品中难以自行消除，易造成应力开裂。

PSU 制品为无定形结构，分子链刚硬、玻璃化温度高，以及熔体冷却速率快是造成 PSU 难以结晶的主要原因。

二、聚芳砜的结构与性能

聚芳砜的分子主链可以看作是由高度共轭的二苯砜醚基（$-SO_2-C_6H_4-O-C_6H_4-SO_2-$）和联苯基组成，由于硫原子处于最高氧化状态，芳香环又难以氧化，因此 PAS 的耐热氧能力很高。与 PSU 相比，分子链不含脂肪族异丙撑基，却含有大量联苯基，因而耐热性十分突出，它的 T_g 高达 288℃，可在 260℃下长期使用，在 310℃下短期使用。分子链中的醚键仍能提供一定的柔性，可使 PAS 在－240℃的低温下使用。但是，PAS 链的刚性大大超过了 PSU，其熔融加工很困难，在 371℃时熔体粘度高达 3×10^6 Pa·s，为 PSU 的

50 倍。

三、聚醚砜的结构与性能

PES 的分子链与 PSU 相比，不含有对耐热性和热氧稳定性有不利影响的异丙撑基，与 PAS 相比，又不含有使分子链过分刚硬的联苯基，而是保留了使聚砜塑料具有高的耐热性、热氧稳定性、力学性能和电绝缘性的二苯砜基，以及能赋予聚砜良好加工性的醚键。因此 PES 兼备了 PSU 和 PAS 的优点，综合性能比 PSU 和 PAS 要好。它的耐热性和热氧稳定性高于 PSU 而低于 PAS，而加工性又比 PAS 好。它的 T_g 为 218～221℃，最高连续使用温度为 180℃，热分解温度大于 426℃，并可用通常的挤出、注射等热塑性塑料的加工方法制备产品，被人们誉为第一个综合了高热变形温度、高冲击强度和最优良成型工艺性的工程塑料。

§12.3 聚砜塑料的性能

一、双酚 A 型聚砜的性能

1. 物理力学性能

PSU 是透明或微带琥珀色的非晶态线性高聚物，无气味，透光率 90%以上，折光率为 1.663，吸水率为 0.22%，密度为 1.24 g/cm³，成型收缩率为 0.7%。

PSU 力学性能的特点是抗蠕变能力很强，尺寸稳定性很高，随温度升高力学性能的下降幅度很小。如 20℃，21 MPa 载荷下经 1 000 h 后的蠕变量仅为 0.1%，当温度升至 100℃时蠕变值也仅为 1.5%，当时间增至 1 年时蠕变值也仅为 2%。在 20℃，21 MPa 经相同时间后 PSU 相对蠕变值如为 1，则 PC 为 2，ABS 大于 2，POM 为 2.3。PSU 的拉伸弹性模量在室温时为 2.48 GPa，在 100℃时为 2.46 GPa，在 190℃时仍可保持 1.4 GPa，PSU 在室温下的力学性能见表 12-1，PSU 与一些工程塑料力学性能的比较见表 12-2。

表 12-1 室温下 PSU 的力学性能

项目	数值
拉伸屈服强度/MPa	70.3
拉伸弹性模量/GPa	2.48
屈服伸长率/(%)	5～6
断裂伸长率/(%)	50～100
弯曲屈服强度/MPa	106
弯曲弹性模量/GPa	2.69
压缩屈服强度/MPa	96
压缩断裂强度/MPa	276
压缩弹性模量/GPa	2.58
剪切屈服强度/MPa	41.4
剪切断裂强度/MPa	62.1
泊松比(0.5%应变)	0.37
洛氏硬度	M 69　R 120

续 表

项　　目		数　　值
悬壁梁冲击强度/(J·m^{-1})	无缺口	＞3 200
	6.35 mm 缺口	64
	3.18 mm 缺口	69
摩擦因数	PSU—PSU	0.67
	PSU—钢	0.40

表 12-2　PSU 与一些工程塑料力学性能的比较

项　　目		PSU	POM	PC	PA66	ABS
拉伸强度/MPa		71.5	70.6	60.0	60.0	60.0
伸长率(%)	屈服	5～6	—	—	25	5.2
	断裂	50～100	15	60～100	300	30
拉伸模量/GPa		2.5	2.7	2.4	1.8	2.1～3.2
冲击强度/(kJ·m^{-2})		6.9	7.6	10.8～15.2	10.8	3.8～8.0
洛氏硬度		R 120	R 120	R 118	R 108	R 101～R 118

PSU 力学性能的缺点是抗疲劳性差，疲劳强度和寿命不如 POM 和 PA，相对疲劳强度低于 POM 和 PA，分别是 POM 的 1/4.5 和 PA 的 1/3，不适宜应用在承受频繁重复载荷或周期性载荷的环境中。此外，它还易出现内应力开裂现象。

2. 热性能

PSU 的耐热性高，T_g 为 190℃，热变形温度为 175℃，维卡软化温度为 188℃，马丁耐热 156℃，脆化温度为－101℃，T_d 为 426℃，热导率为 0.26 W/(m·K)，线膨胀系数为 3.1×10^{-5}/℃，可在－100～150℃范围内长期使用。

PSU 的耐热性优于 POM，PC，PPO，PA 等工程塑料，表 12-3 为 PSU 与一些塑料热性能的比较。

表 12-3　PSU 与一些塑料热性能比较

项　　目	PSU	PC	POM	PPO	PA66
热变形温度/℃	175	132	124	190	70
最高连续使用温度/℃	150	120	100	120	—

PSU 的热稳定性很好，如在 150℃经 2 年的热老化后，拉伸屈服强度和热变形温度不仅不会降低，反而有所上升，这可能与出现少量交联有关，而冲击强度仍可保持 55%，在空气中直到 420℃以上才开始出现热降解。

3. 电性能

PSU 在−100～190℃，60～10^6 Hz 及潮湿环境中均具有优良的电绝缘性和介电性，这比 PC(135～150℃)，PPO(182℃)，POM(100～120℃)等塑料要好。室温下 PSU 的电性能见表 12－4 所示。

表 12－4　PSU 在室温下的电性能

项　　目		数　　值
表面电阻率　/Ω		3×10^{16}
体积电阻率　/Ω·m		5×10^{14}
介电强度　/(kV·mm^{-1})		14.6
介电常数	60 Hz	3.07
	10^3 Hz	3.06
	10^6 Hz	3.03
介质损耗因数	60 Hz	0.000 8
	10^3 Hz	0.001 0
	10^6 Hz	0.003 4
耐电弧时间　/s		122

4. 化学性能

PSU 的化学稳定性较好，对无机酸、碱、盐的溶液很稳定，对洗涤剂和烃类也很稳定。但会受某些极性溶剂如酮类。卤代烃类的作用而溶胀、溶解或开裂，这是它性能不足之处，表 12－5 为 PSU 在部分药品中的重量变化。

表 12－5　PSU 在部分药品中的重量变化

药品名称	浸渍 76 h 重量变化/(%)	浸渍 173 h 重量变化/(%)
浓硝酸	+3.64	+6.51
50%硝酸	+0.66	+0.84
浓硫酸	−54.6	溶解
50%硫酸	+0.11	+0.10
浓盐酸	+0.75	+0.99
50%盐酸	+0.42	+0.66
冰醋酸	+0.52	+1.04
0.5%氢氧化钠	+0.17	+0.19
合成洗涤剂	+0.73	+0.81
苯	大部分溶解	完全溶解
丙　酮	部分溶解或溶胀	溶解

续 表

药 品 名 称	浸渍 76 h 重量变化/(%)	浸渍 173 h 重量变化/(%)
氯化烃	溶解	溶解
煤 油	+0.11	+0.16
汽 油	+0.22	+0.34
真空泵油	+0.26	+0.26

5. 耐射线性

由于PSU分子链中含有大量的苯环和二苯砜基，使其可吸收大量辐射能而不致被破坏，因此耐辐射性好。如经 200 h，0.26×10^{5} C/kg 的 Co60 射线照射后，外观、刚性和电性能均无变化。当射线强度增至 1.3×10^{5} C/kg 后，虽然外观变红、发脆、易折断，但电性能变化仍很小。

二、聚芳砜性能

PAS是一种带有琥珀色的透明坚硬固体，无气味，相对密度(1.36)较 PSU(1.24)大，折光率 1.652，吸水率 1.4%，收缩率 0.8%。

PAS的力学性能高，与聚酰亚胺相当，冲击强度甚至超过了聚酰亚胺。它的力学性能受温度影响较小，如从室温至 240℃时压缩模量几乎不变，至 260℃时仍能保持 73%，弯曲模量保持 63%，在高温下仍能保持很高的韧性。

PAS的 T_g 为 288℃，热变形温度高达 274℃，可在 260℃以下长期使用，在 310℃下短期使用，在－240～260℃范围内均能保持结构强度，它的线膨胀系数为 2.6×10^{-5}/℃，热分解温度高达 460℃，耐热性十分突出。

PAS可在－240～260℃范围内保持电绝缘性基本不变，适合作 C 级绝缘材料，此外湿度变化和频率变化对其介电性能的影响也很小。

PAS与 PSU 有相似的耐化学介质性，但一些强极性溶剂如二甲基甲酰胺、丁内酯、N－甲基吡咯烷酮、二甲基亚砜等可使其溶胀和溶解。

表 12－6 为聚芳砜的性能。

表 12－6 聚芳砜的性能

项 目		数 值
相对密度		1.36
吸 水 率 /(%)		1.8
收 缩 率 /(%)		0.8
拉伸强度/MPa	23℃	91
	260℃	30
压缩强度/MPa	23℃	126
	260℃	52.8
弯曲强度/MPa	23℃	121
	260℃	62.7

续　表

项　　目		数　　值
拉伸弹性模量　/GPa		2.6
压缩弹性模量　/GPa		2.4
弯曲弹性模量/GPa	23℃	2.78
	260℃	1.77
伸长率/(%)	23℃	13
	260℃	7
缺口冲击强度/($J \cdot m^{-1}$)		163
洛氏硬度		M110
玻璃化温度 T_g　/℃		288
热变形温度(1.86 MPa)　/℃		274
最高连续工作温度　/℃		260
线膨胀系数　/(K^{-1})		4.68×10^{-5}
介电常数	60 Hz	3.94
	8.5 GHz	3.24
介质损耗因数	60 Hz	0.003
	8.5 GHz	0.001
表面电阻率　/Ω		6.2×10^{15}
体积电阻率　/Ω·m		3.2×10^{14}

三、聚醚砜的性能

PES是一种带有浅琥珀色的透明固体，无气味，折光率为1.65，相对密度为1.37 g/cm^3，吸水率为0.43%，收缩率为0.6%。

PES也具有较高的力学性能，特别是在高温下也能保持高的力学性能，如在200℃使用5年后的拉伸强度可保持50%。它的抗蠕变性很好，因而尺寸稳定性突出，图12-1和图12-2分别为20℃和150℃时PES在不同拉伸应力时的蠕变曲线。PES无缺口时的冲击强度可达到93 kJ/m^2，具有与PC同等的水平，但冲击强度受缺口半径的影响较大，随缺口半径减小，冲击强度会迅速下降，如图12-3所示。

PES还具有较高的耐热性，T_g为225℃，热变形温度(1.86 MPa)为203℃，最高连续使用温度达180℃，加入30%玻纤增强后为190℃。在−150℃低温下制品不会脆裂，线膨胀系数为5.5×10^{-5} 1/℃，图12-4为PES在150℃空气中的热老化曲线，随着时间增加，PES受热后自由体积减小，整个分子结构更为紧密，因而拉伸强度略有增加，随后又逐渐趋于平稳。

PES的介电常数在20℃，60～10^6 Hz范围内均保持在3.5左右，介质损耗因数在60 Hz，20～150℃内保持在0.001，表面电阻率为3×10^6 Ω，体积电阻率为3×10^{14} Ω·m，介电强度为17 kV/mm，即使在200℃高温下体积电阻率仍可达到10^{11} Ω·m。

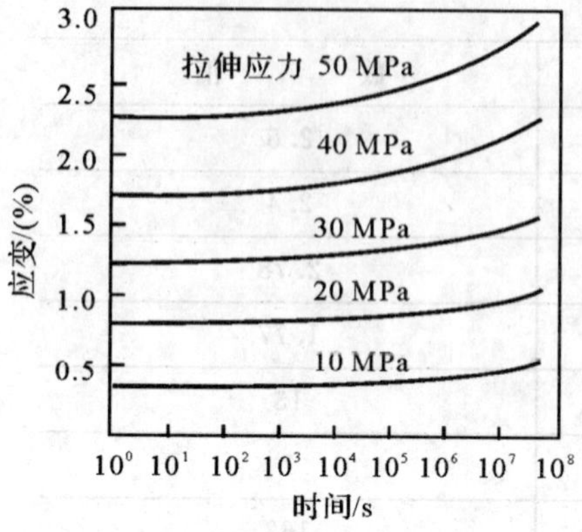

图 12－1　聚醚砜在不同拉伸应力下的蠕变曲线(20℃)

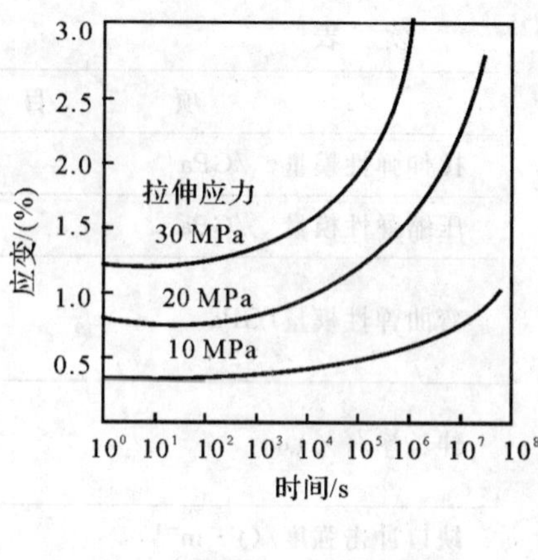

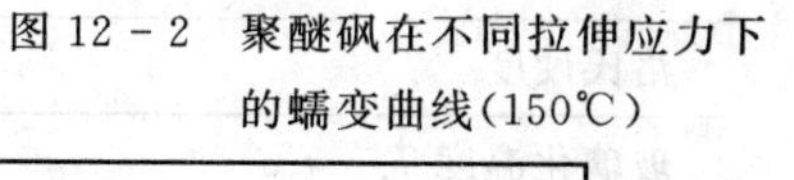

图 12－2　聚醚砜在不同拉伸应力下的蠕变曲线(150℃)

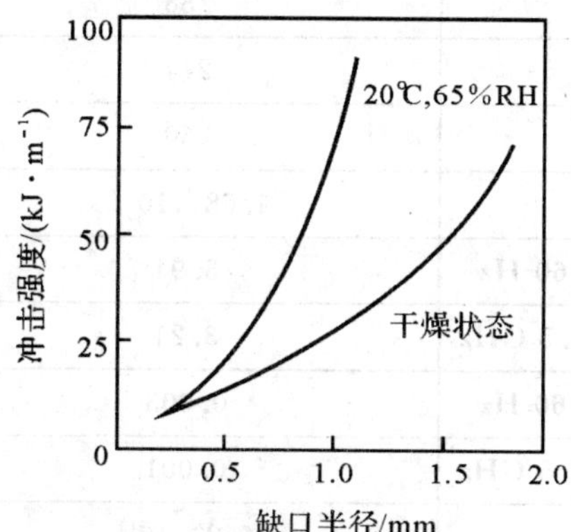

图 12－3　聚醚砜冲击强度与缺口半径的关系

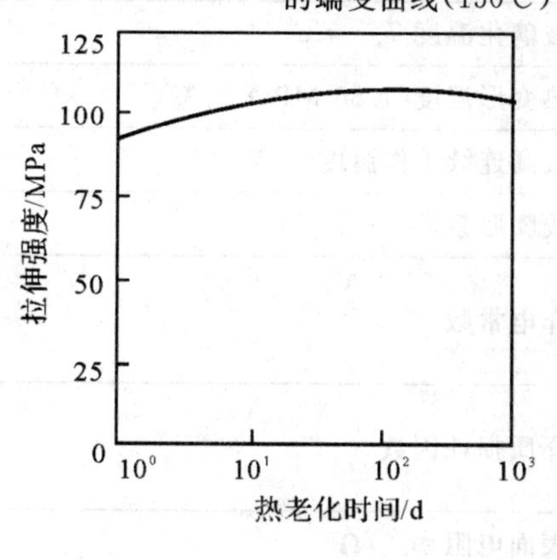

图 12－4　聚醚砜在 150℃空气中的耐热老化性

PES 能耐多种化学介质，如酸、碱、油、润滑脂、脂肪烃和醇等，但不耐极性有机介质如酮、卤代烃、二甲基亚砜等。PES 在水中不会发生水解，但会因微量吸水产生轻微的增塑作用而使力学性能有小的变化。表 12－7 为 PES 的主要性能。

表 12－7　PES 的性能

项　　目		数　　值
相对密度		1.37
收缩率　/(%)		0.6
吸水率　(24 h)　/(%)		0.43
折射率		1.65
拉伸强度/MPa	20℃	83
	150℃	55
	180℃	41

续　表

项　　目		数　　值
伸　长　率　/(%)		40～80
拉伸弹性模量　/GPa		2.4
弯曲强度　/MPa		130
弯曲弹性模量/GPa	20℃	2.6
	150℃	2.5
	180℃	2.3
冲击强度/($J \cdot m^{-1}$)	缺口	87
	无缺口	不断
洛氏硬度		M88　R120
热变形温度/℃	0.46 MPa	210
	1.86 MPa	203
维卡软化点/℃	0.1 MPa	226
	0.5 MPa	223
线膨胀系数　/(K^{-1})		5.5×10^{-5}
热导率　/($W \cdot (m \cdot K)^{-1}$)		0.18
比热容　/($J \cdot (kg \cdot K)^{-1}$)		1.1×10^{3}
燃烧性		自熄
介电常数	60 Hz	3.5
	10^6 Hz	3.5
	2.5×10^9 Hz	3.5
介质损耗因数	60 Hz	1.0×10^{-3}
	10^6 Hz	3.5×10^{-3}
	2.5×10^9 Hz	4.0×10^{-3}
体积电阻率　/($\Omega \cdot m$)		7×10^{15}
介电强度　/($kV \cdot mm^{-1}$)		16
耐电弧时间　/s		70
极限氧指数　/(%)		38

四、聚砜塑料的改性

针对聚砜塑料耐有机溶剂性较差、成型温度高、制品易应力开裂、疲劳强度较低等缺点，目前采用的改性方法主要包括玻璃纤维增强、填充和聚砜合金。

1. 玻璃纤维增强聚砜

聚砜塑料采用玻纤增强后可进一步提高力学性能，如强度、模量、刚性、抗蠕变性、尺寸稳定性、抗疲劳性等。还可提高耐热性，进一步降低成型收缩率和线膨胀系数，并提高耐水性。但会使其脆性增加，断裂伸长率降低。图 12－5～图 12－8 分别示出了 PSU 加入玻纤后性能的变化情况，表 12－8～表 12－10 分别列出了玻纤增强 PSU，PAS，PES 的性能数据。

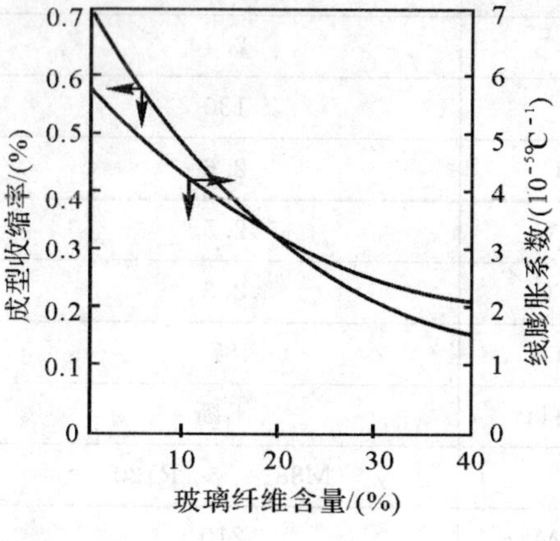

图 12－5　聚砜玻璃纤维含量与制品成型收缩率和线膨胀系数的关系

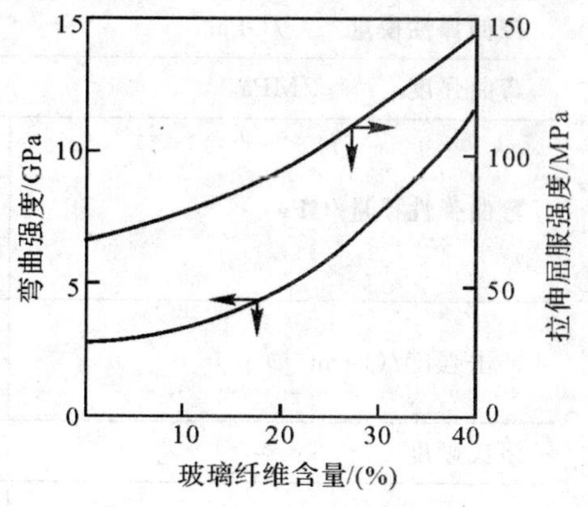

图 12－6　聚砜玻璃纤维含量与弯曲模量和拉伸屈服强度的关系

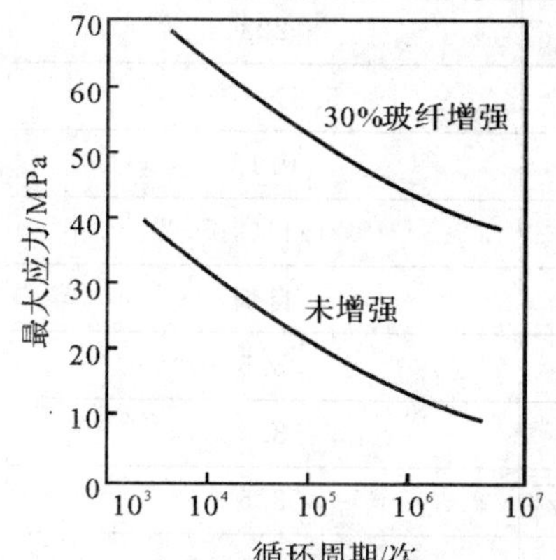

图 12－7　含 30％玻璃纤维和未增强聚砜的耐疲劳曲线

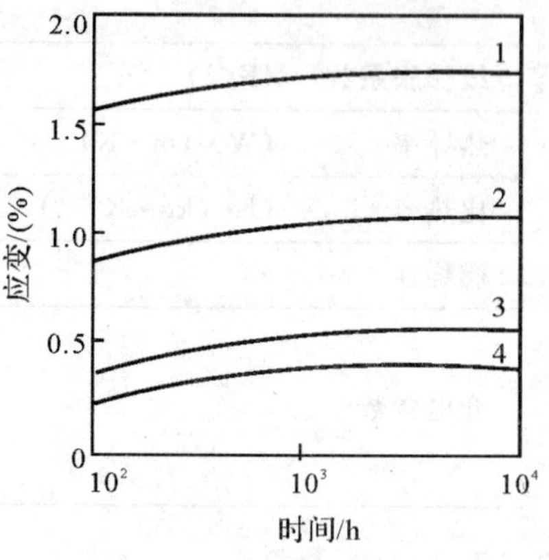

图 12－8　含 30％玻璃纤维和未增强聚砜的耐蠕变曲线
1—未增强，100℃，21 MPa；
2—未增强，100℃，14 MPa；
3—玻纤含量 30％，100℃，21 MPa；
4—玻纤含量 30％，100℃，14 MPa

表 12－8　玻纤增强 PSU 的性能

项　　　目	20％玻纤增强	30％玻纤增强
相对密度	1.38	1.45
吸 水 率 /(％)	0.2	0.2

续　表

项　　目		20%玻纤增强	30%玻纤增强
收缩率/(%)		0.3～0.4	0.2～0.3
熔融温度/℃		385	385
拉伸强度/MPa		103	124
伸长率/(%)		3.0	3.0
弯曲强度/MPa		145	165
弯曲模量/GPa		5.9	8.3
洛氏硬度		M92	M92
缺口冲击强度/($kJ \cdot m^{-2}$)		2.73	3.78
热变形温度/℃	0.46 MPa	188	191
	1.86 MPa	182	185
最高连续使用温度/℃		149	149
线膨胀系数/(K^{-1})		1.7×10^{-5}	1.4×10^{-5}
氧指数/(%)		—	35
介电常数(60 Hz)		—	3.55
体积电阻率/($\Omega \cdot m$)		—	10^{15}
介质损耗因数(60 Hz)		—	1.9×10^{-3}

表12-9　玻纤增强PAS的性能

项　　目		数　　值
相对密度		1.67
吸水率/(%)		0.51
拉伸强度/MPa		190.8
冲击强度/($kJ \cdot m^{-2}$)		126.3
压缩强度/MPa		367.2
弯曲强度/MPa		346
马丁耐热/℃		>250
表面电阻率/Ω	常态	1.57×10^{15}
	180℃	3.16×10^{14}
体积电阻率/($\Omega \cdot m$)	常态	2.82×10^{13}
	180℃	1.56×10^{12}
介电常数(10^6 Hz)	常态	2.68
	180℃	3.44

续 表

项目		数值
介电损耗因数 (10^6 Hz)	常态	4.99×10^{-2}
	180℃	7.5×10^{-2}
介电强度 /(kV·mm^{-1})	180℃	24.98
	90℃	26.52

表 12－10　玻纤增强 PES 的性能

项目		数值
相对密度		1.60
吸水率 /(%)	20 h	0.30
	饱和	1.50
收缩率 /(%)		0.2
燃烧性		自熄
线膨胀系数 /(K^{-1})		2.3×10^{-5}
最高连续使用温度 /℃		200
拉伸强度 /MPa		140
拉伸模量 /GPa		1.24
伸长率 /(%)		3
弯曲强度 /MPa		190
弯曲模量 /GPa		8.4
悬壁梁冲击强度/(kJ·m^{-1})	缺口	83
	无缺口	560
体积电阻率 /(Ω·m)		10^{14}
耐电弧时间 /s		70～120

2. 填充改性聚砜

聚砜塑料中可以加入无机填料、矿物填料、碳纤维、聚四氟乙烯粉末、阻燃剂、颜料、抗静电剂等制备具有特种要求的塑料。如在 PES 中加入 10%和 20%的 PTFE 制备出了高耐磨的工程塑料 PES2010F 和 PES2020F，其摩擦因数很低(0.1～0.2)，而且耐磨耗性比未增强 PES 和玻纤增强 PES 还高，甚至超过了耐磨性很好的聚苯硫醚(PPS)和聚甲醛(POM)。又如在 PES 中添加固体润滑剂制出了耐磨性十分优异的 FS2200 和 E3010 聚醚砜，它们具有很高的极限 PV 值，极小的摩擦因数和磨耗量，耐磨性超过了碳纤维或聚四氟乙烯填充的 PPS、聚四氟乙烯填充的 POM 和 PC。表 12 - 11 和 12 - 12 为这四种聚醚砜与一些工程塑料摩擦性能的比较。

表 12 - 11　PES2010F 和 PES2020F 与一些塑料的磨耗量比较

负载 MPa	摩擦速度 $m \cdot min^{-1}$	磨耗量 /mm					
		PES2010F	PES2020F	PES	30%GFPES	40%GFPPS	POM
0.63	56	2	2	8	5	2	2
	118	2	2	9	6	2	15
	262	2	2	18	18	16	17
1.26	56	2	2	11	15	3	4
	118	2	2	17	18	4	—
	262	5	4	—	18	—	—
1.89	56	2	2	13	16	3	15
	118	2	2	—	—	—	—
	262	15	14	—	—	—	—

表 12 - 12　PES FS2200 和 PESE3010 与一些塑料摩擦性能的比较

塑料名称	负荷 MPa	速度 $m \cdot min^{-1}$	摩擦因数	摩耗系数 $mm \cdot (Pa \cdot km)^{-1}$	磨耗量 mg
FS 2200	6	40	0.14～0.21	19.2×10^{-10}	0.16
	1	100	0.29	29.3×10^{-10}	0.17
E 3010	6	40	0.14	0.73×10^{-10}	0.10
	1	100	0.24	2.0×10^{-10}	0.32
	2	100	0.22	0.93×10^{-10}	0.48
碳纤维及 PTFE 填充 PPS	6	40	0.40	19.2×10^{-10}	13.0
	1	100	0.81	31.3×10^{-10}	10.5
	2	100	0.53	29.2×10^{-10}	8.6
PTFE 填充 POM	6	40	经数分钟即熔融		
PTEF 填充 PC	6	40			

3. 聚砜合金

聚砜合金以 PSU 合金为主，它的特点是改善了 PSU 耐溶剂性、耐应力开裂性、耐冲击性、熔融加工性、电镀性等。目前已报道的合金品种有 PSU/ABS，PSU/PBT，PSU/PMMA，PSU/PEI，PSU/PTEF，PSU/PEEK，PSU/PI 等类型。表 12 - 13 列出了 PSU/ABS 和 PSU/PBT 的性能。

PSU/ABS 和 PSU/PMMA 合金是两种最常见的 PSU 合金，它们是白色不透明的固体粒子，密度约为1.20～1.22，与纯PSU相比，熔融流动性提高了4倍，加工温度降低至260～340℃，耐有机溶剂性获得了大幅度提高，而力学强度、模量、抗蠕变性变化不大，但耐热性有所下降，只能在－143～120℃范围内应用。

表12－13　PSU合金的性能

项　　目	PSU/ABS	PSU/PBT
拉伸强度 /MPa	51	127
拉伸模量 /GPa	2.17	9.86
弯曲强度 /MPa	84	174
弯曲模量 /GPa	2.22	11.07
缺口冲击强度 /($kJ \cdot m^{-2}$)	38.1	7.1
伸长率 /(%)	75	1.3
热变形温度(1.86 MPa) /℃	149	160
阻燃性	——	UL94V—0级
UL温度指数 /℃	——	160
线膨胀系数 /(℃$^{-1}$)	6.5×10^{-5}	4.0×10^{-5}

§12.4　聚砜塑料的成型加工

一、PSU的成型加工

1. PSU的成型工艺性

(1) PSU的熔体接近于牛顿流体，流变特性类似于PC，即熔体粘度对温度敏感性高于压力。实验表明在310～420℃内，每升高温度30℃，即可降低熔体粘度一半。由于熔体流动性对剪切速率关系不大，因此成型时不宜加过大的成型压力，有利于减少内应力和分子取向，使制品各向异性减少。对挤出和吹塑工艺，降低压力可减少出模膨胀率，便于控制产品形状和尺寸。

(2) PSU熔体的热稳定性较好，在料筒中熔体停留1 h以下时，对其流动性并无严重影响。

(3) PSU分子链的刚性较大，冷凝温度较高，因此制品由于取向造成的内应力难以自行消除。

(4) PSU吸水率(0.22%)虽然小于PC(0.58%)，而且遇水不会水解，但在高温及载荷作用下，水能促进应力开裂，此外吸水后会造成制品中有气泡、表面银丝等缺陷。因此加工前应干燥，使含湿量降到0.05%以下，干燥条件为120℃，5 h或160℃，2～3 h。

(5) PSU为无定形聚合物，当熔体冷却为固体时不会产生结晶，故成型收缩率小(0.7%)，而且产品透明。

(6) PSU熔体粘度大，流动性较一般塑料差，加工时应在高温下进行(300～400℃)，此外由于熔体冷却快、模塑周期短，因而设计模具时应尽量减少流道阻力，模具应有控温装置。

2. PSU 的成型方法

PSU 可按一般热塑性塑料的方法成型加工，可以注射、挤出、吹塑、热成型及二次加工。

PSU 的注射成型宜在螺杆式注射机上为好，应选用等距、低压缩比的渐变螺杆，以及喷孔直径稍大的直通式喷嘴。壁厚为 1.9～2.5 mm 的简单制品，模温控制在 93℃左右，壁薄、长流程或形状复杂的制品模温应提高到 149～160℃。料筒温度一般为 320～380℃，注射压力为 100～200 MPa，保压压力 30～100 MPa，注射时间 20～90 s，保压时间 0～5 s，螺杆转速 50～100 r/min，螺杆背压 5～20 MPa。

PSU 的挤出成型用于成型管材、棒材、板材、片材、薄膜及电线电缆包覆物。挤出螺杆长径比一般为 20∶1，压缩比(2.5～3.5)∶1，机头温度控制在 310～340℃，牵引温度 150～200℃，螺杆转速 15～30 r/min。

PSU 的吹塑成型用于制备中空制品，可先在螺杆式挤出机上利用型坯口模制成筒坯，然后置于吹塑模内吹胀并冷却定型。挤出口模内熔料流动应呈流线形，口模温度 300～360℃，吹塑模温度 70～100℃，吹塑压力$(2.8 \sim 4.9) \times 10^5$ Pa。

三、PAS 的成型加工

PAS 的熔融加工十分困难，主要原因是其熔体粘度很大以致于熔体流动性很差，需用特殊的注射机和挤出机才能加工，设备的加热温度应达到 400℃以上，注射压力达到 140～280 MPa，模具温度达到 230～280℃。加工前要求对物料充分干燥，干燥条件为 150℃时 10～16 h 或 200℃时 6 h。可采用的成型方法有注射、挤出、压制及溶液流涎法等，注射工艺条件为料筒温度 315～410℃，模具温度 230～280℃，注射压力 140～280 MPa，成型周期 15～40 s。挤出工艺条件为：料筒温度 315～410℃，口模温度 340～410℃，螺杆转速 20～90 r/min。压制工艺条件为：模具温度 360～380℃，模压压力 7～14 MPa，卸模温度 260℃。溶液流涎制薄膜工艺为：先将 PAS 溶于硝基苯中配成 40%的浓溶液，再用二甲基甲酰胺或 N－甲基吡咯烷酮稀释至 20%，再在流涎机(200～250℃)上成膜。

三、PES 的成型加工

1. PES 的成型工艺性

(1) PES 熔体为假塑性体，即熔体表观粘度随剪切速率的增加呈下降趋势，但下降幅度并不大。但是当 PES 在正常加工温度范围内(310～335℃)长时间或多次加工时，会出现熔体增稠现象，可能是剪应力导致分子链断裂形成了自由基，自由基使分子链产生支化或轻度交联所致。因此加工 PES 时应控制熔体在设备中不要停留过长时间，一般不应超过 40 min。

(2) PES 在加工前也应干燥，使含水量降至 0.12%以下，干燥条件为 120～140℃时 10 h 或 160℃时 3 h 以上。

(3) PES 的熔融温度范围较窄，大约为 315～335℃，熔体冷却速率较快，因此应采用较高的注射速率将熔体送入模具，以避免熔料充模流动性变差而使制品欠料。

(4) PES 在成型时一般均形成无定形结构，因此挤出时的出模膨胀率较小，注射时的收缩率也较小，但当加入少量的成核剂时也会形成晶体结构。

2. PES 的成型方法

PES 可按一般热塑性塑料的方法进行成型加工，无需特殊设备，可采用的方法有：注射、挤出、模压、流涎、吹塑、真空成型、发泡成型和涂覆成型，但以注射和挤出为主。

注射成型用于加工工程零部件，应选用螺杆式注射机，以等矩渐变螺杆为主，均化段螺槽应比一般螺杆深,以避免熔体受到过高的剪切摩擦热。喷嘴宜用直通式,模具设计时应避免出现熔接痕,表 12－14 为 PES 和玻纤增强 PES 的注射工艺条件。

表 12－14　PES 的注射工艺条件

项　　目		PES	GFPES
料筒温度/℃	后　段	300	310
	中　段	330	340
	前　段	330～360	340～370
喷嘴温度　/℃		330～360	340～370
模具温度　/℃		110～130	120～150
注射压力　/MPa		100～160	120～160
保压压力　/MPa		50～70	60～80
螺杆背压　/MPa		5～6	5～10
螺杆转速　/(r・min^{-1})		50～60	30～50
成型周期　/s		20～40	20～40

挤出成型用于 PES 粉料造粒、着色,以及管、棒、片、薄膜等制品的成型,表 12－15 为 PES 挤出造粒时的工艺条件。

表 12－15　PES 的挤出造粒工艺条件

项　　目		双螺杆挤出机	单螺杆挤出机
料筒温度/℃	后　段	285	280
	中　段	290	295
	前　段	295	300
机头温度/℃		300	315
螺杆转速/(r・min^{-1})		14	10～50
主机电流/A		4	1.0～2.2

§12.5　聚砜塑料的应用

一、PSU 的应用

PSU 具有优良的力学性能、电性能、化学稳定性和耐热性,适宜制造各种高强度、低蠕变、高尺寸稳定性、耐蒸煮、能在高温下使用的制品,广泛应用于电子电器、机械设备、医疗器械、家用器具、交通运输等领域。

在电子电器领域中,它用作印刷电路板、集成电路载体及衬板、线圈骨架、接触器、电视机、录像(音)机组件、电容薄膜、高性能电池外壳、电钻外壳、电线(缆)包覆等。

在精密机械领域中，大量代替铜、铝、锌、铅等金属材料，以降低部件重量，起到经济、美观、耐用的目的。如钟表的表壳、内部零件，照(摄)像机、投影机等零件。

在交通运输领域中，适合制造汽车防护罩、分速器盖、仪表盘、灯具镶嵌玻璃沟缘部件、电动齿轮、蓄电池盖、雷管、电子发火装置元件、传感器等。

在医疗器械领域中，用作外科手术工具盘、喷雾器、湿润器、流体控制器、仪表外壳、心脏阀、起搏器、防毒面罩、流体容器、牙托、仪器外壳、内视镜零件、接触眼镜片的消毒器皿等。

在家用器具中，适合作咖啡杯、湿润器、发型干燥器、布蒸干器、投影机外壳、饮料及食品分配器等。

在食品及卫生器材中，适合作卫生设备管道、水加热器、制奶工业机械零部件及管道、自来水及卫生零件、食品包装及食品容器等。

二、PAS 的应用

PAS 主要以 C 级绝缘材料应用于电子、电器行业，作为线圈骨架、线圈胎型、开关、配线板、接插件、电容器、印刷线路板及电线电缆的包覆层。还可与 PTFE 粉末或石墨粉混合后压制成型为在高温和高负荷下使用的轴承。

三、PES 的应用

PES 在广泛温度范围内(－100～200℃)具有高的力学性能，高的热变形温度(203℃)及良好的耐老化性能，制品耐候性好，阻燃，烟密度低，电性能优良，透明性好。因而被广泛应用于电子电气、机械、医疗、食品及航空航天领域。

在电子电气领域内，主要用在线圈骨架、接触器、印刷电路板、开关零件、灯架基座、电池及蓄电池外罩、电容器薄膜等。

在机械工业领域内，主要选用玻纤增强聚醚砜，使制件具有耐蠕变、坚硬、高尺寸稳定等特性，制作轴承支架、活塞环、机械摇柄、温水泵泵体、叶轮、热水测量仪表、防水表外壳。

在汽车工业领域内，用作照明灯的反光镜、汽车齿轮箱滚珠轴承保持架、制动器轴承衬套、点火噪声消除器、热空气导管、窗框及电气连接件和机电控制元件。

在航空领域内，用于飞机内部装饰件，如支架、门、窗及雷达罩等。

在医疗卫生领域中，它可耐水煮、耐消毒剂溶液，用作钳、罩、手术室照明组件、离心泵、手术器材的手柄、人工呼吸器、血压检查管、牙科反射镜支架、容器、热水器、湿度计等。

此外，它还可用于厨房用具上，如咖啡器、煮蛋器、微波器、热水泵等。还能用于照明及光学器材领域中，作反光灯、信号灯等。也可制备各种高力学性能的超滤膜、渗透膜、反渗透膜及中空纤维等制品。

思考题

1. 写出 PSU,PAS,PES 三种聚砜的化学结构式，并指出三者之间的相同点与不同点。
2. 说明三种聚砜的主要性能特点是什么？
3. 聚砜如何改性？这些改性方法对哪些性能的改善效果较大？
4. 试述 PSU 的加工特点，并指出可用哪些方法对其进行加工？加工时应注意什么问题？
5. 举出三种以上由 PSU 生产出的产品，并分析说明是否可用其他塑料代替？

第十三章　聚酰亚胺类树脂及塑料

聚酰亚胺(Polyimide,简写为 PI)是指大分子主链含有酰亚胺基($-\overset{\overset{O}{\|}}{C}-\underset{|}{N}-\overset{\overset{O}{\|}}{C}-$)的聚合物,可分为脂肪族和芳香族两大类,但因脂肪族 PI 在性能上无特殊之处,实用价值不高,因而目前所说的聚酰亚胺多为芳香族聚酰亚胺,其通式为

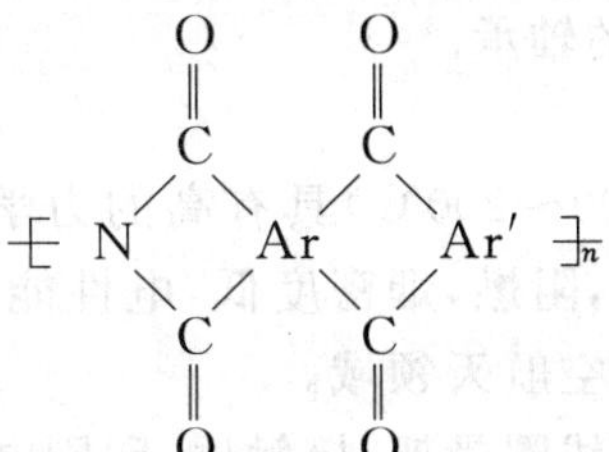

式中 Ar 代表二酐中的芳基,Ar′代表二胺中的芳基,但也有二酐中不含芳基的聚酰亚胺,如聚双马来酰亚胺。

1959 年,美国杜邦(Dupant)公司首先报道了能用多种四羧酸二酐和芳族二胺合成聚酰亚胺的专利,并于 1961 年正式实现了聚酰亚胺薄膜和漆的工业化。随后美国西屋(Westing House)公司和孟山都(Monsanto)公司将 PI 用于绝缘材料、胶粘剂和层压制品,又于 1965 年成功开发出 PI 模压制品。此后 PI 作为耐热工程塑料得到了迅速发展,并使整个芳杂环结构聚合物成为各国研究耐热合成材料的热门领域。

由于以均苯四甲酸二酐为原料制成的 PI 不能进行熔融加工且成本很高,从 1965 年开始,各国相继开发出一系列可熔型 PI。如单醚酐型 PI、双醚酐型 PI、酮酐型 PI 等,以及在分子主链上引入酰胺基($-\overset{\overset{O}{\|}}{C}-NH-$)、酯基($-\overset{\overset{O}{\|}}{C}-O-$)和醚键($-O-$)的聚酰胺酰亚胺、聚酯酰亚胺、聚醚酰亚胺等改性聚酰亚胺。这些 PI 仍留了较高的耐热性,而且可按通常热塑性塑料的加工方法成型出各种制品,使聚酰亚胺的应用更广泛。此外以 NA 基、乙炔基封端的低分子量热固性聚酰亚胺也有了很大发展,它们可以按照类似于环氧树脂的方法制备胶粘剂、复合材料和层压制品,在加热固化时依靠活性端基反应形成交联的大分子聚酰亚胺结构,且不放出低分子物,具有耐热性高、力学性能优异等优点。近年来以 4,4′－二氨基二苯甲烷与马来酸酐合成的另一类热固性二苯甲烷双马来酰亚胺,由于可与众多的活性化合物共聚形成耐高温、高韧性、耐湿热、电性能、力学性能、化学性能及工艺性能优良的树脂基体,从而成为高性能树脂基复合材料领域中研究的热点,因而在航空航天、电子电器等领域内得以迅速发展。

目前聚酰亚胺的发展趋势为:进一步寻找新的合成单体,对现有品种进行改性,平衡性能

价格比，降低生产成本，改造生产技术和设备、扩大生产规模，不断拓宽应用领域。

§13.1 聚酰亚胺的制备

聚酰亚胺的制备通常分为二个步骤，第一步为芳族二元酸酐与芳族二元胺在极性有机溶剂中缩聚生成聚酰胺酸；第二步为聚酰胺酸经热转化法或化学转化法脱水环化形成聚酰亚胺。下面以均苯四甲酸二酐与4，4′－二氨基二苯醚合成均苯型聚酰亚胺为例给予说明。

一、缩聚反应

在反应釜中加入一定量的强极性溶剂二甲基甲酰胺（还可用二甲基乙酰胺、N－甲基吡咯烷酮、吡啶、二甲基亚砜等），再加入定量的4，4′－二氨基二苯醚，待溶解后于10～50℃在搅拌下逐渐向釜内加入均苯四甲酸二酐，当原料达到等摩尔比时，溶液粘度急剧上升，即生成了聚酰胺酸，反应式为

$$n\ \text{(均苯四甲酸二酐)} + n\,H_2N\text{—}C_6H_4\text{—O—}C_6H_4\text{—}NH_2 \xrightarrow[10\sim50^\circ C]{\text{二甲基甲酰胺}}$$

$$\left[\text{NH—}\overset{O}{\overset{\|}{C}}\text{—}C_6H_2(\text{COOH})_2\text{—}\underset{O}{\underset{\|}{C}}\text{—NH—}C_6H_4\text{—O—}C_6H_4\right]_n$$

二、酰亚胺化反应

酰亚胺化反应可采用热转化法或化学转化法。热转化法是最常用的方法，它是将聚酰胺酸先除去溶剂制成粉末或直接流涎成为薄膜，然后在惰性气体保护下或在真空中加热至300～450℃处理1 h，使聚酰胺酸完成分子内脱水环化生成聚酰亚胺。化学转化法是将脱水剂如醋酸酐、丙酸酐、丁酸酐等与催化剂直接加入到聚酰胺酸溶液中进行环化脱水。酰亚胺化的反应式为

$$\left[\text{NH—}\overset{O}{\overset{\|}{C}}\text{—}C_6H_2(\text{COOH})_2\text{—}\underset{O}{\underset{\|}{C}}\text{—NH—}C_6H_4\text{—O—}C_6H_4\right]_n \xrightarrow[N_2\ \text{或真空下}]{300\sim450^\circ C}$$

$$\left[\text{N}(\text{CO})_2C_6H_2(\text{CO})_2\text{N—}C_6H_4\text{—O—}C_6H_4\right]_n + 2\,nH_2O$$

可用以上所述两个步骤制备聚酰亚胺的二酐(Ar)和二胺(Ar′)的结构式见表 13－1。

表 13－1　合成聚酰亚胺的单体结构

二　　酐(Ar) 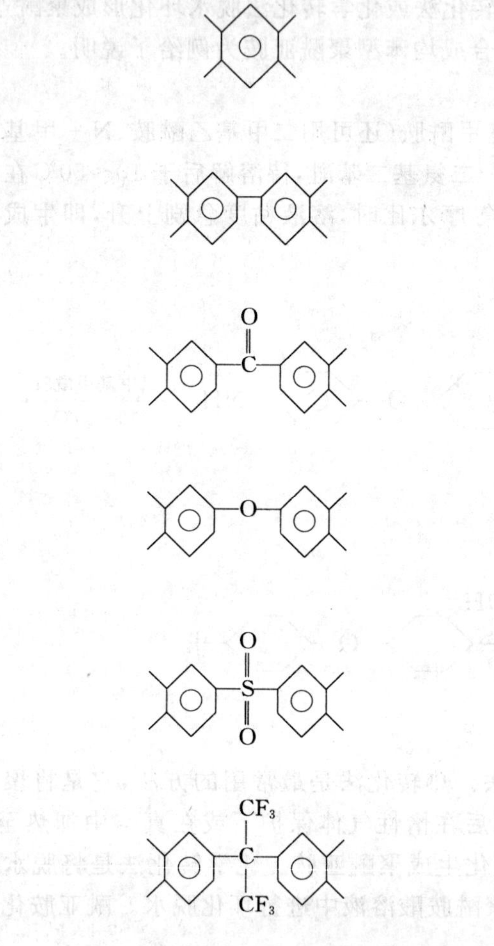	二　　胺(Ar′) 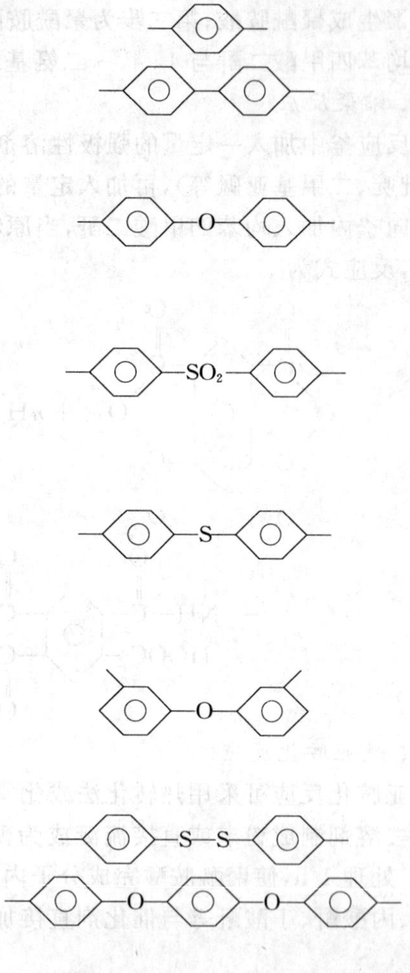
	O
O, C	SO_2
O	S
O, S, O	O
CF_3, C, CF_3	S—S
	O, O
O, O	O, O
CH_3, O, C, O, CH_3	CH_2

§13.2 聚酰亚胺的结构与性能

聚酰亚胺的突出性能是热稳定性和热氧稳定性很高，力学性能特别是在高温下的力学性能保持率很高，其次电性能、耐化学介质性、耐辐射性也很优异。这些特性归功于它的分子主链含有大量苯环以及酰亚胺基被纳入苯环形成了五元杂环，分子链的刚性大，分子间的作用力强，敛集密度高等原因。不同品种的聚酰亚胺由于二酐和二胺的结构不一样，性能也会存在差别，本节主要讨论不同结构组成对其热性能和力学性能的影响。

1. 不同结构组成对聚酰亚胺热性能的影响

对于由均苯四甲酸二酐与不同芳族二胺组成的聚酰亚胺，它们的热稳定性和热氧稳定性的次序分别为：

热稳定性次序

$-C_6H_4-C_6H_4- > -C_6H_4-$（对位），$-C_6H_4-$（间位）$> -C_6H_4-O-C_6H_4-$，

$-C_6H_3(CH_3)-C_6H_3(CH_3)- > -C_6H_4-CH_2-C_6H_4- > -C_6H_4-(CH_2)_2-C_6H_4- >$

$-C_6H_4-SO_2-C_6H_4- > -C_6H_4-C(CH_3)_2-C_6H_4- > -(CH_2)_6-$

热氧稳定性次序

$-C_6H_4-$（对位）$> -C_6H_4-C_6H_4- > -C_6H_4-O-C_6H_4- >$

$-C_6H_3(CH_3)-C_6H_3(CH_3)- > -C_6H_4-C(CH_3)_2-C_6H_4- > -C_6H_4-$（间位），

$-C_6H_4-SO_2-C_6H_4- > -(CH_2)_6- > -C_6H_4-CH_2-C_6H_4-$

$> -C_6H_4-(CH_2)_2-C_6H_4-$

由以上次序可以说明由纯芳族二胺制备的聚均苯四甲酰亚胺具有最高的热稳定性；在苯环上引入取代基以及在二胺的两个苯环之间引入不同的基（特别是砜基和异丙撑基）都会降低热稳定性；用脂肪族二胺制备的聚酰亚胺热稳定性最低。

在有氧存在下，热氧稳定性是由开始放热的温度即初始氧化分解温度确定，可以看出苯环在对位上相互连接的芳族二胺制备的聚酰亚胺同样具有最高的热氧稳定性；醚键会使热氧稳定性稍有降低；在苯环上有取代基，或者在两个苯环之间有不同的基以及间位上有苯环均会使其热氧稳定性急剧下降。

2. 不同结构组成对聚酰亚胺力学性能的影响

聚酰亚胺分子链中铰链基的存在及亚胺环的位置对其力学性能的影响有一定的规律性，这些铰链基是由杂原子或者杂原子团组成，如—O—，—S—，—S—S—，$—SO_2—$，—CO—，还可以是烷基$—CH_2—$，$—C(CH_3)_2—$或者带间位键的苯环。按照铰链基在聚酰亚胺中的位置可将它们分为四组，每组聚酰亚胺不仅具有相似的化学结构，而且也有相似的力学性能。

A 组聚酰亚胺为二酐和二胺均为芳核，不含有铰链基，仅含有直接连接或通过亚胺环彼此相连的芳核。大分子链具有非常高的刚性，分子间具有很强的范德华力。它的特点是密度高、呈脆性且不熔融、弹性模量很高。在室温下弹性模量高达 10 GPa 左右，在 400℃的高温下仍能达到 1～4 GPa。

B 组聚酰亚胺仅在二酐中含有铰链基，这些铰链基连接苯环后再通过亚胺环牢固地与二胺中的芳基连接。虽有铰链基的存在仍不能使靠近铰链基的刚性苯环及亚胺环围绕其旋转，不会使大分子产生大的柔顺性。因此 *B* 组聚酰亚胺与 *A* 组在性能上相似，在室温下仍具有高的弹性模量(1～10 GPa)，但其弹性模量受温度影响比 *A* 组强烈，这可能与一些苯环在高温下能围绕铰链基旋转以及大分子之间相互作用力有较大减弱有关。尽管如此，B 组聚酰亚胺在 400℃高温下仍具有 1 GPa 左右的弹性模量，且不熔不软化。

C 组聚酰亚胺仅在二胺中含有铰链基，铰链基位于二个苯环之间，逐次由单键通过苯环与亚胺环上的氮原子相连。这种结构有利于分子链的内旋转，并保持了较为疏松的敛集。*C* 组聚酰亚胺在室温下仍有较高的弹性模量(2～4 GPa)，而且在高温和低温下均有高的韧性和强度。与 A 组和 B 组相比，*C* 组聚酰亚胺分子间的作用力大大降低，在 400℃时的弹性模量迅速降低为 10～50 MPa，但由于在高温下 *C* 组会交联形成特殊的环状结构，又会使弹性模量迅速增加至 200～600 MPa。*C* 组因在高温下先软化而后迅速交联，因此一般认为仍是不熔不软化的聚酰亚胺。

D 组聚酰亚胺在二酐和二胺中均含有铰链基，这组聚合物呈现出弹性，且密度较低。它们的特点是具有很窄的熔融温度范围并能转变为粘流态，在高于 T_g 时的弹性模量为 1～10 MPa，这是高弹态的特征。

§ 13.3 聚酰亚胺的性能

一、耐热性

聚酰亚胺最突出的性能是它的耐热性很高，表现在它具有很高的玻璃化温度(T_g)、高的最高连续使用温度和高的热分解温度(T_d)，以及高温下低的热失重率和低的线膨胀系数。如 *C* 组中聚均苯四甲酰二苯醚亚胺（杜邦公司的 *H* 薄膜

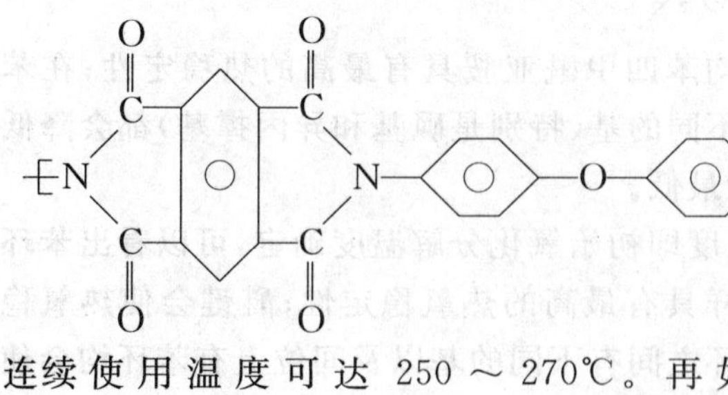

)T_g 为 399℃，T_d 为 500℃，在空气中的最高连续使用温度可达 250～270℃。再如 *D* 组中的单醚型聚酰亚胺(DPO 塑料，

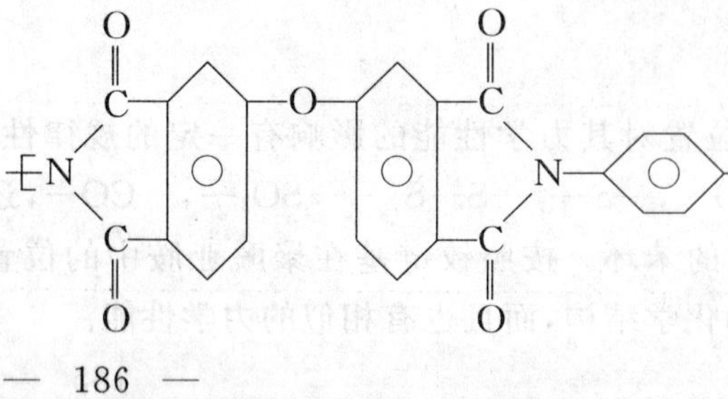

T_d 为 530～550℃，最高连续使用

温度可达200～230℃。尽管 *D* 组聚酰亚胺可以熔融，但其玻璃化温度也都高于 200℃。表 13－2为不同结构均苯型聚酰亚胺在 325℃空气中的失重率，表 13－3 为不同结构聚酰亚胺的热膨胀系数。

表 13－2　不同二胺的均苯型 PI 在 325℃热空气中的失重率/(%)

二胺结构 \ 在 325℃空气中停留时间/h	100	200	300	400
$-m-C_6H_4-$	3.3	4.3	5.0	5.6
$-C_6H_4-C_6H_4-$	2.2	3.6	5.1	6.5
$-C_6H_4-O-C_6H_4-$	3.3	4.0	5.2	6.6
$-C_6H_4-O-C_6H_4-$ (3,4′)	3.4	3.8	5.1	7.2
$-C_6H_4-S-C_6H_4-$	4.8	5.8	6.8	7.9
$-C_6H_4-CH_2-C_6H_4-$	9.4	12.9	14.7	16.8
$-C_6H_4-C(CH_3)_2-C_6H_4-$	16.1	26.2	31.0	36.0

表 13－3　不同结构 PI 的热膨胀系数/(10^{-5} · K^{-1})

二胺结构 \ 二酐结构	C_6H_2	$C_6H_3-C_6H_3$	$C_6H_3-CO-C_6H_3$
$-p-C_6H_4-$		0.26	2.10
$-m-C_6H_4-$	3.20	4.00	2.94
$-C_6H_4-C_6H_4-$	0.59	0.54	2.17
$-C_6H_3(CH_3)-C_6H_3(CH_3)-$	0.20	0.56	1.54

续 表

二胺结构 \ 二酐结构	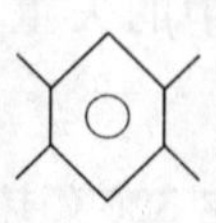	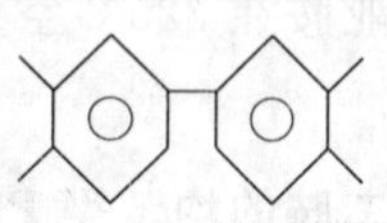	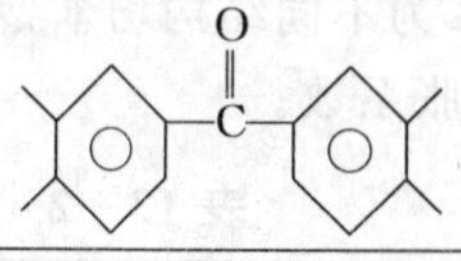 C=O
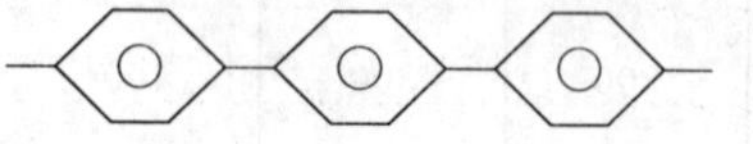	0.56	0.59	1.83
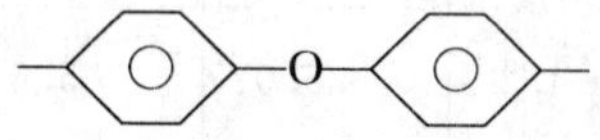 —O—	2.16	4.56	4.28
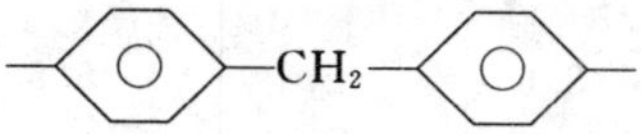 —CH_2—	4.57	4.18	4.50

二、物理、力学性能

由于聚酰亚胺分子主链中含有大量的芳环和亚胺环，分子链的刚性大，分子间的作用力很强，因而敛集密度高，硬度大，可作为耐热耐磨工程塑料使用。通常密度可达到 1.28～1.48 g/cm³，随着亚胺化程度提高、结晶度增加，密度会增加，当主链含有侧基时密度会下降。

聚酰亚胺在未增强时就具有较高的拉伸、弯曲、压缩强度，力学性能指标属中上水平，而模量高特别是在高温下的模量高是其力学性能的突出优点，模量与其结构组成密切相关，一般 A 组模量＞B 组＞C 组＞D 组。即使在 400℃高温下 A，B 组模量仍能保持 1～10 GPa 左右。

聚酰亚胺还具有突出的抗蠕变性，因而尺寸稳定性十分突出，如在 14 MPa 负荷下，室温时若 DPO 型聚酰亚胺的相对蠕变值为 1，则 PPO 为 2.5，PP 为 100，即使在 200℃高温下 DPO 也仅为 1.2，因而特别适合制作高温下尺寸精度要求高的塑料制品。

三、电性能

虽然聚酰亚胺分子链中含有相当多的极性基团如羰基、胺基、醚键、硫醚键等，但由于羰基为对称结构极性相互抵消且与 N 原子一起被纳入到芳杂环中，极性活动能力受到强烈束缚，而醚键或硫醚键与相邻苯环可形成共轭体系，使极性受到削弱，加上聚酰亚胺分子本身刚性大，分子间作用力强、玻璃化温度高等因素，使它在较宽的温度范围内仍具有偶极损耗小、电绝缘性优良的特点，属于中频介电材料。表 13－4 列出了聚酰亚胺的电性能数据。

表 13－4　聚酰亚胺的电性能

项目		数值
表面电阻率/Ω	室温	10^{15}～10^{16}
	300℃	10^{10}
体积电阻率/(Ω·m)	室温	10^{15}
	300℃	10^{9}
介电常数	10^{3} Hz	4.0
	10^{6} Hz	3.5

续 表

项目		数值
介质损耗因数	10^3 Hz	0.001
	10^6 Hz	0.009
介电强度 /($kV \cdot mm^{-1}$)		23.6
耐电弧性 /s		125

四、辐射性

聚酰亚胺大分子链中存在的大量芳环结构，使其吸收射线的能力很强，因而耐辐射性优良，它能经受 γ 射线、中子、电子及紫外线的作用。如 H 薄膜以中子 $5\times10^{18}/cm^2$ 剂量长期照射后其柔软性和介电性基本不变，用 PRK－2 型汞灯照射 DPO 薄膜 200 h 后的力学性能无变化，而在相同条件下 PET，PE 和 PA 等薄膜均会出现龟裂且丧失弹性。均苯型 PI 经钴 60 射线 4.28×10^7 Gy 辐射后，拉伸强度保持率为 88%，伸长保持率为 62%，介电强度保持率为 81%，如经 2×10^6 eV 辐射时，发生性能劣化的剂量高达 7×10^7 Gy 以上。

五、化学性能

聚酰亚胺分子链中最薄弱的亚胺环中的碳-氮键受到五元杂环的保护，因而难以被一般化学介质破坏，与具有相同碳-氮键的聚酰胺和聚氨酯相比，化学稳定性大大提高。

聚酰亚胺耐油、耐有机溶剂、耐稀酸，但不耐强氧化性的浓硫酸和发烟硝酸，也不耐碱和过热水蒸气。在强氧化剂作用下会发生氧化降解，碱和过水蒸气作用时会发生亚胺环的打开和主链断裂。表 13－5 为均苯型 PI 在部分化学介质中浸渍后的拉伸强度保持率。

表 13－5　均苯型 PI 在部分化学介质中浸渍后的拉伸强度保持率

药品名称	温度/℃	浸渍时间/h	拉伸强度保持率/(%)
甲酚	204	1 000	75
邻二氯苯	180	1 000	100
二乙酮	99	1 900	100
乙醇	99	1 900	100
硝基苯	215	1 000	85
过氯乙烯	99	1 900	100
甲苯	99	1 900	100
磷酸	120	1 000	100
润滑油	99	1 900	80
磷酸三甲酚	260	1 000	80
15%醋酸	99	1 900	20
38%盐酸	23	120	70
70%硝酸	23	120	40

§13.4 聚酰亚胺的主要品种

聚酰亚胺按其性能和用途可分为不熔性 PI、可熔性 PI、热固性 PI 和改性 PI 等四大类，本节介绍这四类中的主要品种。

一、不熔性聚酰亚胺

均苯型 PI(Polypyromellitimide，简称 PMMI)是不熔性 PI 的主要品种，化学结构通式为

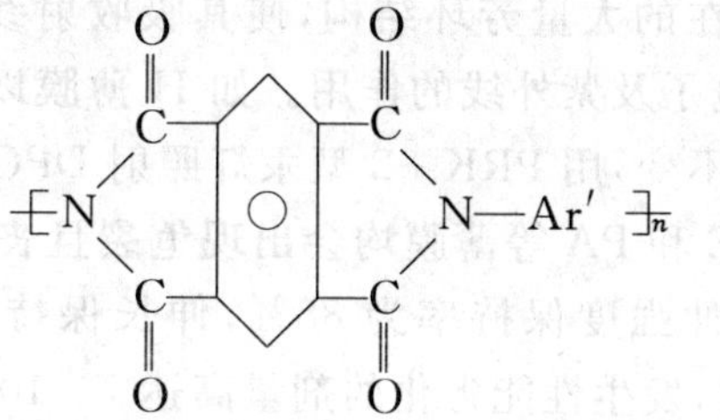

$$\left[N \langle (CO)_2 C_6H_2 (CO)_2 \rangle N - Ar' \right]_n$$

式中芳族二胺 Ar′的结构可为 $-C_6H_4-O-C_6H_4-$，$-C_6H_3(CH_3)_2-$（间二甲苯基），$-C_6H_4-$，$-C_6H_4-C_6H_4-$，$-C_6H_4-CH_2-C_6H_4-$，$-C_6H_4-C(CH_3)_2-C_6H_4-$，$-C_6H_4-S-C_6H_4-$，$-C_6H_4-SO_2-C_6H_4-$ 等，主要工业化产品为聚均苯四甲酰二苯醚亚胺，化学结构式为

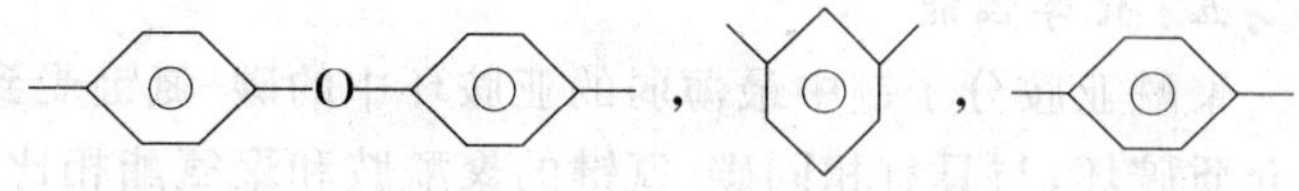

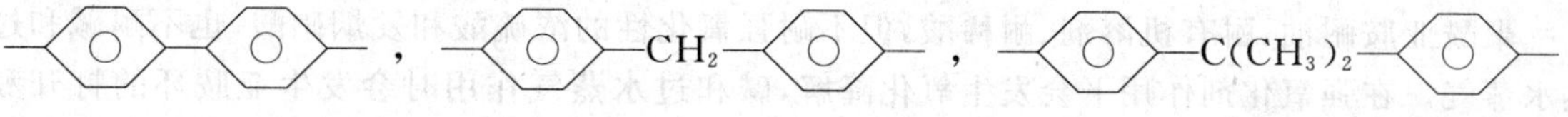

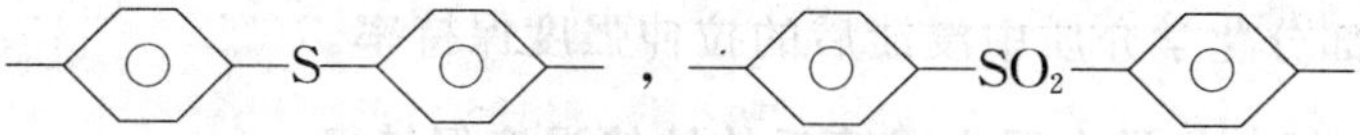

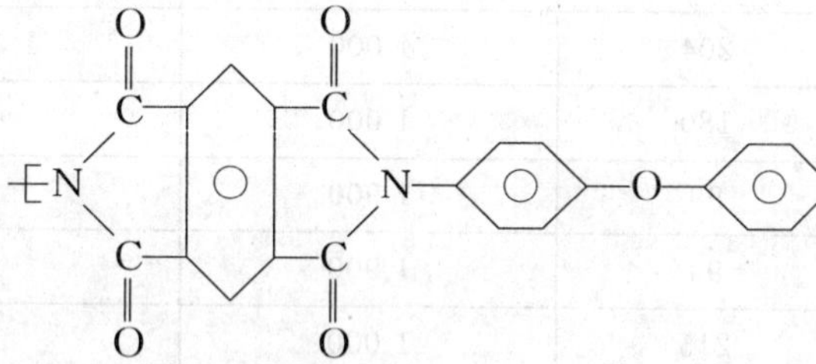

$$\left[N \langle (CO)_2 C_6H_2 (CO)_2 \rangle N - C_6H_4 - O - C_6H_4 \right]_n$$

均苯型 PI 的合成见§13.1，可作为薄膜、模塑制品、纤维、漆和胶粘剂、层压材料使用。

1. 薄膜

均苯型 PI 薄膜可由连续浸渍法和流涎法制得。连续浸渍法是先在二甲基乙酰胺中制得浓度为 15%～16%的聚酰胺酸溶液，然后以厚度为 0.05 mm 的铝箔作连续载体，经多程浸胶机进行浸渍操作，每浸一次后经 180℃烘干以除去溶剂，浸渍速度为 3.5～6.5 m/min，最后在 350℃下处理 30～60 min 进行脱水亚胺化，冷却剥离后即制得 PI 薄膜。流涎法是将聚酰胺酸溶液直接流涎在连续运转的不锈钢带上，经干燥后剥离制得聚酰胺酸薄膜，再在 300～400℃的高温下处理进行酰亚胺化得到 PI 薄膜。表 13-6 为均苯型 PI 薄膜的性能。

表 13-6　均苯型 PI 薄膜的性能

项目		数值
相对密度		1.42
拉伸强度/MPa	20℃	160～180
	200℃	90～120
伸长率/(%)	20℃	70
	200℃	90～100
拉伸弹性模量/GPa	20℃	2.9
	200℃	1.8
摩擦因数		$(8\sim10)\times10^{-2}$
在空气中的使用期	250℃	8～10 y
	270℃	1.5 y
	300℃	90 d
	350℃	6 d
	400℃	12 h
分解温度 /℃		500
线膨胀系数/(K^{-1})(−14～38℃)		2×10^{-5}
收缩率/(%)　200℃		3
介电常数		3.0～3.5
介质损耗因数		3×10^{-3}
体积电阻率/(Ω·m)		10^{16}
介电强度 /(kV·mm^{-1})		275

2. 模塑制品

在缩聚反应制出的高浓度(15%～20%)聚酰胺酸溶液中，加入叔胺作为沉淀剂，加热生成沉淀后除去溶剂，再将沉淀物经 300℃处理成为高比表面积的模塑粉。模塑粉中还可加入石墨、PTFE、MoS_2 等填料，最后按类似于粉末冶金的方法成型制品。即将模塑粉加入模具中，在 300℃下保持 10 min，加压至 275 MPa 保持 2 min，在保持此压力条件下吹冷风降温至 200 ℃以下开模即得所需形状和尺寸的 PI 模塑制品。表 13-7 为均苯型 PI 模塑粉的性能。

表 13-7　均苯型 PI 模塑粉的性能

项目	100%树脂	15%石墨	40%石墨	15%石墨 10%PTFE	15%MoS_2
相对密度	1.43	1.51	1.65	1.55	1.60
吸水率 /(%)	0.24	0.19	0.14	0.21	0.23
硬度 (洛氏 M)	92～102	82～94	68～78	69～79	/

续 表

项目		100%树脂	15%石墨	40%石墨	15%石墨 10%PTFE	15%MoS_2
拉伸强度/MPa	23℃	89.6	62.1	52.4	41.4	81.4
	250℃	45.5	41.4	29.0	20.7	44.8
	316℃	35.9	34.5	24.1	17.2	34.5
伸长率/(%)	23℃	7～9	4～6	2～3	3～4	6～8
	250℃	6～8	3～5	1～2	2～3	5～7
弯曲强度/MPa	73℃	117	103	89.6	70.3	131
	316℃	62.1	55.3	48.3	27.6	—
弯曲模量/GPa	23℃	3.1	3.72	5.17	3.17	3.45
	250℃	2	2.55	3.65	1.86	—
	316℃	1.79	2.24	3.17	1.59	—
压缩强度/MPa	23℃	276	221	124	125	—
	150℃	207	145	103	105	—
	250℃	138	89.6	82.7	82.7	—
冲击强度/($J \cdot m^{-1}$)		53.3	26.7	—	—	—
摩擦因数		0.29	0.24	0.03	0.12	0.25
线胀系数/($10^{-6} \cdot K^{-1}$)		45～52	38～59	23～59	43～63	49～59

3. 应用

均苯型 PI 薄膜占其用途的 75%，可用于电机、变压器的绝缘层和绝缘槽衬里，以及高温电容器介质等作为 H 级绝缘材料使用。模塑粉可用于特种条件下的精密零件，耐高温自润滑轴承、压缩机活塞环、密封圈，鼓风机叶轮等。还可用于与液氨接触的阀门零件，喷气发动机燃料供应系统零件。粘合剂可用于火箭、喷气飞机机翼的粘接和金刚砂轮的粘接。

二、可熔性聚酰亚胺

1. 单醚酐型聚酰亚胺

单醚酐型 PI 的化学结构通式为

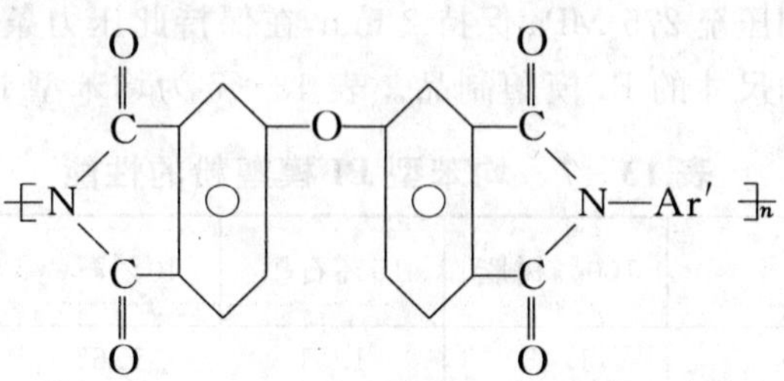

$$\left[N \begin{matrix} C(=O) \\ C(=O) \end{matrix} \!\!-\!\! C_6H_3 \!-\! O \!-\! C_6H_3 \!-\!\! \begin{matrix} C(=O) \\ C(=O) \end{matrix} N - Ar' \right]_n$$

式中 Ar′为 $-C_6H_4-O-C_6H_4-$，$-C_6H_3(CH_3)-$（间位），$-C_6H_4-SO_2-C_6H_4-$ 等，主

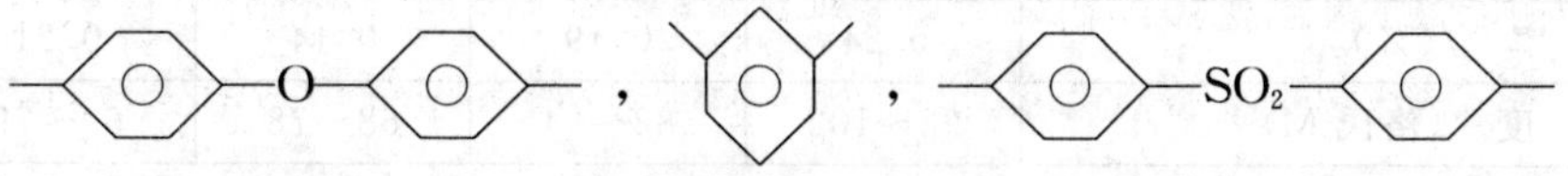

要工业化产品为

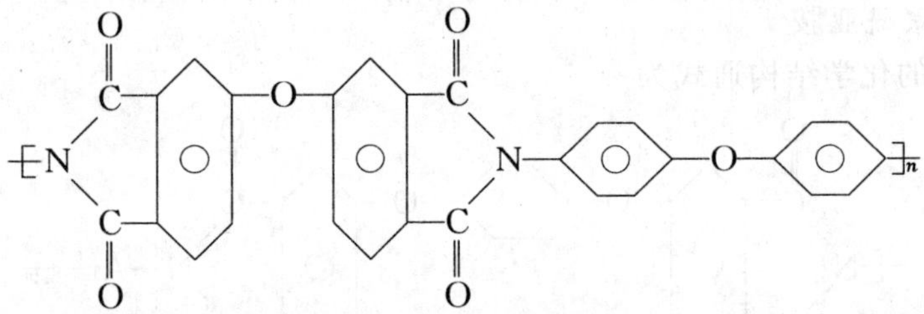

单醚型 PI 的合成与均苯型 PI 相似，可作为薄膜、模塑粉和层压材料使用。它在结构上属于 D 组，属可溶可熔的聚酰亚胺，除耐热性略低于均苯型 PI 外，其他物理、力学性能基本相同，可在－180～230℃长期使用。它的加工性能较均苯型 PI 好得多，可采用模压、层压、挤出、注射等方法进行加工。它能耐大多数有机溶剂及盐酸的腐蚀，其薄膜在 340℃左右具有自粘性。表 13－8 列出了单醚型 PI 塑料的主要性能。

表 13－8　单醚酐型 PI 塑料的主要性能

项　　目	数　　值
相对密度	1.38
吸水率　/(%)	0.3
拉伸强度 /MPa	100
伸长率 /(%)	50
弯曲强度 /MPa	210
弯曲弹性模量 /GPa	3.3
压缩强度 /MPa	170
冲击强度 /($kJ \cdot m^{-2}$)	70～120
维卡耐热温度 /℃	＞270
分解温度 /℃	530～550
长期使用温度 /℃	－180～230
线膨胀系数 /(K^{-1})	$(1\sim5)\times10^{-5}$
摩擦因数	0.17
介电常数 (1 MHz)	3.2
介质损耗因数 (1 MHz)	$(1\sim5)\times10^{-3}$
体积电阻率 /$\Omega \cdot m$	$10^{14}\sim10^{15}$
表面电阻率 /Ω	$10^{15}\sim10^{16}$
介电强度 /kV/mm	20～110

单醚酐型 PI 可用作压缩机叶片、活塞环、密封垫、轴瓦，也可用于自润滑轴承，轴承保持架、齿轮、离合器、刹车片等。还可用于插头、插座、线圈骨架等作为绝缘材料，用于原子能和宇

航工业中的耐辐射制品。薄膜用于电器元件的包覆，还可作胶粘剂和漆使用。

2. 双醚酐型聚酰亚胺

双醚酐型 PI 的化学结构通式为

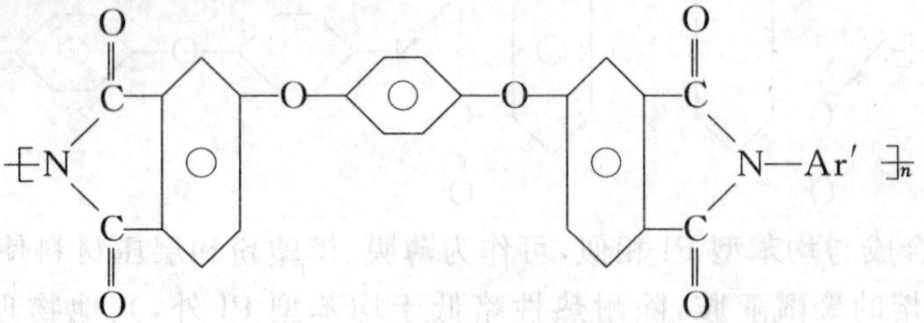

式中 Ar′可为 —SO_2— 等，

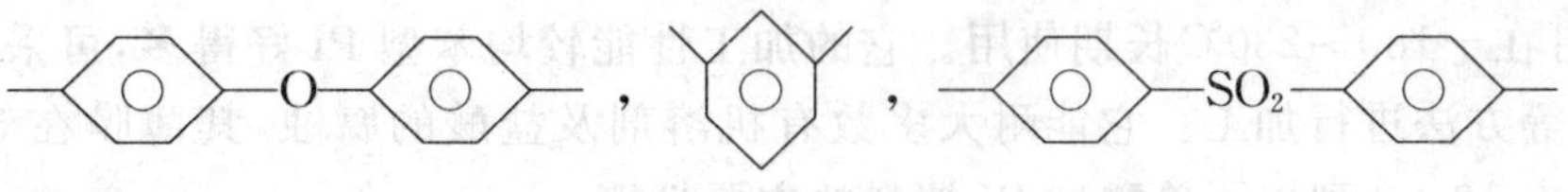

主要工业化产品的结构式为

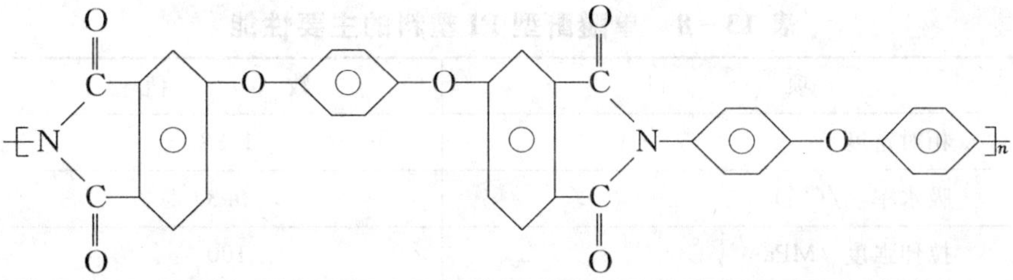

双醚酐型 PI 与单醚酐型 PI 的化学结构相近，仍属 D 组，是可熔可溶的聚酰亚胺。它的合成是用 3,3′,4,4′-三苯二醚四甲酸二酐与 4,4′-二苯醚在 180℃反应 1 h 后制得聚酰胺酸，然后经高温脱水环化生成聚酰亚胺。它可以用来制取薄膜、漆、层压板、胶粘剂，并可用模压、挤出、注射等工艺生产出各种工程塑料零件。

双醚酐型 PI 具有良好的综合性能，可在 −250～230℃内长期使用，力学性能、电绝缘性、耐辐射性、耐磨性均很优良，与均苯型 PI 相比加工性能大大改善。表 13－9 为双醚酐型 PI 的主要性能。

表 13－9　双醚酐型 PI 塑料的主要性能

项　　目	数　　值
相对密度	1.36～1.37
拉伸强度 /MPa	110
弯曲强度 /MPa	166～189
冲击强度 /($kJ \cdot m^{-2}$)	＞155
摩擦因数	0.24
极限 PV 值 /($MPa \cdot m \cdot s^{-1}$)	200～300
压缩强度 /MPa	153
热变形温度(1.86 MPa) /℃	232
长期使用温度 /℃	−250～230

续 表

项 目	数 值
分解温度 /℃	450
热失重(220℃,750 h) /(%)	<1
燃烧性	自熄
线膨胀系数 /(1/K^{-1})	2.7×10^{-5}
耐辐射性 (10^7 Gy 剂量)	1 mm 薄片对折不断

双醚酐型 PI 用于制造自润滑磨擦材料、密封件、轴承保持架、冷气压缩机密封卡块、球面垫、冷气活门、活塞环、电线、密封插头、汽车、飞机及其他机电产品零部件,以及各种棒材、板材。还可用作浸渍漆和胶粘剂。

3. 酮酐型聚酰亚胺

酮酐型 PI 的化学结构通式为

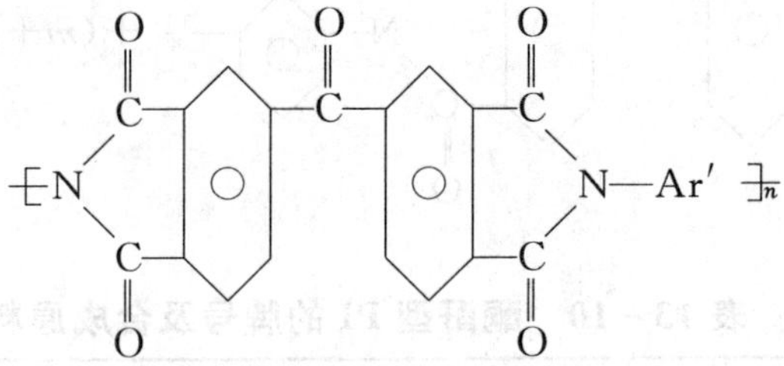

$$\left[N\langle(CO)_2 C_6H_3\rangle - CO - \langle C_6H_3(CO)_2\rangle N - Ar' \right]_n$$

式中 Ar′ 可为 间亚苯基(1,3-亚苯基),对亚苯基(1,4-亚苯基),$-C_6H_4-O-C_6H_4-$,甲基亚苯基(CH_3 取代),$-C_6H_4-CH_2-C_6H_4-$,$-C_6H_4-CO-C_6H_4-$(间位),$-C_6H_4-CO-C_6H_4-$(对位) 等。

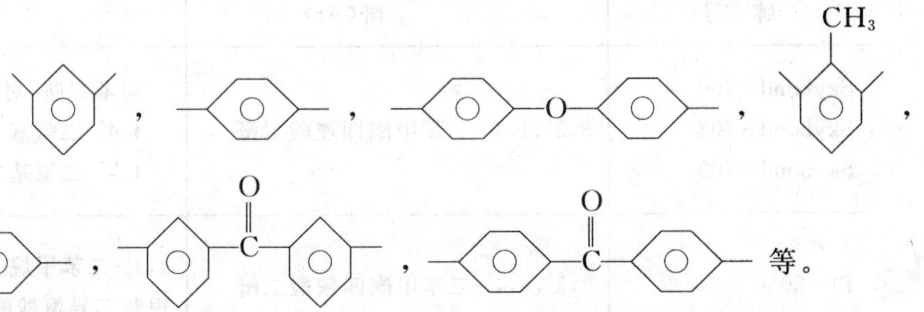

酮酐型 PI 与醚酐型 PI 不同之处在于二酐中引入了酮基($-\overset{O}{\overset{\|}{C}}-$)作为铰链基,而醚酐型在二酐中引入了醚键(—O—)作为铰链基,因此在结构上仍属 *D* 组,是可溶可熔型聚酰亚胺。它可以用于层压制品、复合材料、泡沫塑料、工程塑料、漆和胶粘剂等,并能按模压、层压、挤出、注射、烧结等方法成型各种制品。

酮酐型 PI 中除 PI-2080 之外,其他牌号的合成方法与均苯型 PI 相似,各牌号所使用的原料见表 13-10。其中 PI-2080 的合成与众不同,它采用 3,3′,4,4′-二苯甲酮四羧酸二酐与甲苯二异氰酸酯(TDI)和 4,4′-二苯基甲烷二异氰酸酯(MDI)并按 TDI/MDI=20/80 的比例混合后,在 N-甲基吡咯烷酮或二甲基亚砜溶液中反应,反应温度为 100℃,反应过程中一步法直接形成了完全酰亚胺化的产物,无须先制备聚酰胺酸再酰亚胺化,反应结束后脱除溶剂即得到 PI-2080,反应式如下:

$$(m+n)\ \text{BTDA} + m\ \text{OCN}-C_6H_4-CH_2-C_6H_4-\text{NCO} + n\ \text{OCN}-C_6H_3(CH_3)-\text{NCO} \xrightarrow[100^\circ C]{CH_3-\overset{O}{S}-CH_3} \left[\text{imide}-C_6H_4-CH_2-C_6H_4\right]_m\left[\text{imide}-C_6H_3(CH_3)\right]_n + (m+n)CO_2\uparrow$$

表 13-10 酮酐型 PI 的牌号及合成原料

牌　号	二　　酐(Ar)	二　　胺(Ar′)
Skybond-700 Skybond-702 Skybond-703	3,3′,4,4′-二苯甲酮四羧酸二酐	间苯二胺、对苯二胺 4,4′-二氨基二苯醚 4,4′-二氨基二苯醚
PI-2080	3,3′,4,4′-二苯甲酮四羧酸二酐	4,4′-二苯甲烷二异氰酸酯(MDI) 甲苯二异氰酸酯(TDI)
LaRC-2,3,4	3,3′,4,4′-二苯甲酮四羧酸二酐 均苯四甲酸二酐	3,3′-二氨基二苯甲酮 4,4′-二氨基二苯甲酮
LaRC-TPI	3,3′,4,4′-二苯甲酮四羧酸二酐	3,3′-二氨基二苯甲酮

酮酐型 PI 中以 PI-2080 的性能最优，应用最为普遍，它的最高连续使用温度可达 260～300℃，短期使用温度高达 400℃，与玻璃、金属有良好的粘接力，可溶于普通溶剂丙酮中。易于与玻璃纤维和碳纤维复合制备复合材料，还可用石墨、PTFE 等进行填充改性，也可与 PPS 共混制备合金(商品名称为 Triblon XT)，Triblon XT 的最高连续使用温度可达 315℃，短期使用可达 427℃。表 13-11 为未改性与改性 PI-2080 的力学性能。

表 13－11　PI－2080 力学性能

项　　目		未改性	15%石墨填充	30%PTFE 填充
拉伸强度/MPa	25℃	120	74	44
	288℃	31	—	—
伸长率/(%)		10	7	7
拉伸模量 /GPa		1.32	1.87	1.06
弯曲模量 /GPa		2.38	2.59	1.43
弯曲强度 /MPa		203	96.5	65
压缩强度 /MPa		210	146	80
压缩模量 /GPa		2.07	1.90	1.38
冲击强度 /($kJ \cdot m^{-2}$)		32.7	—	—

酮酐型 PI 主要用于制作层压板、印刷线路板、增强塑料、薄膜、胶粘剂、涂料、漆及泡沫塑料等。还可制备飞机、火箭、发动机内的耐高温结构件。

三、热固性聚酰亚胺

热固性聚酰亚胺是指分子两端带有可反应活性基团(如乙烯基、乙炔基)的低分子量的聚酰亚胺,在加热或有固化剂存在时依靠活性端基交联反应形成大分子结构的聚酰亚胺。热固性聚酰亚胺具有类似环氧树脂的工艺性,固化时无低分子物放出,常用于制备耐高温胶粘剂、复合材料和层压制品。下面介绍三种常用的热固性聚酰亚胺。

1. NA 基封端的聚酰亚胺

NA 基封端的聚酰亚胺的化学结构通式为

$$\text{NA}{-}\text{N}{-}\text{Ar}{-}\left[\text{N}(\text{CO})_2\text{Ar}_1(\text{CO})_2\text{N}{-}\text{Ar}_2\right]_n{-}\text{N}{-}\text{NA}$$

式中 Ar_1 为 $-C_6H_3-CO-C_6H_3-$ 或 $-C_6H_3-C(CF_3)_2-C_6H_3-$，Ar，$Ar_2$ 为

$-C_6H_4-CH_2-C_6H_4-$，$-C_6H_4-S-C_6H_4-$，$-C_6H_4-$，$-C_6H_4-$(间位)，$-C_6H_4-CH_2-C_6H_4-$(间位)。

NA 基封端的聚酰亚胺主要有 P13N，P105AC，PMR－15，LaRc－13，PMR－Ⅱ，LaRc－160 等牌号。P13N 是由 3′3,4,4′-二苯甲酮四羧酸二酐与 4,4′-二氨基二苯甲烷缩合制得带

有端氨基的低分子量聚合物，然后再用NA(5-降冰片烯2,3-二羧酸酐)进行封端处理，它的平均分子量为1 300。P105AC是用4,4′-二氨基二苯甲烷与4,4′-二氨基二苯硫醚的混合二元胺与3,3′,4,4′-二苯甲酮四羧酸二酐反应并经NA封端后得到。LaRc-13与P13N不同之处在于二元胺为3,3′-二氨基二苯甲烷。PMR-15是P13N的改性物，PMR-Ⅱ是PMR-15的第二代，主要区别见表13-12。

表13-12　PMR-15与PMR-Ⅱ的配方(摩尔比)

单　　体	PMR-15	PMR-Ⅱ
5-降冰片烯-2,3-二羧酸单甲酯(NE)	2	2
二苯甲酮四羧酸二乙酯(BTDE)	2.087	—
4,4′-二氨基二苯甲烷(MDA)	3.087	—
2,2′-双(3′,4′-二羧酸单甲酯苯)六氟丙烷(6FDE)	—	1.67
对苯二胺(PPDA)	—	2.67

几种NA基封端的聚酰亚胺的合成反应式如下：

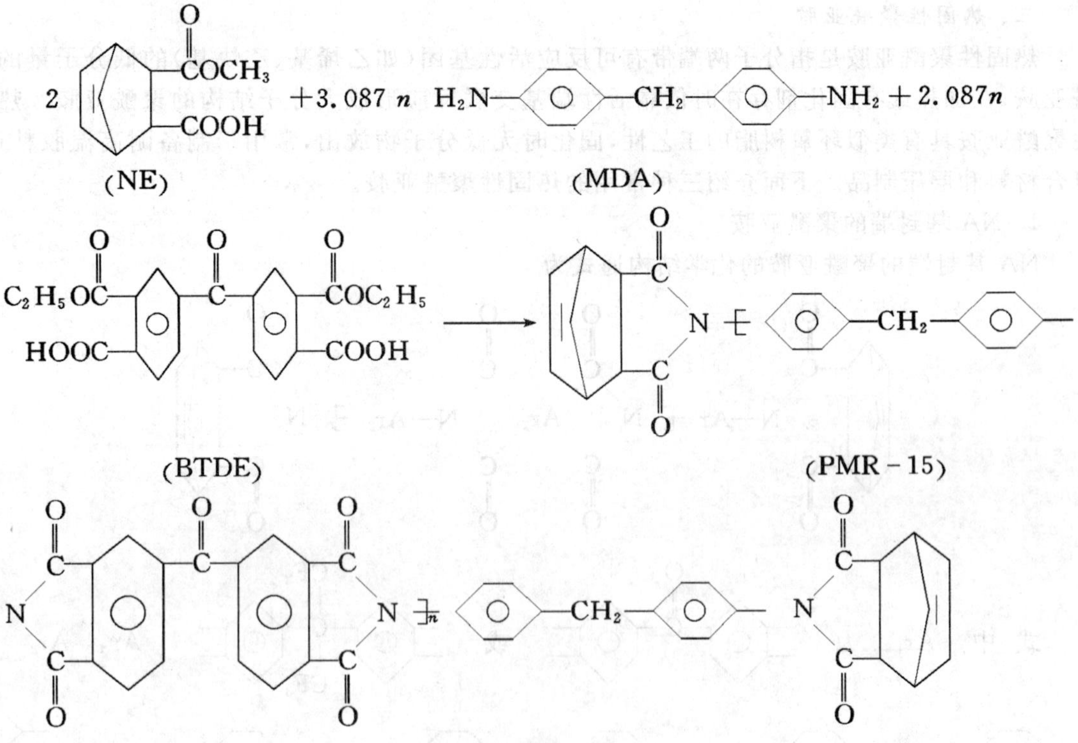
2
COCH₃
COOH
+3.087 n H₂N—CH₂—NH₂ + 2.087n
(NE)
(MDA)
C₂H₅OC
COC₂H₅
HOOC
COOH
(BTDE)
N
CH₂
(PMR-15)
N
N
n
CH₂
N
(PMR-15)

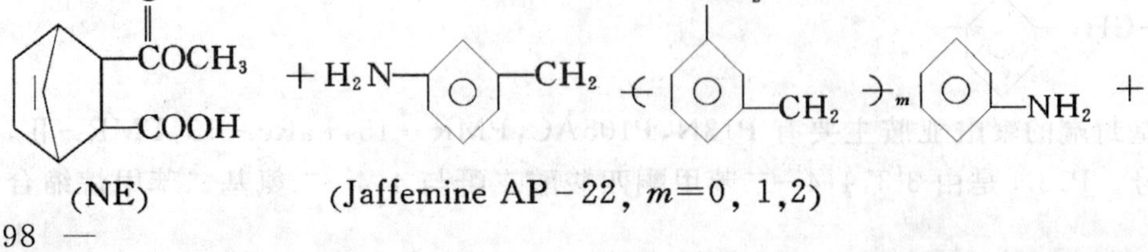
COCH₃
COOH
+H₂N
CH₂
NH₂
CH₂
m
NH₂
+
(NE)
(Jaffemine AP-22, m=0, 1,2)

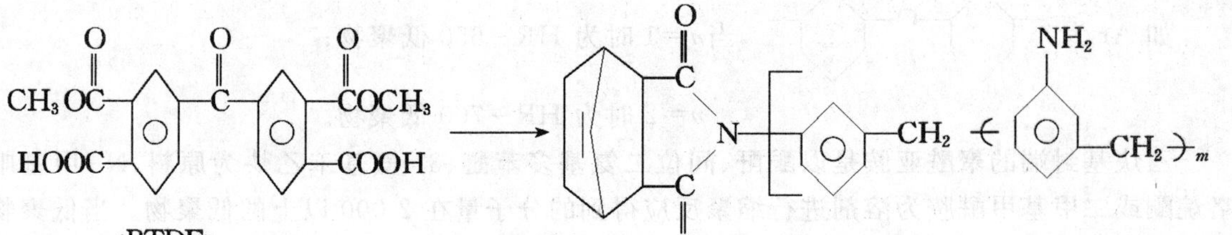

(BTDE)

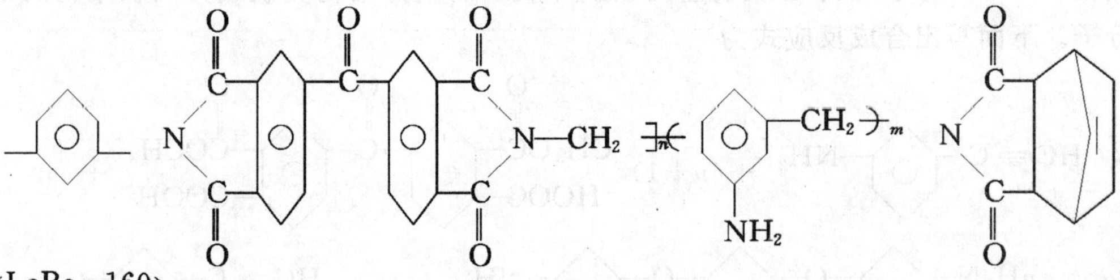

(LaRc－160)

NA 基封端的聚酰亚胺中 P13N 具有固化时不产生低分子物，预浸渍工艺简单，预浸料储存期长，模压制品热稳定性好等优点。最高连续使用温度为 260～288℃，层压板的力学性能高，孔隙率低（<2%）。缺点是溶剂毒性大，制品吸水率高且成本高。PMR－15 和 PMR－Ⅱ成本低，毒性小，PMR－15 的平均分子量为 1 500，最高连续使用温度为 288～300℃。PMR－Ⅱ的耐热性高于 PMR－15，短期耐热可达 316℃，层压制品具有很高的层间剪切强度。LaRc－160 为 PMR－15 的改进型，具有热熔性，该树脂的浸渍性很好，加工流动性也很好，可在中温和低压下成型，能用于制造复杂的结构件，可在 260～288℃的高温下连续使用。

NA 基封端的聚酰亚胺主要用于制作耐高温复合材料、层压板、结构件及耐高温绝缘件，用于飞机和电器等领域。

2. 乙炔基封端的聚酰亚胺

乙炔基封端的聚酰亚胺的化学结构通式为

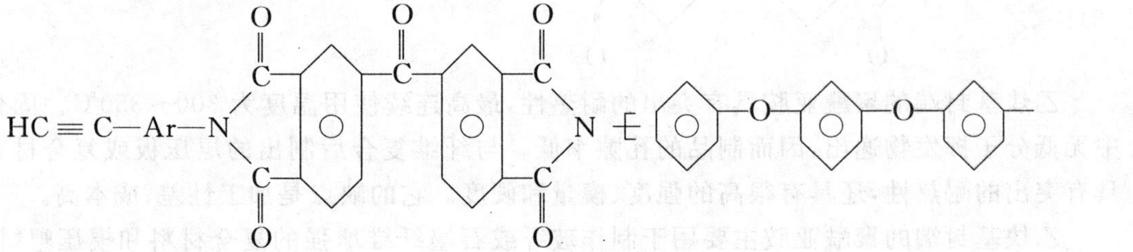

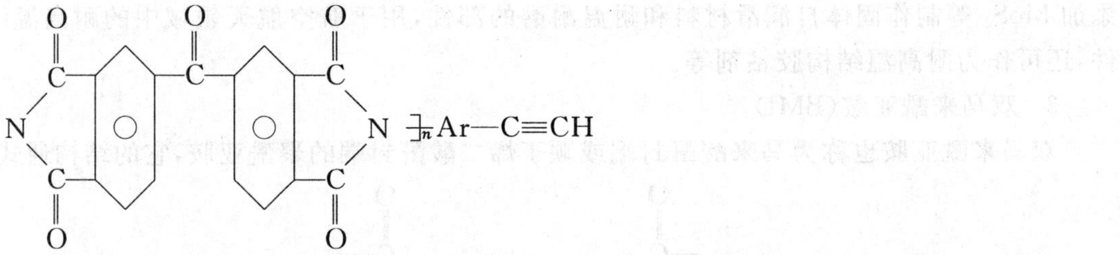

如 Ar 为 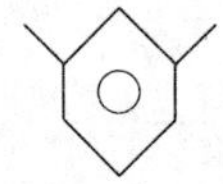 ，当$n=1$时为 HR－600 低聚物；

$n=2$时为 HR－602 低聚物。

如 Ar 为 —⟨◯⟩—O—⟨◯⟩— ，当$n=1$时为 HR－650 低聚物；

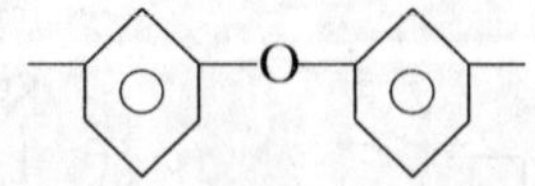

$n=2$时为 HR－700 低聚物。

乙炔基封端的聚酰亚胺是以酮酐、间位二氨基多苯醚、3－氨基苯乙炔为原料，N－甲基吡咯烷酮或二甲基甲酰胺为溶剂进行缩聚反应得到的分子量在 2 000 以上的低聚物。当低聚物被加热至 250℃以上时，三个乙炔端基可以成环反应而使低聚物交联成为网状结构的聚酰亚胺大分子。下面写出合成反应式为

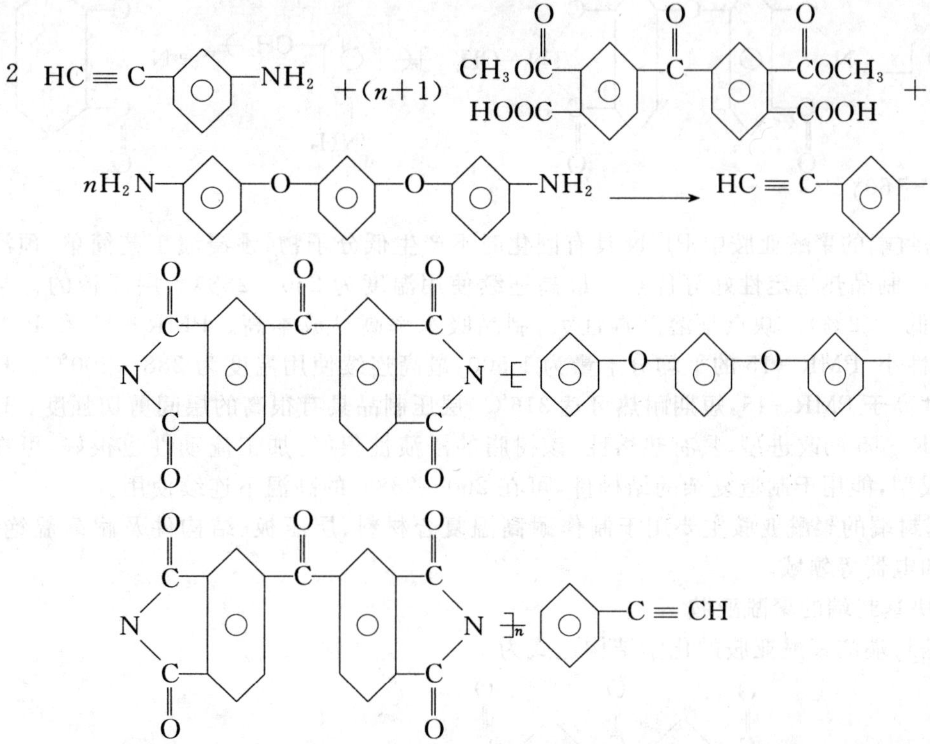

2 HC≡C—⟨◯⟩—NH_2 ＋(n＋1) $CH_3OC(=O)$、HOOC—⟨◯⟩—C(=O)—⟨◯⟩—$COCH_3$(=O)、COOH ＋

nH_2N—⟨◯⟩—O—⟨◯⟩—O—⟨◯⟩—NH_2 ⟶ HC≡C—⟨◯⟩—

乙炔基封端的聚酰亚胺具有突出的耐热性，最高连续使用温度为 300～350℃。固化过程中无低分子挥发物逸出，因而制品的孔隙率低。与纤维复合后制出的层压板或复合材料不仅具有突出的耐热性，还具有很高的强度、模量和硬度。它的缺点是加工性差、成本高。

乙炔基封端的聚酰亚胺主要用于制作玻纤或石墨纤维增强的复合材料和模压塑料，也可添加 MoS_2 等制作固体自润滑材料和耐温耐磨的部件，用于航空航天领域中的耐高温结构部件，还可作为耐高温结构胶粘剂等。

3. 双马来酰亚胺(BMI)

双马来酰亚胺也称为马来酸酐封端或顺丁烯二酸酐封端的聚酰亚胺，它的结构通式为

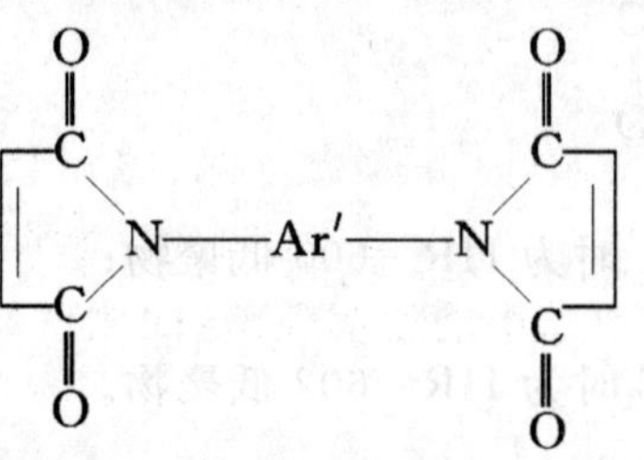

式中 Ar′可为

等，主要工业化产品为 4,4′-双马来酰亚胺二苯甲烷（BDM），结构式为

BDM 的合成反应式如下：

醋酸酐 90℃

双马来酰亚胺（BMI）的分子链两端含有二个不饱和双键，能与二元胺、酰胺、酰肼、硫化氢、氰尿酸和多元酚等含有活泼氢的化合物发生 Michael 加成反应，也可以同含有不饱和双键的化合物、环氧树脂及其他结构的 BMI 进行共聚反应，还可以在催化剂或加热条件下发生自聚反应，因此 BMI 的活性极大。它的固化反应属加成反应，无低分子物析出。固化产物具有高的耐热性，其 T_g 一般均大于 250℃，最高连续使用温度可达 177～232℃，分解温度大于 420℃。此外还具有高的模量和强度、高的电绝缘性、耐化学介质性、耐环境性和耐射线性。BMI 能溶于二甲基甲酰胺（DMF），N-甲基吡咯烷酮（NMP）等强极性有机溶剂中，易于制备预浸料，但在普通溶剂如酒精、甲苯中的溶解性差，固化产物脆性大，与纤维的粘接力不高，这些缺点常需改性处理。

BMI作为新一代高性能复合材料的树脂基体，已在航空航天、电子电器、机械工程等领域内得到应用。也可作为耐高温胶粘剂、绝缘材料、模压塑料、功能材料使用。

四、改性聚酰亚胺

改性聚酰亚胺是指在 PI 分子主链中引入醚键（—O—）、酯键（$-\overset{O}{\overset{\|}{C}}-O-$）、酰胺键（$-\overset{O}{\overset{\|}{C}}-NH-$）等柔性基团，以便进一步提高 PI 的热塑性和熔融加工性，使其熔融加工性接近于热塑性工程塑料如 PC，PET 和 PA。但同时会带来耐热性和力学性能的降低，可通过增强和填充予以补偿。

1. 聚醚酰亚胺

聚醚酰亚胺的化学结构通式为

式中 Ar′可为 ，，，等，主要工业化产品为

聚醚酰亚胺是由 4，4′-二氨基二苯醚、间苯二胺或对苯二胺与二苯基双酚 A 四羧酸二酐在二甲基乙酰胺等极性溶剂中经加热缩聚、成粉、酰亚胺化制得的，其中 Ultem 1 000，2 100，2 200，2 300 和 2 400 采用了间苯二胺，Ultem 6 000 和 6 200 采用了对苯二胺，YS30 采用了 4，4′-二氨基二苯醚。上述缩聚反应除了溶液聚合外，近来也有报道采用反应挤出的技术，该技术去除了极性较大的有毒溶剂，有利于保护生态环境。聚醚酰亚胺的合成反应式如下：

聚醚酰亚胺由于在分子主链中引入了大量的柔性基醚键和异丙基，使其熔融流动性比聚酰亚胺大大改善，可按通常热塑性工程塑料的加工方法进行注射、挤出等成型，熔融加工性与PC和PSU接近。尽管它的耐热性较聚酰亚胺有所降低，但仍然是综合性能十分优良的工程塑料，还可通过增强、填充、合金等方法予以改性。表13－13为未增强和增强后的聚醚酰亚胺的主要性能数据，表13－14为聚醚酰亚胺的注射工艺参数。

表13－13　未增强与增强聚醚酰亚胺的性能

项　　目	未　增　强	20%玻纤增强
拉伸强度 /MPa	105	140
拉伸模量 /GPa	3	6.9
伸 长 率 /(%)	68～80	3
弯曲强度 /MPa	145	210
弯曲模量 /GPa	3.3	6.2
压缩强度 /MPa	140	170
压缩模量 /GPa	2.9	3.5

续　表

项目		未增强	20%玻纤增强
冲击强度/($J \cdot m^{-1}$)	缺口	50	90
	无缺口	1 300	480
玻璃化温度/℃		217	—
热变形温度/℃	0.46 MPa	210	210
	1.86 MPa	200	209
线膨胀系数/($10^{-5} \cdot K^{-1}$)		5.6	2.5
密　度/($g \cdot cm^{-3}$)		1.27	1.42
吸水率/(%)		0.25	0.26
氧指数/(%)		47	50
介电常数 (10^3 Hz)		3.15	3.5
体积电阻率/($\Omega \cdot m$)		6.7×10^{13}	0.7×10^{13}
成型收缩率/(%)		0.5～0.7	—

表 13－14　聚醚酰亚胺注射成型工艺参数

项目		数值
干燥条件	温度/℃	150
	时间/h	4
料筒温度	后段	310～325
	中段	315～395
	前段	320～405
喷嘴温度 /℃		325～410
注射压力 /MPa		60～100
保压压力 /MPa		50～80
冷却时间 /s		5～30
模具温度 /℃		65～117
螺杆转速 /($r \cdot min^{-1}$)		50～400

聚醚酰亚胺电绝缘性优良、尺寸稳定性高、强度高、热稳定性(170℃长期使用)好、耐化学介质腐蚀、耐磨,因而被用于电子、电机、航空等领域中。可做电器产品外壳、线路板、线圈、反射镜、座椅靠背、壁板、手术器械、微波炉托盘、轴承、搅拌轴、转阀、涂层、薄膜、泡沫塑料、高强度纤维等。

2. 聚酯酰亚胺

聚酯酰亚胺的化学结构通式为

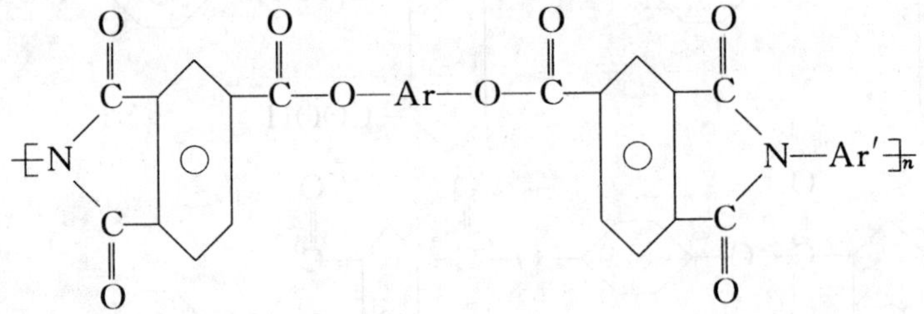

式中 Ar 为 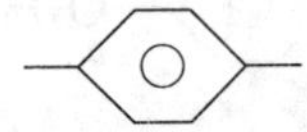 或 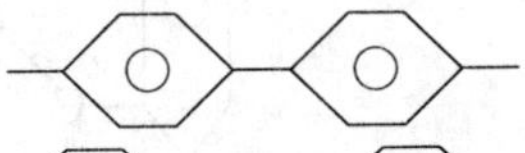 ，Ar′为 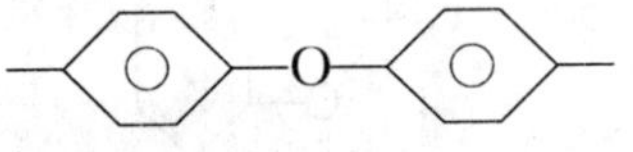 ，

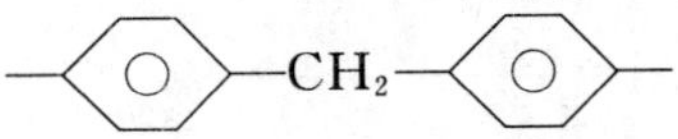

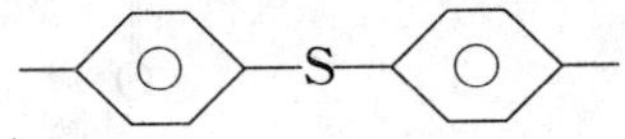

，，主要工业化产品结构式为

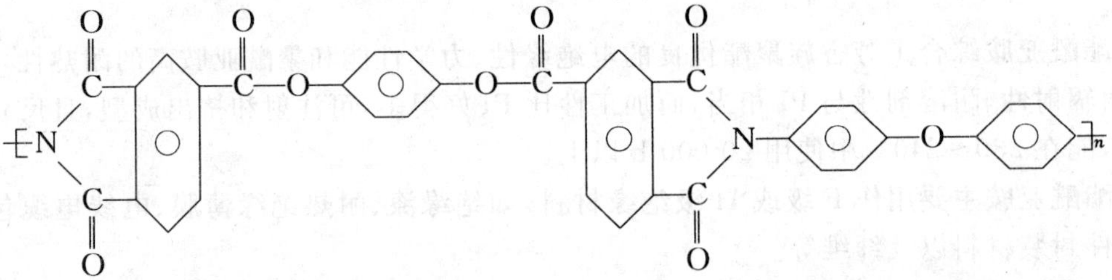

聚酯酰亚胺的合成是将对苯二酚二乙酸酯与偏苯三甲酸单酐反应先制备含有两个酯键的二酐，再与 4，4′-二氨基二苯醚在强极性溶剂中进行缩聚反应制备聚酯酰胺酸，然后流涎成膜或沉淀制成粉末，再在 240～300℃下进行酰亚胺化。反应式如下：

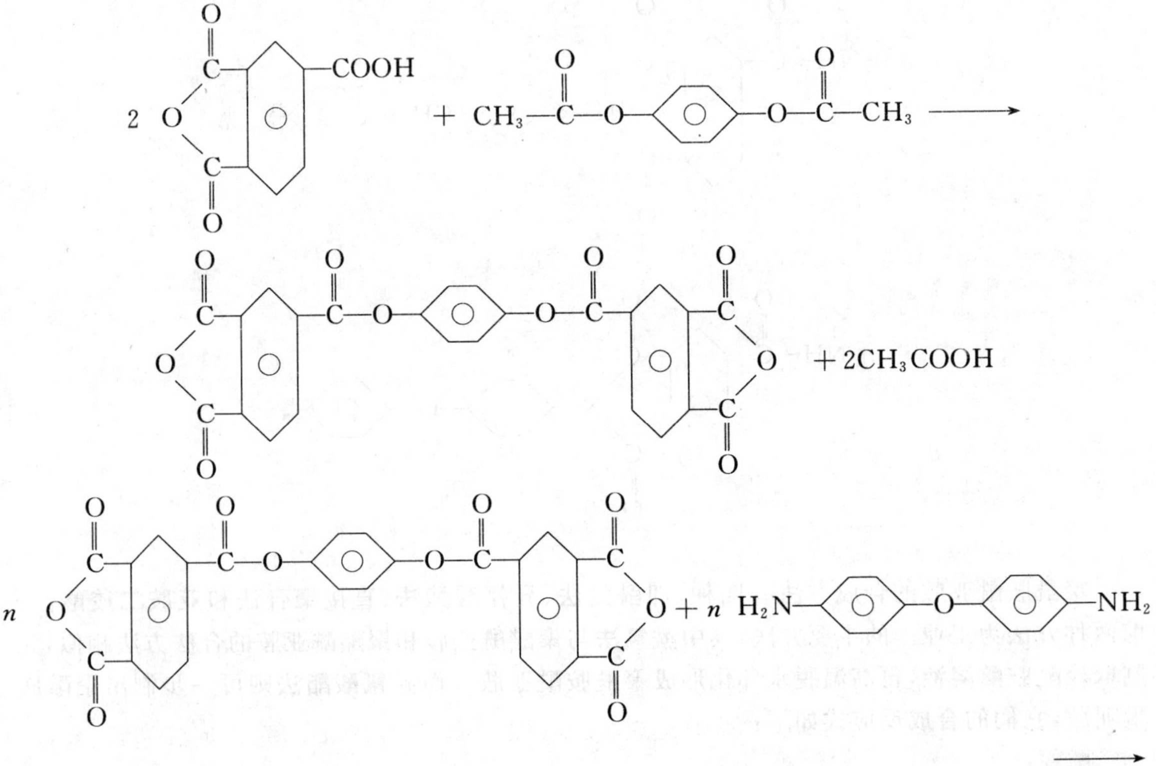

$$2\ \text{(偏苯三甲酸酐)} + CH_3-\overset{O}{\overset{\|}{C}}-O-C_6H_4-O-\overset{O}{\overset{\|}{C}}-CH_3 \longrightarrow$$

$$\text{(含两个酯键的二酐)} + 2CH_3COOH$$

$$n\ \text{(二酐)} + n\ H_2N-C_6H_4-O-C_6H_4-NH_2 \longrightarrow$$

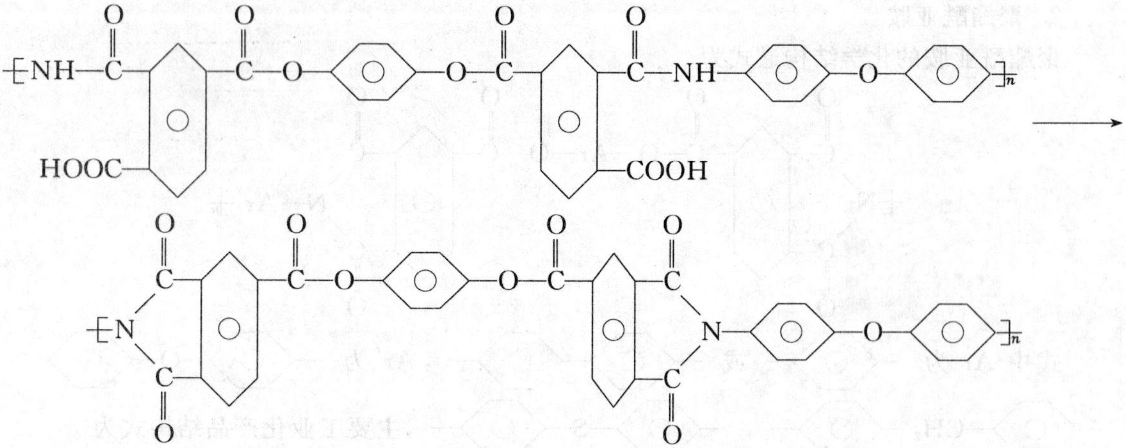

聚酯酰亚胺综合了芳香族聚酯优良的电绝缘性、力学性能和聚酰亚胺高的耐热性，它的介电性、耐辐射性、耐溶剂性与 PI 相当，而加工性比 PI 好得多，可注射和挤出成型，且尺寸稳定，成本低，能在 230～240℃中使用 20 000 h 以上。

聚酯酰亚胺主要用作 F 级或 H 级绝缘材料，如绝缘漆、耐热绝缘薄膜、电线电缆包皮、半导体元件封装材料以及纤维等。

3．聚酰胺酰亚胺

聚酰胺酰亚胺的化学结构式主要有以下两种：

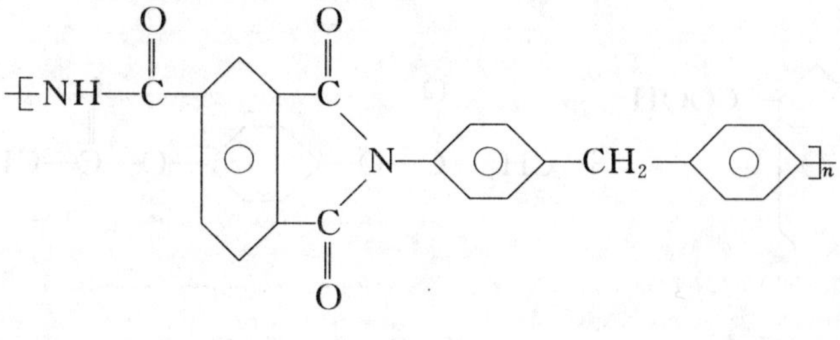

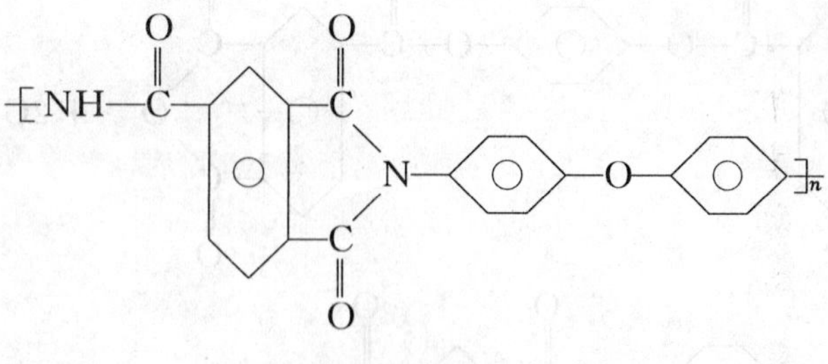

聚酰胺酰亚胺的合成方法有四种，即酰氯法、异氰酸酯法、直接聚合法和亚胺二羧酸法。前两种方法为工业上的主要方法，其中酰氯法与聚醚酰亚胺和聚酯酰亚胺的合法方法相似，先制取聚酰胺酸溶液，再高温脱水环化形成聚酰胺酰亚胺。而异氰酸酯法则可一步制出聚酰胺酰亚胺，它们的合成反应式如下：

酰氯法

异氰酸酯法

聚酰胺酰亚胺具有优良的综合性能，它的拉伸强度在未增强时可达 172 MPa 以上，热变形温度为 274℃，可在 220℃下长期使用，300℃以下不失重，450℃才开始分解。此外它的粘接性、韧性、耐碱性、耐磨性均优于均苯型 PI，而且成本较低，可进行增强、填充、合金等改性，并能用注射、挤出、模压、流涎、涂覆等多种热塑性塑料的加工方法进行加工。

聚酰胺酰亚胺可用作层压板、薄膜、模塑料、浇铸料、玻纤增强料、漆、涂料和胶粘剂等产品形式来使用。模塑料可作齿轮、辊子、轴承、复印机分离爪及 F 或 H 级绝缘制品，透波材料，发动机零部件等。漆主要用作要求耐辐射、耐高温的漆包线，薄膜用于耐高温绝缘器件。

思 考 题

1 试写出合成聚酰亚胺时二酐和二胺的化学结构式，并按 A,B,C,D 进行分类列表。

2 聚酰亚胺的耐热性、模量、电绝缘性、耐辐射性与结构之间有什么关系？

3 如何制取不熔性聚酰亚胺的薄膜及模塑制品？

4 写出合成下列热固性聚酰亚胺的化学反应式，并说明它们是如何固化的？

(1) NA 基封端的聚酰亚胺（P13N，P105AC，PMR - 15，LaRc - 13，PMR - Ⅱ，LaRc - 160）；

(2) 乙炔基封端的聚酰亚胺；

(3) 双马来酰亚胺。

5 改性聚酰亚胺（聚醚酰亚胺、聚酯酰亚胺、聚酰胺酰亚胺）主要改善了聚酰亚胺的哪些性能？原因何在？

第十四章　酚醛树脂及塑料

酚类化合物与醛类化合物经缩聚而得到的树脂统称为酚醛树脂，其中以苯酚和甲醛缩聚而得的树脂最为重要，也是目前应用最为广泛的一类热固性树脂。酚醛树脂的最初发现可上溯到1872年，但直到1910年，随着美国科学家Backeland提出了酚醛树脂的加热加压固化的专利，才开始了酚醛树脂的工业化应用。根据原料和合成工艺的不同，酚醛树脂可以有相当多的品种，它不仅可用于制造模塑料、层压塑料、泡沫塑料、蜂窝塑料等，还可以用作油漆原料、胶粘剂、防腐蚀用胶泥以及以酚醛树脂为基础的离子交换树脂等。

§14－1　酚醛树脂的制备

一、原材料

生产酚醛树脂的原材料主要是酚类和醛类化合物，酚类包括苯酚、二甲酚、间苯二酚、多元酚等，其中以苯酚应用最多，醛类包括甲醛、乙醛、糠醛等，其中以甲醛为主，合成时所采用的催化剂有盐酸、草酸、硫酸、对甲苯磺酸、氢氧化钠、氢氧化钡、氢氧化钾、氨水、氧化镁和醋酸锌等。

二、酚醛树脂的制备

酚和醛在不同的催化剂作用下，生成两种酚醛树脂：一是热塑性酚醛树脂，一是热固性酚醛树脂。前者加入固化剂并在加热的情况下才能固化成体型结构，后者不需固化剂，只要加热即可成为体型结构。下面以苯酚和甲醛为例，简单地论述这两种树脂的合成原理。

（一）热塑性酚醛树脂

1. 缩聚反应

在苯酚与甲醛的缩聚反应中，苯酚是以羟基邻、对位参预反应的三官能物质，甲醛表现为二官能度，因而这种反应若不加以控制，将会生成不溶（熔）的体型产物，从而失去作用。通过研究发现，在酸性条件（pH<7）、酚过量时（苯酚与甲醛的摩尔比为6：5或7：6）时，苯酚与甲醛生成的是线型酚醛树脂，又称热塑性酚醛树脂。在酸性介质中，羟甲基与羟甲基及羟甲基与酚上的氢的反应速度，比醛与酚的加成反应速度略快，生成线型酚醛树脂的过程主要是通过羟甲基衍生物阶段而进行的，同时羟甲基彼此间的反应速度总小于羟甲基与苯酚邻位或对位上氢原子的反应速度，其反应过程可如下表示：

首先是加成反应

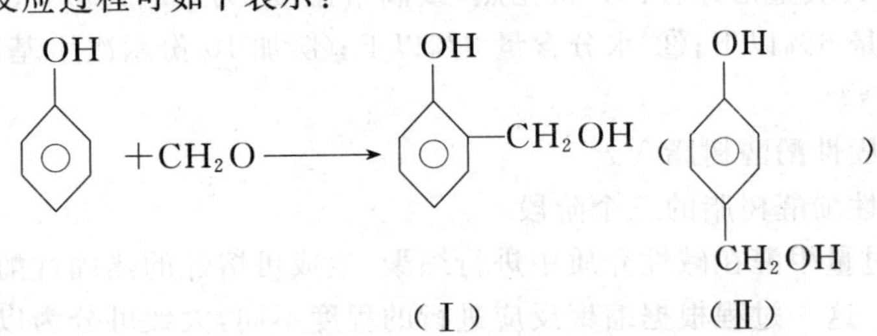

$$C_6H_5OH + CH_2O \longrightarrow o\text{-}HOC_6H_4CH_2OH\ (\mathrm{I})\quad (p\text{-}HOC_6H_4CH_2OH\ (\mathrm{II}))$$

然后可进行缩合反应，包括Ⅰ或Ⅱ与苯酚的缩合反应以及Ⅰ或Ⅱ自身或相互缩合。

$$HOC_6H_4-CH_2OH + C_6H_5OH \longrightarrow HOC_6H_4-CH_2-C_6H_4OH\ (HO-C_6H_4-CH_2-C_6H_4OH) + H_2O$$

$$Ⅰ+Ⅱ \longrightarrow HOC_6H_4-CH_2-C_6H_3(OH)(CH_2OH)\ (HO-C_6H_4-CH_2-C_6H_3(OH)-CH_2OH) + H_2O$$

其总的反应式可表示为

$$(n+1)\,C_6H_5OH + nCH_2O \longrightarrow H\!\left[C_6H_3(OH)-CH_2\right]_n C_6H_4OH + nH_2O$$

n 值一般为 4～8，即分子量为 500～1 000。从结构上来讲，热塑性酚醛树脂是一种低分子量的初聚物，是聚亚甲基酚，它在结构中不会残存有羟甲基，因而当树脂受热时，仅熔化而不会发生继续的缩聚反应，只有加入固化剂时，酚羟基上的邻对位发生反应，才会进一步缩聚成体型结构的高聚物。

苯酚和甲醛的缩聚反应，根据 pH 值的大小，可得两种分子结构的热塑性酚醛树脂：通用型酚醛树脂和高邻位酚醛树脂。

（1）通用型酚醛树脂　酚羟基的邻、对位的活性是不一样的，对位的活性大，邻位的活性小，在强酸性的条件（$pH<3$）时，缩聚反应主要是通过酚羟基的对位来实现的，因而最后所得的线型酚醛树脂，酚上所留下的活性位置对位少而邻位多，这种树脂，在加入固化剂后，其继续进行缩聚反应的速度较慢。合成时所采用的催化剂可以为氯磺酸、盐酸、高氯酸、硫酸、草酸等。

（2）高邻位酚醛树脂　苯酚与甲醛的缩聚反应，在 $pH=3.0\sim3.1$ 时，没有加成物或缩合物的生成，这就是"中性点"。当 $pH=4\sim6$ 时，即在弱酸性下，苯酚与甲醛的加成和羟甲基与苯酚的缩合，其反应位置主要发生在酚羟基的邻位，而活性大的酚羟基的对位，则被保留下来。这种树脂在加入固化剂后，其继续缩聚反应的速度较快，即能快速固化。此时所用的催化剂可为含锰、钴、锌、镉的化合物。

2. 热塑性酚醛树脂的质量指标

多数牌号的热塑性酚醛树脂是淡黄色或微红色的脆性固体，在存放中由于被氧化，将逐渐变为深红色，其质量指标有：① 软化点（或滴落温度）为 95～105℃（个别牌号可高达 135℃）；② 游离酚含量 6%以下；③ 水分含量 3%以下；④ 加 10 份六次甲基四胺在 155℃下的凝胶时间为 60～90 s。

（二）热固性酚醛树脂

1. 热固性酚醛树脂的三个阶段

苯酚与过量甲醛在碱性介质中进行缩聚，生成可熔性的热固性酚醛树脂，最终得到体型结构的缩聚物。这一过程根据缩聚反应进行的程度不同，大致可分为以下三个阶段：

(1) 甲阶树脂(resol)　这一阶段的树脂能溶解于酒精、丙酮及碱的水溶液中，加热后能转变为不熔不溶的固体，它是热塑性的，又称可熔酚醛树脂。

(2) 乙阶树脂(resitol)　这一阶段的树脂不溶解在碱溶液中，可以部分溶解于丙酮或酒精中，加热后能转变为不熔不溶的产物，它亦称半熔酚醛树脂。乙阶树脂的分子结构比可熔酚醛树脂要复杂得多，分子链产生支链，有部分的交联，这种树脂的热塑性较可熔性酚醛树脂差，加热后不能融化，只能软化，类似于橡皮物质。

(3) 丙阶树脂(resite)　这一阶段的树脂分子链继续交联成体型结构，成为不熔不溶的固体，因而又称为不熔酚醛树脂，其分子量很大，网状结构复杂，完全硬化，失去热塑性及可溶性。

在受热的情况下，甲阶酚醛树脂逐渐转变成乙阶酚醛树脂，然后再变成不熔不溶的体型结构的丙阶酚醛树脂。

2. 甲阶酚醛树脂的形成反应

甲阶酚醛树脂通常是在碱性介质(pH＝8～11)中，甲醛过量时反应得到，通常采用的苯酚与甲醛的摩尔比为6∶7，催化剂为氢氧化钠、氨水、氢氧化钡等。在以氢氧化钠作催化剂时，反应分为两步进行。

(1) 加成反应　苯酚与甲醛起始进行加成反应生成多羟基酚。

(2) 羟甲基的缩合反应　羟甲基进一步进行缩合反应。

a.

b.

其总的反应式可表示为

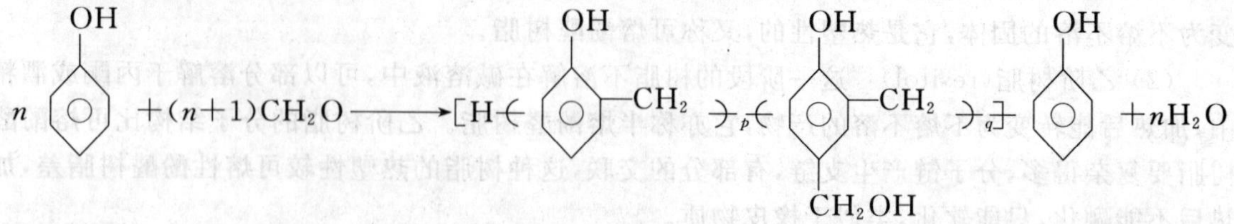

$$n\,C_6H_5OH + (n+1)CH_2O \longrightarrow [H\!-\!(C_6H_3(OH)\!-\!CH_2)_p\!-\!(C_6H_2(OH)(CH_2OH)\!-\!CH_2)_q\!-]\,C_6H_4OH + nH_2O$$

据测定，加成反应的速度比缩聚反应的速度要大得多，所以最后反应物为线型结构，少量为交联结构。从结构上看，甲阶酚醛树脂是夹亚甲基的聚酚醇，在它的分子结构中，有两种可相互起反应的官能团，即酚羟基的邻对位和羟甲基，这两种官能团在一定的条件下，可继续进行缩聚反应使酚醛树脂进入乙阶，从而失去可用性，因而通常控制甲阶酚醛树脂的分子量在1 000以内，一般为400～800。

3. 甲阶酚醛树脂的质量指标

甲阶酚醛树脂是红褐色粘稠液体、酒精溶液或脆性固体，它在160℃下的凝胶化时间为90～120 s，游离酚含量为14%～18%。

§14.2　酚醛树脂的固化

不论是热塑性酚醛树脂或热固性酚醛树脂，只有通过固化形成体型的交联网络才能使用，固化过程也就是体型缩聚反应的继续以及最终的体型产物的形成过程，这种过程不同于一般热塑性树脂的熔融和硬化，它是不可逆的，既有物理过程也有化学过程。

一、热塑性酚醛树脂的固化

热塑性酚醛树脂是聚亚甲基酚，它们自身不能进行固化，但一旦加入能提供亚甲基的物质，即固化剂，则可发生交联反应，生成固化产物。

六亚甲基四胺（简称为六次）是最常用的固化剂，它广泛使用于模塑料中，其分子式为$(CH_2)_6N_4$。用六次固化模塑料时，固化速度快，模塑料在升高温度后有较好的刚性，制品不易翘曲，且固化时不放出水，制件电性能好。六次的用量为树脂量的10%～15%，用量不够，会使固化速度及制品的耐热性下降，但过量不但不能加速固化和提高耐热性，反而使耐水性与电性能降低，并可使制件发生肿胀现象。

六次固化酚醛树脂的机理目前尚不完全清楚，有人根据在固化产物中含氮的情况，推测其固化反应如下式：

热塑性酚醛树脂＋$(CH_2)_6N_4$ ⟶ （含 CH_2—N、C、CH_2、H_2C 的交联网络结构式）

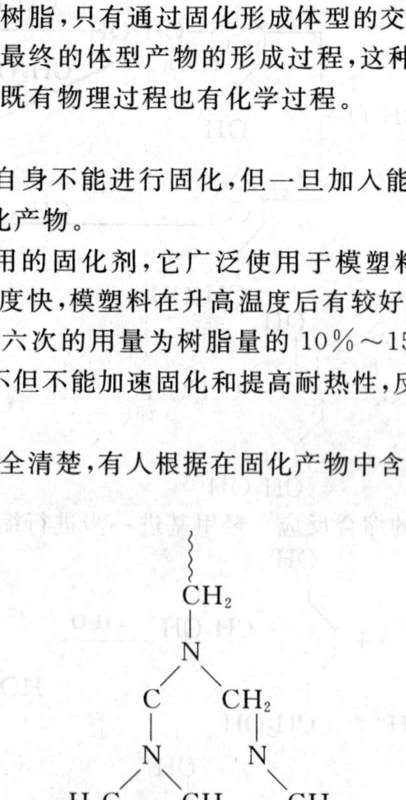

除用六次外，多聚甲醛$(CH_2O)_n$和某些树脂也能使热塑性酚醛树脂固化，如环氧树脂，但这时不是酚羟基的邻对位与环氧树脂反应，而是由酚羟基与环氧基发生加成反应。

二、热固性酚醛树脂的固化

热固性酚醛树脂不需加入固化剂即可在加热的条件下固化，称为热固化。

前面述及，甲阶酚醛树脂是聚亚甲基酚醇，在其上还有许多羟甲基存在，在加热的情况下它们与苯环上的氢缩合而使分子交联，同时放出相应数量的水。热固化的速度随温度的上升而提高；甲醛与酚摩尔比增加，即在合成中甲醛的用量增加，会使树脂的凝胶时间缩短。体系的酸碱性也会影响到固化反应的速度，当固化体系的 pH＝4 时，为"中性点"，反应速度极慢，增加碱性导致快速凝胶，增加酸性导致极快地凝胶。

热固性酚醛树脂固化时，温度对固化产物结构的影响较大，低于 160℃时，可部分形成醚键，在高于 160℃时，醚键断裂而放出甲醛，产生复杂的缩聚反应，这些反应表示如下式：

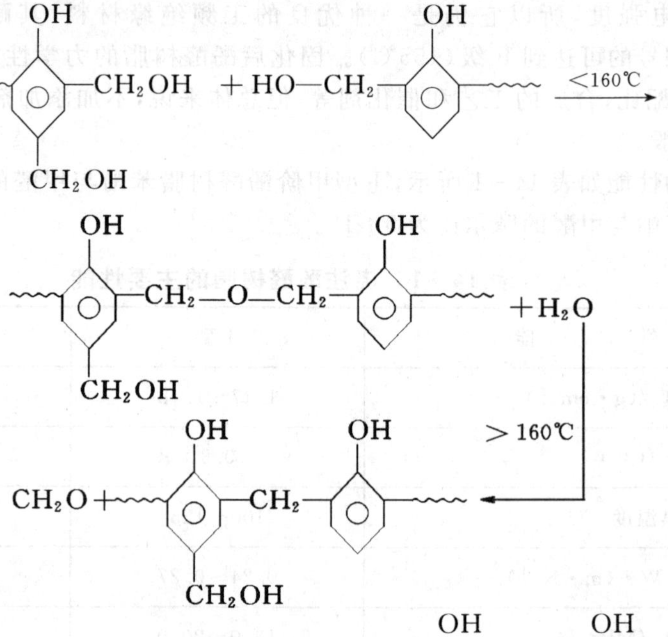

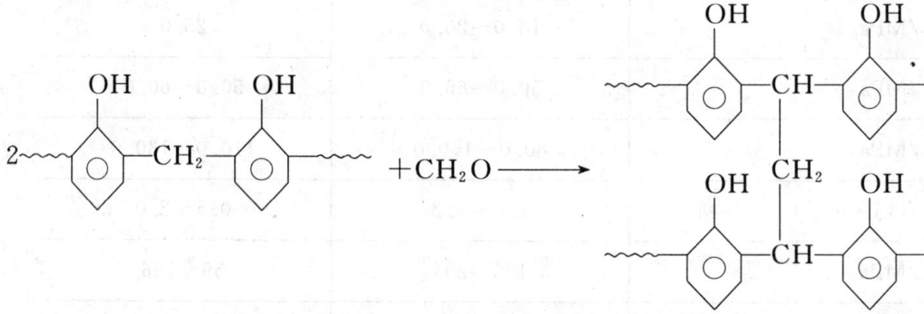

OH　　OH
～～Ar(CH₂OH)—CH₂OH ＋HO—CH₂—Ar～～ $\xrightarrow{<160℃}$
CH₂OH

OH　　OH
～～Ar—CH_2—O—CH_2—Ar～～ ＋H_2O
CH₂OH

$\xrightarrow{>160℃}$

OH　　OH
CH_2O＋～～Ar—CH_2—Ar～～
CH₂OH

OH　　OH
2～～Ar—CH_2—Ar～～ ＋CH_2O ⟶

OH　　OH
～～Ar—CH—Ar～～
　　　|
　　CH_2
　　　|
～～Ar—CH—Ar～～
OH　　OH

固化后的丙阶结构极不完整，其结构中除有上述多种结构外，还有保留下的甲醇基和酚羟基的邻对位，这种结构不均匀和缺陷是造成固化酚醛树脂性能不够高的重要原因。

§14.3　酚醛树脂的性能及应用

根据不同的用途，采用不同的原料和工艺，可以合成不同类型的酚醛树脂，因而酚醛树脂的性能也是千变万化的，下面就其共性作一简单的论述。

热固性酚醛树脂是红褐色的有毒性和强烈苯酚味的粘稠液体或脆性固体，有时也做成酒精溶液，它们不稳定，在储存过程中缓慢地进行缩聚反应，被加热后即迅速地从甲阶转变到乙阶甚至丙阶，失去用途，它是一种中间产品或半成品，市场上不易购得。

热塑性酚醛树脂一般是淡黄色或微红色的有毒脆性固体，储存稳定，但会逐渐被氧化成深红色，这不影响使用。它可以在200℃以下反复加热，对其性能只稍有影响。

酚醛树脂是非结晶的低分子量聚合物，没有明确的熔点，固体树脂可在一定温度范围内软化或熔化，能溶于酒精、丙酮、苯和甲苯，不溶于矿物油和植物油，因而在制备油漆时必须采用极性小的对叔丁基酚醛树脂对苯基酚醛树脂或松香改性酚醛树脂。酚醛树脂是极性聚合物，由于酚羟基的存在耐酸不耐碱，交联程度不高时碱可以解聚。

酚醛树脂是极性聚合物，因而它固化后的介电常数大，介电损耗角正切高，但它有较高的绝缘电阻和介电强度，所以它仍是一种优良的工频绝缘材料，其耐热等级可达到 B 级(130℃)，特殊型号的可达到 F 级(155℃)。固化后酚醛树脂的力学性能受许多因素的影响，如原料的结构、配比，合成的工艺和催化剂等，但总体来说，不加添加剂的酚醛树脂固化后较脆，力学性能一般。

酚醛树脂的性能如表 14－1 所示，Ⅰ型甲阶酚醛树脂苯酚与甲醛的摩尔比为 6∶7，Ⅱ型甲阶酚醛树脂苯酚与甲醛的摩尔比为 5∶12。

表 14－1　浇注酚醛树脂的主要性能

性　　能	Ⅰ型	Ⅱ型
密　　度 /(g·cm^{-3})	1.17～1.18	1.25～1.27
吸 水 性 /(%)	0.3	0.3
马丁耐热温度 /℃	100～125	60～70
热导率 /W·(m·K^{-1})	0.24～0.27	0.27
拉伸强度 /MPa	16.0～20.0	25.0
弯曲强度 /MPa	50.0～65.0	50.0～60.0
压缩强度 /MPa	80.0～100.0	110.0～130.0
冲击强度 /(kJ·m^{-2})	1.0～1.2	0.6～2.0
布氏硬度 /MPa	196～294	59～196
体积电阻率 /(Ω·m)	10^{10}～10^{11}	10^{10}
表面电阻率 /Ω	10^{11}～10^{12}	10^{11}
介电强度 /(kV·mm^{-1})	10～14	8～12

§14.4 酚醛树脂模塑料及酚醛树脂 SMC

§14.4.1 酚醛树脂模塑料

酚醛树脂模塑料通常由树脂、填料、固化剂、润滑剂、着色剂和增塑剂等组成。根据填料形态的不同，又可分为模塑粉和纤维模压塑料，模塑粉中通常所用的填料为粉状，如木粉、滑石粉、碳酸钙等，纤维模压塑料中常用的填料通常为纤维状，如棉纤维、玻璃纤维等。

一、模塑料的组成

(1) 树脂　酚醛树脂作为粘结剂对填料起着粘结作用，热塑性酚醛树脂及可熔性的酚醛树脂均可用于模塑料，含量通常为 35%～55%。树脂的性质和用量直接影响到模塑料的工艺操作、模塑料的质量和模压制品的性能。

(2) 填料　填料在酚醛树脂模塑料中起着骨架的作用，影响到制品的性能，并可降低产品成本，填料在模塑料中的含量为 30%～60%。填料的选择和用量主要根据对产品的物性要求，通过试验而定。可用的有无机填料(包括碳酸钙、滑石粉、云母粉、石英粉、玻璃纤维等)和有机填料(包括木粉、棉纤维、木质纤维、黄麻纤维等)。

(3) 固化剂　在热塑性酚醛树脂中最常加入的固化剂是六亚甲基四胺，加入量在热塑性酚醛树脂中为树脂量的 10%～15%。对于可熔性酚醛树脂，为加快固化速度并使固化更完全，通常也向其中加入树脂量 2%～6%的六次。

(4) 固化促进剂　固化促进剂通常采用氧化镁和氢氧化钙。它们的加入，既可中和树脂中剩余的酸，减轻对模具的腐蚀，又可促进树脂的硬化，提高产品的耐热性和机械强度。它们的加入量根据需要的不同为 0.5%～4%。

(5) 润滑剂　润滑剂可消除模塑料在压片与压制时对模具的粘附，增加模塑料的可塑性和流动性，在注塑料中加入还能略微提高树脂的热稳定性。在酚醛树脂模塑料中常用的润滑剂有硬脂酸及硬脂酸盐类(如硬脂酸锌)。

(6) 着色剂　在酚醛树脂中常用的颜料有苯胺黑、酞青蓝、大红粉、红土粉、氧化铁红、群青、氧化铬等。

(7) 增塑剂　加入增塑剂可提高树脂的可塑性和流动性，这主要用于注塑料中，通常可采用水、糠醛、二甲苯、苯乙烯等，用量为树脂量的 1%～3%。

二、酚醛模塑料的制造工艺

(一) 模塑粉的制造工艺

通常将由微粒添加剂与合成树脂复合而成的粉状热固性模塑料称为模塑粉，根据用途不同，又可分为压塑粉和注塑粉，分别用于模压和注射成型。热塑性酚醛树脂压塑粉又称为电木粉。

模塑粉的制造工艺，主要是使各组分混合均匀，使树脂充分浸渍各组分，并使物料具有适宜的流动性及挥发物含量等性能指标，以满足成型工艺及使用性能的要求。

酚醛树脂模塑粉的制备，国内主要采用干法工艺，如辊压法，这种方法的缺点是粉尘大，但能源消耗少,成本低。辊压法的生产工艺流程如图 14-1 所示。

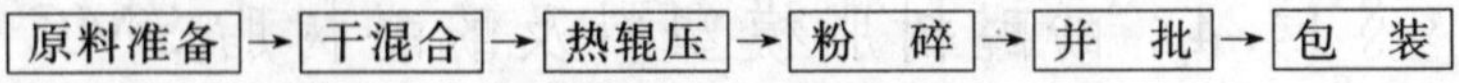

原料准备 → 干混合 → 热辊压 → 粉 碎 → 并 批 → 包 装

图 14-1　辊压法生产工艺流程图

(1) 原料准备　将树脂粉碎、过筛。通常要求树脂应有 30%以上通过 60 目筛。对其他的易吸潮的组分,如木粉、六次等需经干燥处理,所有的固体组分都应磨细、过筛,达到规定的细度要求。最后应严格按照配方称料。

(2) 干混合　采用球磨机、Z 型捏合机、圆柱形转筒等将组分混合均匀。混合好的物料,必须对之进行辊压后才能使用。

(3) 热辊压　热辊压是在辊压机上,在一定的温度下,使物料进一步充分混合,并进行初步交联的过程。通过热辊压,可使树脂更好地浸渍填料等助剂,使各组分得到充分的混合;使树脂得到初步的交联,从而缩短成型周期,提高生产效率;除去部分挥发物,以改善压制工艺及产品质量;使模塑粉密实,减少比容,以利于成型操作。

(4) 粉碎、并批、包装　将辊压好的料片从辊压机上卸下,迅速冷却,以中止缩聚反应,然后进行粉碎、过筛,以使模塑粉的粒径均匀,利于压制成型。

国外还采用螺旋挤压法进行干法生产,它可以连续生产,机械化和自动化程度较高,产品质量好,环境污染小,适于大量生产同一牌号、同一颜色的模塑粉。

(二) 纤维增强模塑料的制造工艺

由纤维和其他助剂与合成树脂(含有或不含固化剂)复合而成的热固性模塑料称为纤维增强模塑料。它是将液态的树脂与各种添加剂及纤维充分混合,再除去溶剂而得到的一种模压料。纤维增强模塑料可以分成乱纤维和定向纤维增强两种。乱纤维增强的模塑料生产工艺流程如图 14-2 所示。

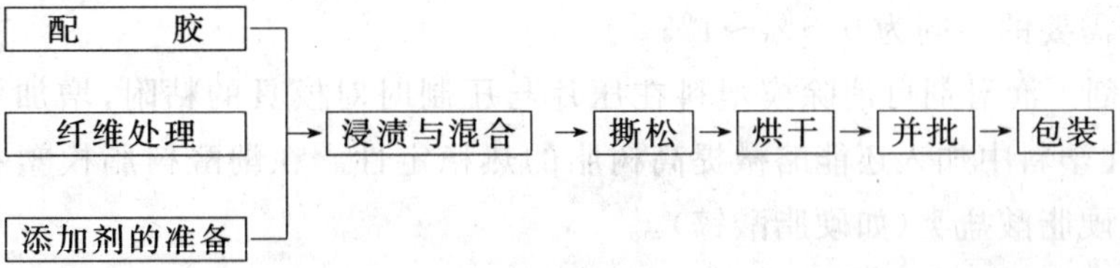

配　胶 / 纤维处理 / 添加剂的准备 → 浸渍与混合 → 撕松 → 烘干 → 并批 → 包装

图 14-2　乱纤维增强模塑料的生产工艺

(1) 配胶　按配方配制树脂胶液,并根据不同的树脂和纤维体系稀释到所要求的粘度,所用的溶剂可为酒精及与各种芳香族溶剂的混合物。在酚醛预混料中树脂溶液的比重控制在 1.00～1.025 的范围。

(2) 纤维的预处理　对于连续的纤维要短切,并使之蓬松,通常采用的纤维长度在 15～50 mm,对石蜡型处理剂的纤维要热处理除蜡,对石棉纤维要捡去杂质、烘干等。

(3) 添加剂的准备　对其他添加剂应视具体情况进行磨细、过筛、烘干等。

(4) 浸渍与混合　本工序的目的是使树脂充分浸渍纤维和其他添加剂,并使各组分混合均匀。批量小时可用手工反复搓揉,批量大时可用 Z 型捏合机。

(5) 撕松　少量模塑料可用手工撕松,大批量生产时则采用撕松机。

(6) 烘干　将撕松后的预混料均匀铺在清洁金属网上,铺层不宜过厚,先在室温下晾置,使大部分溶剂挥发后,再进行烘干处理,在烘干的过程中,使树脂进行一定程度的缩聚反应,以达到初步的交联。

(7) 并批、包装　将烘好的物料迅速冷却，并将几批预混料在一起混合均匀，以保证预混料质量的稳定，最后包装即可。

乱纤维增强模塑料，纤维较松散而无定向，流动性较好，宜做复杂的小型模压制品，但在制造过程中纤维的强度损失较大，不宜制造强度要求很高的模压制品，模塑料的质量均匀性较差，比容大，压模要有较大的装料室，装模困难，劳动条件差。

定向纤维增强的模塑料，是将连续的纤维束通过浸胶、烘干和短切等工序而得到的，它的生产工艺流程如图 14－3 所示。

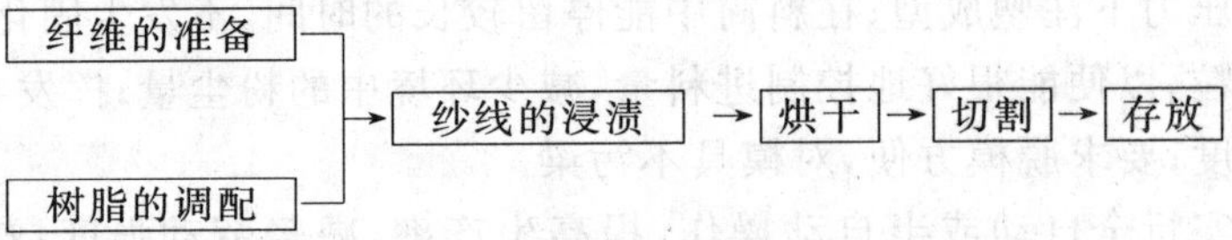

纤维的准备 / 树脂的调配 → 纱线的浸渍 → 烘干 → 切割 → 存放

图 14－3　定向纤维增强模塑料的生产流程

在这一生产过程中，所用的纤维为连续的长纤维，且在生产过程中没有受到捏合、撕松等强力的搅动，因而纤维强度的损失小，模塑料呈束状，质量均匀，比容小，因而模具不需要较大的加料室，物料可以按受力方向进行铺设。可以制作强度要求较高的制品，但其产量比乱纤维增强的模塑料略小，而且模塑料的流动性和料束间的互溶性稍差。

对于纤维增强的模塑料，需控制它的树脂含量、挥发物含量和不溶性树脂含量，通常要求它的树脂含量在 40%～50%以内，挥发物含量在 3%～5%，不溶性树脂含量在 15%以下。

三、模塑料的成型

目前模塑料的成型工艺主要有压制成型和注射成型两种，此外还有传递成型。下面就压制成型和注射成型这两种工艺作一简单的介绍。

(一) 压制成型

在压制成型中，原料的塑化、充填和固化反应都是在模具中进行的，在此过程中，主要掌握三个工艺参数，即模具温度、成型压力及成型时间。

在压制成型中，模具一般要预热到 140～180℃，因为塑料的压制时间、收缩率和塑件的电性能、外观都同模具温度有直接的关系。模具温度太低，塑料的流动阻力增加，流动性变差，即使提高成型压力也难以充满型腔；模具温度太高，使塑料的固化加快，但内部的塑料固化缓慢，产生的气体不易逸出，塑件的表面发生肿胀或起泡。

成型压力一是使塑件具有与型腔完全相同的形状；二是由于在成型的过程中，有低分子挥发物产生，压力可以抵抗由于气体而产生的压力，防止塑件起泡。成型压力的大小是根据填料种类、模具温度、预热方法和塑件形态的不同而不同。

成型时间即固化时间，它的长短将直接影响成型周期和固化度。充分的固化时间能够增加交联度，使塑件坚硬、光亮。

此外，在成型的过程中，有时对于形状复杂、料较蓬松的制品还须在不加温或加低温的情况下压制冷坯，以保证物料的流动性，使之充满型腔；在压制的过程中，会有挥发性物质产生，因此在压制成型的过程中需要进行排气，充分释放这些挥发性成分，否则会使制件产生肿胀、起泡和裂缝。对于尺寸精度要求较高的制件，出模后应当把它压在与塑件形状差不多的冷模中，自然冷却到室温，矫正变形，防止翘曲和大量收缩。

压制法成型设备制造费用低，模具结构简单，填料方向性小，成型压力相对较低，原料的损耗小，不受模塑料种类的限制。但压制法的生产效率低、成本高、精度较差、劳动强度较大。

（二）注塑成型工艺

酚醛塑料的成型工艺还可以采用与热塑性塑料近似的注塑方法成型，即将塑料由料斗输送到具有一定温度的料筒中，料在料筒、喷嘴和模具中发生复杂的物理变化及化学反应。在模塑料的注塑成型中，要控制的工艺要素有料筒温度、模具温度、注射压力、保压压力和保压时间、螺杆的转速及背压以及固化时间。

用于注塑成型的酚醛塑料要求有较快的硬化速度，较高的热态刚性；有较好的流动性，能够在较低的注射压力下注塑成型；在料筒中能停留较长的时间，不发生固化，不影响注射速度；料应是均匀的颗粒，以便能很好地控制进料量，减少环境中的粉尘量；挥发物含量要小，使制件表面有较好光泽度；要求脱模方便，对模具不污染。

注塑成型可实行全自动或半自动操作，提高生产率，减轻劳动强度；塑件尺寸稳定，精度高，质量好，模具寿命长。但注塑成型也有它的缺点，塑件有定向性，受填料种类限制，不适宜成型嵌件较多的塑件，设备和模具费用高，固化后大量浇口、流道不能再回收利用，有较大的浪费。

四、模塑料制品的性能

1. 物理性能

（1）成型收缩率　酚醛模塑料的成型收缩率取决于多种因素，如树脂的组成、填料种类、水分的含量和成型条件等，如表 14－2。

表 14－2　不同填料的酚醛模塑料收缩率

填料种类	收缩率/（%）	填料种类	收缩率/（%）
玻璃纤维	0.05～0.2	木粉＋石油	0.5～0.6
石棉＋云母	0.2～0.4	木粉、纸屑、布屑	0.6～0.8
石　　棉	0.3～0.5	合成纤维	1.0～1.4

（2）线胀系数　酚醛树脂模塑料的线胀系数同填料的种类有很大的关系，随着塑料内玻璃纤维等无机填料的增加，线胀系数降低，而含有合成纤维的塑料线胀系数较大。

（3）耐热性　酚醛树脂的耐热性较高，各种填料的酚醛模塑料的使用温度分别是：粉状填料的可用到 120℃，玻璃纤维和石棉填料的最高使用温度是 200℃以下。

2. 力学性能

酚醛模塑料在室温耐蠕变性能随填料的不同，对温度有不同的依赖性，含云母、石棉等无机填料的模塑料比含有机填料的模塑料的耐蠕变性好。一般说来，以玻璃纤维作填料的模塑料的拉伸强度和弯曲强度较好，并且受温度的影响小，而某些填料如木粉容易吸湿，这都会引起弯曲强度和弯曲模量的下降。

3. 电性能

酚醛树脂塑料有良好的电性能，它在常温时有较高的绝缘性能，如较高的体积电阻、表面电阻和击穿电压，可作为绝缘材料使用，但其介电常数和介电损耗角正切较大，只可作为工频绝缘材料使用。

4. 耐腐蚀性

不含填料的酚醛树脂几乎不受无机酸的侵蚀，不溶于大部分的碳氢化合物和氯化物，也不溶于酮类和醇类。但它不耐浓硫酸、硝酸、高温铬酸等腐蚀。

五、酚醛树脂模塑料的应用

酚醛塑料自开发以来，其制件大部分做电器绝缘件、汽车电器和仪表零件。近年来随着无流道成型的塑料电镀技术的发展，酚醛塑料在汽车制造和电子工业部门有很多的应用，它不仅可以代替金属零件，还能减轻结构件重量和降低成本。

§14.4.2 酚醛树脂 SMC 的生产和应用

SMC 即片状模塑料(Sheet Moulding Compound)，它最早是以 20%～30%的玻璃纤维增强不饱和聚酯树脂模塑料，它是以片状卷装形式提供，用户只要按规格要求剪裁和层叠装入模具，即可压制各种制品。相对于不饱和聚酯 SMC，酚醛 SMC 的突出特点是阻燃性和耐热性好，即便燃着了也极少起烟及产生有害的气体。另外，由于酚醛树脂在连续高温下也显示出很高的残留碳化率，所以较之其他塑料的老化程度低。鉴于酚醛 SMC 的这些优良的性能，国外需求量逐年增长。

一、酚醛 SMC 的制造

酚醛 SMC 是用低粘度、低游离酚、速固化酚醛树脂溶液，浸渍短切玻璃纤维，加填料和其他助剂，用聚乙烯薄膜为隔膜而连续生产的。其制造示意图如图 14－4。

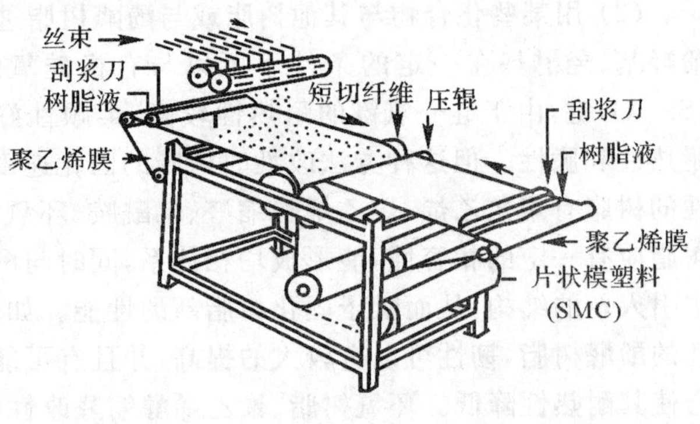

图 14－4 酚醛 SMC 生产工艺示意图

酚醛 SMC 的典型配方如下所示：

酚醛树脂 32.6 份；脱模剂 0.16 份；填料 26.12 份；催化剂 8.71 份；增粘剂 4.36 份；玻璃纤维 28.00 份。

这种酚醛 SMC 可在 150～175℃和 1.4～69 MPa 条件下成型，3.2 mm 厚的试样在 150℃时成型时间为 2 min。

同时酚醛 SMC 燃烧时无卤化物放出，一氧化碳和二氧化碳的浓度也比聚酯低得多，仅有痕量氰化氢，因而燃烧时放出的气体的毒性要小得多。

二、酚醛 SMC 的应用

由于酚醛 SMC 集高阻燃、低发烟、耐热、机械强度高等特性于一体，因此其用途广泛，其主要用途为：宇航器的驾驶舱及座舱的内饰、地板材料、隔热屏蔽材料等；铁路、地铁、船舶、汽车等的内饰、地板、顶蓬等；机电器械方面可用于电缆导筒、走线槽、配电箱、电机盖、屏蔽套等；矿山隧道的通风换气管；建筑业的内外墙装饰板材、地板、天花板等符合建筑法的防火材料、卫生设备等；化工设备可用于冷却塔、耐蚀器具等；国防方面可用于装甲车板、鱼雷架、炮筒挡板等。

§14.5 酚醛树脂的改性

固化后的酚醛树脂较脆，不耐碱，并且由于极性的酚羟基的存在，使其容易吸水使绝缘性能下降，在成型时需要高温高压。为了改进它的缺点，采用了多种的方法。

(1) 用其他原料代替部分苯酚与甲醛进行反应。可采用的原料有甲酚、二甲酚、苯胺、二甲苯、三聚氰氨等，它们可以全部或部分代替苯酚与甲醛进行缩聚反应，使缩聚产物中的酚羟基减少，从而降低其吸水性，使介电性能提高。也可采用硼酸(H_3BO_3)与苯酚先合成硼酸酚酯，然后硼酸酚酯再与甲醛进行缩聚反应，从而在树脂及固化产物的结构中引入热稳定性高和柔性好的硼—氧键，提高固化后树脂的耐热性和韧性。用芳烷基醚($CH_3O—CH_2—C_6H_4—CH_2—OCH_3$)与苯酚生成的芳烷基醚化合物($C_6H_5—O—CH_2—CH_2—O—C_6H_5$)与甲醛反应得到的线酚醛树脂或甲阶酚醛树脂也是这一类改性产品的重要品种之一。这种树脂中由于引入了醚键，使分子的柔性增大，从而改进了固化树脂的脆性。而且酚羟基被封闭也使耐碱性提高，吸水性降低。因而芳烷基醚甲醛树脂在固化后有较高的耐热性、力学性能、电绝缘性能和耐化学腐蚀性。但这一类树脂由于酚羟基的减少，树脂相应的固化速度也会有所降低。

(2) 用某些化合物与其他树脂或与酚醛树脂进行共聚或共混。如甲阶酚醛树脂中所含的酚羟基、羟甲基在一定的条件下可以与有机硅氧烷进行反应，在大分子结构中引入硅—氧(Si—O)键，由于硅—氧键的耐热性较高，柔顺性好，因而可在一定的程度上改进酚醛树脂的耐热性和脆性。但这种方法改性时树脂的固化速度较慢。可以与酚醛树脂进行共混或共聚改性的树脂有聚氯乙烯、聚乙烯醇缩醛、聚酰胺、环氧树脂、氯丁橡胶和丁腈橡胶等，它们与酚醛树脂应有一定的相容性，能形成均相体系，同时与酚醛树脂有一定的反应性，向固化后的树脂中引入新的结构，从而赋予固化树脂新的性能。如聚氯乙烯、聚酰胺、丁腈橡胶与氯丁橡胶改性的酚醛树脂，韧性可以有较大的提高，并且有可能提高树脂的耐化学腐蚀性和介电性能，但会使其耐热性降低。环氧树脂、聚乙烯醇缩醛改性的酚醛树脂，在提高韧性的同时，还会提高树脂与玻璃纤维的粘合性，从而提高所制得的模塑料与复合材料的力学性能。

思 考 题

1. 酚醛树脂分为哪两类？它们在合成、结构、性能及用途上有何不同？
2. 试述热固性酚醛树脂的固化原理及影响固化的主要因素。
3. 试述热塑性酚醛树脂的固化原理及影响固化的主要因素。
4. 为什么要对酚醛树脂进行改性？在选择改性剂时应考虑哪些因素？
5. 试述聚乙烯醇改性酚醛树脂的原理。
6. 试述下列酚醛模塑料各组成材料的作用：热塑性酚醛树脂、六次甲基四胺、氧化镁、木粉、硬脂酸锌、碳酸钙、滑石粉、苯胺黑。
7. 酚醛 SMC 与酚醛模压料有何异同？

第十五章　氨基树脂及塑料

氨基树脂是以一种具有氨基的有机物(脲、三聚氰胺或苯胺)与醛类化合物为原料,经缩聚反应而制得的一大类树脂。以氨基树脂为基体,加入填料以及各种助剂所制得的塑料称为氨基塑料,英文名为 Animoplastics。它主要包括尿素甲醛塑料、三聚氰胺甲醛塑料和苯胺甲醛塑料,分别称为脲醛塑料、蜜胺塑料和呱胺塑料。目前以脲醛塑料和三聚氰胺甲醛塑料为主。此外,氨基树脂还可用于粘合剂、涂料、织物和纸张处理剂等。

氨基树脂具有坚硬、耐刮伤、无色、半透明、无毒的优点,因而适于制造色彩鲜艳的各种塑料制品,还可用于航空、电器、建筑等部门,做装饰材料、隔热、隔音材料。

§15.1　脲醛树脂及塑料

脲醛树脂是热固性树脂中价格较低的品种之一,它比酚醛树脂便宜,但它的耐水性和耐热性不如酚醛树脂。它是用脲(尿素)NH_2CONH_2 和甲醛 CH_2O 合成的。

§15.1.1　脲醛树脂的合成及固化

脲醛树脂的合成和固化过程遵循体型缩聚反应的规律,树脂在合成时可人为地控制体型缩聚反应停止在某一阶段,固化过程则是在一定的条件下促使该反应继续进行到终止。

一、脲醛树脂的合成

脲醛树脂的合成过程也可分为两个步骤,即加成反应和缩聚反应。

1. 加成反应

脲醛树脂的合成反应与脲和甲醛的摩尔比、反应介质的 pH 值、反应温度等条件有关。在一般的反应条件下,脲与甲醛的摩尔比为 1∶1～1∶2 时,脲与甲醛首先发生加成反应,生成羟甲基脲。

$NH_2CONH_2+CH_2O \!=\!=\!= NH_2CONHCH_2OH$(一羟甲基脲)

$NH_2CONHCH_2OH+CH_2O \!=\!=\!= HOCH_2NHCONHCH_2OH$(二羟甲基脲)

由于空间位阻的作用,一般很难生成三或四羟甲基脲,上述两种产物都是晶体,能溶于水中形成水溶液。酸和碱对这一反应均有催化效应,但碱的催化效应较大。

2. 缩聚反应

在强酸性($pH<5$)条件下,生成的羟甲基脲会与脲上的氨基或另一羟甲基脲上的氨基缩合生成亚甲基脲,这是一种不透明的非树脂状的产物,影响树脂的透明性。在强碱性($pH>11$)条件下甲醛易发生康尼查罗反应,另外,缩聚反应进行得很慢。缩聚反应通常在中性、弱酸性或弱碱性条件下进行,此时的反应如下所示:

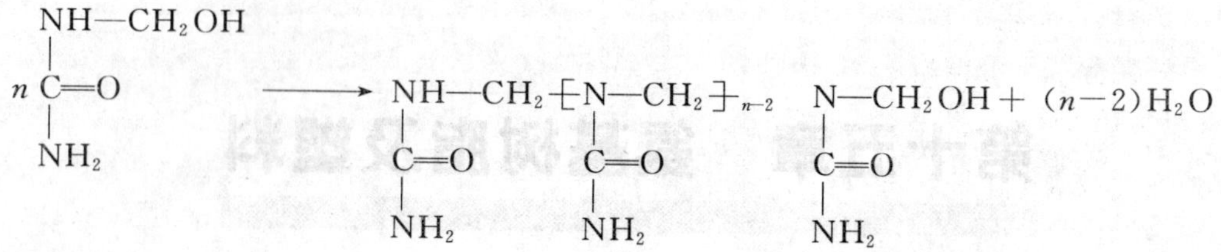

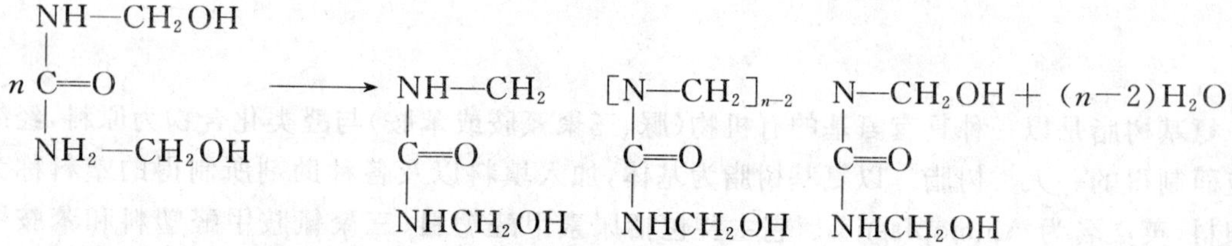

$$
n\,\begin{matrix} NH-CH_2OH \\ | \\ C=O \\ | \\ NH_2 \end{matrix} \longrightarrow \begin{matrix} NH-CH_2 \\ | \\ C=O \\ | \\ NH_2 \end{matrix} \!\left[\begin{matrix} N-CH_2 \\ | \\ C=O \\ | \\ NH_2 \end{matrix}\right]_{n-2} \begin{matrix} N-CH_2OH \\ | \\ C=O \\ | \\ NH_2 \end{matrix} + (n-2)H_2O
$$

$$
n\,\begin{matrix} NH-CH_2OH \\ | \\ C=O \\ | \\ NH_2-CH_2OH \end{matrix} \longrightarrow \begin{matrix} NH-CH_2 \\ | \\ C=O \\ | \\ NHCH_2OH \end{matrix} \left[\begin{matrix} N-CH_2 \\ | \\ C=O \\ | \\ NHCH_2OH \end{matrix}\right]_{n-2} \begin{matrix} N-CH_2OH \\ | \\ C=O \\ | \\ NHCH_2OH \end{matrix} + (n-2)H_2O
$$

上述反应生成的树脂在结构上要复杂得多。在加热加压或在固化剂与催化剂的作用下，这种结构的脲醛树脂进一步交联，缩合成具有复杂结构的体型聚合物。

二、脲醛树脂固化过程的控制

少量的酸可以对脲醛树脂的固化过程起到显著的促进作用。例如在中性时，在140℃下10～60 min才能固化；在 pH＝2 时，不加热即可固化，因此酸性物质是脲醛树脂的固化催化剂，可根据用途和所需要的固化速率来选择催化剂的种类和用量。

脲醛树脂用作泡沫塑料或室温粘合剂时，要求在室温下快速固化，可选用磷酸或氯化锌、氯化铵作催化剂，后者能与甲醛反应生成酸，从而起到催化的作用。

$$4HN_4Cl+6CH_2O \longrightarrow N_4(CH_2)_6+6H_2O+4HCl$$

脲醛树脂用作压塑粉和层压塑料时，要求在室温及烘干温度下没有或很少有催化作用，在成型温度下能迅速固化，这时可选用一些潜伏性的酸固化剂，如草酸、邻苯二甲酸、苯甲酸、一氯乙酸、磷酸三酯等，它们在室温时稳定，当温度超过100℃并有水（或无水）作用，会分解出酸性物质而起固化催化的作用。其用量一般为总物料量的0.2％～20％。

对于在室温要求一定的储存期的树脂，常在其中加入一些稳定剂，常用的为一些碱性物质，如六次甲基四胺、碳酸铵等，以中和在储存过程中放出的少量酸，延长存放期。

§15.1.2　脲醛树脂的性能及应用

脲醛树脂一般为水溶性树脂，较易固化，固化后的树脂无毒、无色、耐光性好，长期使用不变色，热成型时也不变色，可加入各种着色剂以制备各种色泽鲜艳的制品。脲醛树脂坚硬，耐刮伤，耐弱酸弱碱及油脂等介质，价格便宜，具有一定的韧性，但它易于吸水，因而耐水性和电性能较差，耐热性也不高。

脲醛树脂的用途相当广泛，除用作模塑料、层压塑料、泡沫塑料外，还可用于制作水溶性粘合剂，以粘接木材；用作织物的防缩防绉处理剂；用作纸张的罩光漆，以提高纸张的湿强度。下面主要对它在塑料上的应用作一简单介绍。

一、脲醛压塑粉

脲醛树脂的压塑粉俗称为电玉粉，它是由树脂、固化剂、填料、着色剂、润滑剂、稳定剂、增塑剂等组份用湿法生产而成的。

1. 组成

(1) 树脂　用作压塑粉的脲醛树脂要求采用反应程度较浅的缩聚物，此时树脂粘度小，便于浸渍填料，并可保证在较长的生产周期和进行干燥后仍有适当的流动性，在工业上多采用尿素与甲醛在低温下的缩合物(一、二羟甲基脲的混合物)。通常采用脲与甲醛的配比为1∶1.5(摩尔比)，在pH＝8及温度30～35℃下全部溶解后，再加入脲量0.3%～0.54%的草酸及0.33%～0.88%的草酸乙酯，随即发生放热反应，温度上升，温度保持在55～60℃，并严格控制pH＝5.5～6.5，经60～75 min即得所需的脲醛树脂。由于缩聚度较低，实际上仅刚过加成反应阶段，主要的缩聚反应是在固化过程中进行的。

(2) 固化剂　压塑粉中所用的固化剂要求具有一定的潜伏性，常用的有草酸、邻苯二甲酸、苯甲酸、一氯乙酸等。

(3) 填料　最常用的填料是纸浆，其次为木粉或无机填料(石棉、玻璃纤维、云母等)。所用的纸浆是以木材为原料，经亚硫酸盐处理，溶去木材中非纤维素杂质，再经漂白即得的纯净的纤维素。填料的用量为总物料量的25%～32%，用量过小，压塑粉流动性大，制品强度低；反之，用量过多时，压塑粉流动性减小，制品表面不光滑，耐水性降低。

(4) 着色剂　着色剂可赋予塑料鲜艳的色彩，选用着色剂时要注意，所用着色剂的着色能力强，在塑料中能分散均匀，在加工温度下和长期的日光照射时不变色，不从制品中析出。通常用的着色剂是颜料，染料较少使用，用量为物料量的0.01%～0.2%。

(5) 润滑剂　润滑剂在压制成品时可提高料的流动性，并可从制品中析出，在制品和模具间形成隔离膜，使制品不易粘模。常用的润滑剂为硬脂酸的金属盐(如锌、钙、铝、镁等的金属盐)、有机酸的酯类(如硬脂酸环己酯、硬脂酸甘油脂等)。其加入量为物料量的0.1%～1.5%，过多时会污染制品的外观，减少光泽；过少则制品难于脱模。

(6) 稳定剂　在压塑粉中加入的催化剂虽说是潜伏性的催化剂，但是在室温的存放过程中仍会有少量的酸放出，从而影响到压塑粉的质量，因此通常加入一些碱性的物质以吸收放出的酸，常用的碱为六亚甲基四胺或碳酸铵。

(7) 增塑剂　在压塑粉中一般不用增塑剂，只在特殊的场合使用，目的是提高料的流动性，并降低固化时的收缩率。可用的增塑剂有脲及硫脲。

上述的各种组分常根据实际的情况而选用，不是所有的模塑料中都要用。

2. 脲醛压塑粉的制造

脲醛压塑粉的生产不同于酚醛树脂压塑粉的生产方式，它通常采用湿法生产。压塑粉的生产与脲醛树脂的合成常同时进行。

将合成好的树脂用真空泵经过滤器抽入贮槽，再经计量槽计量放入捏合机中，同时加入硬脂酸锌、亚硫酸纸浆片(α—纤维素)和固化剂等，在25～35℃温度范围内进行捏合。混合料装入盘中，置于真空干燥箱内，在80℃下干燥，然后将物料放入万能粉碎机中粉碎，再装入球磨机中与着色剂一起磨细混合后，经过筛即为成品。

3. 脲醛塑料的成型

脲醛压塑粉可用模压法或传递模塑成型。加工温度为125～160℃，模压压力为25～35 MPa，传递模塑压力为70 MPa，每毫米厚度的模压时间为1～1.5 min。对于特殊的模塑粉也可采用注塑成型。在压制成型的过程中要放气。压好的制品在压模中冷却到60～70℃时脱模，可提高表面光泽；制件经70℃后处理10～12 h可提高性能。

有时为提高脲醛树脂的耐热性和耐水性，还可用部分的三聚氰胺代替脲来合成树脂，以生产尿素三聚氰胺甲醛树脂及塑料。

4. 脲醛塑料的性能及用途

脲醛塑料或尿素三聚氰胺甲醛树脂具有较好的物理力学性能和电性能，见表 15－1。脲醛塑料制品外观光泽如玉，色泽鲜艳持久，可用作日用品和装饰品、钮扣、发夹、盒子、钟表外壳、电器零件、餐具等。

表 15－1　脲醛压塑粉及塑料的主要性能

项　　目	脲醛树脂	尿素三聚氰胺甲醛树脂
密　　度 /($g \cdot cm^{-3}$)	1.5	1.5
比　　容 /($mL \cdot g^{-1}$)	3.0	3.0
水分及挥发性物质 /(%)	4.0	4.0
吸 水 率 /(%)	0.5	0.3
收 缩 率 /(%)	0.6	0.6
拉西格流动性 /mm	175	150
马丁耐热温度 /℃	100	110
最高连续使用温度 /℃	80	
冲击强度 /($kJ \cdot m^{-2}$)	8.0	7.0
弯曲强度 /MPa	100	90
表面电阻率 /Ω	10^{11}	10^{11}
体积电阻率 /($\Omega \cdot m$)	10^{9}	10^{9}
介电强度 /($kV \cdot mm^{-1}$)	10	11

二、脲醛层压塑料

脲醛层压塑料的制造过程同酚醛层压塑料基本相同，即用脲醛树脂的水溶液浸渍纸张、棉织品或玻璃布后，经过干燥得浸胶材料，然后将浸胶材料叠合，放入多层液压机中，在 150℃及 10～12 MPa 层压固化。此时要求树脂有较高的缩聚度和较大的粘度。树脂一般在微酸性条件下(pH＝5)合成，脲与甲醛的配比为 1∶(1.5～2.0)，温度为 80℃下进行反应，达到终点后用碱中和至 pH＝8 即可出料，然后用于层压塑料的制作。鉴于脲醛树脂的耐水性差，通常可用三聚氰胺来代替部分脲来合成树脂，以提高其耐水性和耐热性，也可用硫脲与脲和甲醛共缩聚的树脂来制备层压塑料，其耐水性及强度也高于纯脲醛塑料。常用脲醛层压板制造贴面板、家具、车厢、船舱及收音机外壳、建筑工业上的装饰板。

三、脲醛泡沫塑料

脲醛泡沫塑料的制备，是将空气通于树脂的水溶液中，采用机械搅拌的方法使树脂发泡，然后通过固化将泡沫固定而得。所用树脂的缩聚程度最高，粘度最小，且用甘油醚化的水溶液。脲与甲醛的配比为 1∶1.8 以上，反应温度为 90～100℃，在微碱性条件下合成。起泡液由水、乳化剂(二丁基萘磺酸钠)、泡沫稳定剂(间苯二酚)与固化剂(草酸、磷酸)等配制而成的。

在制备的过程中，首先将起泡液加入到树脂液中，搅拌后迅速将物料倒入模具中，将此泡沫体模型在 18～22℃室温下放置 4～6 h，使其初步固化，然后将制品从模具中取出，在 50～

60℃下进行干燥，使其完全固化并脱除水分，即得泡沫塑料。

脲醛泡沫塑料有耐腐蚀性，但对水及水蒸气的作用不够稳定，它质轻(密度为 0.01～0.02 g/cm^3)，热导率小，价格低廉，并且具有一定的阻燃性，但它最大的缺点是强度低，抗压强度只有 0.025～0.05 MPa。它主要是作为隔音隔热用材以及防震的包装材料。

§15.2 三聚氰胺甲醛树脂及塑料

三聚氰胺甲醛树脂又称为蜜胺甲醛树脂，它是三聚氰胺与甲醛的缩聚物经交联而成的热固性树脂。

三聚氰胺甲醛树脂的反应历程、树脂结构及固化方式都和脲醛树脂基本相同。首先是三聚氰胺与甲醛发生加成反应，生成羟甲基衍生物。同脲醛树脂一样，随反应所用原料配比的不同，可生成一羟甲基到六羟甲基的衍生物，但以三羟甲基衍生物为主。其反应如下：

$$C_3N_3(NH_2)_3 + 3CH_2O \longrightarrow C_3N_3(NH{-}CH_2OH)_3$$

$$C_3N_3(NH_2)_3 + 6CH_2O \longrightarrow C_3N_3[N(CH_2OH)_2]_3$$

进一步的反应是羟甲基之间的缩聚反应，以及羟甲基与氨基的缩聚作用，生成的交联键为醚键—CH_2OCH_2—和次甲基键—CH_2—，从而形成不熔不溶的体型结构产物。

三聚氰胺甲醛树脂模塑粉的生产操作工艺如下：向反应釜中按配比加入三聚氰胺、甲醛(1∶2～2.5摩尔比)以及碱性催化剂，加热进行缩聚反应，经真空脱水后加入稳定剂二乙醇苯胺，然后放料冷却即得蜜胺树脂，再将蜜胺树脂和纤维素等填料加入混炼机中进行混炼，经干燥、粉碎后和着色剂、脱模剂等一起加入到球磨机中磨细，经过筛即得成品。整个过程同脲醛树脂的制备过程大致相同。蜜胺塑料具有较好的耐碱性和介电性，耐电弧性突出，树脂本色为浅色，因此可自由着色。

三聚氰胺甲醛玻璃纤维塑料采用浸渍法。将缩聚反应到一定阶段的树脂脱水后加乙醇稀释制成树脂胶液，然后用树脂胶液浸渍玻璃纤维，加入着色剂等在捏合机中捏和，经疏松、干燥制得成品。三聚氰胺甲醛玻璃纤维塑料的性能特点是具有良好的力学性能和耐热性能，耐电弧性突出，电绝缘性较好。

在固化后的三聚氰胺甲醛树脂中六元杂环之间的脂肪链比酚醛树脂中苯环间的脂肪链长，因此不像酚醛树脂脆，与脲醛树脂相比，三聚氰胺甲醛树脂有更多的反应点可以形成较高联密度的体型树脂，所以其固化物具有较高的耐热性、耐水性、介电性和力学性能。特别是有极高的耐电弧性，可用作电器灭火器和高压开关。三聚氰胺甲醛树脂对木材、纸、棉、玻璃纤维、石棉等都有很高的粘结力。它可制成压塑料、层压塑料、胶粘剂、清漆和涂料等。用玻璃布或石棉增强的三聚氰胺甲醛树脂可制做耐热的高级电器和结构材料。

三聚氰胺甲醛树脂模塑粉及玻璃纤维塑料的主要性能如表 15－2 及表 15－3 所示。

表 15－2　三聚氰胺甲醛树脂模塑粉的主要性能

项　目		粉　状	粒　状
密　度 /(g·cm^{-3})	≤	1.5	1.5
比　容 /(mL·g^{-1})	≤	3	2
水分及挥发性物质 /(%)	≤	4	4
吸 水 率 /(%)	≤	0.15	0.15
收 缩 率 /(%)		0.4～0.5	0.4～0.8
拉西格流动性 /mm		110～119	110～119
马丁耐热温度 /℃	≥	130	130
冲击强度 /(kJ·m^{-2})	≥	7.0	6.0
弯曲强度 /MPa	≥	88.2	88.2
介电强度 /(kV·mm^{-1})	≥	10	10
表面电阻率 /Ω	≥	10^{11}	10^{11}
体积电阻率 /(Ω·m)	≥	10^{9}	10^{9}
游离甲醛析出量 /(mg·L^{-1})	≤	30	30

表 15－3　三聚氰胺甲醛树脂玻璃纤维塑料的主要性能

项　目		性　能
外　观		表面光滑平亮，无纤维露出
密　度 /(g·cm^{-3})	≤	2.0
收 缩 率 /(%)		0.1～0.4
吸 水 率 /(%)	≤	0.4
马丁耐热温度 /℃	≥	180
冲击强度 /(kJ·m^{-2})	≥	15
弯曲强度 /MPa		78.4
表面电阻率 /Ω	≥	10^{11}
体积电阻率 /(Ω·m)	≥	10^{9}
介电强度 /(kV·mm^{-1})	≥	11
耐电弧性 /s(电流 6～6.5 mA，电极间距 5 mm)		200

思 考 题

1. 试述脲醛树脂的性能特点及应用。
2. 泡沫塑料用脲醛树脂与压塑粉用脲醛树脂在性能上有什么不同？为什么？
3. 试述三聚氰胺甲醛树脂的性能特点及应用。

第十六章　不饱和聚酯树脂及塑料

不饱和聚酯树脂(Unsaturated Polyester Resin,缩写为UPR)是由二元酸(饱和二元酸以及不饱和二元酸)同二元醇,经过缩聚反应得到的一种线型聚合物,通常以该化合物在烯烃类活性单体(如苯乙烯)中的溶液形式出现。不饱和聚酯树脂在分子结构中存在双键及酯基,在引发剂的作用下与乙烯基单体共同反应而生成热固性的体型结构。

不饱和聚酯的应用要追溯到第二次世界大战期间。美国首先用不饱和聚酯与玻璃布制得聚酯玻璃钢的雷达罩,其重量轻、强度高、透波性好,制造简单,迅速用于战争,显示了卓越的性能。战后不饱和聚酯树脂迅速推广到民用方面,并先后用它制得了无溶剂漆,浇注“珍珠”钮扣、人造大理石、人造地板、路面铺覆材料等。1957年发展起来的DMC和SMC技术,使聚酯产品得以高速度、高质量、低成本地大批量生产。特别是汽车工业中因限制燃油消耗而要求使用轻质高强的复合材料时,聚酯SMC的需求更为增长。

我国于1950年开始发展不饱和聚酯树脂,60年代从英国SCOTT-BADER公司引进了UPR生产的工艺与设备,从一定程度上推动了我国玻璃钢工业以及聚酯工业的发展,从70年代起,UPR从军品推广到民品,得到了较快的发展。目前,我国的UPR同世界先进水平相比,仍存在着差距,主要是品种少,性能差,生产工艺与设备落后。

§16.1　不饱和聚酯树脂的制备

不饱和聚酯是一系列树脂的总称,它是由饱和二元酸、不饱和二元酸与二元醇经缩聚反应得到的一种分子量不高的线型缩聚产物,它的结构中既有酯键又有不饱和键,因而它可以通过不饱和双键与某些乙烯基单体(交联单体)进行交联反应,从而生成体型结构的聚酯。原料对不饱和聚酯的结构和性能有很大的影响。

§16.1.1　原材料

1. 不饱和二元酸

不饱和二元酸的作用是给聚酯提供长链分子中的不饱和双键,不饱和二元酸的比例越高,固化后树脂的交联度越高,固化产物的热变形温度越高,但强度与断裂伸长率越低。目前常用的不饱和二元酸有顺丁烯二酸酐(

$$\begin{array}{l} HC—C(=O) \\ \ \ \| \qquad \ \ \ \backslash \\ \ \ \| \qquad \ \ \ \ O \\ \ \ \| \qquad \ \ \ / \\ HC—C(=O) \end{array}$$

)和反丁烯二酸(

$$\begin{array}{l} \qquad\quad HC—COOH \\ \qquad\quad \ \| \\ HOOC—CH \end{array}$$

)。

2. 饱和二元酸

用饱和二元酸代替部分顺丁烯二酸酐，可以调节聚酯的不饱和性，使之具有良好的综合性能，如可提高树脂的韧性，改善聚合产物与苯乙烯的相容性。常用的饱和二甲酸有邻苯二甲酸酐（ ）、间苯二元酸（ ）、对苯二甲酸（ ）等，此外还有己二酸[HOOC—$(CH_2)_4$—COOH]、四氯邻苯二甲酸酐（ ）、四溴邻苯二甲酸酐（ ）、桥亚甲基四氢邻苯二甲酸酐（ ）、六氯桥亚甲基邻苯二甲酸酐（ ）等。它们有的可赋予树脂柔性，有的可赋予树脂耐高温性，有的可赋予树脂阻燃性。

3. 二元醇

常用的二元醇有丙二醇（$CH_3—CH(OH)—CH_2—OH$）、乙二醇（$HO—CH_2—CH_2—OH$）、一缩二乙二醇（$HO—CH_2—CH_2—O—CH_2—CH_2—OH$）、一缩二丙二醇[$CH_2—CH(OH)—CH_2—O—CH_2—CH(OH)—CH_3$)]，2,2,-二甲基-1,3-丙二醇（$HOCH_2—C(CH_3)_2—CH_2OH$），2,2-二（一溴甲基）-1,3-丙二醇（$HOCH_2—C(CH_2Br)_2—CH_2OH$），双酚A衍生物

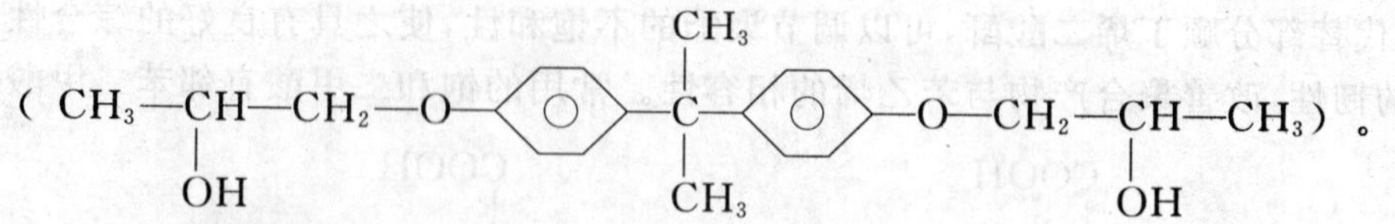

$$(\mathrm{CH_3-\underset{OH}{CH}-CH_2-O-C_6H_4-\underset{CH_3}{\overset{CH_3}{C}}-C_6H_4-O-CH_2-\underset{OH}{CH}-CH_3})$$。

4. 交联单体

不饱和聚酯中常用交联单体有以下几种：

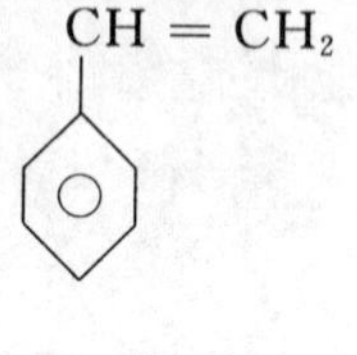

$C_6H_5-CH=CH_2$

苯乙烯

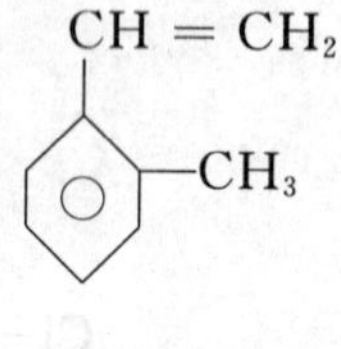

$CH_3-C_6H_4-CH=CH_2$

甲基苯乙烯

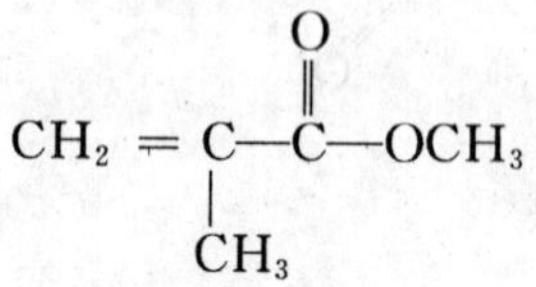

$CH_2=C(CH_3)-\overset{O}{\overset{\|}{C}}-OCH_3$

甲基丙烯酸甲酯

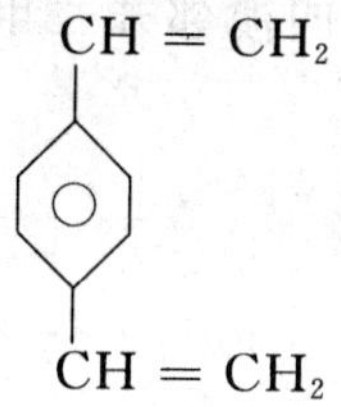

$CH_2=CH-C_6H_4-CH=CH_2$

二乙烯苯

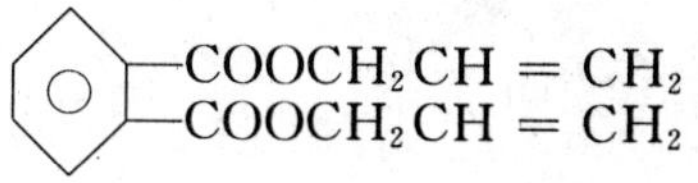

$C_6H_4(COOCH_2CH=CH_2)_2$

邻苯二甲酸二烯丙酯

$C_3N_3(O-CH_2-CH=CH_2)_3$

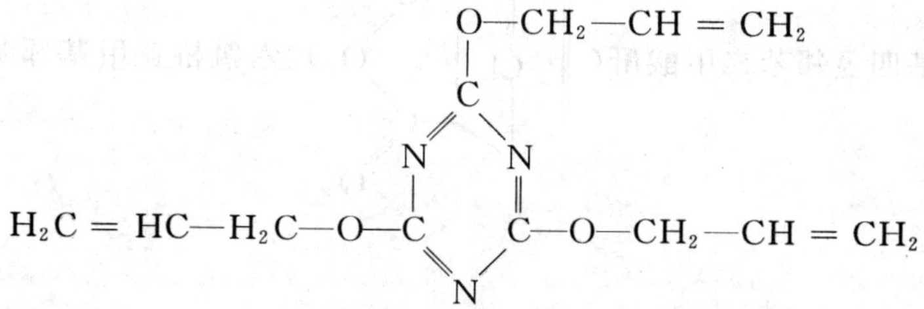

三聚氰酸三烯丙酯

§16.1.2 不饱和聚酯的制备

采用不同的原料，可以制得不同型号和性能的不饱和聚酯，但其基本原理都是在二元醇过量的情况下，醇和酸进行酯化反应，不断排出水的过程，这一过程通常都要在惰性气体的保护下，在熔融状态下进行。制备不饱和聚酯的反应可用下面的通式来表示。

$$n\mathrm{HOOCRCOOH}+m\mathrm{HOOCR'COOH}+(n+m)\mathrm{HOR''OH}\longrightarrow$$

$$\mathrm{HO{+}\overset{O}{\overset{\|}{C}}-R-\overset{O}{\overset{\|}{C}}-O-R''-O{+}_n{+}\overset{O}{\overset{\|}{C}}-R'-\overset{O}{\overset{\|}{C}}-OR''-O{+}_m H}+[2(m+n)-1]\mathrm{H_2O}$$

$$\text{或}\quad n\mathrm{R}\begin{matrix}\mathrm{C{=}O}\\ \mathrm{O}\\ \mathrm{C{=}O}\end{matrix}+m\mathrm{R'}\begin{matrix}\mathrm{C{=}O}\\ \mathrm{O}\\ \mathrm{C{=}O}\end{matrix}+(n+m)\mathrm{HOR''OH}\longrightarrow$$

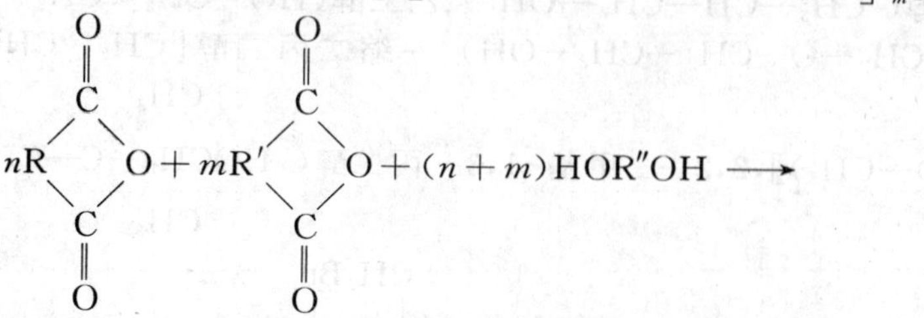

$$\mathrm{HO{+}\overset{O}{\overset{\|}{C}}-R-\overset{O}{\overset{\|}{C}}-O-R''-O{+}_n{+}\overset{O}{\overset{\|}{C}}-R'-\overset{O}{\overset{\|}{C}}-OR''-O{+}_m H}+[2(m+n)-1]\mathrm{H_2O}$$

工业生产的不饱和聚酯，分子量约为1 000～3 000，此时的聚酯有最佳的工艺性能和固化性能。要获得更高分子量的聚酯则需在高温和高的真空度下进行反应，但此时树脂有凝胶的危险。

§16.2 不饱和聚酯的固化

不饱和聚酯中含有大量的双键，它们可以进行自身的聚合，但反应相当慢，在工业上意义不大。因而通常是采用加入交联单体，在引发剂的作用下进行自由基聚合。

§16.2.1 引发剂

引发剂的作用是在一定的温度下分解产生活性自由基，从而引发交联反应。不饱和聚酯的加工适用性很广，由于加工工艺的不同，要求树脂的存放时间不同，因此可将引发剂分为以下三大类：

(1) 树脂不需要或只需极短的存放期，树脂可在室温或要求引发剂在室温或稍稍升温下反应，例如手糊成型与喷射的接触成型或注塑成型即属此类。属于这类的引发剂主要是室温固化用引发剂，如过氧化甲乙酮、过氧化环己酮、异丙苯过氧化氢、过氧化苯甲酰等。

(2) 树脂需存放几小时到几天，要求引发剂在较低温度升温及中等温度下分解，在室温下要有一定的稳定性，例如连续挤拉工艺、旋转成型工艺等。属于这类的引发剂主要是中温固化用引发剂，如过氧化二碳酸二-2-苯氧基酯、过氧化苯甲酰、氧化二碳酸二(4-叔丁基环己烷)等。

(3) 树脂需要存放期为一周以上到几个月，要求引发剂在较高温度下才能分解，引发剂必须有高度的热稳定性和化学稳定性，例如片状模塑料(SMC)和团状模塑料(DMC)及其他一些模塑料成型或热压成型工艺。这类引发剂在室温下相当稳定，如表16-1。

表16-1 热固化所用引发剂

序 号	引 发 剂	10 h半衰期温度/℃	成型温度范围/℃
1	2-叔丁基偶氮-二氰基丁烷	82	100～145
2	1,1-二(叔丁基过氧)-3,3,5-三甲基环己烷	92	130～160
3	1,1-二(叔丁基过氧)环己烷	93	130～160
4	1-叔丁基偶氮-1-氰基环己烷	96	135～165
5	0,0-叔丁基-0-异丙基单过氧化碳酸酯	99	130～160
6	过苯甲酸叔丁酯	105	135～165
7	乙基-3,3-二-(过氧化叔丁基)丁酸酯	111	140～175
8	过氧化二异丙苯	115	140～175

§16.2.2 促进剂

室温固化的不饱和聚酯树脂，除加入引发剂外，还通常加入引发促进剂，以降低引发剂分解反应的活化能，使之在室温时就有较高分解速度。

在不饱和聚酯中常用的促进剂有金属化合物和叔胺类。金属化合物如环烷酸钴或辛酸钴，常将其溶解于增塑剂、溶剂或苯乙烯中成为1%的溶液，用量为0.5%～2%。叔胺类促进剂用于促进过氧化物引发剂，如过氧化苯甲酰，使之能在常温下固化。常用的有二甲基苯胺、二乙基苯胺、二甲基对甲苯胺等。一般使用10%的溶液，用量为1%～4%。它们与引发剂形成氧化-还原体系，可将引发剂的分解活化能降低到原来的18%～20%。

§16.2.3 树脂的固化

不饱和聚酯的固化是在引发剂作用下的自由基加聚反应，分为链引发、链增长和链终止三个阶段。

1. 链引发

以R·表示自由基，M表示单体，~~~~CH = CH~~~~CH = CH~~~~ 表示不饱和聚酯，则引发过程如下：

$$R—R' \longrightarrow R\cdot + R'\cdot$$

$$R\cdot + \sim\sim CH = CH \sim\sim CH = CH \sim\sim \longrightarrow \sim\sim \underset{}{\overset{R}{\overset{|}{C}H}} — CH \sim\sim CH = CH$$

$$R\cdot + M \longrightarrow RM\cdot$$

不同的场合，应选用不同的引发方式，如室温时常采用引发剂和促进剂形成氧化-还原引发体系，对于高温或中温固化工艺，所选用的引发剂一般采用热分解引发。

2. 链增长

以苯乙烯作为交联单体时，不饱和聚酯的链增长可有四种方式：① 苯乙烯自由基同UPR的双键反应；② 苯乙烯自由基同苯乙烯的双键的反应；③ UPR的大活性基同苯乙烯上的双键的反应；④ UPR大活性基同UPR上的双键的反应。这四种链增长的反应对共聚物组成及链结构的影响主要取决于参与双键反应的活性单体的竞聚率及浓度，因而选择单体时应注意共聚活性、起始配料比和转化率的影响。

3. 链终止

链终止方式同所选用的交联单体有关，以苯乙烯作为交联单体时，不饱和聚酯的链终止反应通常是双基偶合终止；用甲基丙烯酸甲酯作交联的单体时，以双基歧化终止为主。

由于不饱和聚酯分子中含有多个双键，它在同单体共聚到一定程度时，将会因凝胶现象而使体系的粘度增大，出现自动加速效应，使共聚反应的速度加快，形成致密的网络，从而使单体的扩散受阻，共聚速度下降，因而不饱和聚酯的反应很难完全。它在固化后典型的交联网状结构示意图如图16－1所示。

§16.2.4 不饱和聚酯的结构特点

不饱和聚酯交联后，在以二元醇与二元酸缩聚形成的线状分子主链（含酯基和未反应的双键)的各个不饱和键之间,形成了由交联单体不饱和键打开后生成的横向分子链连接的网状结构。交联的不饱和聚酯具有如下的结构特点:

(1) 交联使材料成为刚性硬质材料,重新加热时不能流动,但交联密度较小,材料的韧性比酚醛树脂等好。

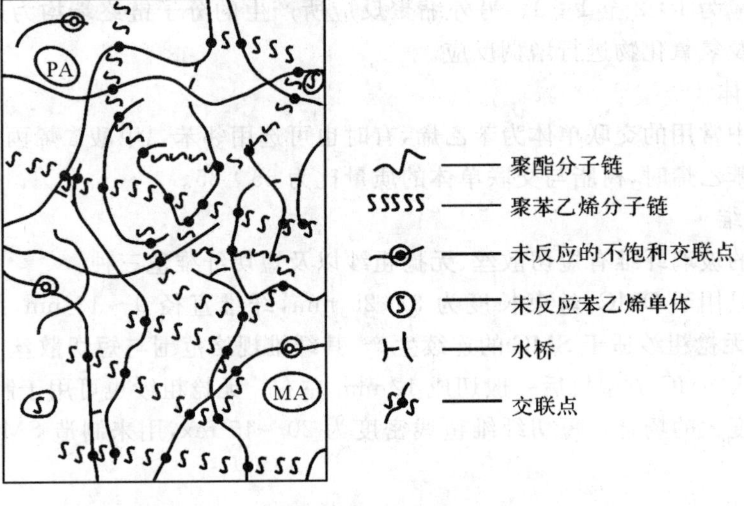

图 16-1　典型的聚酯交联网络结构示意图

(2) 不饱和聚酯的交联反应是自由基引发聚合,在这一过程中无低分子副产物放出,因而制品可在低压和接触压力下成型,这有利于大型制品的生产。

(3) 在树脂的分子链中含有极性的酯基,因而树脂的耐水性较差,特别是耐碱水性差。同时由于酯基的存在,使固化后的不饱和聚酯的介电性较差,其绝缘性能也较烃类聚合物差。

(4) 固化后的树脂,在各酯基之间由脂肪烃基或芳烃基组成,交联的横链也由烃基组成。不饱和聚酯的力学性能和其他性能取决于交联密度及分子链主体部分的烃基和取代基性质。因此,改变树脂配方中不饱和二元酸与饱和二元酸的比例,调节交联点密度,选用不同的二元酸、二元醇和交联单体,就可在很大的范围内调节树脂制品的力学性能、热性能及其他性能。

§16.3　不饱和聚酯的片状模塑料和团状模塑料

不饱和聚酯模塑料是不饱和聚酯中很重要的一类产品,它是随着聚酯的热压成型工艺而发展起来的。相对于其他的一些模压料而言,它成型时间短,成型压力低,固化时没有副产物放出,因而不饱和聚酯树脂的模塑料得以迅速地发展。

聚酯模塑料包括树脂、填料、玻璃纤维、引发剂、增稠剂、内脱模剂等组分,可制成片状或团状。片状模塑料(SMC)是短切玻璃纤维毡浸渍液态树脂浆料,经化学增稠而成干片状的预浸料,团状模塑料(DMC)是不饱和聚酯树脂、短切玻璃纤维、填料以及各种添加剂经充分混合而成的料团状预浸料。

§16.3.1 不饱和聚酯模塑料的组分

1. 树脂

SMC 和 DMC 所用不饱和聚酯，应具有中等或高的反应活性，如苯二甲酸酐对顺丁烯二酸酐的摩尔比应为 1∶2 至 1∶3。另外缩聚反应所产生的分子链终端均为羧基，以利于与碱土金属氧化物及氢氧化物进行增稠反应。

2. 交联单体

在模塑料中常用的交联单体为苯乙烯，有时也可选用邻苯二甲酸二烯丙酯、甲基丙烯酸甲酯等。当采用苯乙烯时，树脂与交联单体的质量比为 65∶35。

3. 玻璃纤维

模塑料用的玻璃纤维有短切散丝、无捻粗纱以及短切纤维毡三种。

短切散丝只用于 DMC，丝束长度为 3～25 mm，纤维直径 9～13 nm，线密度位于 35～306 tex之间。无捻粗纱适于 SMC 的连续生产，其纤维规格范围与短切散丝所用相同，但连续的无念粗纱喂入 SMC 成型机后一般切成 12 mm 左右。无捻粗纱也可用于制造 DMC，但仅用于要求纤维长度大的场合。短切纤维毡线密度为 20～45 tex，用来制造 SMC，可使制品重量分布均匀。

4. 填料

填料是模塑料的一个重要组成部分，其作用主要是降低成本，调节流动性，改善外观，减少或避免制品的收缩与开裂。目前最常用的填料是碳酸钙，此外还有滑石粉、瓷土、煅烧粘土等，填料的加入量为 100～300 份。

5. 引发剂

模塑料中所用的引发剂为高温的引发剂，常用的为过苯甲酸叔丁酯或过氧化苯甲酰。

6. 阻聚剂

由于模塑料从制备到使用通常不是立即完成的，而是要在室温下存放一定的时期，一般要求在 6 个月左右，因而需加入阻聚剂。常用的阻聚剂是对苯二酚或对苯醌，此外还有特丁基对苯二酚和 2,6-二特丁基-4-甲酚，加入量为树脂量(包括苯乙烯)的 0.01%～0.05%。

7. 增稠剂

SMC 与某些 DMC 需要化学增稠。所谓增稠，就是用碱土金属氧化物或氢氧化物和树脂进行反应，使粘度大幅度增加。此时 SMC 有足够的硬挺度，成为可以剪裁又便于取用的干性材料，易于操作。对于 DMC 而言，由于在制造的过程中加入了较多的填料，粘度已经较大，因而可以不加增稠剂。常用的增稠剂有氧化钙、氧化镁、氢氧化镁、氧化锌。增稠剂浓度为 1%～5%，依其类型和树脂反应性不同而变化。

8. 内脱模剂

聚酯在压制的过程中，易粘在模具上而不能脱模，这时要使用内脱模剂。内脱模剂大多是长链脂肪酸及其盐类(如硬脂酸、硬脂酸锌、硬脂酸镁、硬脂酸钙等)，以及烷基磷酸酯类，它们在受热时熔融并迁移到制品的表面，即可成为第二相，隔离模具。

9. 防收缩剂

在模塑料的热压成型中，由于聚酯的固化过程是分子间力向化学键的转化，因而收缩率高达 5%～8%，这对于成型形状复杂、尺寸公差严格或表面质量要求高的制品就很困难，为此向不饱和聚酯树脂中加入一种热塑性树脂，即防收缩剂。加入防收缩剂的配方，其收缩率可下降至0.5%以下，甚至可以达到零收缩。防收缩剂依其作用情况不同，大致可以分为两种：一种是与不饱和聚酯不相容的聚合物，如聚乙烯和聚氯乙烯，加入量为5%～10%；另一种是和不饱和聚酯在固化前相容，在树脂固化后不相容的聚合物，如聚醋酸乙烯、聚丙烯酸酯、聚已内酯、聚苯乙烯等，它们的用量在树脂量的10%～20%之间。

SMC和DMC的区别在于组成和所用的树脂的品种不同，通常SMC用玻璃纤维多，填料少，纤维的长度大，需化学增稠，所用树脂的活性较高，适于制造大型、薄壁的制品；DMC用纤维少，填料多，可以不用化学增稠，适于制造立体制品。

§16.3.2 不饱和聚酯模塑料的制造工艺

不饱和聚酯模塑料的制造工艺可分为连续生产法和分批生产法，连续生产法主要适用于SMC的生产，分批生产法主要适用于DMC的生产。

一、SMC的生产

SMC生产的大致流程如下所示，其成型过程的示意见图16－2。

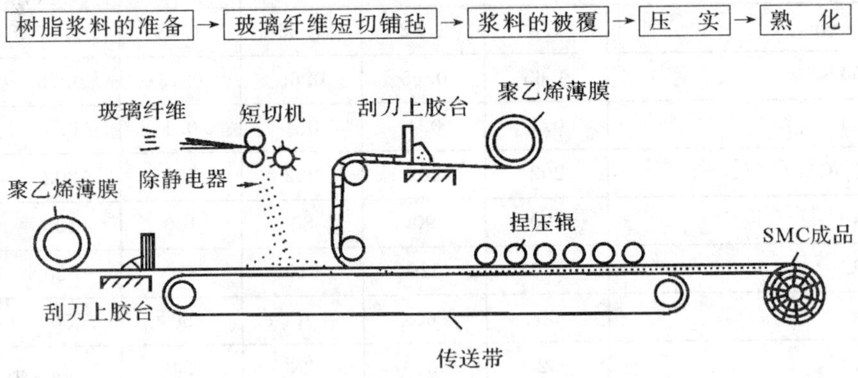

树脂浆料的准备 → 玻璃纤维短切铺毡 → 浆料的被覆 → 压实 → 熟化

图16－2 不饱和聚酯SMC的生产工艺

(1) 树脂浆料的准备　首先将颜料、填料、引发剂等分散于树脂中，增稠剂、防收缩剂、内脱模剂等不易分散的物质可先分散于惰性的介质中(如封端树脂)，然后再加入到树脂中，用分散性良好的搅拌机如行星式搅拌机或三辊涂料研磨机将其分散均匀。这里应注意的问题是增稠剂的加入不能过早，一般是在浆料投入SMC成型机之前才加入。

(2) 玻璃纤维短切铺毡　将连续纤维引出、短切并均匀铺覆在上好浆的聚乙烯薄膜上的过程。

(3) 浆料的被覆　通过上下两组浆料的被覆装置，将浆料铺在上下两层薄膜上，将短切纤维铺在下层薄膜上，并将两层薄膜合拢，形成浆料——玻纤毡——浆料的夹芯结构。

(4) 压实　通过一系列捏压辊，将夹芯层压实，使浆料和玻纤毡浸透并混合均匀。

(5) 熟化　将压实后的材料卷取，放于50℃的环境中进行熟化和硬化。

二、DMC的生产

DMC的生产可分为两步：第一步用高剪切型的搅拌机将树脂、引发剂、颜料、脱模剂及填料等组分混合均匀；第二步是将搅拌好的浆料倒入Z型混料机或行星式混料机，并加入玻纤短丝，进行搅拌，混合 10～15 min 后即可卸料，料团常进一步用挤出机挤出成绳索或小圆柱状。

§16.3.3 不饱和聚酯模塑料的性能

模塑料的综合性能如表 16－2 所示。

表 16－2 不饱和聚酯模塑料的性能

性能	玻璃纤维含量/(%)					
	低轮廓 DMC			低轮廓 SMC		
	15	22	30	15	20	30
拉伸强度/MPa	35	42	49	42	56	70
弯曲强度/MPa	91	15	120	112	127	141
悬臂梁式缺口冲击/($J\cdot m^{-1}$)	27	33	38	38	65	87
压缩强度/MPa	127	141	155	141	169	197
密　度/($g\cdot cm^{-3}$)	1.8	1.82	1.85	1.75	1.77	1.8
吸水率/(%)	0.65	0.65	0.65	0.75	0.75	0.75
收缩率/(%)	0.1	0.1	0.1	0.1	0.1	0.1
热变形温度/℃	202	202	202	202	202	202
着火时间/s	100	90	80	100	100	80
着火温度/℃	530	520	510	530	520	510
燃烧时间/s	50	60	70	50	50	60
氧指数	32	30	28	34	32	28
介电强度/($kV\cdot mm^{-1}$)	15.75	14.76	13.78	15.75	14.76	13.78
耐弧性/s	185	180	180	180	180	180

模塑料的性能随应用的要求有很大的不同，可在很大的范围内调节，但总体来说它的机械性能较好，在长期负荷下耐蠕变性能要比大多数的热塑性塑料小得多。其耐水性和耐化学溶剂性随所用的聚酯的不同有一定的差异，双酚 A 型的耐水性最好，水煮 3 周后机械强度仍可保持在 60%～80%；耐汽油和耐油性优良，但双酚 A 型的不如通用型的，间苯型的最好；耐一般的碳氢化合物溶剂性良好，但在甲苯、二甲苯等中则会产生表面侵蚀，含氯的溶剂对模塑料产生较大的侵蚀。模塑料可应用于要求有一定耐热性的场合，如 SMC 的最高连续使用温度可达 140℃。模塑料的电气性能优良，耐电弧性良好。模塑料的热膨胀系数（$(20\sim30)\times10^{-6}$/℃）与钢、铝接近，可作为钢和铝的代用品。模塑料的尺寸稳定性与使用条件有关，耐潮湿性比某些热塑性塑料略差。

思考题

1. 不饱和聚酯树脂的优点和缺点是什么？

2. 不饱和聚酯树脂的引发剂可分为哪几类？各自可应用于何种场合？

3. 在不饱和聚酯树脂的固化体系中为什么加入促进剂？它们主要有哪几类？

4. 为什么不饱和聚酯树脂难以达到完全的固化？若要提高固化度，可采用何种措施？

5. 为什么通常不饱和聚酯树脂的交联单体选用苯乙烯而不用甲基丙烯酸甲酯？这两种交联单体对性能会有什么样的影响？

6. 试述 SMC 和 DMC 组成和性能上的异同。

第十七章　塑料的选材及配方设计

塑料是以树脂为主要成分，添加各种助剂后经复配得到的，它成型为最终的产品。目前已应用于生产的树脂品种是有限的，但加入了各种助剂后，得到的塑料品种却不计其数。尤其是随着科学技术的发展，各种新型助剂不断出现，以适应人们对塑料的成型加工和应用的要求。因而如何来选择树脂、助剂的种类及用量，采用何种工艺和适当的复配技术以发挥各自的优势，从而达到对其复配物——塑料的加工性能和使用性能的要求，便成为了人们日益关注的焦点。

塑料的配方技术是一项涉及面很广的技术，它不仅要求了解材料、成型工艺和材料的使用条件，同时要对复配的方法、配方中各组分的优化都做到详尽的分析，以满足材料的加工和使用要求，并得到良好的经济效益。

塑料的配方技术也是一项很重要的技术，通过对品种有限的树脂和助剂的复配工作，可以得到性能差别很大的材料，如从柔软的弹性体到坚硬的固体，从透明材料到不透明材料，从导电材料到绝缘材料，以及各种具有特殊功能如光敏性、导磁性、耐高温性等的材料。

材料的配方技术是一门复杂的技术。它不仅涉及到材料应用的各种理论，也涉及到长期积累的实际经验，只有不断地进行摸索，积累经验，不断地通过实验进行改进，才可能使一种配方日臻完善。

本章通过向读者介绍一些配方设计的基本知识以及典型实例，达到了解配方设计的概貌的目的。

§17.1　塑料配方设计中的选材

在给出了制品的使用性能要求后，首先要考虑的是选用何种材料才能达到这一要求，并且用什么样的工艺才能得到这种制品。选材也就是要选定配方中的树脂及各种助剂，使它们相互配合，充分发挥各自的优势，以满足制品的要求。

各种树脂在力学性能、耐热性、耐寒性、耐腐蚀性和其他性能方面可能有很大的差异，加工时的流动性和其他工艺性能的差异也很大，价格的差别也很大。此外还有各种助剂可供选择，如增塑剂、稳定剂、润滑剂、着色剂以及各种填料等，它们对材料性能的影响也大不相同。因此在配方设计中，材料的选择是重要的一步。

通常在材料选择中应遵循以下三个原则：

1. 了解制品的使用性能

对于不同用途的制品，都有其特定的使用性能，比如有些制品要求有好的耐高温性能，有些制品要求有优异的耐腐蚀性等，这些要求或是用户提出的，或是标准规定的，它们都是选择材料的重要依据。

同时还应当了解制品的使用环境、使用方法和使用中可能出现的问题。比如用于食品包装时,要求制品无毒无臭,所使用的材料就不能有污染,所选用的助剂不能渗出;对于要求有良好透明性的制品,必须选用透明性良好的材料,加入的助剂不能影响制品的透明性;对于要求有阻燃性的材料,在所选择的材料具有一定阻燃性的同时,有时还需向其中加入阻燃剂等。

2. 了解材料的性能

材料的性能包括材料的使用性能、加工性能和价格因素等。

材料的使用性能是对制品的使用性能的保证。树脂以及各种助剂的性能是不同的,它们在共同作用时,所起的作用也不同。有的助剂与树脂配合使用时会提高产品的性能,同样的助剂用于另一种树脂则有可能带来不良的影响。这些资料有许多是前人已经总结出来的的经验,有的则要靠实验去确定。

不同的材料在加工过程中对于温度、外力、时间的响应是不同的,我们应选择正确的加工方式,才能不破坏材料的固有性能,同时提高工作效率。

所选择的材料在达到了所要求的性能的同时,还应当考虑它的价格因素,尽量选择那些来源容易、价格便宜的材料,以得到最好的经济效益。

3. 了解制品的成型加工方法和加工设备

在各种制品的成型过程中,材料不可避免地要受到压力、温度的作用,在这些外部条件的作用下,材料的性能会发生很大的变化,因此在考虑配方的组成时,必须对这些成型过程和不同的成型工艺中的热历史和力作用历史有充分的了解,以选择合适的配方组分和配比。比如对于聚氯乙烯而言,在加工成型过程中极易降解,从而使产品的性能下降甚至无法加工,因而在其配方中必须加入合适的热稳定剂。

§17.2 配方设计的原则

配方设计的关键在于要对现有的理论、资料进行充分的分析、消化、吸收,在此基础上,通过自己的实践,一步步摸索、总结,从而得到符合制品使用要求的配方。

在配方的设计中通常要遵循以下三个原则:

(1) 查阅有关的资料,掌握原材料的基本性能以及各种组分之间的匹配性,了解原材料的成型加工性和价格因素。

(2) 根据资料上的数据初步设计配方的组分和配比。

(3) 通过实验对上述的配方进行验证和调整,最终确定配方。

§17.3 配方设计的实例

本节中将用一些典型的例子说明配方设计的方法,以便更易于了解。

一、聚氯乙烯(PVC)的配方设计

聚氯乙烯在日常生活中的用途甚广,它的配方设计也很典型。基于该材料的本身性能,在使用的过程中除树脂以外,还有多种助剂,如稳定剂、增塑剂、润滑剂、填料、阻燃剂等,根据不同的用途要慎重地进行选择。各种不同型号的树脂和各种助剂的种类和用量对塑料的拉伸强

度、硬度、模量、阻燃性、伸长率等都有不同的影响，前人对之已经做了大量的探索性工作，并得到了一些规律性的东西，这都是我们在配方设计中可以利用的资料。如果是尚未有结论的一些因素，则需在事先做一定的探索性工作，以找出它们之间的联系和规律；然后再对这些资料加以利用，进行配方的设计，并对设计出的配方用实验进行验证。

例 1 制品：一般用途的 PVC 薄膜

生产方法：热熔压延

要求：各项机械性能良好、半透明、阻燃、硬度值 85

首先对树脂进行选择。对于热熔压延薄膜，以中等分子量的树脂为佳，在此选择平均聚合度在 980 以上的三型树脂。由于 PVC 的熔融温度与热分解温度接近，必须加入稳定剂，加入的稳定剂对透明性应影响不大，铅系的稳定剂影响材料的透明性，锡系的稳定剂价格高，副作用多，钡-镉的复合液体稳定剂可生产出透明或半透明的产品，且在压延工艺中稳定性良好，因而选择它作为本体系中的稳定剂，但它缺乏润滑效果，需加入润滑剂，此处选择硬脂酸。通过上述的分析，初步确定的配方为：

三型 PVC 树脂　100 份
钡-镉液体复合稳定剂　2 份
硬脂酸　0.5 份

由图 17－1 可知，47 份的邻苯二甲酸二丁酯(DOP)或 58 份的磷酸三苯酯(TCP)均可达到硬度值 85 的要求，DOP 比 TCP 的增塑效果高，在该例中 TCP 与 DOP 的效率比是 1.23，即可用 12.3 份 TCP 来代替 10 份的 DOP。基于制品对阻燃性的要求，TCP 有一定的阻燃效果，但 TCP 的耐低温性能较差，因而不能全部用 TCP，应考虑用 TCP 部分代替 DOP，从而得到下面的配方：

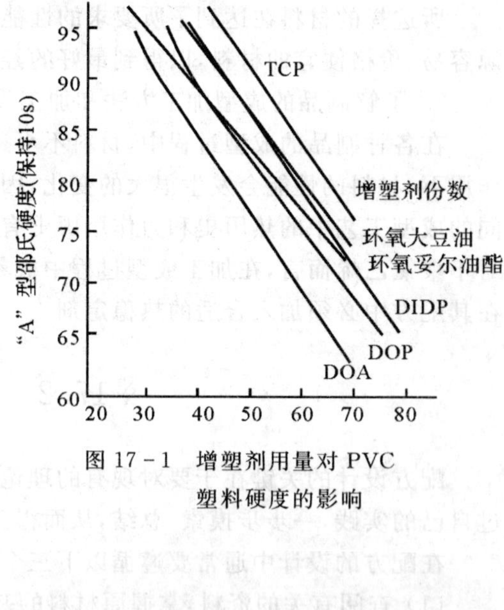

图 17－1　增塑剂用量对 PVC 塑料硬度的影响

三型 PVC 树脂　100 份
钡-镉液体复合稳定剂　2 份
硬脂酸　0.5 份
DOP　37 份
TCP　12.3 份

由于采用了 TCP，将会影响到制品的低温性能，因而可采用环氧妥尔油酯作补偿。从图 17－1可以查到环氧妥尔油酯的增塑效率与 DOP 相差不大，且环氧妥尔油酯与钡镉稳定剂具有稳定协同效果。因此可以用 5 份环氧妥尔油酯来代替 5 份 DOP。制品只要求半透明，可以向其中加入少量的碳酸钙，既可达到半透明的要求，又不影响制品的力学性能，还可降低成本，于是最终确定的配方为：

三型 PVC 树脂　100 份
钡-镉液体复合稳定剂　2 份
硬脂酸　0.5 份
DOP　32 份
TCP　12.3 份

环氧妥尔油酯　　　　5份

碳酸钙　　　　8～10份

上述的配方确定后，再经过实验做一些适当的调整，即可满足制品的要求。

二、阻燃配方的设计

材料的燃烧特性与材料的比热、导热率、热分解温度、热分解产物、燃烧热等有很大关系，我们常用一种简单直接的方法来说明材料的阻燃性，即氧指数。氧指数指的是刚好维持某塑料材料燃烧时所需氧、氮混合气体中最低氧含量的体积百分率。氧指数越小，说明这种材料越易于燃烧，反之则不易于燃烧。空气中氧气的含量为21%，氧指数在21以下的聚合物易于在空气中点着和燃烧，氧指数在22以上的材料才认为它有阻燃性。氧指数在22～27之间属于自熄性材料，能在火焰上燃烧，离火后能熄灭，氧指数越高，熄灭越快；氧指数在27以上的材料属于难燃材料。

使材料具有阻燃性的方法，一种是在合成树脂时选用含有氟、氯、溴、磷、氮等阻燃元素的原料，从而得到具有阻燃性的聚合物。这种方法的限制较大，且阻燃效果有限。另一种简便易行的方法是在树脂中加入阻燃剂。氧指数的增加与阻燃剂之间的关系比较复杂，通常以试验数据为指导进行配方设计。表17－1中指出了达到阻燃效果时各种元素所需的含量。从表中可见，卤素与三氧化二锑协同作用时的阻燃效果好于卤素单独使用的效果。

表17－1　各塑料达自熄时阻燃元素含量

塑料名称	具有同等阻燃效果所需元素的含量/(%)							
	P	Cl	Br	P+Br	Sb_2O_3+Cl	Sb_2O_3+Br	Sb_2O_3	P+Cl
ABC	—	23	3	—	5+7	—	—	—
丙烯酸树脂	5	20	16	1+3	—	7+5	—	2+4
纤维素类	8	24	—	1+9	12+9	—	—	—
环氧树脂	5	27	14	2+5	10+6	—	—	2+6
酚醛树脂	6	16	—	—	—	—	—	—
聚酰胺	4	7	—	—	—	—	—	—
聚碳酸酯	—	15	5	—	7+7	—	—	—
不饱和聚酯	5	26	13	2+6	1+17	2+8	—	1+16
聚烯烃	5	40	20	3+7	5+8	3+6	—	3+9
聚苯乙烯	—	13	5	0.2+3	7+7	7+7	—	0.5+5
聚氨酯	1.5	19	13	0.5+5	4+4	2.5+2.5	—	1+12
聚氯乙烯	3	40	—	—	—	—	10	—

用表中数据推算阻燃剂的用量：100份材料需阻燃剂量$=\frac{x\times 阻燃剂分子量}{n\times 原子量}$，式中$x$为上表中的阻燃元素含量值，原子量是阻燃元素的原子量，n为阻燃元素的原子个数。

例2　不饱和聚酯玻璃钢阻燃配方

不饱和聚酯的氧指数为20.6,为易燃材料,用氧化锑和六溴苯作阻燃剂时,六溴苯的用量$=8\times554/(6\times48)=9.2$(份),最后的配方如下:

不饱和聚酯树脂	88份
引发剂	3.5份
促进剂	1~2份
三氧化二锑	2份
六溴苯	9.2份

三、耐热配方的设计

塑料的耐热性与其化学结构密切相关,聚合物分子链的刚度、结晶度和交联度都会影响到耐热性,一般而言,随分子链的刚度、结晶度和交联度的提高,耐热性能提高。

例3 用酚醛树脂改善环氧树脂E-51的耐热性

E-51环氧树脂的结构式为:

$$\underset{\backslash\ \ O\ \ /}{CH_2—CH}—CH_2\!\left[O—\!\bigcirc\!—\underset{CH_3}{\overset{CH_3}{C}}—\!\bigcirc\!—O—CH_2—\underset{OH}{CH}—CH_2\right]_nO$$

$$—\!\bigcirc\!—\underset{CH_3}{\overset{CH_3}{C}}—\!\bigcirc\!—O—CH_2—\underset{\backslash\ \ O\ \ /}{CH—CH_2}$$

用乙二胺作固化剂时,固化产物的玻璃化温度为100℃。这是一种交联的化合物,提高它的耐热性时可考虑从提高玻璃化温度 T_g 着手,提高交联密度和提高分子链的刚性均可提高T_g。环氧树脂的固化剂还可选用芳香族的固化剂,含有芳香环的结构其基团对耐热性的贡献值高,因而采用芳香胺如4,4′-二胺基二苯甲烷固化时,可得到玻璃化温度为120℃的固化产物。酚醛树脂可以作为环氧树脂的固化剂,随着酚醛树脂用量的提高,固化物中苯环的含量提高,固化物的耐热性提高。

§17.4 塑料配方的试验设计

由于配方中的组成较多,每一种组分对于性能的影响都不相同。有时两种组分还会产生协同效果,因而长期以来采用了"炒菜式"的试验方法,即选择若干的试验点,一点点地进行实验。这种方法不仅耗费了大量的人力物力,而且难以全面地反应性能的影响因素。因而采用某种方法在尽可能减少试验次数的基础上,得到性能良好的配方,就要利用数学的方法进行试验设计。目前常用的试验设计方法有正交试验设计和正交回归试验设计。

§17.4.1 正交试验设计

任何一个试验大致可分为三个步骤:① 设计试验方案;② 按设计好的方案做试验;③ 正确分析试验结果。数学方法主要用在①和③中。当一个试验中所考察的因素很多时,实践证明正交试验法是行之有效的方法,所谓正交试验法就是用一种排列整齐的规格化的表——正交表来安排试验和分析试验结果。正交试验设计在生产和科研中已得到了广泛的应用。本文中通过下面的例子来说明正交试验设计方法。

例 4　聚硫橡胶改性环氧树脂胶粘剂的研究

环氧树脂上的环氧基可以与聚硫橡胶上的巯基(—SH—)进行加成反应,从而将聚硫橡胶的结构引入到固化后的产物结构中,以发挥聚硫橡胶的增韧作用,改善环氧树脂胶粘剂的剥离强度和剪切强度。在这个过程中,聚硫橡胶的分子量、聚硫橡胶的用量以及固化剂的用量对于最终的性能都有很大的影响。

为了解决这个问题,分以下几个步骤来进行:

1. 制定因素水平表

制定因素的水平表时,首先要对各个因素进行分析,找出对性能有显著影响的因素,分别称为因素1(聚硫橡胶的分子量)、因素2(聚硫橡胶的用量)、因素3(固化剂的用量)。在选定因素后,就要对各个因素进行分析,以确定这些因素的水平。所谓水平就是各因素在其变化范围内所取的试验点。根据经验及专业知识,选择聚硫橡胶的分子量分别为1 000,1 600,2 400,聚硫橡胶的用量分别为40份、50份、60份,固化剂用量为8份、9份、10份,见表17-2。

表 17-2　因素水平表

因　素	因素1	因素2	因素3
1	1 000	40	8
2	1 600	50	9
3	2 400	60	10

2. 设计实验方案

在因素、水平确定后,就要选择一张合适的正交表安排实验,正交表中横行数表示所需的试验次数,数字表示该试验的水平数,直列数表示该试验所允许安排的因素个数。合适的正交表必须满足下列两个条件:

(1) 因素水平表中的水平数和正交表中的数字要完全一致。

(2) 因素水平表中的因素个数要小于或等于正交表中的列数。

本例是三因素三水平的试验,可选的三水平正交表中试验次数最少的是正交表 $L_9(3^4)$,其次是 $L_{27}(2^{13})$,因此选用 $L_9(3^4)$合适。

下面进行表头的设计,即把各个因素和水平填在正交表中。在正交表中,一列只能排一个因素,分别把这三个因素,排在正交表的三列中,第四列中没有因素,就不再列出。再把相应的水平,按因素水平表所确定的关系,对号入座。这样得出聚硫橡胶改性环氧树脂的正交试验安排表,见表17-3。

表 17-3　正交试验安排表

试验号	因素1	因素2	因素3
1	1(1 000)	1(40)	1(8)
2	1(1 000)	2(50)	2(9)
3	1(1 000)	3(60)	3(10)
4	2(1 600)	1(40)	2(9)
5	2(1 600)	2(50)	3(10)

续　表

试验号	因素 1	因素 2	因素 3
6	2(1 600)	3(60)	1(8)
7	3(2 400)	1(40)	3(10)
8	3(2 400)	2(50)	1(8)
9	3(2 400)	3(60)	2(9)

3. 进行实验

按照上述正交试验安排表，严格地进行试验，并记录各次试验的结果。对于没有参加试验的因素要尽量保持固定。

4. 分析试验结果

将上述各次试验的结果填入正交试验数据分析表(表 17－4)中，进行分析。

表 17－4　正交试验数据分析表

试验号	因素 1	因素 2	因素 3	剪切强度/MPa
1	1(1 000)	1(40)	1(8)	31.5
2	1(1 000)	2(50)	2(9)	32.7
3	1(1 000)	3(60)	3(10)	30.9
4	2(1 600)	1(40)	2(9)	29.1
5	2(1 600)	2(50)	3(10)	30.3
6	2(1 600)	3(60)	1(8)	28.5
7	3(2 400)	1(40)	3(10)	30.2
8	3(2 400)	2(50)	1(8)	29.6
9	3(2 400)	3(60)	2(9)	28.0
Ⅰ	95.1	90.8	89.6	
Ⅱ	87.9	92.6	89.8	
Ⅲ	87.8	87.4	91.4	
极差	Ⅰ－Ⅲ＝7.3	Ⅱ－Ⅲ＝5.2	Ⅲ－Ⅰ＝1.8	

表中Ⅰ为水平 1 的试验结果总和，Ⅱ为水平 2 的试验结果总和，Ⅲ为水平 3 的试验结果总和。例如因素 1 的水平 1，三个试验号为 1，2，3，它的Ⅰ为 31.5＋32.7＋30.9＝95.1。最后，对各因素分别计算极差，也就是最大值与最小值之差，填入表中，极差大者表示该因素的波动对试验结果影响较大，极差小者表示该因素的波动对试验结果的影响较小。数值Ⅰ，Ⅱ，Ⅲ中，较大的数值表示该因素的相应水平下试验结果有较高的值。如因素 1 中，Ⅰ最大，说明配方中聚硫橡胶的分子量为 1 000 最好；因素 2 中Ⅱ最大，说明聚硫橡胶取 50 份最好；因素 3 中Ⅲ最大，说明该配方中加入聚硫橡胶后，固化剂的用量以 10 份为最好。

因此，我们确定的最终配方为：

环氧树脂　　100 份
分子量为 1 000 的聚硫橡胶　　50 份
固化剂　　10 份

按此配方得到的剪切强度大于 32.7 MPa。

正交试验对于各种配方都适用，它方便易行，可以帮助我们较快地筛选配方。但它也存在着一些缺点，如在所设计水平外的数据无法得到，对于性能不能进行连续的预测。

§17.4.2　正交回归设计

采用正交回归设计，可以同时估计几个变量的效应，通过对实验结果的分析，建立变量与性能之间的数学模型，并用最优化方法在配方体系的变量范围内寻找最佳解，从而得到最佳的配方。相对于一般的正交设计而言，它克服了因子变化不连续及不能对性能进行预测的缺点，并可以利用计算机对所得的结果进行分析处理，提高了工作效率，节省了人力物力。利用计算机对所建立的数学模型绘制性能的等高线图，可以较直观地观察各因子对性能的影响。

正交回归设计的方法是根据数理统计的原理，由经验设计变量因子和水平，对水平进行组合，根据结构矩阵安排实验，并用计算机对实验数据进行数值分析计算，用回归分析的方法建立变量因子与性能指标间的数学模型，运用最优化方法在配方体系的变量范围中寻求最优解，从而得出材料的最佳配方。其大致的步骤可以表示为：

变量因子的水平设计 → 配方实验 → 建立数学模型 → 配方最优化 → 验证实验 → 确定最优配方

下面用环氧丙烯酸酯改性不饱和聚酯树脂的实验过程来说明正交回归设计方法。

1. 变量因子的水平设计

在本研究的树脂基体中，主要的组分有环氧丙烯酸酯改性不饱和聚酯树脂、交联单体、引发剂。实验时，将环氧丙烯酸酯（VE 树脂）和不饱和聚酯树脂（UP）用量固定为 100 份，以 VE/UP的比例、交联单体的用量和引发剂的用量作为变量因子，分别表示为 Z_1,Z_2,Z_3。可选用三因子的二次回归正交设计表，共需作 15 次实验。其相应的三因子二次回归的结构矩阵可由相关的数理统计知识查到。对于其他的多因子的实验，也可以选用相应的正交表进行实验，如对于四因子的实验，可以选用四因子的回归正交设计表，需进行 27 次实验。

一旦选定了变量因子，就要确定它们的变化范围和所需的性能评定指标。

假设某问题中有 P 个变量因子 $Z_1,Z_2,Z_3\cdots Z_P$，设第 i 个变量因子的最高值和最低值即上下界分别为 $Z_{1i},Z_{2i}(i=1,2,\cdots,P)$，根据二次回归正交设计的要求规定了各因子的零水平和变化区间：

$$Z_{0i}=(Z_{1i}+Z_{2i})/2$$
$$\Delta i=(Z_{2i}-Z_{0i})/\gamma$$

其中 γ 的值可由资料中查出，在本例中可选定为 1.215。然后对各因子进行线性变换，列出各变量的标准化值。

根据前期的一些工作，我们选定了 VE/UP 的比例为 8.0/2.0～3.0/7.0，交联单体的用量范围为 25%～40%，引发剂的用量范围为 1%～3%，固定 VE/UP 的用量为 100 份。本例中的变量因子编码见表 17－5 所示。

表 17－5　变量因子编码表

X_i	因子		
	Z_1	Z_2	Z_3
γ	8.0/2.0	40%	3%
1	7.6/2.4	38.7%	2.8%
0	5.5/4.5	32.5%	2.0%
－1	3.4/6.6	26.3%	1.2%
$-\gamma$	3.0/7.0	25%	1%

2. 配方试验

确定了变量因子及其水平后，就可按照三因子二次回归的结构矩阵进行实验。本文中分别测试了各配方浇注体的热变形温度（HDT）、凝胶时间（tgel）和弯曲强度（σ_f）作为性能指标。其结果列于表 17－6 中。在这 15 次试验中，应注意条件的一致性，否则会造成很大误差，使下面求出的回归方程的精度不高。

表 17－6　实验结果的性能测试值与理论值的比较

试验号	Y_1（HDT/℃）		Y_2（tgel/S）		Y_3（σ_f/MPa）	
	测试	理论	测试	理论	测试	理论
1	138	136	118	119	86.6	91.3
2	134	137	124	126	91.7	94.3
3	137	138	130	122	97.4	93.6
4	141	141	137	147	97.6	102.2
5	125	125	107	97	89.6	83.2
6	130	129	120	128	77.0	78.9
7	126	123	104	103	91.9	87.3
8	128	129	153	152	94.7	88.3
9	142	140	129	124	107.2	99.7
10	123	126	110	113	74.1	86.4
11	124	123	152	151	75.5	72.4
12	122	124	168	167	71.5	79.4
13	122	125	106	120	86.2	94.0
14	131	129	171	154	99.6	96.6
15	124	123	148	151	93.8	86.3

3. 建立数学模型

利用上述结果及结构矩阵，用回归分析方法求解各方程的回归系数(见表 17－7)，并建立了如下的数学模型：

$$Y_a=b_0+\sum_{j=0}b_jx_j+\sum_{i<j}b_{ij}x_ix_j+\sum_{j=1}b_{jj}x_j^2$$

式中，Y_a 为性能指标，b 为回归系数，x 为变量因子。

表 17－7　回归方程的系数

Y	b_0	b_1	b_2	b_3	b_4	b_5	b_6	b_7	b_8	b_9
1	122.980	5.851	－0.235	－1.638	－0.875	0.875	0.625	6.611	0.180	2.550
2	151.340	4.390	－6.797	－14.059	0.625	6.125	4.625	－22.344	5.07	－9.484
3	86.258	5.607	－2.907	－1.076	0.413	－1.888	1.313	4.538	－7.026	6.107

此方程的精度如何，尚需进行 F 检验。表 17－8 列出了方差分析，并就各因子对性能影响的显著性进行了讨论。

表 17－8　二次回归的方差分析

来源		平方和 Y_1	平方和 Y_2	平方和 Y_3	自由度	均方和 Y_1	均方和 Y_2	均方和 Y_3	F比 Y_1	F比 Y_2	F比 Y_3
一次效应	X_1	374.97	211.1	332.17	1				38.27＊＊＊	1.20	2.88
	X_2	0.60	505.94	92.56	1				0.06	2.85	0.80
	X_3	29.37	2164.66	12.67	1				3.00	12.21＊＊	0.11
交互效应	X_1X_2	6.124	3.125	1.361	1				0.63	0.02	0.01
	X_1X_3	6.125	300.125	28.50	1	略	略	略	0.63	1.69	0.25
	X_2X_3	3.125	171.125	13.78	1				0.32	0.96	0.12
二次效应	X_2^1	190.60	2177.55	91.61	1				19.45＊＊＊	12.28＊＊	0.79
	X_2^2	0.14	112.10	215.29	1				0.01	0.63	1.86
	X_3^2	28.35	392.25	162.60	1				2.89	2.21	1.41
	回归	639.41	6037.98	950.55	9	71.05	670.89	105.62	7.25	3.78	0.91
	剩余	48.99	886.41	577.24	5	9.79	177.28	115.43	＊＊	＊	
	总计	688.40	2924.400	1527.800	14						

＊＊＊ 非常显著　　＊＊ 较显著　　＊ 显著

4. 配方的最优化及最优配方的确定

求变量因子 $X_1,X_2,\cdots,X_P$ 的值使某一响应方程等于极小，同时要满足其他响应方程的最低要求，就是解约束条件的最优化问题。在这一步骤中最重要的是约束条件的确定。

我们根据使用的要求，希望该体系在成型的过程中有良好的流动性，固化后的树脂基体应有良好的耐热性和力学性能。因而根据经验和已有的数据设定了以下的约束条件：Y_1(热变形温度)≥126℃；110 s≤Y_2(凝胶时间)≤150 s；Y_3(弯曲强度)≥90 MPa。

最优化的求解有多种方法，常用的有极值法、逐步搜索法、单纯形法等，采用何种方法，要视目标函数和约束条件而定。在本例中采用逐步搜索法。

利用显著性分析的结果，固定对性能影响不显著的因素，分别作出变量因子对性能的等值线，根据等值线的间距以及趋势即可求出最优区域，在最优区域中采用逐步搜索法，求解出一系列满足约束条件的优化解，通过对性能及价格的综合考虑，在保证性能的基础上，选择出最优配方。下面对这一过程作详细的分析。

通过对回归方程的方差分析（表 17－8）可见，对于不同的性能指标，回归方程的显著性是不同的，尤其是对于 Y_3，显著性相当差，而 Y_1，Y_2 的显著性较好。从表 17－6 中也可看出，Y_1，Y_2 的理论与实测值吻合较好，而 Y_3 的计算值与实测值的误差较大。

不同的变量因子，对各性能的影响程度也有很大的不同。Y_1 受 X_1 的影响较大，Y_2 受 X_2 的影响较大，而对于 Y_3 则影响程度都不明显。在实际的应用中，对影响显著的因子略作调整就可以产生很大的性能差异，因而掌握各性能的主要影响因素是相当重要的。利用本文中所建立的数学模型，可以很方便地对性能进行预测和控制，如在本文中所选的最优配方就不在所作的 15 次试验中。

从表 17－8 中可得到，对于 Y_1，X_2 的作用最不明显；对于 Y_2，X_1 的作用最不明显，X_2 的影响也较小；对于 Y_3，三个因素的影响都不太大。

我们固定 $X_2=0.04$，分别作出其他两个因素与性能的等值线，并对之进行叠加，得到了图 17－2。根据上述的约束条件找出能满足三个条件的最优区域，即图 17－2 中的阴影部分，在此部分中进行搜索，大大减少了工作量。在此区域的优化解有许多，我们在综合考虑经济效益的基础上，希望在满足性能的前提下，能具有较低的价格，因而选定了以下配方作为最优配方：VE/UP 为 5/5，交联单体的用量为 35%，引发剂的用量为 1%。

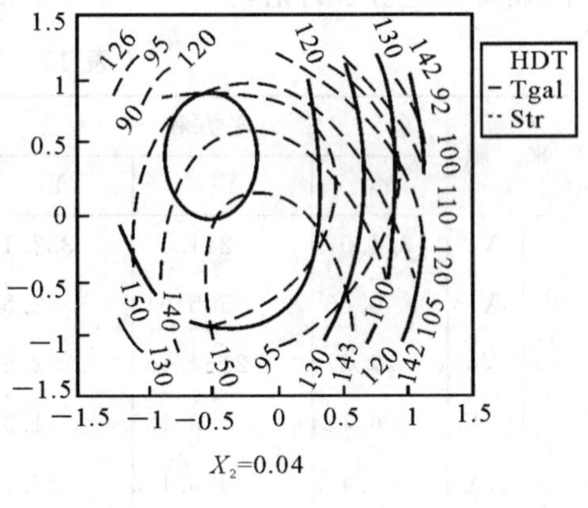

图 17－2　约束条件的确定

下面对此配方进行验证。通过计算得到的热变形温度为 128℃，凝胶时间为 154 s，弯曲强度为 95.2 MPa；实际的实验测试值为热变形温度 131℃，凝胶时间 144 s，弯曲强度为 95.1 MPa，吻合较好。

在本章中只对常用的一些配方设计的方法进行了介绍，此外还有许多其他方法，如正交表的交互设计、均匀设计等。这些方法各有优劣，要根据现有的条件和实际的要求进行选用，以做到方便宜行，多快好省。

思 考 题

1. 试述配方设计中材料的选择原则。

2. 试述配方设计的原则。

3. 对于 300 g 环氧树脂，要求达到阻燃性时，采用三氧化二锑和氯化聚乙烯（氯含量为 50%）作为阻燃剂时，所用的阻燃剂的用量为多少？

4. 如何用正交设计的方法来进行配方试验？

5. 920 是一种植物生长调节剂，某微生物厂生产的 920 存在着产品效率低，成本高等问题，为解决这些问题，他们用正交表安排了试验，选取了以下因素及水平：

水　平	微元总量/(%)	玉米粉含量/(%)	白糖含量/(%)	时间/d
1	0.6	13	3	20
2	0.35	17	4	25

(1) 选取合适的正交表，并设计表头。

(2) 排出试验方案。

第十八章　塑料性能表征与测试

§18.1　概　　述

合成塑料问世不到一个世纪，其迅速发展始于本世纪 30 年代。数十年中塑料品种及产量迅猛增长，应用日益广泛，成为人们生活中不可缺少的部分和技术发展的强大动力之一，主要原因是塑料具有许多独特性能，人们对它的认识也积累了丰富的知识和经验。

§18.1.1　塑料的性能特点

塑料与传统的金属、玻璃、陶瓷等材料有许多不同，它的突出特点是质轻，对热及电具有良好绝缘性，强度、刚度虽低于金属，但比强度、比刚度却可能接近或超过金属。塑料的韧性明显优于玻璃和陶瓷，不同塑料的韧性可能低于、接近或高于金属。对外加载荷的响应，金属、玻璃、陶瓷都是弹性的，塑料却是粘弹性的。金属、玻璃、陶瓷的力学性能在较大温度范围受温度影响较小，塑料力学性能对温度改变却很敏感。湿度对金属、玻璃、陶瓷力学性能基本无影响，对塑料力学性能的影响却很明显。加载速率对金属等的力学性能有影响，对塑料力学性能影响更大。金属大都存在锈蚀问题，许多塑料却是优异的防腐耐蚀材料。金属、玻璃、陶瓷皆无老化问题，塑料在大气环境中却存在老化问题。塑料与金属材料在性能上还有许多明显不同。

塑料与金属等材料性能上的上述不同，源于它们化学组成及结构的不同，也决定了塑料有其他材料所不能代替的应用领域，它们的性能表征与测试也有自身的许多特点。必须以了解塑料的基本组成和结构为基础，了解塑料的性能表征与测试。

18.1.2　塑料的组成与结构特点

塑料的基质材料是树脂。树脂是聚合物，是由低分子单体经聚合或缩聚反应所生成。在聚合或缩聚反应中，无数单体小分子由共价键结合成链状大分子。聚合或缩聚反应中，单体小分子间的反应，单体小分子与增长链间的反应服从统计规律，最终生成的聚合物大量链状分子的大小不可能都相同，会存在着很大差别，分子量具有多分散性。因此，聚合物的分子量总是用平均分子量表示。同一聚合物，随制备时反应方法的不同，或同一聚合反应，随反应条件控制的不同，平均分子量和分子量分散度也有明显差异。平均分子量和分子量分散度大小对聚合物性能，特别是力学性能及工艺性能有颇大影响。市售的塑料往往以分子量大小（通过熔融指数或粘度）区分同种塑料的不同规格和用途。

作为基质材料的树脂，都是有机化合物，其分子链主链骨架大都是碳—碳链，某些树脂含有—O—键，—NH—CO—基，$\mathrm{O{-}R{-}\overset{\overset{\displaystyle O}{\|}}{C}{-}}$，$\mathrm{{-}\underset{\underset{\displaystyle O}{\|}}{\overset{\overset{\displaystyle O}{\|}}{S}}{-}}$，—⟨◯⟩— 或其他基团。与骨架碳

原子相连的主要是氢原子,有些树脂的部分氢原子被其他原子或基团取代,某些树脂在生成过程中会产生不同长度的支链。

热塑性树脂分子链间一般无化学键,分子链可以是完全线型或仅带某些支链,分子链间仅是范德华力作用,某些分子链间会有氢键形成。热固性树脂分子链间有化学键,形成网状或立体结构。

同一分子链所含单体单元数称为聚合度。聚合度可以很大,可达数千、数万或数十万,使聚合物分子链的长径比很大。如此长大的链状分子的热运动很复杂。链状分子可以卷曲缠结,但不同聚合物分子链卷曲缠结能力有很大差别,这取决于分子链的柔曲性。分子链柔曲性愈大,分子链卷曲缠结能力愈强。柔曲性是指分子链绕其单键的自由旋转。聚合物分子链上含有大量单键,分子链绕单键内旋转的构相数很大,因此大分子链形态上总是卷曲缠结的。但有许多妨碍分子链内旋转的因素。不同聚合物主链构成不同,极性基团的存在,侧基、支链的存在,侧基性质、大小,支链大小的不同,对分子链内旋转都有不同的位阻,使分子链内旋转难易程度不同,导致柔曲性存在颇大差别,对聚合物的耐热性、力学性能、熔体粘度等有颇大影响。分子链中所含的一个单体单元称链节,分子链绕某单键内旋转时所可能牵动的链节数称链段。整个大分子链由许多链节组成。聚合物的分子运动可以是整链运动,或链段运动或仅链节运动、侧基运动。当温度很低时,所有这些运动都被冻结,只有分子链上各键键角在平衡位置的振动。随温度升高,侧基、链节、链段、整链运动分别被依次活化。随温度变化,聚合物可以表现出三种不同的力学状态:玻璃态、高弹态和粘流态。当温度较低时,整链和链段运动被冻结,只有链节、侧基和分子链上各键键角的运动,这些运动都可以瞬时完成。聚合物处在这种状态时称为玻璃态,具有一般固体的弹性,称为普弹性,服从虎克定律。玻璃态的聚合物模量一般在(0.2～5)×10^3 MPa。随温度升高,链段运动被活化,宏观上表现为聚合物开始变软,模量减小,降低约2～3个数量级,可出现较大变形,但因分子链相互缠结,整链仍不能运动。聚合物处在这种状态时称为高弹态。高弹态时的变形仍是弹性变形,仍可恢复,但变形及变形的恢复都不能瞬时完成,总是滞后于外力的作用。随温度继续升高,分子链间缠结可以解开,整链就可以产生相对滑移的运动,宏观上表现为粘流态,成为流体。处在粘流态的变形是不可逆变形。塑料的成型加工一般都是在粘流状态下进行的。由玻璃态向高弹态,再向粘流态的转态中,都会出现约20～30℃范围的转变区,相应地有两个特征性转变温度——玻璃化转变温度 T_g 和流动温度 T_f。

处于玻璃态的聚合物,当受到外力作用时,也会产生强迫的链段或整链运动,表现出强迫高弹性或强迫流动(屈服)。但某些聚合物因分子链间作用力很大,或链间有化学键,超过主链化学键键能,在外力作用下,分子链未能流动就已断裂,表现为脆性断裂。还有某些聚合物因分子链刚性极大,出现熔融流动的温度极高,在热能作用下,分子链尚未出现熔融流动,分子链的化学键就已断裂分解,这些聚合物因流动温度超过热分解温度,实际上不会出现熔融流动状态。

由于分子链运动单元的多重性,不同运动单元对温度和外载的响应速度不同,使得树脂的变形行为兼有弹性材料和粘性材料两者的性质,这种特性称为粘弹性,变形不仅与外力大小有关,与加载速率也有关,并对温度有明显依赖性,提高温度对变形速率的影响与降低加载速率有相同的效果,这是以树脂为基材的塑料与金属、玻璃、陶瓷等传统结构材料具有不同特性的主要原因之一。

前已述及，不同树脂分子链化学组成、侧基类型、数量、支链长度及分布，对树脂分子链柔性有颇大影响，同种树脂的分子链，当含有空间异构体时，不同异构体的柔曲性也有明显差异。这些因素，又是影响树脂分子链间作用力和形成氢键能力、分子链间敛集堆砌、排列方式的因素。分子链间相互作用力，包括范德华力和氢键作用大小的衡量尺度是内聚能密度，不仅对树脂力学性能、流动温度有影响，对溶解性能更有重大影响。内聚能密度平方根称溶解度参数，是决定树脂溶解性的一个重要参数。

分子链相互堆砌和排列方式的不同，可以使树脂呈现为无定形或结晶型两种不同的聚集态。无数大分子相互无序排列的聚集态称无定形态。大分子链反复折叠并有序堆砌的整齐排列状态称结晶态。故聚合物有无定形与结晶型之分。结晶型聚合物，实质上一般都是半结晶型，因为除了专门创造特殊的结晶条件外，在实际的成型条件下，只能得到一定结晶度的聚合物制品。这种半结晶型制品中分子链排列可以是三维有序、二维有序、或仅链长方向的一维有序。同一分子链的不同部分可以同时处于有序区（晶粒）和无序区。一般而言，无定形聚合物是透明的，结晶型聚合物是不透明或半透明的，只有极个别的例外。决定聚合物是否能结晶的主要因素是分子链的规整性，这是最根本的结构因素。分子链愈规整，结晶的可能性愈大。决定聚合物能否结晶的另一因素是分子链的柔曲性。结晶过程是一个分子链反复折叠有序堆砌的运动过程，分子链愈柔曲，这一过程就能进行得愈快，在实际的成型加工条件下就可得到较大结晶度。结晶可以使聚合物变硬变刚，某些强度增大，却使韧性下降。结晶使材料密度增大，收缩增大。在聚合物熔融加工的剪切流动中，分子链会沿外力方向伸直并平行排列，称为取向。随制品类型不同，取向方式可以不同。在纤维、单丝、注塑件生产中，产生分子链单轴取向，在薄膜生产中，产生双轴取向。结晶和取向都是在制品成型中产生的，其方式和程度与成型条件密切相关，并对制品性能产生重大影响。结晶与取向只存在于热塑性塑料制品中，不存在热固性塑料制品中。

聚合物有极性与非极性之分。聚合物的极性（偶极矩）等于分子链上各化学键键矩之和。不含极性基因且分子链完全对称的大分子，各键矩矢量和等于零，材料是非极性的，例如聚乙烯、聚四氟乙烯就是典型代表。相反，分子链上含极性基团，分子链又不完全对称，材料就会表现出极性，例如聚酰胺、酚醛塑料就是典型代表。聚合物极性及其大小对它的介电、电绝缘性能、耐溶剂性能都有重大影响。

聚合物是有机化合物，分子链一般都由原子序数较小的碳、氢、氮、氧、硫、氯等轻元素的原子组成。以树脂为基础的塑料密度比金属、陶瓷、玻璃等要小。由这些元素以共价键结合起来的树脂、键能小于金属键和离子键，在光热等作用下容易破坏，也容易受氧的作用，因此塑料一般都存在着老化问题。以碳、氢元素为主要化学组成的树脂，一般都存在易燃烧的问题。

以树脂为基质材料，按制品成型和应用的实际需要，常常加入各种助剂，以改善或调节材料性能，其中以增强剂、填充剂对材料物理力学性能影响最大，增塑剂对成型加工性能影响最大，其他助剂侧重改善材料的某种性能。也有以纯树脂形式应用的塑料。由于树脂平均分子量可以调节，树脂又可以加入不同类型和数量的助剂，以及树脂可借助某些手段改性，这就使得同一塑料品种会具有各种品级规格，可适用于不同用途的多样性。

§18.1.3 塑料的性能测试特点

在了解了塑料的上述化学组成和结构特点后，就可以理解塑料性能测试为什么与传统的材料性能测试有许多重要不同。这些不同主要表现在以下几方面。

一、规定有许多特有的专门试验

吸水性、老化性能、燃烧性、化学性能、应力开裂、分子量及分子量分布、流动性、粘度、收缩率、透湿性、透气性、结晶度、取向度等试验或测试，都是塑料材料（广义而言对所有聚合材料）所特有的。所有这些特有试验完全是由塑料的独特组成与结构所决定的。

二、性能测试规定的方法多

对塑料的某种性能，往往规定有几种测试方法，这种情况对金属是较少的，对玻璃、陶瓷等其他材料也很少。这是由于：

1. 塑料品种繁多、性能差别大

已知的塑料品种已超过了300种，常用品种也有上百种，各大塑料品种已商品化的品级、牌号、规格数以万计。不同塑料的组成和结构差别很大，性能差别也很大。不同塑料在硬度、刚性、力学性能、耐热性、工艺性方面差别很大，热固性塑料与热塑性塑料的工艺性就无法用同一方法与尺度衡量，只能用两种不同方法测定。即使同是热塑性塑料，含增强剂的工程塑料与含增塑剂的通用塑料其硬度、刚度、强度是无法比较的，更不用说与热固性塑料进行比较。因此塑料硬度的测定有洛氏、布氏、肖氏、巴氏、莫氏等硬度和刮痕硬度，比金属硬度的试验方法多。

2. 塑料材料的应用形式多

塑料成型加工方法比其他材料多，例如可采用模塑成型，包括注塑、压制、传递模塑，又可采用挤出、中空吹塑、薄膜吹塑、压延、滚塑、搪塑、真空成型，还可以发泡成型硬质或软质泡沫制品。泡沫制品密度范围大，又有开、闭孔之分。因此，塑料制品形式千差万别，使得对同一性能的评价产生很大困难，无法用一个适于所有形式产品的同一试验方法正确评价出某一性能。例如塑料的冲击性能，不仅有简支梁法、悬臂梁法，还有落锤法、落锥法、拉伸冲击法、薄膜摆锤冲击法，中空器容的自由落地法。简支梁法和悬臂梁法冲击试验适于所有模塑制品、型材挤出制品，落锥法仅适用于硬板材，落锤法适用工程塑料硬板材和容器，拉伸冲击法适于因产品太薄太软不能进行其他冲击试验的产品，薄膜摆锤冲击法仅适于薄膜。

3. 影响塑料性能评价的因素复杂

任何材料的性能试验影响因素都很复杂，但塑料性能试验影响因素格外复杂，这包括塑料本身的因素和试验条件、环境两大方面。不同塑料的组成和结构差别大，对测试方法和测试条件响应的差别相当大，这是塑料材料内部因素的复杂性。外部环境，包括温度、湿度、环境气氛、不同介质、载荷性质、加载速率、产品工作时间等对试验结果都有很大影响，且多种因素常常有协同效应，这是试验条件及环境，即材料外部因素的复杂性。因此，对塑料某些性能，用单一的试验方法往往无法作出全面评价，必须规定许多试验从不同侧面进行广角的评价，才有可能使人们对某塑料的某性能有一个全面的了解。塑料的燃烧性能和老化性能都规定有许多不同试验方法就是最典型的说明。

塑料试验方法和标准很多，要求人们正确分析材料的品种、类型、产品形式、应用要求，正确选用适宜的试验方法，才能取得正确的结果。

三、对试验的标准条件和环境要求严格

塑料是有机高分子材料，它的粘弹性、吸湿性、试验结果对温度及加载速率的很大敏感性，都要求对塑料的试验比对金属、玻璃、陶瓷等材料在控制加载速率，特别是控制试验环境的温

度、湿度方面更严格。塑料的所有性能试验，除了某性能试验中另有规定外，都应在试验前按GB 2918—82 塑料试样状态调节和试验的标准环境的规定，进行状态调节，使试验严格在标准状态和环境下进行，这样的试验才有较好的重现性，试验结果才有可信性和互比性。不在标准状态和环境下所进行的试验，其结果是无法比较和难以置信的。

§18.2 力学性能

§18.2.1 强度与刚度

强度表征着材料受载时抵抗破坏的能力。随载荷形式不同，可有拉伸、压缩、弯曲等强度。强度用极限应力值表示，例如屈服强度、断裂强度等。刚度表征着材料受载时抵抗变形的能力。刚度用应力应变比，即弹性模量表示。随载荷形式的不同，也有拉伸、弯曲、压缩等刚度，分别用相应的弹性模量表示。

1. 拉伸强度与刚度

在规定的试验条件下，对试样施以轴向拉伸载荷，直至试样断裂过程中试样所承受的最大拉伸应力，称材料的拉伸强度。拉伸强度值按下式计算：

$$\sigma_t = \frac{F}{bd}\ (\text{MPa}) \tag{18-1}$$

式中 F —— 试样最大拉伸载荷(N)；

b —— 试样宽度(m)；

d —— 试样厚度(m)。

韧性塑料拉伸时有屈服现象，脆性塑料无屈服现象。如果以 P 表示试样出现屈服时或断裂时的载荷，则 σ_t 分别表示材料的拉伸屈服应力或拉伸断裂应力。

2. 断裂伸长率

试样受拉伸断裂时，工作部分标距(有效部分)的增量与初始值之比，以百分率表示，称材料的断裂伸长率。断裂伸长率按下式计算：

$$\varepsilon_t = \frac{L - L_0}{L_0} \tag{18-2}$$

式中 L_0 —— 试样标距初始值(m)；

L —— 试样断裂时的标距(m)。

韧性塑料由于有屈服现象，断裂伸长率可以很大。脆性材料断裂伸长率很小。因此，断裂伸长率是材料韧性大小的标志之一。

3. 拉伸弹性模量

在比例极限内，试样拉伸应力与相应的应变之比，称材料的拉伸弹性模量，又称杨氏模量。杨氏模量按下式计算：

$$E_t = \frac{\sigma}{\varepsilon} \tag{18-3}$$

式中 σ —— 在比例极限内试样的拉伸应力(MPa)；

ε —— 相应的轴向拉伸应变。

4. 泊桑比

在比例极限内，试样拉伸的横向应变与轴向应变比的绝对值称泊桑比。

$$\gamma = \left| \frac{\varepsilon'}{\varepsilon} \right| \tag{18-4}$$

泊桑比是一个无因次常数。

塑料拉伸性能按 GB/T 1040—92 塑料拉伸性能试验方法测试。

二、弯曲强度与刚度

1. 弯曲强度

在规定的试验条件下对试样施以静态三点式弯曲载荷，直至试样断裂过程中，试样的最大弯曲应力，称材料的弯曲强度。弯曲强度按下式计算：

$$\sigma_f = \frac{3FL}{2bh^2}\ (\text{MPa}) \tag{18-5}$$

式中 F —— 试样最大弯曲载荷(N)；

L —— 试样跨度(m)；

b —— 试样宽度(m)；

h —— 试样厚度(m)。

如果以 P 表示试样达到规定挠度值或破坏瞬时的弯曲载荷，则 σ_f 分别表示材料定挠度弯曲应力和弯曲破坏应力。

2. 弯曲弹性模量

在比例极限内试样弯曲应力与相应的应变之比称材料的弯曲弹性模量。弯曲弹性模量按下式计算：

$$E_f = \frac{L^3}{4bh^3} \cdot \frac{F}{Y}\ (\text{MPa}) \tag{18-6}$$

式中 F —— 在载荷 - 挠度曲线的线性部分选定点上的载荷(N)；

Y —— 与载荷对应的挠度(m)。

其他符号与式(18-5)中相同。

塑料的弯曲性能按 GB 9341—88 塑料弯曲性能试验方法测试。

三、比强度与比刚度

塑料强度绝对值一般地说低于金属。未增强的塑料大部分拉伸强度不足 10^2 MPa，某些塑料拉伸强度略高于 10^2 MPa，约比碳钢低数倍至一个数量级。增强塑料强度值可成倍或数倍提高，可以接近或达到有色金属的水平。玻纤织物或高强纤维增强的某些塑料，强度值可达到碳钢水平。

由于塑料密度小，因此比强度(强度与密度比值)与金属的差距就明显减少，许多塑料的比强度接近有色金属，有些塑料的比强度可达到或超过高强钢水平。

塑料刚度的绝对值与金属的差距更大些。未增强的塑料拉伸弹性模量约在$(0.2 \sim 5) \times 10^3$ MPa之间，碳素结构钢及合金刚约在$(2.0 \sim 2.8) \times 10^5$ MPa之间，相差约两个数量级。增强塑料拉伸刚度可提高到$(0.3 \sim 4) \times 10^4$ MPa之间，与钢材仍相差一个数量级。但由于塑料密度小，比刚度(弹性模量与密度的比值)与金属就比较接近，部分增强塑料比拉伸刚度与有色金属及其合金相当，高模量纤维增强的工程塑料(复合材料)的比拉伸刚度可达到或超过最好的钢材。

§18.2.2 硬度

硬度是材料抵抗压入变形，特别是抵抗永久变形、抗压痕、耐划伤性的衡量尺度。热塑性塑料硬度远低于金属，固化后的热固性塑料硬度较高，大约相当于或略高于有色金属，但也低于碳钢与合金钢。塑料硬度随环境温度和湿度不同会有所变化，温度升高和湿度增大都会使硬度减少。塑料硬度有以下几种表示方法。

一、布氏硬度

在规定的试验条件下，对试样按规定程序用一钢球施以静载荷压入试样并保持规定时间。卸荷后，以试样压痕单位面积所承受的压力作为材料硬度值，称为布氏硬度，用符号 H_B 表示。布氏硬度可用压痕深度或压痕直径来计算，分别用以下两式表示：

$$H_B = \frac{F}{\pi Dh}\ (\text{MPa}) \tag{18-7}$$

或

$$H_B = \frac{2P}{\pi D(D-\sqrt{D^2-d^2})}\ (\text{MPa}) \tag{18-8}$$

或中　F—— 载荷(N)；

D —— 钢球直径(m)；

d —— 压痕直径(m)；

h —— 压痕深度(m)。

以上两式计算结果完全相同。塑料布氏硬度按 HG—168—65 塑料布氏硬度试验方法测试。

二、邵氏硬度

使用邵氏硬度计，在规定的试验条件下用标准弹簧压力将硬度计上的压针压入试样，以压入深度转换为硬度值，直接由硬度计读出邵氏硬度值，用符号 H_S 表示。

邵氏硬度分为邵氏 A 和邵氏 D。邵氏 A 适于较软的塑料，邵氏 D 适于较硬的塑料。塑料邵氏硬度按 GB 2411—80 塑料邵氏硬度试验方法测试。

三、巴氏硬度

使用巴氏硬度计，在规定试验条件下以特定压头用标准弹簧压力压入试样，以压痕深度转换为硬度值，直接由硬度计读出巴氏硬度值。巴氏硬度用来表征纤维增强塑料和热固性塑料的硬度，也用于其他非增强的硬塑料。塑料巴氏硬度按 GB 3854—83 纤维增强塑料巴氏（巴柯尔）硬度试验方法测试。

四、洛氏硬度

以规定直径的钢球压头，先用初载荷压入试样，继而增至主载荷，然后恢复至初载荷。以如此造成的压痕深度增量作为材料硬度的量度，称为洛氏硬度，以符号 HR 表示。洛氏硬度按下式计算：

$$HR = K - \frac{e}{c} \tag{18-9}$$

式中　e—— 初载增至主载再返回初载，压痕深度增量(mm)；

c—— 常数，0.002 mm；

K—— 常数，130。

洛氏硬度分 R,L,M 三种标尺，分别依次用于从软至硬的塑料。塑料洛氏硬度按 GB—9342—88 塑料洛氏硬度试验方法测试。

另外，还有一种球压痕硬度值表征塑料硬度，以符号 H 表示，与布氏硬度测试方法类似，按 GB 3398—82 塑料球压痕硬度试验方法测试。

§18.2.3 韧性

韧性表征着材料抵抗快速载荷引起破坏的能力，工程上主要用冲击强度表示。不同塑料韧性的差异表现得比其他性能更明显，这是由于载荷作用快，影响材料韧性的结构因素表现得更充分。塑料的韧性，首先取决于树脂分子链的柔曲性。分子链愈柔曲，愈容易解缠结，对外载更能迅速响应，材料就会愈表现出良好的韧性。树脂分子量及分子量分布对韧性也有较明显影响，同种塑料，分子量增大和分散性减小，都有利于韧性。塑料韧性值对加载速率非常敏感，速率愈大，韧性愈小，高速冲击下，韧性良好的塑料也会表现出脆性，低速冲击时，韧性差的塑料也会有较好的冲击强度值。韧性对温度也很敏感，温度愈低，韧性愈差。试样带缺口可大大降低韧性，因为缺口处会产生应力集中，在冲击载荷下产生三轴拉伸应力，不产生可引起塑性变形的剪应力，使韧性降低。

塑料冲击强度测定普遍采用下述两种方法。

一、简支梁冲击试验方法

使用简支梁冲击试验机，在规定的试验条件下，对水平放置在支座两支点上的试样施以冲击力，使试样破裂，以试样单位横截面积所消耗的功表征材料的冲击韧性。该方法采用无缺口和带缺口两种试样。无缺口冲击强度（a_n）和缺口冲击强度（a_K）分别按以下两式计算：

$$a_n = \frac{A_n}{bd}\ (\mathrm{J/m^2}) \tag{18-10}$$

$$a_K = \frac{A_K}{bd_K}\ (\mathrm{J/m^2}) \tag{18-11}$$

式中 A_n, A_K —— 分别为无缺口试样和缺口试样所消耗的功(J)；
b —— 试样宽度(m)；
d —— 无缺口试样厚度(m)；
d_K —— 带缺口试样缺口处厚度(m)

二、悬臂梁冲击试验方法

使用悬臂梁冲击试验机，在规定的试验条件下对垂直悬臂夹持的试样施以冲击载荷，使试样破裂，以试样单位宽度所消耗的功表征材料的冲击韧性。该试验方法只采用带缺口的试样。冲击强度按下式计算：

$$a_K = \frac{A_K - \Delta E}{b}\ (\mathrm{J/m}) \tag{18-12}$$

式中 A_K —— 试样破裂所消耗的功(J)；
ΔE —— 抛掷破坏试样自由端所消耗的功(J)；
b —— 试样缺口处宽度(m)。

以上两试验分别按 GB/T 1043—93 硬质塑料简支梁冲击试验方法和 GB 1843—80 塑料悬臂梁

试验方法进行。

此外,对塑料的冲击性能还可按 GB/T 14485—93 工程塑料硬质塑料板及塑料件耐冲击性能试验方法(落球法)和 GB 11548—89 硬质塑料板材耐冲击性能试验方法(落锤法),GB/T 13525—92 塑料拉伸冲击性能试验方法,GB 8809—88 塑料薄膜抗摆锤冲击试验方法等进行测试。

§18.2.4 蠕变和应力松驰

一、蠕变

在恒定应力作用下,材料应变随时间增大的现象称为蠕变。随应力形式不同,有拉伸、压缩、弯曲等蠕变。与金属不同,塑料在室温下就会有蠕变,温度升高,蠕变更明显。了解蠕变对塑料结构件强度、刚度的可靠性、尺寸稳定性都很重要。

塑料蠕变的原因是因为具有粘弹性,它兼有理想的弹性固体和粘性液体的双重性质。理想弹性固体服从虎克定律,受载时应变瞬时产生,应变大小正比于应力。粘性液体的应变速率正比于应力,应变有一个发展过程。从根本上说,塑料蠕变是由于聚合物分子链运动单元的多重性引起的,在外力作用下,分子链上各键的键角和键长的增大是瞬时的,但卷曲分子链的松开和整链的移动却是逐渐进行的。

塑料蠕变性能可按 GB 11564—89 塑料拉伸蠕变测定方法测试。

二、应力松驰

使塑料试样或制品产生一定形变,维持该形变的应力会随时间衰减,称为应力松驰。塑料的应力松驰同样也是因聚合物的粘弹性引起。当试样受到一个外力时,起初只是分子链中那些可以瞬时变形的结构单元承受了全部应力并产生了相应的变形。随时间延长,卷曲的分子链松开与滑移逐渐进行,但因总变形不变,使那些瞬时变形的结构单元的变形有所减少,所承受的应力也减小。

不同塑料的蠕变和应力松驰性能有颇大差别,树脂分子链柔曲性和分子链间作用力大小是关键因素。分子链愈柔曲,分子链间作用力愈小,塑料的蠕变和应力松驰性就愈明显。相反,刚性分子链及链间作用力大的塑料,蠕变及应力松驰性就小。热固性塑料由于分子链间交联,抗蠕变性和抗应力松驰一般而言就优于热塑性塑料。

§18.2.5 耐疲劳性

在动态应力作用下塑料会产生疲劳。疲劳是指在交变的周期性应力或频繁的重复应力(如振动)作用下,塑料力学性能衰减以至最终破坏的现象。疲劳使材料不能发挥固有的力学性能,在应力远小于静态应力下的强度值时就会破坏。引起疲劳的载荷形式可以是拉伸、弯曲、压缩、扭转等,最初在试样上产生微小疲劳裂纹,裂纹逐渐增大,最终导致完全破坏。塑料的耐疲劳性可用疲劳寿命曲线和疲劳强度来表征。疲劳寿命定义为在某一给定交变应力作用下材料可承受的应力次数。图 18-1 是塑料的典型疲劳寿命曲线。曲线说明,随应力减小,材料所能承受的应力次数增多。不致引起材料疲劳破坏的最高极限应力称为材料的疲劳强度。多数塑料的拉伸疲劳强度仅为静拉伸强度的 20% ~ 25%。

塑料疲劳的根本原因也是由于具有粘弹性,在交变的应力作用下,分子链变形总是滞后于应力,产生内摩擦生成大量热,但导热不良又使热量累积导致升温,引起材料局部软化、熔融或引起结晶型塑料内部再结晶、相变、链折叠点的断裂等。试样的内部缺陷、内部缩孔、表面划伤、缺口、粗糙等都易导致疲劳破坏。材料的结晶有利于改善疲劳强度，结晶度增大，晶粒较细等都可提高疲劳强度，分子量提高也有利于抗疲劳性。

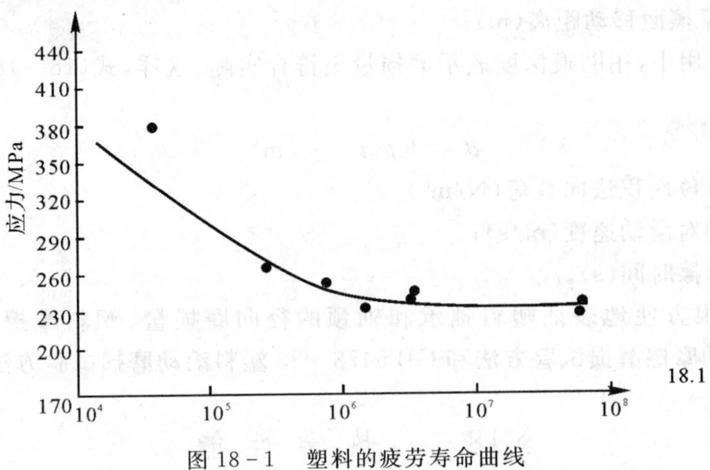

图 18－1　塑料的疲劳寿命曲线

§ 18.2.6　摩擦和磨损性能

一、摩擦

任何两个相互接触并有相对移动或移动趋势的物体间，都会有阻碍这种移动的力产生，称为摩擦力。摩擦力与接触面间的法向作用力有如下关系：

$$F_f = fF_N \tag{18-13}$$

式中　F_N —— 两接触面间的法向作用力(N)；

f —— 摩擦因数。

摩擦因数是一个无因次量，不仅与摩擦副材质有关，还与摩擦副表面状况有关。对于金属，摩擦因数主要与表面粗糙度、表面清洁度及润滑情况有关。清洁的金属表面，粗糙度减少，摩擦因数减小。法向压力(载荷)大小、接触面积、接触面的相对运动速度对金属摩擦因数几乎无影响。

塑料与金属不同，摩擦因数不仅与表面粗糙度、清洁度有关，还与接触面压力、运动速度、温度、湿度等因素有关。当法向压力增大到某一数值后，继续增大压力，摩擦因数会减少，这是因为随法向压力增大，因塑料较软，真正接触的表面积会增大，并接近表观面积，摩擦力不再增大，由式(18－13)可以看出，这时摩擦因数就会减少。随运动速度增大，塑料摩擦因数一般会有一个由小变大再由大变小的过程。温度具有与运度速度类似的影响。吸湿较强的塑料，湿度增大使摩擦因数增大；吸湿性小的塑料，湿度对摩擦因数影响较小。

润滑对塑料间的摩擦性能的影响不像对金属那样大。在许多情况下，塑料实际上不需要润滑剂。吸湿性小的塑料可以用水润滑。

二、磨损

摩擦副接触表面间因摩擦使材料不断损耗的现象称为磨损。磨损源于摩擦，但磨损与摩擦力、摩擦因数之间并无简单的正比关系。一般而言，磨损随载荷和时间的增加而增加。磨损量可由下式表示：

$$W = KF_N S \text{ (m}^3\text{)} \tag{18-14}$$

式中　K——磨损系数,单位载荷、单位滑动距离的磨损体积($m^3/N \cdot m$);

F_N——法向载荷(N);

S——摩擦面移动距离(m)。

在某些实际应用中,用磨痕深度表示磨损量更符合实际。这样,式(18-14)可改写为如下形式:

$$d = Kpvt \quad \text{(m)} \tag{18-15}$$

式中　p——单位面积法向载荷(N/m^2);

v——相对滑动速度(m/s);

t——摩擦时间(s)。

式(18-15)可以很方便地表征塑料轴承和轴颈的径向磨损量。塑料摩擦磨损性能按 GB 3960—83 塑料滑动摩擦磨损试验方法和 GB 5478—85 塑料滚动磨损试验方法测试。

§18.3　热学性能

§18.3.1　热导率

当材料在某方向上存在温度梯度时,就会产生热流动,称为导热。热导率是材料导热能力的量度。热导率定义为通过垂直于温度梯度方向上单位面积的导热速率,可用数学式表示如下:

$$Q = -KA\frac{dT}{dx} \tag{18-16}$$

式中　Q——热流量(J/s);

K——热导率($W/m \cdot K$);

A——垂直于热流方向的面积(m^2);

dT/dx——温度梯度(K/m)。

在现有各类材料中,塑料具有较低的热导率,广泛用作绝热材料,特别是泡沫塑料是最优异的绝热保温材料。

塑料的热导率按 GB 3399—82 塑料导热系数试验方法——护热平板法测定。

§18.3.2　线胀系数

任何材料都会热胀冷缩,但塑料比金属和其他材料更明显。塑料的线胀系数比金属大数倍至一个数量级,比其他非金属材料大数十倍至两个数量级。增强后的塑料线胀系数有所减少。线胀系数大使塑料制品尺寸随温度有明显改变,对应用带来许多不利,选材及设计时应充分考虑。

塑料的线胀系数按 GB 1038—89 塑料线胀系数测定方法测定。

§18.3.3　比热容

单位质量的材料升高 1 K 从外界吸收的热量称该材料的比热容,以 $J/kg \cdot K$ 为单位。塑料比热容的大小关系到将材料加热到成型温度时所需要的能量，对于挤出机、注塑机料筒、螺杆等设计及设备塑化能力估计等都是一个重要参数。塑料比热容比金属大数倍至一个数量级，不同塑料的比热容也有差别。

塑料比热容按 GB 3140—82 玻璃钢平均比热试验方法测定。

§18.4 耐热性及耐寒性

塑料耐热性含义比较广，它表示在升温环境中材料抵抗由于自身的物理或化学变化引起变形、软化、尺寸改变、强度下降、其他性能降低或工作寿命明显减少等的能力。因此，塑料耐热性不可能仅用一个指标表征。从受热引起材料的变化性质，可分为物理耐热性和化学耐热性，前者是指对软化、熔融、尺寸变化等的抵抗能力，后者是指对热降解、分解热、氧化、交联、环化、水解等的抵抗能力，即所谓的热稳定性。从对耐热性的试验表征方法，又可分为短时耐热性试验和长时耐热性试验。从温度引起塑料内树脂分子链运动规模和聚集态以至组成或结构改变，塑料又有几个特征性温度。

§18.4.1 几个特征性温度

一、玻璃化转变温度

玻璃化转变温度 T_g 是聚合物的重要特征性温度之一，它是无定形聚合物由玻璃态向高弹性的转变温度，或半结晶型聚合物的无定形相由玻璃态向高弹态的转变温度。从分子链运动角度，玻璃化转变温度是聚合物分子链的链段开始运动的温度。一般而言，玻璃化温度是无定形塑料理论上能够工作的温度上限，超过玻璃化温度，塑料就会基本上丧失力学性能，许多其他性能也急剧下降。塑料连续受热时，一般都会引起其他变化影响工作性能，因此 T_g 并不能代表塑料实际上可以连续工作的最高温度。塑料玻璃化温度的测定通常采用热-变形曲线（热-力曲线、热-机械曲线）法，即 TMA，也可采用热分析法 DTA，DSC，亦可采用扭摆分析法。采用热-变形曲线法时，可按 GB 11998—89 塑料玻璃化温度测定方法，热机械分析法进行。

二、熔点或流动温度

熔点是结晶型聚合物由晶态转变为熔融态的温度，用符号 T_m 表示。由于绝大多数结晶型塑料都是部分结晶的，因此熔点成为一个小范围的熔程。对于结晶型塑料，熔点是比玻璃化温度更有实际意义的温度。许多结晶型塑料，虽然玻璃化温度很低，但由于分子链在结晶过程中的整齐排列和紧密堆砌，可以大大提高强度和刚度，高密度聚乙烯、聚酰胺、聚甲醛等就是典型的实例。

至于无定形塑料，出现熔融状态的温度是流动温度，用符号 T_f 表示。从分子运动观点看，T_f 是聚合物分子链整链能够运动、相互滑移的温度。结晶型聚合物只有达到 T_m，结晶结构才可消除，分子整链才能运动，因此，T_m 和 T_f 的实用意义是相同的。结晶型塑料熔点按 GB 4608—84 部分结晶聚合物熔点试验方法光学法测定。亦可用扭摆法测定聚合物熔点。

三、热分解温度

任何塑料，当加热到一定温度时，其中的树脂分子链都会产生降解现象。不同树脂降解机理不同，某些树脂分子链按随机历程降解，在降解的任意阶段，分子链上所有化学键断裂几率相同。聚乙烯、PET 分别是均链与杂链聚合物按此机理降解的代表。另一些树脂降解是按聚合

反应的逆过程 —— 解聚机理进行，相继地从链端开链产生单体直到最终完全解聚为单体。PMMA和POM是按这种历程降解的代表。还有一些树脂是由于分子链中存在缺陷，缺陷部分的化学键比主链上其他化学键弱，受热时成为最易断裂的部位。例如按自由基历程制备聚苯乙烯时，当单体中氧排除不净时，分子链上就会产生不稳定的过氧化结构，聚合物受热时就按这种机理降解。

不论按何种机理降解，随温度进一步升高，降解都会加速，当温度上升到使塑料试样失重突然加速时，这一温度就定义为热分解温度。塑料热分解温度测定采用热重分析法（TGA），当热失重曲线在高温段出现突然下降时的相应温度即是塑料的热分解温度。热分解温度用符号 T_d 表示，它是塑料化学耐热性的重要指标。塑料熔融加工温度范围在 T_f 与 T_d 之间选取。$T_d - T_f$ 差值愈大，愈有利于成型加工。

§18.4.2　短时耐热性

评价塑料的短时耐热性指标都属于物理耐热性指标，包括以下几种。

一、马丁耐热

马丁耐热的测试是在马丁耐热仪上对垂直夹持的试样施以 4.9 MPa 应力，在仪器的炉中以(50±3)℃/h或(10±2)℃/12 min的速率均匀升温，测得距试样水平距离240 mm处的标度下移(6±0.01) mm时的温度，即为马丁耐热，以 ℃ 表示。马丁耐热不适于马于耐热低于 60℃ 的塑料。试验按 GB 1035—70 塑料耐热性(马丁) 试验方法进行。

二、弯曲负载热变形温度

弯曲负载热变形温度简称热变形温度。该试验是在试验仪上将试样以简支梁方式水平支承，置于热浴装置中，以(12±1)℃/mm 速率均匀升温，并施以 1.81 MPa 或 0.45 MPa 弯曲载荷，当试样挠度达到 0.21 mm 时的温度，即为热变形温度。耐热性低的塑料用 0.45 MPa 载荷，一般情况下用 1.81 MPa。各塑料在相同载荷下的测试值才有可比性。试验按 GB 1634—79 塑料弯曲负载热变形温度(简称热变形温度) 试验方法进行。

三、维卡耐热

维卡耐热又称维卡软化点。对水平支承并置于热浴槽中以 5℃/6 min 或 12℃/6 min 速率升温的试样，用横截面积 1 mm^2 的圆形平头压针施加 1 kg 或 5 kg 压载荷，当针头压入试样深度1 mm 的温度，即维卡耐热温度。同一加载和同一升温速率的试验间才有可比性。试验按 GB 1633—79 热塑性塑料软化点(维卡) 试验方法进行。

以上三种短时耐热性试验结果都不能作为塑料实际使用条件下的工作温度上限。但马丁耐热和热变形温度都可评价出塑料受热时的变形情况，维卡耐热可评价出材料受热时的软化情况，这些指标可用于塑料的质量控制、验收检验、选材时的初步筛选等。

§18.4.3　最高连续使用温度

最高连续使用温度是最具有实用价值的塑料长时耐热性指标。塑料的长时耐热性指标，是应该能够表征塑料在实际应用条件下可以长时间工作而性能不致严重恶化的温度。任何塑料，当长时受热时，即使温度远低于热分解温度，都会引起塑料的某些化学变化(热老化)，例如降解、氧化、交联、水解等，这些变化势必导致材料工作性能降低。作为塑料的长时耐热性温度，应能够表征材料在该温度下仍可长时间安全工作，一般认为其性能值仍可保持不低于初始值的

50%，这样的温度称为塑料的最高连续使用温度。

塑料最高连续使用温度的测定需要对材料进行热老化试验。试验方法的原理是：热老化引起材料某化学变化，导致性能降低，性能降低与老化时间存在某种函数关系：

$$f(P) = -Kt \tag{18-17}$$

式中 P —— 材料的某性能值；

t —— 试验持续的时间（老化时间）；

K —— 化学变化速度常数。

但化学变化速度常数与温度的关系又可用阿伦尼乌斯指数定律表示：

$$K = A\mathrm{e}^{-E/RT} \tag{18-18}$$

式中 T —— 温度(K)；

E —— 化学变化活化能；

A —— 指前因子；

R —— 气体常数。

因此，可以写出：

$$f(P) = -A\mathrm{e}^{-E/RT} \cdot t \tag{18-19}$$

根据这一方程，可以通过试验求得材料在某温度下性能保持率与受热时间关系曲线（图 18-2）在不同温度下，达到性能的某一保持率所需的加热时间的对数与温度的倒数又存在直线关系（图 18-3）：

$$\lg t = B + 0.434E/RT \tag{18-20}$$

式中 B —— 常数。

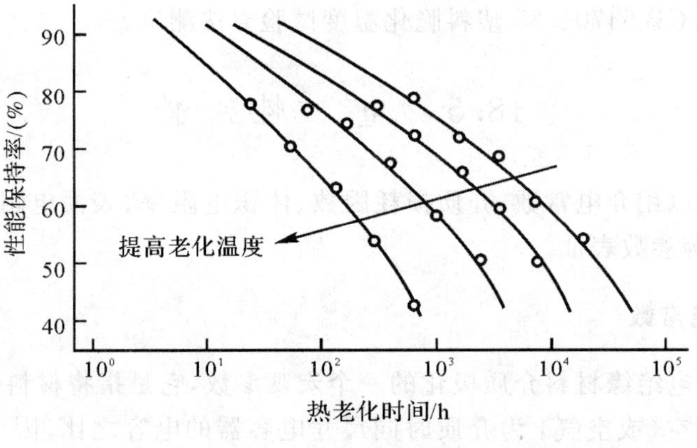

图 18-2 不同温度下性能保持率与受热时间关系曲线

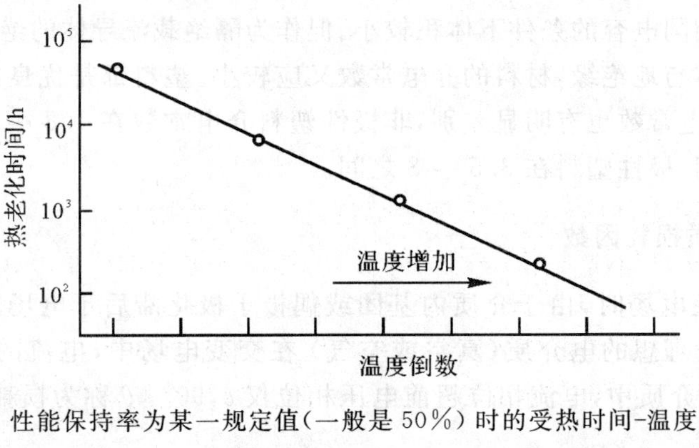

图 18-3 性能保持率为某一规定值（一般是 50%）时的受热时间-温度关系曲线

一般至少测出在三个或四个温度下材料性能降至临界值(一般认为是保持初始值 50%)的时间。我国国标规定至少在三个不同温度下试验,其最低温度的选取原则是在该温度下性能降到临界值的时间不少于 5 000 h,最高温度的选取原则是在该温度下性能下降至临界值的时间不少于 100 h。美国 ASTM 标准中规定至少在四个不同温度下试验,其最低试验温度的选取应使在该温度下性能降至临界值所需时间为 9 ～ 12 个月,次低温度下性能降至临界值需 6 个月,在第三挡温度下性能降至临界值需 3 个月,最高温度下性能降至临界值需 1 个月。将不同温度下试验所需时间的对数与温度倒数作图,将所得到的直线外推至材料使用中所要求的设计工作时间(或寿命) 的相应温度,就是该塑料在该预定用途下的最高连续使用温度。塑料最高连续使用温度的测定按 GB 7142—86 塑料长期受热作用后的时间-温度极限的测定进行。ASTM 的相应标准是 D 3045—74(79) 塑料无负荷热老化。美国保险业研究室的 UL 温度指数就是在技术文献中引用较多的塑料的这种耐热性数据。不同塑料的最高连续使用温度有颇大差异。

§18.4.4 脆化温度

塑料的耐寒性用脆化温度表征。所有塑料随温度降低都会变得愈来愈硬而脆,这是由于聚合物分子链的活动性变得愈来愈小。脆化温度是指塑料在冲击载荷作用下变为脆性破坏的温度。一般是把在规定冲击条件下有 50% 试样产生脆性破坏的温度确定为脆化温度,用符号 T_B 表示。脆化温度是塑料能够正常使用的温度下限,特别是需要利用软质塑料柔韧性的许多范围。低于脆化温度,塑料丧失了柔韧性,性脆易折,无法正常工作。

塑料脆化温度按 GB 5470—85 塑料脆化温度试验方法测试。

§18.5 电 性 能

塑料的电性能可以用介电常数、介质损耗因数、体积电阻率、表面电阻率、介电强度、耐电弧性、耐电弧径迹性等参数表征。

§18.5.1 介电常数

介电常数是表征电绝缘材料介质极化的一个宏观参数,它是指将材料作为电容器介质时,电容器的电容与以真空(或空气) 为介质时同尺寸电容器的电容之比。因此,介电常数表示着材料作为绝缘物储存电能的能力。作为电容器使用时,要求绝缘材料具有较高的介电常数,可以使电容器在保持相同电容的条件下体积较小。但作为隔绝载流导体的绝缘材料应用,要求两导体彼此绝缘或导体与地绝缘,材料的介电常数又应较小。塑料都是优良的电介质,介电常数较小,但不同塑料介电常数也有明显差别,非极性塑料介电常数在 1.8 ～ 2.5 之间,弱极性塑料在 2.5 ～ 3.5 之间,极性塑料在 3.5 ～ 8 之间。

§18.5.2 介质损耗因数

电介质置于交变电场时,由于介质内基团或偶极子极化滞后于电场的变化,引起电能损耗,以发热形式消耗。理想的电介质(真空或空气) 在交变电场中,电流的相位超前电压相位 90°,但在有损耗的电介质中,电流相位超前电压相位仅 θ,90°—θ 称为损耗角,用 δ 表示,如图

18-4 所示。$\tan\delta$ 值称介质损耗因数，又称介质损耗角正切，简称介电损耗，它表示电介质损耗的能量与储存能量之比：

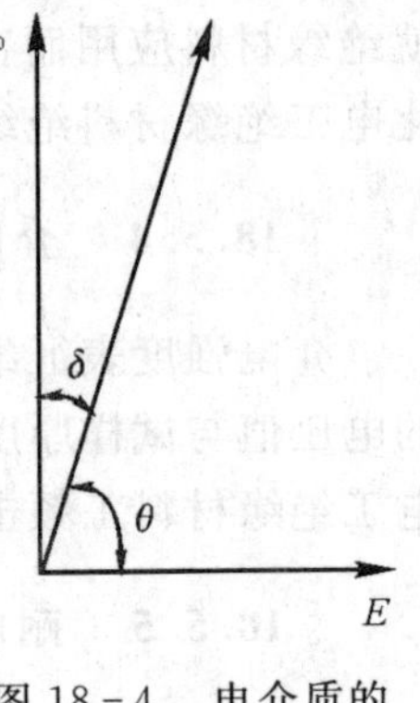

图 18-4　电介质的损耗角

$$\tan\delta = \frac{\text{损耗能量}}{\text{储存能量}} = \frac{\varepsilon''}{\varepsilon'} \tag{18-21}$$

式中　ε''—— 复数介电常数虚数部分；

　　　ε'—— 复数介电常数实数部分。

非极性塑料的 $\tan\delta$ 值在 10^{-4} 数量级，弱极性塑料的在 $10^{-3} \sim 10^{-2}$ 数量级，极性塑料的在 10^{-2} 数量级或更大些。

电介质在交变电场中以发热形式损耗的能量是：

$$P = KfE^2\varepsilon\tan\delta \tag{18-22}$$

式中　P —— 损耗电能功率密度(W/m^3)；

　　　f —— 电场频率(Hz)；

　　　E —— 电场强度(V/m)；

　　　ε —— 电介质介电常数；

　　　δ —— 介电损耗角；

　　　K—— 系数，数值是 5.55×10^{-6}。

上式中，电能损耗是以单位体积电介质内所产生的热能功率，即热功率密度表示，密度愈大，材料温升愈高。ε 和 $\tan\delta$ 较大的材料，介电损耗在材料内引起的温升可以很高。$\varepsilon \cdot \tan\delta$ 值称为材料的介质损耗系数，该值较大的塑料不宜用作高频绝缘(如高频传输)，但适于高频焊接和利用高频加热的成型工艺。

塑料的介电常数和介质损耗角正切按 GB 1409—78 固体电工绝缘材料在工频、音频、高频下相对介电系数和介质损耗角正切试验方法测试。

§18.5.3　电阻率

一、表面电阻率

沿试样表面电流方向的直流电场强度与单位长度的表面传导电流之比，称材料的表面电阻率，以符号 ρ_s 表示。板状试样表面电阻率可按下式计算：

$$\rho_s = R_s \frac{2\pi}{\ln(d^2/d_1)} (\Omega) \tag{18-23}$$

二、体积电阻率

沿试样体积电流方向的直流电场强度与电流密度之比，称材料的体积电阻率，以符号 ρ_V 表示。板状试样体积电阻率按下式计算：

$$\rho_V = R_V \frac{A_e}{t} (\Omega \cdot m) \tag{18-24}$$

以上两式中　R_s —— 试样表面电阻(Ω)；

　　　　　　R_V—— 试样体积电阻(Ω)；

　　　　　　A_e —— 平板测量电极有效面积(m^2)；

　　　　　　t —— 试样厚度(m)；

　　　　　　d_1 —— 平板测量电极直径(m)；

　　　　　　d_2 —— 平板保护电极直径(m)。

就绝缘材料应用而言，体积电阻率更重要。塑料的表面电阻率和体积电阻率按 GB 1410—78 固化电工绝缘材料绝缘电阻、体积电阻系数和表面电阻系数试验方法测试。

§18.5.4　介电强度

介电强度表征绝缘材料承受电压的能力，用在规定试验条件下试样在均匀电场中被击穿的电压值与试样厚度比值表示。介电强度用符号 E_b 表示。塑料介电强度按 GB 1408—78 固体电工绝缘材料工频击穿电压、击穿强度和耐电压试验方法测试。

§18.5.5　耐电弧性

耐电弧性是指塑料耐高压电弧作用的能力。在所有导电元件需要断续接触的应用中，产生电弧是不可避免的，例如开关、断路器、继电器、配电器盖等。在电弧作用下，材料的破坏可能会是表面碳化、电弧径迹、局部加热至炽热状态甚至烧毁。材料的耐电弧性是以在电弧作用下引起材料表面形成导电通路而电弧熄灭所需的时间(s)来表示。塑料的耐电弧性按 GB 1411—78 固体绝缘材料高压小电流间歇耐电弧试验方法测试。

§18.5.6　耐电弧径迹性

耐电弧径迹性又称耐爬电性或耐漏电痕迹性。塑料用作绝缘材料时，当处在一定电位差的电极间时，表面会缓慢地形成碳化导电通路，称为电弧径迹现象。电弧径痕现象与表面污染及潮湿有关。塑料的应用环境，特别是户外环境的许多因素，可促使产生电弧径迹现象，沿海地区大气中的盐雾会在塑料表面结成盐皮层，城市大气中烟道气中所含金属盐类，化工厂、水泥厂、矿石破碎厂和熔炼厂中排放的废气和尘粒中所含导电物，都可沉积到塑件表面，雨降、雪降、晨露等可使塑件表面变湿，所有这些因素都可以使塑件表面导电，潮湿与污染结合是产生电弧径迹现象的最有利条件。塑料的耐电弧径迹的能力与树脂分子链组成及结构有关。含碳量愈高的塑料，愈容易产生电弧径迹现象。分子链含氮的塑料在电弧作用下，氮以氮气形式放出，不易产生电弧径迹现象。含无机填料的塑料会大大改善耐电弧径迹性。

§18.5.7　湿度、温度、电场频率对电性能的影响

湿度对塑料电性能的影响与塑料品种有关，凡含极性基团的塑料，因具有吸湿倾向，湿度对材料电性能都能产生不利影响。材料吸湿性愈大，湿度对电性能影响也愈大。水具有导电性，会使材料绝缘电阻降低。水具有较高的介电常数，又对材料有增塑作用，使分子链活动性增大，不仅可增大塑料的介电常数，也会增大介电损耗。只有那些不吸湿或吸湿性很小的塑料，电性能才不受湿度变化的影响。

在塑料的允许工作范围内，温度对不同塑料电性能影响也不同。非极性塑料，只要温度升高不超过材料的允许工作温度，不引起树脂分子链能够明显运动或导致材料化学变化，材料电性能就保持不变。对于极性塑料，温度升高一般都会引起材料电性能降低，当极性基团直接位于分子主链上时，温度升高，由于分子链活动能力增大，偶极极化能力增大，使材料电性能降低，但温度较低时，由于分子链活动能力小，偶极运动被冻结，材料尚可呈现出较好的电性能，例如 PVC，PET，双酚 A 型 PC 等，室温时都是较好的高频绝缘材料。对于极性基团位于主链侧位的塑料，情况有所不同，即使在玻璃化温度以下，极性基团仍可能具有活动性，在交变电场中

仍可极化，故材料电性能不佳，只有当温度降低到使侧极性基团运动被冻结时，材料才会具有良好的电性能，PMMA 在低于 20℃ 时电性能有进一步提高就是典型一例。

非极性塑料在交变电场中，由于只产生电子极化，电子极化可瞬时完成，因此材料的介电常数、介质损耗因数等均不受电场频率改变的影响。含极性基团的塑料，在交变电场作用下，不仅产生电子极化，也产生偶极极化，偶极极化需要一定时间，当电场频率较低时，偶极极化能够完成，在电场频率尚未增大到使偶极极化来不及完成之前，材料的介电常数和介质损耗因数都保持着恒定值。随电场频率进一步增大，偶极极化会愈来愈滞后于电场频率，介电常数随之减小，介电损耗因数因材料内摩擦热增多而增大。当电场频率增大到偶极取向根本不可能进行时，这时也只有电子极化，材料的介电常数减少到最小值，介质损耗因数重又减少。因此，在极性塑料的介质损耗因数随电场频率改变的变化曲线上会有峰值出现。

§18.6 光学性能

§18.6.1 透光率

透过试样的光通量与入射光光通量之比称为材料的透光率，用下式表示：

$$T_t = \frac{T_2}{T_1}(\%) \tag{18-25}$$

式中 T_1—— 入射光光通量(lm)；

T_2—— 透射光光通量(lm)。

§18.6.2 雾度

透过试样而又偏离入射光方向产生散射的透射光光通量在总透射光光通量中所占的比例，以百分数表示，称为雾度。雾度用下式表示：

$$h_S = \frac{T_S}{T_2} \tag{18-26}$$

式中 T_S—— 透射光中散射光光通量(lm)。

塑料的光学性能按 GB 2410—80 透明塑料透光率和雾度试验方法测试。

透光率表征着塑料的透光性，但透光性与透明性是两个不同的概念。透光性只是表示材料对光波的透过能力，透明性却是指一种材料可使位于材料一侧的观察者清晰无误地观察到材料另一侧的物体影像。显然，只有透光率高且雾度小的材料才是透明性好的材料。最典型的例子是窗用毛玻璃和某些吊灯的玻璃外罩，透光性虽好（透光率高），但并不透明，因为雾度太大。一个具有高度透明的塑料试样，应该是在置于试样一侧的被观察物体与另一侧观察者的眼睛之间的连线上，光线的折射率是恒定的，若存在具有不同折射率的界面，光就会散射，例如材料内如果含有细小的固体粒子、细小的气泡、试样各处密度不均、表面粗糙、磨损或老化，或含有其他内部、表面缺陷等，都会使材料局部的折射率改变，产生散射，造成雾状的模糊外观，影响到透明性。不含任何助剂的无定形塑料，大都是无色透明的，是由于材料内一般都未含有可以吸收光波的某种基团，材料内仅含有无定形相，密度均匀，不仅透光率高，雾度也较小之故。部分结晶的塑料，材料内含有晶相和无定形相，两相密度不同，折射率不同，在两相界面光的方向改变，这就降低了材料的透明性。当晶粒尺寸大于光的波长时，还会妨碍光的通过，使材料透光率降低。因此，结晶型塑料的结晶度愈高，晶粒愈大，透光性和透明性皆愈差。

不同品种的结晶型塑料，晶相与无定形相密度差别愈大，折射率差别就愈大，使材料表现出不同的透明性。聚乙烯、聚丙烯、聚4-甲基-1-戊烯都是结晶度较大的塑料，聚乙烯的晶相与无定形相密度差别最大（分别是 1.01 g/cm^3 与 0.84 ～ 0.85 g/cm^3），聚丙烯次之（分别是 0.94 g/cm^3 与 0.85 g/cm^3），聚4-甲基-1-戊烯的两相密度几乎相等（都接近 0.83 g/cm^3），因此，聚乙烯透明性差，聚丙烯呈半透明，聚4-甲基-1-戊烯则高度透明。

§18.7 化学性能

塑料的化学性能可以用耐化学药品性、耐溶剂应力开裂性、耐环境应力开裂性等来表征。

§18.7.1 耐化学药品性

各种化学试剂，包括无机酸、碱、盐、氧化剂、各种有机酸和各种有机试剂等，可能对塑料有某种侵蚀破坏作用，如可能引起氧化、降解或其他化学作用使性能降低。有机溶剂和油脂可能会引起塑料溶解、溶胀、变形、尺寸改变、性能降低等。耐化学药品试验包括耐各种化学试剂、溶剂和油脂。

塑料耐化学药品试验是采用浸泡法，将试样浸泡到被试的化学药品溶液（或有机溶剂、油脂）中7昼夜，取出后测定试样增重、尺寸变化、物理力学性能变化等。试验按GB 11547—89塑料耐液体化学药品（包括水）性能测定方法进行。

塑料的耐化学药品性能取决于材料的化学组成和基本结构，包括分子主链和侧基性质、化学键类型（何种原子间形成的键）、键长、键能大小、结晶度和支化度，分子链所含基团性质（极性、非极性、反应能力）等。键的长度小、键能大、结晶度高、支化度小、分子链堆砌密度高、分子间作用力强、材料无极性等，无疑都可以使材料具有较优异的耐化学试剂和耐溶剂性。聚四氟乙烯具有极优异的耐化学试剂性和耐溶剂性，被称为“塑料之王”，是因为聚四氟乙烯分子链是完全的线型结构，主链骨架上所有碳原子都与氟原子连接，F—C键具有较高键能，一个碳原子上对称连接着两个氟原子，使F—C键缩短，键能进一步增大。氟原子对骨架碳原子又有屏蔽作用，加之分子链的规整和对称，又使聚四氟乙烯具有结晶结构。F—C键对称排列，又使聚合物无极性。所有这些组成与结构特点，使聚四氟乙烯几乎可耐一切化学试剂和有机溶剂。相反，强度和刚度、韧性皆优的聚碳酸酯，由于分子链上含有极性基团，又不能产生结晶结构，分子间作用力也不是很高，因此聚碳酸酯仅能耐稀酸，不耐浓酸及碱，许多溶剂都可以使它溶解，也容易水解。

塑料对有机溶剂作用的大致规律是，凡是非极性的结晶型塑料，如聚乙烯、聚丙烯、聚1-丁烯、聚四氟乙烯等，室温下无任何溶剂可以使之溶解。极性结晶型塑料和极性无定形塑料，溶解度参数与之接近且极性与之匹配的溶剂，即可与分子链上的极性基团或极性原子可产生某种相互作用（如形成氢键等）的少数溶剂才可使它溶解，前者如聚酰胺，后者如聚氯乙烯都只有少数几种溶剂可使其溶解。至于非极性无定形塑料，凡溶解度参数与之接近的溶剂，都可以使它们溶解。

§18.7.2 耐溶剂应力开裂性

几乎所有塑料制品或试样，如果处于应力状态下(内应力或外加应力)，都会不同程度地存在着应力开裂现象，即将制品或试样浸入到某溶剂中，会产生表层裂纹、开裂的现象。在无应力状态时，塑料对某溶剂可能具有良好的抵抗性，但处在应力状态下，就可能会引起开裂。

塑料的溶剂应力开裂原因是由于溶剂与塑料表面层的聚合物分子链作用，使表层的内聚能降低，当降低到不能再承受所存在的应力时，就会产生开裂现象。溶剂对制品渗透愈深，裂纹就变得愈深愈大。

某塑料对某溶剂的耐溶剂应力开裂性的评价，是用临界应力表示。临界应力是该塑料在该溶剂作用下，产生开裂所存在的最小应力值，低于这一应力，塑料就不会开裂。显然，临界应力值愈大，塑料抵抗该溶剂的应力开裂性愈好。许多塑料制品，如注塑和挤出制品，存在残余的内应力是不可避免的，应通过合理的制品设计，选择适当的成型工艺条件，并对制品进行适当后处理，使残余内应力尽可能减少，就可以避免或大大减少应力开裂危险。

§18.7.3 耐环境应力开裂性

环境应力开裂主要是聚烯烃塑料，特别是聚乙烯所具有的现象。环境应力开裂是指制品存在应力时，与某些活性物质接触，会出现脆性裂纹，裂纹的发展最终可导致制品破坏。如果没有这些活性物质，制品即使处在同样应力下，也不会破坏。这种活性物质可以是水、洗涤剂、油类、酸、碱、盐类、皂类、对材料无明显溶胀作用的有机溶剂，也可以是潮湿的土壤。环境应力开裂的必要条件是制品或试样存在应力(内应力或外应力)，并存在某种应力集中因素，例如缺口、划伤等，以及与试样接触的某活性物质。

耐环境应力开裂试验方法是将 10 个规定尺寸的矩形试样各刻上一个固定长度、深度的刻痕，将试样垂直于刻痕方向弯曲 180℃ 放置在试样保持架上，浸入装有活性物质并预热至 50℃ 的试管中，置于恒温槽内，观察试样出现裂纹的时间。定义试样在某介质中破损几率达 50% 的时间为该塑料在该介质中的环境应力开裂时间。聚乙烯的环境应力开裂试验按 GB 1842—80 聚乙烯环境应力开裂试验的方法进行。

提高分子量、减少分子量的分散性、降低结晶度、与弹性体共混改性、交联等可以改善聚乙烯的耐环境应力开裂性。

§18.8 自然老化性能

§18.8.1 概述

塑料及其制品在长期储存或使用过程中，性能随时间逐渐劣化的现象称为老化。在户外使用的塑料制品，由于受更多和更苛刻因素的影响，老化速率比仅在户内使用的制品要快得多，是人们最为关注的。塑料的户外老化又称大气自然老化。老化对塑料的损害可以引起从外观到内在性能的许多变化，这些变化包括变色、发粘、变脆、失去光泽、银纹、龟裂、变形、粉化、出现斑点、霉变、物理力学性能降低等。

导致塑料自然老化的户外环境因素包括：日光照射(紫外线、红外线、X 射线，主要是紫外线)、氧、臭氧作用,热能影响,湿度(雨、雪、水蒸气)影响,大气污染的影响,微生物、细菌、真菌、霉菌的侵害。这些因素的联合影响比任何一种单一因素影响的损害要大得多。实际的户外环境常常是上述多因素的协同作用。

日光中所有射线对塑料都有损害作用,但以紫外线损害最大,紫外线可足以引起几乎所有塑料内树脂基体的自动氧化反应,也足以引起大多数树脂分子链的断链。

升高温度(增加热能)亦会加速塑料的自动催化的链式氧化反应。

湿度对塑料的破坏是可以使某些树脂水解(含酯基、酰胺基的树脂),破坏树脂与填料的结合,引起材料粉化,热能可加速水解作用。

以纯树脂形式应用的塑料,一般不易受微生物、菌类的侵害。但塑料内常加有许多助剂,例如增塑剂、润滑剂、稳定剂、抗氧剂等,这些物质大都是低分子的含碳、含氮化合物或无机盐类,在塑料制品应用过程中,会逐渐迁移至塑件表面,成为微生物和菌类滋生的营养素。塑料制品储存和使用过程中所粘附的油污、汗迹等也有利于微生物和菌类滋生。微生物和菌类对塑料的破坏主要是使外观美学质量受损,使透明塑料的透光率、透明度下降,也会引起脆性增加、性能下降。真菌、霉菌与潮湿环境结合,会引起某些塑料霉变。

大气的工业污染,如各种工业粉尘、烟道气内都含有各种金属盐类、氧化物、硫化物、酸性物质等,这些污染物降落到塑件表面并长期粘附,不仅损害塑件外表美观,也会降低塑料的工作性能。

大气老化的损害程度与户外环境性质(如城市或农村,沿海或内陆)、地理位置(不同地理位置的温度、湿度、日照时间有颇大差异)及曝露时间有关,当然也取决于塑料品种。

各种塑料的抗大气自然老化性能有明显差别。塑料的抗大气自然老化性能与树脂的化学组成、分子链结构、聚集态结构有关。树脂的化学组成是指分子链骨架组成,与骨架原子相连的侧原子或侧基性质、键能大小,对主链骨架是否有屏蔽作用,主链中是否存在叔碳原子、酯基、酰胺基、不饱和键等,这些因素都容易导致聚合物的氧化、臭氧化、水解或其他反应。分子链结构是指分子链的支化度、分子量、分子量分布、分子链的规整度以及塑料在制备和成型加工过程中引起分子链上出现弱点,如双键(主链内、链端、侧链中的双键)、羰基、氢过氧化物(例如聚烯烃中)、端羟基(例如 PPO,PC,POM,PSU 中)、半缩醛基(POM 中)、烯丙基、烯丙酰撑基(PVC 中)。这些弱点的存在都容易导致聚合物在光、热等能量因素影响下按自由基机理进行的分解、氧化等自由基的形成过程。在某些情况下,聚合物分子量愈大,分子链中所含上述弱点愈多,聚合物的热稳定性和抗热老化性反而愈差。聚集态结构是指聚合物的结晶和取向、结晶度大小、结晶构型、晶粒大小。这些因素对老化性能亦有影响。例如,低压聚乙烯耐光氧化老化性不及高压聚乙烯,除了其分子链中含有较多双键外,也因为低压聚乙烯有较高的结晶度之故。

此外,塑料组成中的某些助剂及所含微量杂质(单体中杂质、聚合过程中催化剂残留物等)对塑料老化性能亦有影响。

表 18-1 列出若干未改性塑料相对耐老化性的比较。

§18.8.2　大气自然老化试验

大气自然老化试验是将塑料试样置于曝晒架上,直接在自然气候环境下,经受日光、热能、氧和臭氧、工业污染等多种因素协同作用的影响,测定其试验前后性能变化来评定出材料的耐大气老化性。

表 18－1　塑料的相对耐老化性

塑料名称	耐老化性	塑料名称	耐老化性
丙烯酸塑料	优	硬 PVC	中等
氟塑料	优	软 PVC	差
聚碳酸酯	较优	ABS	差
PET,PBT	较优	聚甲醛	差
聚酰胺	中等	聚乙烯	差
聚氨酯	中等	聚丙烯	差
聚苯醚	中等	聚苯乙烯	差
聚苯硫醚	中等	聚　砜	差
醋酸丁酸纤维素	中等	醋酸纤维素	差

老化试验场地的选定应是能代表某一类型气候的最严酷地区或接近于材料的实际使用地区。试验场地应空旷平坦，周围无影响试验结果的障碍物。试验架应面向赤道并与地面夹角45℃。试验时限应按试验具体目的和要求确定。当试样主要性能指标已降至实际使用的最低允许值或某一性能保持率以下时，试验方告结束。多数情况下试样的被试主要性能指标降至初始值50%时终止试验。试验结果的表示可采用如下几种方式：

(1) 以试样外观变化程度用文字叙述表示。

(2) 用试样经老化后某性能变化达规定值所需时间（天数、月数或年数）表示。

(3) 用老化系数，即试样老化后性能测试值与初始值之比表示：

$$K = f/f_0 \qquad (18-27)$$

式中　f_0 —— 老化前性能值；

f —— 老化后性能值。

(4) 用图解法表示，绘出试样被测性能（纵坐标）随暴晒时间（横坐标）的变化曲线。

塑料大气自然老化按 GB 3681—83 塑料自然气候曝露试验方法或 GB 2573—81 玻璃钢大气曝露试验方法进行。

§18.8.3　加速老化试验

由于自然老化过程是一个很缓慢的过程，且在不同地理环境下有很大差别，给塑料耐老化性能评价带来困难，人们试图用较短时间对塑料老化性能作出评价，这就是人工加速老化试验。加速老化试验可以采用模拟日光的人工光源，包括碳弧灯、氙弧灯、荧光紫外灯。除荧光紫外灯外，这些人工光源都会产生比地面的自然光强得多的光照。采用这些人工光源时，也常常同时采用冷凝器模拟雨降、露水与日光联合作用对塑料引起的破坏。也可设法进行加速的大气老化试验。

一、荧光紫外灯老化试验

该试验所用的特制荧光灯光源产生波长范围在 280～350 nm 之间的紫外光照，加速对塑料的破坏。试验仪主要组成部分是灯管、热水盘和试样架。试验温度可以调节。可以从试验仪中定期取出试样，考核试样颜色变化、裂纹、粉化、龟裂情况和测试其他性能的变化。

二、碳弧灯老化试验

该试验所采用的碳弧灯光源所发射的光都经过了硼硅玻璃或 Corex 玻璃（透紫外玻璃），可分别将波长低于 275 nm 或低于 255 nm 的远紫外光波滤掉，因为日光通过大气层时这些波长的光波已被滤掉。因此，采用这种光源可以模拟到达地面的日光。试验仪可以绕安装中心使碳弧灯旋转，并同时装有周期性喷水装置，模拟日光与雨降、晨露等对塑料的联合破坏作用。

三、氙弧灯老化试验

氙弧灯老化试验是采用最普遍的人工光源加速老化试验方法，因为氙弧灯光源所发射的光波最接近照射到达地面的日光波长分布。试验仪中氙弧灯由燃烧管和滤光系统组成。试验仪装有蒸馏水或去离子水的循环系统。循环水面通过氙弧灯泡，可以对燃烧器冷却并滤掉波长较长的红外光，使灯光的能谱分配更接近日光。氙弧灯老化试验按 GB 9344—88 塑料氙灯光源曝露试验方法进行。

采用上述人工光源的加速老化试验有如下局限性：

（1）人工光源光波分布与到达地面的日光光波实际分布仍不完全一致，试验装置中创造的气候条件与大气的实际气候条件也有较大差异。

（2）试验无法模拟出大气中的工业污染对塑料的损害，因而也无法模拟出这些多种因素的协同作用的结果。

（3）由于试验是在比大气自然老化较高的温度下进行，常常会引起塑料产生与大气自然老化时不完全相同的变化过程。

（4）以上几点局限性使加速人工老化试验的结果很难与大气自然老化结果取得对应的准确可靠的换算关系，人们很难回答人工加速老化试验中单位试验时间相当于大气自然老化中曝露多长时间，也很难找到不同加速老化试验中取得结果间的准确可靠的换算关系。

人工加速老化试验主要用于对塑料新材料的评价和选材时的配方筛选，特别是在选定某种塑料后对助剂品种和加入量的选定。

四、加速大气老化试验

加速大气老化试验是在真实的大气环境中将试样放置在能够对太阳进行自动跟踪转动的试样架上进行暴晒，可以充分利用日光的能量，强化光与热对试样的作用，从而加速老化的一种试验。自动跟踪太阳的暴晒架可以使试样始终正对着太阳。还可利用反射聚光镜将日光集中反射到试样表面，使试样接受到比普通暴晒架更强的太阳辐射能。加速大气老化试验中引起试验老化的因素与大气自然老化的因素非常接近，克服了人工光源加速老化试验的缺陷，结果比较可靠。一般情况下，比自然老化速度可提高数倍至十倍。

§18.8.4 热空气老化试验

热空气老化试验，也属于一种加速老化试验，但与上述加速老化试验目的不同，主要是用于评价出塑料的热老化性能。

所有聚合物材料，包括塑料在内，在热作用下的老化主要是热氧化和降解作用引起的老化。

该试验所用设备是鼓风的热老化试验箱。试验温度选取原则是下限约高于材料使用温度的 20 ～ 40℃，上限低于聚合物分解温度 20 ～ 40℃。

采用热空气老化试验，在几个不同温度下进行试验，分别测得试样性能降至临界值（允许的最低值）的老化时间，利用阿伦尼乌斯方程，可以外推出材料的储存期（储存寿命）。如果按照 §18.4.3 节所介绍的试验温度选取原则选取试验温度，则可以测得塑料最高连续使用温度。

塑料热空气老化试验按 GB 7141—86 塑料热空气试验方法（热老化箱法）通则进行。

§18.8.5 湿热老化试验

为考核某些塑料在湿热环境下的耐久性，例如热带地区，特别是热带雨林区塑料材料的储存寿命、地下电缆工作寿命，或对于分子链中含有易水解基团塑料配方筛选，常常对某些塑料需进行湿热老化试验。该试验也属于一种加速老化试验。

湿热因素对塑料的破坏作用主要是水汽渗入材料内部并积聚起来可形成水泡，渗入的水分子对材料有增塑作用，可降低分子间作用力，使材料强度、刚度下降，也可导致材料内部某些助剂溶解、抽出和迁移（主要是增塑剂）。水也可引起某些树脂分子链水解。热的作用是可以加速水向材料内渗入并加速这些破坏过程。

湿热老化试验在（40±2）℃ 和相对湿度 $93\%\pm^{2\%}_{3\%}$ 的条件下进行。塑料湿热老化试验按 GB 12000—89 塑料在恒定湿热条件下曝露试验方法进行。

§18.8.6 耐菌试验

一、实验室内加速耐菌试验

进行实验室内的加速耐菌试验，必须首先从对被试塑料有侵害作用的菌类培养物中准备一个菌类孢子悬浮体，先在无塑料试样的情况下对这一孢子悬浮体进行菌类繁殖试验，作为一个生存性对照物。

将塑料试样放置在含有盐类营养素并用琼脂覆盖的石盘或玻璃盘上，再将带试样的整个盘表面用消毒过的雾化器将菌类孢子悬浮体进行喷洒。将已移有菌类的试样覆盖，置于菌类培养室，在 28 ～ 30℃、相对湿度大于 85% 的条件下保持 21 昼夜。培养 21 昼夜后取出试样目视观察，亦可进行物理力学性能、光学性能、电性能等测试。进行测试的试样必须先将菌类清洗并进行状态调节。测试的试样可与上述对照物进行比较。试样按被测项目可以是任意尺寸形状，也可是标准试样或完整的制品，或从制品上切下的切片。

实验室的加速耐菌试验的局限性是：

（1）在实验室的菌类最佳繁殖条件下得到的结果，会使人们在塑料配方中采用高水平的毒性助剂，在实际使用条件下有较大危害。

（2）试验只能限于较少种类的菌类。

（3）试验条件和时间有较大的限制。

（4）对试验结果难以作出正确解释。

还应指出，某些杀菌剂在 14 ～ 21 昼夜加速的短时试验期会保持充分的毒性（杀菌效果），但在实际环境中长时曝露可能会被破坏，例如在较热气候下可能挥发，被紫外线破坏，被雨水、露水洗掉等，这也会使人们从试验结果得出错误断判。

实验室的加速耐菌试验，主要是用于评价菌类对塑料的影响和抗菌类助剂的有效性。

二、户外曝露耐菌试验

户外曝露耐菌试验最常用的两种方法是：

(1) 将被试试样曝露在有利于菌类繁殖的地理位置的户外环境中。

(2) 将被试试样埋入土壤中。这种方法要求埋入4周后取出试样观察菌类对试样的影响。

户外曝露耐菌试验中，试样相对于日光的曝露角、曝露场地理位置、曝露季节等对试验结果都有较大影响。某些塑料试样，当面南40°曝露时比垂直曝露时，其中的增塑剂和其他营养素助剂渗出更迅速，温暖潮湿的气候条件比寒冷干燥的气候条件也更有利于菌类滋生繁殖。

不同塑料的耐菌性有明显差别。一般而言，耐水性和耐候性良好的塑料耐菌性也较好，因为这些塑料在使用过程中，增塑剂渗出较少，为菌类提供的营养素较少。当塑料配方中某些杀菌剂可少量渗出塑料表面时，对抗菌性有利，因为菌类对塑料的侵害主要是在塑料制品表面。

概括而言，塑料耐菌试验一般都须分两步进行，先进行实验室内加速耐菌试验，筛选出较好配方；再在户外进行长时耐菌试验，进一步证实实验室的试验，最终得出材料的实际耐菌性。

§18.9 燃烧与阻燃性能

§18.9.1 概述

塑料的燃烧与阻燃性能，对于塑料制品在家用电器、仪器仪表、建筑装饰、汽车及飞机内作为隔音、绝热、装饰材料的广泛应用具有极重要的意义，不仅关系到这些设备的安全工作，还关系到人身安全。塑料是有机材料，其内的树脂分子链上都含有大量碳、氢等可燃元素。但不同品种塑料分子链组成和结构不同，燃烧性也有颇大差别。

当一种聚合物受热燃烧时，先是分解在制品表面产生挥发性分解产物，挥发性产物作为燃料向火焰前沿扩散并燃烧产生更多热，引起更多材料分解。这样就建立了一种循环：固体材料分解，分解产物燃烧放热，导致更多材料分解并燃烧。决定塑料燃烧性能的主要因素是塑料的热稳定性和热分解产物的可燃性，而影响这一因素的又是树脂分子链的各种能量因素，这些因素包括：

(1) 树脂所含各基团的内聚能。内聚能愈大，树脂的熔融温度愈高，且不易挥发，聚合物的可燃性就愈小。分子内含有极性基团，可增大内聚能，有利于阻燃。

(2) 分子链上各化学键的解离能。化学键解离能愈大，断裂时所需能量愈多，材料的可燃性愈小。

(3) 材料的燃烧热。燃烧热是材料燃烧时所放出的热量。燃烧热愈小，燃烧时释放出的热量愈少，愈不易引起更多的材料继续燃烧，使燃烧过程难以蔓延，引燃后的自熄性也愈好。

表18-2和表18-3分别列出塑料内树脂分子链某些化学基团的内聚能和若干化学键解离能、燃烧热。

表18-3的化学键解离热的数据表明，含C＝C键和C＝O键的聚合物，比含C—C键和C—O键的聚合物更稳定。但应指出，含C—Br键和C—Cl键的聚合物，虽然键能不高，易受热分解，但分解后可以放出对燃烧有抑制作用的卤原子，因此可燃性较小。按塑料燃烧特性，可将塑料分为三类：

(1) 阻燃性良好。这种塑料分子结构中含有具有阻燃特性的卤素原子或主链结构中含有芳环，使材料具有良好的阻燃性。这种塑料或具有较高的热稳定性(氟塑料)，或燃烧时可放出阻止燃烧的卤原子(含氯、含溴塑料)或形成碳质炭。

(2) 阻燃性较差，但可通过加入适当阻燃剂变成阻燃性较好的材料。

(3) 易燃塑料。这些塑料容易分解并放出大量易燃产物。这种塑料即使加入阻燃剂，也很难达到良好的阻燃效果。

表 18－2　塑料内树脂分子链上若干基团的内聚能

基　团	内聚能 / $kJ\cdot mol^{-1}$	基　团	内聚能 / $kJ\cdot mol^{-1}$
烃基 $\text{-(}CH_2\text{)-}$	2.85	苯撑基 $\text{-(}C_6H_4\text{)-}$	16.4
醚基 -(O)-	4.18	酰胺基 $\text{-(}C(=O)\text{—}NH\text{)-}$	35.7
酯基 $\text{-(}C(=O)\text{—}O\text{)-}$	12.20	氨基甲酸酯基 $\text{-(}O\text{—}C(=O)\text{—}NH\text{)-}$	36.7

表 18－3　塑料内树脂分子链上若干化学键的解离能、燃烧热

化学键	解离能 / $kJ\cdot mol^{-1}$	燃烧热 / $kJ\cdot mol^{-1}$	化学键	解离能 / $kJ\cdot mol^{-1}$	燃烧热 / $kJ\cdot mol^{-1}$
C—C	248 ～ 294	220.0	C—N	206 ～ 252	—
C＝C	418 ～ 523	511.5	C—Cl	281.4	—
C≡C	—	853.4	C—Br	226.8	—
C—H	365 ～ 395	221.3	O—H	422 ～ 460	—
C＝O	596 ～ 697	0	N—H	353 ～ 407	—
C—O	294 ～ 315	63.0	C—F	439.3	—

表 18－4 是若干塑料的固有燃烧特性。

表 18－4　塑料的固有燃烧特性

阻　燃　塑　料	阻燃性较差的塑料	易　燃　塑　料
所有的氟塑料	有机硅塑料	聚乙烯
芳香族聚酰胺	双酚 A 型聚砜	聚丙烯
聚芳砜、聚醚砜	聚苯醚	聚苯乙烯
聚酰亚胺	聚碳酸酯	聚甲醛
聚苯硫醚	环氧塑料	PET
聚氯乙烯	酚醛塑料	PBT

续 表

阻燃塑料	阻燃性较差的塑料	易燃塑料
聚偏二氯乙烯	脂肪族聚酰胺	丙烯酸类塑料
氯化聚氯乙烯	聚醚醚酮	纤维素塑料
三聚氰胺甲醛塑料	脲醛塑料	聚氨酯
	DAP	不饱和聚酯
	氯化聚乙烯	
	氯磺化聚乙烯	

塑料燃烧过程十分复杂,不同塑料品种组成和结构有颇大差别,引起燃烧的具体条件也不完全相同,使燃烧过程特点有颇大差异,给燃烧性的表征带来困难。塑料燃烧的实际条件很难模拟,主要是通过实验室的燃烧试验预测塑料的燃烧性。

塑料的燃烧性一般是从以下几方面表征:

(1) 易燃着性,指材料燃着的容易程度。

(2) 火焰蔓延,指火焰沿材料表面传播的迅速程度。

(3) 耐火焰性,指火焰穿透壁面或障碍物的迅速程度。

(4) 释热速率,指能量释放量和释热迅速程度。

(5) 易熄灭程度,指火焰的化学反应导致火苗熄灭的迅速程度。

(6) 释烟密度。

(7) 毒性气体释放情况。

以上 7 个方面的前 5 项是对燃烧现象本身的表征,后两项是对燃烧额外带来危害的表征。燃烧所产生的浓烟会损害着火现场建筑物内、机内、车内人员逃离现场的能力,也妨碍消防人员的灭火工作。毒性气体会增大着火事故的危害。所有塑料燃烧时都会不同程度地产生烟雾和毒性气体,因此释烟密度和毒性气体同样是表征塑料燃烧性能的重要指标。

§18.9.2 燃着性试验

塑料的燃着性是表征塑料燃烧性的首要指标,因为如果塑料不燃着,就无火灾发生。

对于塑料的燃着性,应区分两个燃着温度,一个是点燃温度,又称闪点(flash point),是指材料受热分解产生足量的可燃气体,在外火源作用下被点燃的最低温度。另一个是着火温度,又称自燃点或简称燃点,是指材料受热产生足量可燃气体并伴随着材料温度的升高,在无外火源的情况下自行燃着的温度。同一材料的自燃点比点燃温度要高。

塑料的燃着性试验按 GB 9343—88 塑料燃烧性能试验方法闪点和自然点的测定进行。该试验用于对不同塑料的燃着性进行比较,用于选材时材料的筛选,是评价火灾危险的一个因素,但不能作为材料实际使用条件下着火危险的惟一判据。

§18.9.3 垂直燃烧试验

垂直燃烧试验是在规定的试验条件下对垂直装夹的试样用本生灯点燃,记录试样有焰和无焰燃烧时间，观察并记录试样熔融、卷曲、滴落物和熄灭等现象，从而对材料的燃烧性作出评价。试验按 GB 4609—84 塑料燃烧性能试验方法垂直燃烧法的规定进行。该试验对塑料按耐燃性递减顺序评价为三个等级：FV-0，FV-1，FV-2。对于泡沫塑料，试验按 GB 8333—87 硬泡沫塑料燃烧性能试验方法垂直燃烧法的规定进行。

该试验主要用于对不同塑料在实验室的垂直燃烧条件下的相对燃烧速率、燃烧程度进行比较，可用于材料筛选、质量控制，但不能作为实际使用条件下材料燃烧危险性的判据。该试验只有采用同一厚度试样时的结果才可相互比较。

§18.9.4　水平燃烧试验

水平燃烧试验是在规定试验条件下对水平装夹的试样用本生灯点燃，记录试样的燃烧距离和时间，观察并记录试样熔融、卷曲、结炭、滴落、滴落物是否燃烧等现象。该试验所用试样要求具有自撑性，即将试样按水平位置一端固定，另一端的下垂距离不大于10 mm。因此，该试验只适用于硬质塑料。试验按 GB 2408—80 塑料燃烧性能试验方法水平燃烧法的规定进行。试验按塑料耐燃性递减顺序可评价为三个等级：GB 2408—80/Ⅰ，GB 2408—80/Ⅱ，GB 2408—80/Ⅲ。对于泡沫塑料，试验按 GB 8332—87 泡沫塑料燃烧性能试验方法水平燃烧法进行。

该试验用于对不同塑料在实验室的水平燃烧条件下的燃烧时间、燃烧速率、燃烧程度进行评价，主要用于质量控制、材料筛选，不能作为实际使用条件下燃烧危险性的判据。

§18.9.5　耐炽热性试验

塑料的耐炽热性试验是采用加热到(950±10)℃ 的碳化硅炽热棒作为点火火源，对试样接触加热，作为对塑料燃烧性能的一种评价方法。炽热棒可采用交流或直流电源加热，通过调节装置使炽热棒温度稳定在规定值。炽热棒温度可用纯度 99.8% 的银(熔点 955℃) 测量，或用光学高温计测量。炽热棒和试样都水平装夹。炽热棒可绕水平轴转动，通过调节装置，可与试样轴线在同一平面并垂直，与试样悬伸端以 0.3 N 压力接触对试样加热，加热 3 min 后撤离试样，观察并记录试样燃烧情况，包括火焰燃烧距离、时间、熔融、卷曲、结炭和滴落物是否继续燃烧等现象，最终对材料燃烧性作出评价。试验按 GB 2407—80 塑料燃烧性能试验方法炽热棒法进行。该试验按塑料耐燃性递减顺序可评价为三个等级：GB 2407—80/Ⅰ，GB 2407—80/Ⅱ，GB 2407—80/Ⅲ。

该试验用于评定塑料在实验室条件下的燃烧性能，可用于新材料研制、探索、材料质量控制、试验验证等，不能作为塑料在实用条件下着火危险性的判据。该方法仅适于硬质塑料。

§18.9.6　有限氧指数试验

任何塑料的燃烧，都必须有氧存在，不同塑料燃烧的难易程度不同，要求燃烧环境所含氧的浓度也不同。有限氧指数试验正是基于这一原理对塑料的燃烧性能作出评价的试验。有限氧指数定义为在室温和规定的条件下，在氮、氧混合气体中恰好能维持塑料试样平稳燃烧时混合气体中所含氧气的体积百分数。有限氧指数愈大，塑料愈不易燃烧。

有限氧指数试验是评价塑料燃烧性最科学的方法，它比其他方法的优点是具有准确的定量性，操作可达到最准确的平衡条件，试验终点判定最准确，结果最准确，重现性最好。试验对试样的要求是在常温下下端能够装夹并直立。试验主要装置是氧指数仪，由燃烧筒(耐热玻璃管)、试样夹、两种气体测量与控制系统组成。试样放入燃烧筒内，直立地从下端夹在试样夹上。两种气体经测量调节系统流经混合器后从燃烧筒底部进入。点火器从燃烧筒上口一端将试样点燃。调节两气体比例使试样恰好能维持平稳燃烧，恰似蜡烛被点燃后的平稳燃烧一样。试验按 GB/T 2406—93 塑料燃烧性能试验方法氧指数法进行。玻纤增强塑料按 GB 8924—88 玻璃纤维增强塑料燃烧性能试验方法氧指数法进行。只有厚度相同的试样间的结果才具有可比性。

该方法用于在实验室条件下对不同塑料的可燃性进行比较，但不作为实用条件下着火危险性的依据。

§18.9.7　释烟密度和烟尘特性试验

对塑料燃烧时的释烟密度，已提出了不少试验方法。我国国标目前采用的方法是：将试样置于一定容积的试验箱内，测定试样燃烧产生烟雾过程中，透过箱内烟雾的平行光束的透光率的变化，计算出比光密度，以测定试样的释烟密度。比光密度定义为光束穿过烟雾时因透光率变化在试样规定面积和光程长度下的相应光密度。最大比光密度即为烟密度。

试验中所用试验箱带有耐热玻璃观察窗，整个箱体除底部带有排烟口，上部一侧带有进风口外，其余部分完全封闭。试样装在试样盒内，置于箱体支架上并曝露在以丙烷与空气混合气体为火源的火焰作用下。用试验装置的一个光学系统的光电元件和光源测定光束通过箱内时烟雾对光的吸收使透光率减少，记录透光率与时间的关系曲线，直到透光率出现最小值，或试验进行到 20 min 时的透光率值。随后关闭气源并熄灭火焰，并迅速用空白试验盒在排除箱内烟雾的情况下继续试验，直到透光率达最小值。根据透光率时间关系曲线，分别用以下两式计算释烟密度和发烟速度：

$$D_m = \frac{V}{L \cdot A}\left[\lg\frac{100}{T_m} + F\right] \tag{18-28}$$

$$R = \frac{D_m}{t_{Dm}} \tag{18-29}$$

式中　D_m —— 烟密度；

$\frac{V}{L \cdot A} = 132$；

V —— 试验箱容积(cm^3)；

L —— 试验箱中平均光束长度(cm)；

A —— 试样的试验面积(cm^2)；

T_m —— 最小透光率值或 20 min 时透光率值；

F —— 扩展滤光片的光密度值，由上述两种情况决定：未使用范围扩展滤光片时，$F = 0$。使用范围扩展滤光片时，滤光片处于光路中，$F = 0$；滤光片从光路中移走，F 由滤光片决定。

R —— 平均发烟速度(D_m/min)；

t_{Dm} —— 试验达到烟密度时所用的时间(min)。

释烟密度试验按 GB 8323—87 塑料燃烧性能试验方法烟密度法进行。

对于塑料燃烧时所产生的烟尘特性，按 GB 9638—88 塑料燃烧烟尘的测定方法称量法进行试验。

§18.10 扩散与渗透性能

§18.10.1 概述

聚合物材料对气体、蒸气、液体的透过性对许多应用领域都具有极其重要性。作为包装薄膜或其他保护性膜层时，薄膜对湿气、氧、二氧化碳、带腐蚀性气体或液体的低渗透性就非常重要。作为包装含湿产品或含有机挥发物的产品的包装容器，应对湿气和挥发物具有很低的透过性，否则由于容器对这些成分不适当的渗出，不是引起容器变形、塌陷，就是引起被包装物成分的改变。作为轮胎或儿童玩具使用，要求材料对空气有尽可能小的透过率。相反，塑料配料中若要求加有增塑剂和润滑剂，却要求材料对这些组分有尽可能大的渗透性。在某些应用领域中，利用聚合物对不同物质的不同透过性，可使混在一起的物质分离，例如海水淡化，从空气中获得富氧空气、天然果汁浓缩、超纯水提取、血液净化、许多食品或生物制品提纯或脱色、近沸点液体混合物分离、从稀土元素矿石和贵金属贫矿中对这些元素的分离、浓缩、提纯，从工业三废中对贵金属元素的回收等。利用聚合物薄膜对不同物质透过性的不同而发展起来的分离膜技术已成为许多新技术领域发展的有力工具之一。

所有塑料，当以薄膜形式存在时，由于结构上总是存在针孔缺陷、微小气孔和大分子之间的间隙，绝对地不透过任何气体、蒸气和液体的薄膜是不存在的，但不同薄膜对不同气体、蒸气、液体的透过能力却有颇大差别。一种气体、湿气、液体等小分子透过某塑料薄膜的能力与小分子本身尺寸及塑料膜的上述缺陷以及大分子间间隙大小有关。塑料薄膜中大分子间间隙不仅与分子链组成及结构有关，也与聚合物聚集态有关。处于玻璃态的无定形聚合物，分子链链段运动被冻结，分子间自由空间较小，上述小分子通过时的阻力就较大，使透过能力下降。随温度升高，当聚合物处于高弹态时，大分子间间隙随分子链活动性增大而增大，上述小分子的透过能力就增大。结晶型聚合物大分子堆砌紧密，晶相的自由空间很小，上述小分子只能沿无定形相的部分扩散，使透过能力大大减少。

当一种渗透物通过聚合物薄膜渗透时，先是渗透物凝结到薄膜表层并溶解，继而在浓度梯度推动下向薄膜内移动，再从薄膜另一侧表面蒸发离开薄膜。只要薄膜两侧保持恒定的压差，这一过程在经过很短的起始状态后就可达到渗透物以恒定速率透过的稳定态。

渗透率定义为渗透物在单位时间内沿薄膜垂直于渗透方向单位表面内所透过的量，可用数学式表示如下：

$$J = Q/At \tag{18-30}$$

式中 J —— 渗透率(质量 / 面积 · 时间或体积 / 面积 · 时间)；

Q —— 渗透物透过的总量(质量或体积)；

A —— 薄膜面积(m^2 或 cm^2)；

t —— 时间(s 或 h)。

在稳定态渗透中，J 是常数，与渗透物的浓度梯度成正比：

$$J = -D\frac{\partial c}{\partial x} \tag{18-31}$$

这就是菲克第一扩散定律。

式中 $\frac{\partial c}{\partial x}$—— 渗透物浓度梯度，即沿渗透方向单位距离的渗透物浓度差(质量 / 体积 · 长度)；

D—— 比例系数，定义为扩散系数。

当 D 为常数时，可对方程(18－31) 在渗透物两个不同浓度间定积分如下：

$$J\int_{x=0}^{x=L} \mathrm{d}x = -D\int_{c_1}^{c_2} \mathrm{d}c$$

得到

$$J = D(c_1 - c_2)/L \tag{18-32}$$

式中 L —— 薄膜厚度；

c_1, c_2—— 分别为薄膜两侧表面处渗透物浓度。

当薄膜两侧表面渗透物浓度处于平衡状态时，浓度可用环境气相的分压表示：

$$C = Sp \tag{18-33}$$

式中 S —— 渗透物在聚合物薄膜中的溶解性系数；

p —— 聚合物表面渗透物分压。

于是，式(18－32) 可改写为

$$J = DS(p_1 - p_2)/L \tag{18-34}$$

式中 p_1, p_2—— 分别为薄膜两侧表面渗透物分压。

$$DS = \frac{JL}{p_1 - p_2}$$

令 $P = DS$，则

$$P = \frac{JL}{p_1 - p_2} \tag{18-35}$$

P 称为渗透系数，表征着材料的渗透能力，指单位时间内，在单位压差作用下透过单位厚度、单位面积材料的渗透物量。

将式(18－30) 中的 J 表达式代入式(18－35)，最终得到：

$$P = \frac{(\Delta Q/t) \cdot L}{A(p_1 - p_2)} \tag{18-36}$$

该式是塑料透气性和透湿性试验的基础。

§18.10.2 透气性试验

塑料薄膜的透气性试验，是在规定的温度和试样两侧保持一定的压差下，测量渗透过程中低压侧压力变化，计算出透气系数和透气量。

(1) 透气系数按下式计算：

$$P_g = \frac{\Delta p}{\Delta t} \cdot \frac{V}{A} \cdot \frac{d}{p_0} \cdot \frac{T_0}{T} \cdot \frac{1}{p_1 - p_2} \quad \left(\frac{\mathrm{m^3 \cdot m}}{\mathrm{m^2 \cdot s \cdot Pa}}\right) \tag{18-37}$$

(2) 透气量按下式计算：

$$Q_g = \frac{\Delta p}{\Delta t} \cdot \frac{V}{A} \cdot \frac{T_0}{p_0 T} \cdot \frac{24}{p_1 - p_2} \quad \left(\frac{\mathrm{m^3}}{\mathrm{m^2 \cdot Pa \cdot 24\ h}}\right) \tag{18-38}$$

以上两式中，$\frac{\Delta p}{\Delta t}$ —— 稳定渗透时，单位时间内低压侧气体压力变化的算术平均值(Pa/s)；

V——低压侧体积(m^3)；

A——试样试验面积(m^2)；

d——试样厚度(m)；

T —— 试验温度(K)；

$p_1 - p_2$ —— 试样两侧压差(Pa)；

T_0, P_0 —— 标准状态的温度(K) 和压力(Pa)。

塑料透气性试验按 GB 1038—88 塑料薄膜透气性试验方法进行。

§18.10.3 透湿性试验

塑料透湿性试验是在规定温度和相对湿度及试样两侧保持一定蒸气压差条件下，测定透过试样的水蒸气量，计算出透湿量和透湿系数。

1. 透湿量

透湿量详称水蒸气透过量，按下式计算：

$$W_{VT} = \frac{24 \cdot \Delta m}{A \cdot t} \quad \left(\frac{g}{m^2 \cdot 24\ h}\right) \tag{18-39}$$

2. 透湿系数

透湿系数按下式计算：

$$P_V = \frac{\Delta m \cdot d}{t \cdot A \cdot \Delta p} = 1.157 \times 10^{-9} \times \frac{W_{VT} \cdot d}{\Delta p} \quad \left(\frac{g \cdot cm}{cm^2 \cdot S \cdot Pa}\right) \tag{18-40}$$

以上两式中，t —— 质量增量稳定后的两次间隔时间(h)；

Δm——t 时间内的质量增量(g)；

d —— 试样厚度(cm)；

A—— 试样试验面积(m^2)；

Δp—— 试样两侧水蒸气压差(Pa)。

塑料透湿性试验按 GB 1037—88 塑料薄膜和片材水蒸气试验方法(杯式法) 进行。

§18.11 其它性能

§18.11.1 吸水性

塑料制品吸水后会引起许多性能变化，例如电绝缘性能降低、模量减小、尺寸增大等。塑料吸水性大小决定于自身的化学组成。分子主链仅由碳、氢元素组成的塑料，例如聚乙烯、聚丙烯、聚苯乙烯等，吸水倾向很小。分子链上含有氧、羟基、酰胺基等亲水基团的塑料，具有明显的吸水倾向。塑料中加入某些助剂，对塑料的吸水性也会产生影响。

塑料吸水性是用在 23℃ 条件下将塑料试样浸泡到蒸馏水中 24 h 后(或浸到沸水中 30 min) 试样的吸水百分率(或吸水量或单位表面积吸水量) 来表示。塑料吸水性按 GB 1034—86 塑料吸水性试验方法测定。

与吸水性有关的另一个参数是含湿量，它是指塑料材料供料(颗料、粉料等) 在运输和储存过程中从环境中吸收的水分，用吸入的水分占材料的百分数表示。吸水性较强的材料供料储存时间较长时，特别是在较潮湿环境储存时间较长时，吸湿量常常比按GB 1034—86测出的数据要大得多。吸水性强的塑料，成型加工前必须充分干燥，未经干燥或干燥不充分的供料，成型时会使制品表面出现银丝，严重影响制品外观，也会引起制品力学性能、电性能下降。

§18.11.2　收缩性

塑料模塑成型（注塑、压制、压铸）时，塑件从模腔脱出后尺寸缩小的现象称为收缩。塑料的收缩率是用收缩引起的塑件尺寸缩小量占收缩前尺寸的百分数来表示。塑料比之其他材料的收缩性有两个突出特点，一是收缩率的绝对值比较大，二是收缩率变化范围较大，各种不同的塑料收缩率大致在0.2%至5%之间，这是由于塑料本身的组成和结构特点所决定。收缩率绝对值大，使塑料制品冷却收缩后容易产生内部缩孔或表面凹陷，特别当制品较厚时；收缩率变化范围大，使得设计成型模具确定成型尺寸比较困难，成型过程中对制品尺寸控制也较困难。某塑料成型某制品时的收缩率实际变化范围与工艺过程密切相关。为了得到塑件尺寸的较小分散范围，必须严格控制工艺条件。塑料注塑件成型中由于熔体在高剪切速率下充入模腔，引起大分子链取向，因此流动方向与垂直于流动方向的收缩率会不同，常常引起制品的内应力。结晶型塑料冷却收缩时由于分子链相互折叠并紧密堆砌，收缩率绝对数值一般皆大于无定形塑料的收缩。

塑料收缩率测定可参照ASTMD 955—73从模塑塑料的模具尺寸测定收缩率的标准方法进行。

§18.11.3　密度

密度是单位体积内所含物质的质量数，用符号ρ表示。由于密度随温度变化，故引用密度数据时必须指明温度，温度t℃时的密度用ρ_t表示。密度的法定计量单位是kg/m^3，t/m^3，kg/L，也可用g/cm^3。塑料密度一般皆用g/cm^3表示，泡沫塑料则用kg/m^3表示。塑料密度大小首先取决于组成塑料的元素种类和原子间靠近的紧密程度。聚合物分子链主要由碳、氢原子组成，原子量较小，因此聚合物密度一般都明显小于金属，也小于石料、粘土、陶瓷、玻璃等无机材料。塑料密度不仅与树脂主链、支链组成有关，还与分子链在空间的排列形式及聚集态有关。化学组成相同，但若分子链采用不同构型，则空间排列形式不同，影响到各分子链之间的距离，致使密度不同。大分子链以远程有序排列的聚合物，形成结晶结构，密度就大于组成相同、分子链以无序随机排列的无定形结构。塑料配料中含有无机填料增强剂时，一般情况下会明显使密度增大。

现有塑料中，氟塑料是密度最大的一族，例如聚四氟乙烯密度在2.14～2.30 g/cm^3之间，聚三氟氯乙烯在2.07～2.18 g/cm^3之间；聚烯烃塑料是密度最小的一族，例如聚乙烯密度0.91～0.97 g/cm^3之间，聚丙烯密度在0.90～0.91 g/cm^3之间，聚4-甲基-1-戊烯的密度仅0.83 g/cm^3，是现有塑料中密度最小的。介于上述两种之间的其他塑料，密度一般都在1.0～1.5 g/cm^3之间。泡沫塑料是固相树脂与气相泡孔相互交织的双相体系（某些组成泡沫是三相体系——两个不同的固相、一个气相），可以使材料密度大幅度减少，成为质轻、绝热、隔音的多用途材料。高倍率发泡的泡沫塑料密度可以小到10^{-2} g/cm^3数量级（每立方米数十公斤数量级），主要用于绝热和抗冲击的缓冲包装材料。低倍率发泡的泡沫塑料称结构泡沫，密度一般小于0.80 g/cm^3，是一种表层为实体，内芯含微小泡孔的材料，比刚度、比强度较高，工程上具有广阔用途。

对于粉状、片状、颗粒状、纤维状等塑料供料，用表观密度表征其供料堆积时单位体积所含质量数，故又称为体积密度、视在密度等。

塑料密度按GB 1033—86 塑料密度和相对密度试验方法测试。塑料供料的表观密度按GB 1636—79 模塑料表观密度试验方法测定。

§18.12 塑料供料表征

§18.12.1 熔融指数

熔融指数是表征热塑性塑料供料流动性的一个性能参数。将热塑性塑料供料试样加入到熔融指数测定仪的料腔中，在规定温度和压力下从仪器下端规定直径和长度的小孔中，10 min 内挤出的熔体质量克数，称为塑料的熔体流动速率指数，简称熔融指数，用符号 M.I 表示。M.I 数值愈大，表明塑料的流动性愈好。熔融指数是热塑性塑料供料同一品种不同品级和规格的一个重要区分标志。塑料熔融指数按 GB 3682—83 热塑性塑料熔体流动速率试验方法测定。

§18.12.2 拉西格流动性

拉西格流动性是表征热固性塑料供料流动性的一个性能参数。将热固性塑料供料试样加入到拉西格流动性测定仪的料腔中热压成锭后，在规定温度和压力下，3 min 内从仪器下端口模中压出塑料的长度，用 mm 表示，称为塑料的拉西格流动性。这一长度值愈大，表明材料的流动性愈好。塑料供料的拉西格流动性按 GB 1404—78 拉西格法测试热固性塑料的流动性进行。

§18.12.3 体积系数

体积系数(Bulk Factor) 是一定量的塑料供料的体积与成型后的塑料制品实际体积之比，亦等于制品密度与塑料供料表观密度之比，用符号 γ 表示：

$$\gamma = \frac{\rho_t}{D_a} \tag{18-41}$$

式中 ρ_t —— 塑料制品实际密度(g/cm^3)；

D_a—— 塑料供料表观密度(g/cm^3)。

塑料供料的体积系数按 GB 8324—87 模塑料体积系数试验方法测定。许多手册中易查得塑料供料的比容(单位质量供料所占容积)，而比容与表观密度互为倒数，因此可写出：

$$\gamma = \rho_t \cdot v_\gamma \tag{18-42}$$

式中 v_γ—— 塑料供料比容(cm^3/g)。

体积系数对于热固性塑料在计算模具加料室容积时是一个重要参数，实际应用中常常又称为塑料的压缩比。

思 考 题

1. 试述塑料材料的共同性能特点，并从它们的化学组成和结构上给以解释。
2. 塑料材料的韧性宏观上从哪些方面表征？决定材料韧性的重要因素有哪些？

3. 试解释塑料材料的蠕变和应力松弛现象及原因。
4. 何谓塑料的疲劳？疲劳性用什么方法表征？
5. 试说明塑料材料耐热性的含义和表征方法。
6. 说明塑料最高连续使用温度的测试原理。
7. 试说明塑料耐电弧性和耐电弧径迹性的含义。
8. 解释透光率和透明性的区别和联系。
9. 解释耐溶剂应力开裂性和环境应力开裂性。
10. 试说明塑料材料溶解性的大致规律。
11. 什么是塑料的老化？引起老化的有哪些因素？老化性能有哪些基本试验方法？
12. 塑料材料燃烧性与分子组成及结构有何联系？试说明有限氧指数的含义。
13. 试说明聚合物扩散渗透性的重要意义，写出渗透系数的数学表达式。
14. 说明塑料材料吸水性和含湿量的区别及联系。
15. 解释熔融指数和拉西格流动性的含义，二者在应用上有何区别？
16. 试说明体积系数的含义，它有何实用价值？

参考文献

[1] Brydson J A. Plastics Materials. London:Newnes-Butterworths, 1975.

[2] 区英鸿主编．塑料手册．北京:兵器工业出版社,1991.

[3] 龚云表,石安富主编．合成树脂与塑料手册．上海:上海科学技术出版社,1993.

[4] 钱知勉编．塑料性能应用手册．上海:上海科学技术文献出版社,1987.

[5] Margolis J M. Engineering Thermoplastics. New York:Mar-cel Dekker, Inc, 1985.

[6] 石安富,龚云表编著．工程塑料．上海:上海科学技术出版社,1986

[7] 杨国文编．塑料材料．成都:成都科技大学出版社,1987

[8] 中国大百科全书编辑部编．中国大百科全书化学卷．北京:中国大百科全书出版社,1989

[9] 晨光化工厂编．聚碳酸酯．北京:燃料化学工业出版社,1973.

[10] 晨光化工厂编．工程塑料．北京:燃料化学工业出版社,1973.

[11] 中科院吉林应化所编．聚甲醛．北京:燃料化学工业出版社,1973.

[12] 上海市合成树脂研究所编．塑料工业．北京:石油化学工业出版社,1978.

[13] 钟道仙．高性能工程塑料聚砜．工程塑料应用,1996(3):55-57.

[14] 柳东智．提高聚砜质量的研究．塑料工业,1980(1):10-14.

[15] 吴忠文等．聚醚砜发展概况及合成新工艺的研究．工程塑料应用,1986(3):23-29.

[16] 黄锐等．特种工程塑料聚醚砜．塑料科技,1994(1):52-55.

[17] 齐昆等．聚醚砜塑料加工过程中熔体增稠现象的研究．塑料,1994(4):27-31.

[18] 黄锐等．聚醚砜树脂的表征．塑料工业,1993(5):53-58.

[19] 齐昆．聚醚砜塑料流变性能的研究．塑料,1993(4):34-37.

[20] 福本修编．聚酰亚胺树脂手册．北京:中国石化出版社,1994.

[21] 王正远主编．工程塑料实用手册．北京:中国物资出版社,1994.

[22] 丛培红等．PMR—15 聚酰亚胺及复合材料的研究进展．高分子材料,1996(3):38-45.

[23] 黄发荣等．热固性聚酰亚胺展望．热固性树指,1993(1):33-39.

[24] 梁国正,顾媛娟编著．双马来酰亚胺树脂．北京:化学工业出版社,1997.

[25] 赵渠森．QY8911 树脂系列及其应用．工程塑料应用,1995(1):1-8.

[26] 殷荣忠．酚醛树脂及其应用．北京:化学工业出版社,1994.

[27] 黄洪乐．酚醛 SMC 的开发及应用．工程塑料应用,1992(2),50-53.

[28] 沈开猷．不饱和聚酯树脂及应用．北京:化学工业出版社,1988.

[29] 威瑟海德 R G 著,纤维增强塑料工艺．王顺亭等译．武汉:武汉工业大学出版社,1989.

[30] Hunt T. Polyester Resin Chemistry. London:Applied Science Publisher LTD, 1980.

[31] 朱燕堂．应用概率统计方法．西安:西北工业大学出版社,1990.

[32] 上海师大数学系．回归分析及试验设计．上海:上海教育出版社,1978.

[33] 吴鸣建．二次回归正交设计在化学配方研究中的应用．绝缘材料通讯,1985(6):1-10.

[34] 焦剑．计算机辅助 F 级压塑料基体配方的优化设计．高分子材料,1995(3):24-30.

[35] Vishu Shah. Handbook of Plastics Testing Technology. New York:John & Son, Inc, 1984.

[36] 布朗 R P 编．塑料试验方法手册．沈曼英等译．北京:中国标准出版社,1987.

[37] 高分子学会编．高分子材料的试验方法及评价．朱洪法译．北京:化学工业出版社,1988.

[38] 塑料标准试验方法研究会编．塑料实用性能试验手册．朱炤男等译．上海:上海科学技术文献出版社,1988.

[39] 欧阳国恩编．实用塑料材料学．长沙:国防科技大学出版社,1991.